“十二五”国家重点图书出版规划项目
当代科学技术基础理论与前沿问题研究丛书

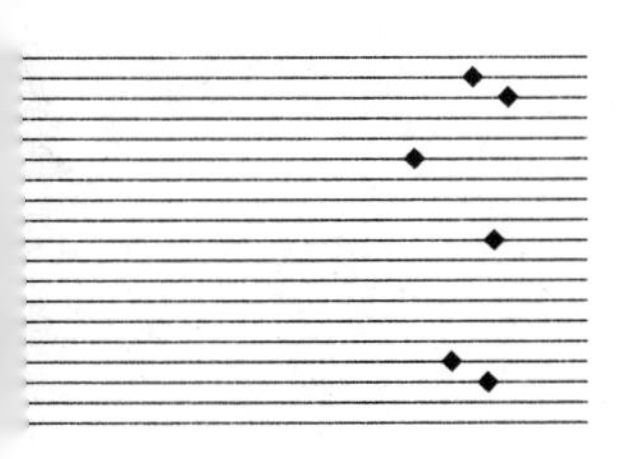

聚合物光开关器件物理

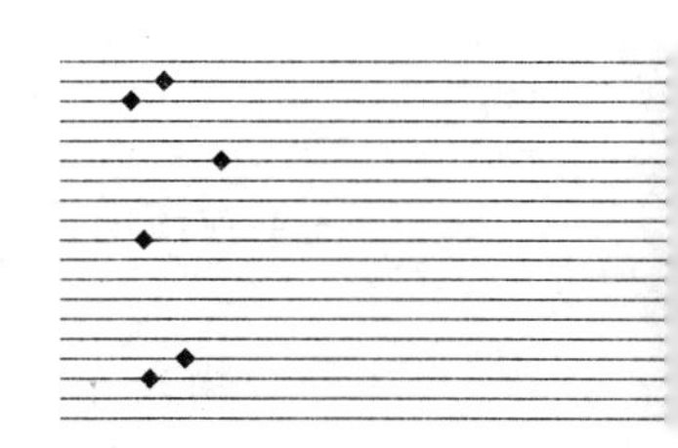

郑传涛　马春生

中国科学技术大学出版社

内 容 简 介

本书主要阐述了光开关的波导和电极的分析及设计理论，优化设计了一般结构的电光开关、改进结构的电光开关、宽光谱电光开关、波长选择性电光开关、高速电光开关、有机/无机混合波导热开关，同时给出了电光开关的时频域分析理论和模拟方法等。

本书可作为导波光学、集成光学、光电子学、物理电子学等专业科研工作者和工程技术人员的参考用书，同时也可作为相关专业研究生的教学用书。

图书在版编目(CIP)数据

聚合物光开关器件物理/郑传涛，马春生著. —合肥：中国科学技术大学出版社，2015.1
（当代科学技术基础理论与前沿问题研究丛书）
“十二五”国家重点图书出版规划项目
ISBN 978-7-312-03565-4

Ⅰ. 聚… Ⅱ. ① 郑… ② 马… Ⅲ. 聚合物—电光器件—开关—物理学 Ⅳ. TN15

中国版本图书馆 CIP 数据核字（2014）第 286196 号

出版 中国科学技术大学出版社
安徽省合肥市金寨路 96 号，230026
http://press.ustc.edu.cn
印刷 合肥市宏基印刷有限公司
发行 中国科学技术大学出版社
经销 全国新华书店
开本 710 mm×1000 mm 1/16
印张 25.25
字数 418 千
版次 2015 年 1 月第 1 版
印次 2015 年 1 月第 1 次印刷
定价 78.00 元

序言

20世纪中期以来，光电子学理论逐步发展和完善，各种新型光学材料不断涌现，器件结构不断改进，集成光电子、微电子加工工艺日益进步和成熟，这些都为新型光通信器件的制作及性能改善提供了理论基础和工艺条件，也为大容量、高速度的光纤通信网络、光信息处理系统及光计算机的出现和发展提供了可能性。在信息通信领域，传统的电子通信和电交换已经无法满足人们的要求。随着信息传输容量的日益增大，信息传输媒介由电缆转向光缆，交换方式由电交换转向光交换，传输方式由粗波分复用转向密集波分复用，信息处理器件由电子器件转为光子器件，并最终实现全光通信，成为互联网发展的必然趋势。

光开关与光开关阵列是光纤通信系统中重要的光学器件，随着数据通信和密集波分复用系统的逐步应用，复杂的网络拓扑需要更为可靠和灵活的网络管理。在城域网和接入网应用中，密集波分复用技术对具有插/分和交换功能的光开关的需求更加迫切。近年来，从机械光开关、微光机电系统光开关、磁光开关、声光开关、热光开关、电光开关到全光开关，从无机电光晶体材料光开关到新型极化聚合物电光材料光开关，从马赫—曾德尔干涉仪（MZI）型、微环谐振（MRR）型、定向耦合器（DC）型、数字（DOS）型、多模干涉（MMI）型到十字交叉全内反射（TIR）型，光开关在开关机理、制作材料和器件结构等方面日益发展和完善。

作者数年来一直从事聚合物光开关方面的理论和实验研究工作，作者所在的吉林大学聚合物光子技术实验室，多年来一直从事聚合物光波导器件的设计和制备工作，具有较好的工作积累。作者以多年来的研究工作为基础，编著了本书。书中所阐述的光开关器件，主要是以聚合物材料为制备材料、以热光效应和电光效应为主要机理。本书主要阐述了光开关的波导和电极的分析及设计理论，优化设计了一般结构的电光开关、改进结构的电光开关、宽光谱电光开关、波长选择性电光开关、高速电光开关、有机/无机混合波导热光开关，同时给出了电光开关的时频域分析理论和模拟方法等。本书对每种结构的光开关器件均做了详细的结构设计、理论分析、参数优化和性能模拟，对相关公式均做了详细的推导和证明。书中的相关结论为实验室加工和制作该类器件提供了一定的理论基础和相关设计数据，为改进现有器件结构上的不足、改善其性能提供了方法依据，所给出的新型分析理论、相关公式、设计方法和优化过程在设计和制作同类器件方面也具有一定的参考意义和借鉴价值。

全书共有8章。

第1章为光开关技术基础。首先介绍光开关技术的主要应用、技术种类和特点，然后详细介绍电光以及热光机制下的光开关技术及研究现状，使读者能够更好地了解光开关技术，并为以后运用光波导模式理论和微带电极理论设计和分析光开关器件打好基础。

第2章为光开关的波导结构及模式分析。针对光开关设计中所涉及的介质吸收型和金属包层型波导结构，运用微扰法或者微分法求解其传播常数及振幅衰减系数，简化波导结构，并分析其耦合、偏折、弯曲等特性。本章还给出了其他几种波导的分析方法，如多模干涉波导、狭缝波导等，为设计和制备新型光开关器件提供了理论依据。

第3章为行波电极结构及其分析理论。首先介绍了含掺杂生色团聚合物的两种极化方法——电晕极化和接触极化，并依据电光调制理论分析了极化聚合物的折射率变化与外加电场的关系。其次，针对所设计的电光开关，给出了经常用到的几种共面或微带行波电极结构及其电场分布的计算方法，包括保角变换法、镜像法、点匹配法、扩展点匹配法等。最后，讨论了行波电极的等效模型、阻抗匹配和动态场分布等问题。

第4章为传统结构极化聚合物电光开关。主要针对传统的定向耦合结构、MZI结构、Y型耦合器结构、多节反相电极结构的电光开关，给出了各器件详细的结构模型、分析理论、相关公式和性能模拟结果。另外，通过在波导或电极方面提出一些改进或优化的结构，来增大电光耦合效率、降低开关电压、增大工艺容差、减小器件尺寸、降低插入损耗和串扰。本章给出的一些分析理论、设计方法和优化过程，可为实验室制作和加工该类以及同类器件提供一定的理论依据和数据参考。

第5章为聚合物宽光谱电光开关。为了拓宽电光开关的输出光谱，使之能应用于非波长选择性光片上网络(ONoC)系统，本章主要针对MZI结构，通过分析波长变化时MZI电光区相移的色散特性，设计了新型相位补偿单元，并利用其产生的非线性相位对MZI电光区的相移漂移进行补偿，有效消除了波长变化导致的功率变化，从而拓宽了器件的输出光谱范围。本章以相位发生器(PGC)为相移补偿单元并以MZI为基本器件结构，优化设计并模拟了多种硅基聚合物宽光谱MZI电光开关，分别给出了器件的结构和光谱拓展原理，应用非线性最小均方优化算法对器件结构做了优化，对其光谱性能做了模拟分析和讨论。

第6章为周期化波长选择性光开关。本章使用两个串行级联的PGC补偿MZI区域产生的相移漂移，并通过对PGC结构的优化，实现相位补偿和消光比补偿，使器件的输出端口呈现周期性输出光谱。本章首先阐述非对称MZI的一般光谱周期化理论并给出相关公式。接着，设计两种光谱周期化的非对称MZI波长选择性开关，对其开关性能和光谱性能做具体模拟和分析讨论。

第7章为行波电极高速电光开关及其时频域分析。为了提高电光开关的开关频率和开关速度，首先设计和优化了阻抗匹配型定向耦合电光开关、阻抗匹配型MMI-MZI电光开关、屏蔽电极定向耦合电光开关、屏蔽电极Y型耦合器电光开关和余弦级联反相CPWG行波电极定向耦合电光开关。其次，针对前两种器件，给出了微元近似分析法，理论模拟了器件的低频和高频开关响应特性；针对第三、四种器件，给出了趋肤效应特性分析法，理论模拟了趋肤效应对器件性能的影响；针对第五种器件，给出了傅里叶分析方法，该方法可更为准确地分析器件的时频域特性。

第8章为聚合物热光开关。本章优化设计并制备了两种有机/无机混合结构的MZI热光开关，分别测试了器件的静态和动态特性。另外，利用自主制作的含噪驱动源，实验研究了器件的容噪特性，并对相关结果做了分析和讨论。

本书的大多内容是作者历年发表的SCI、EI等学术论文的内容总结,具有较高的学术价值和学术水平。书中对光开关的研究工作得到了国家自然科学基金、教育部博士点基金、中国博士后科学基金等多个项目的资助。

本书由以下科研项目经费支持出版:

1. 国家自然科学基金:“聚合物电光开关阵列的S+C+L超宽波段光谱平坦化及失效模式研究”(项目负责人:郑传涛;批准号:61107021;起止年月:2012.01.01—2014.12.31)。

2. 高等学校博士学科点专项科研基金(新教师类):“聚合物电光开关阵列的S+C+L超宽波段带宽平坦化研究”(项目负责人:郑传涛;批准号:20110061120052;起止年月:2012.01.01—2014.12.31)。

3. 高等学校博士学科点专项科研基金(优先发展领域课题):“聚合物超宽波段电光路由/开关阵列及其可扩拓扑机制研究”(项目负责人:王一丁;批准号:20120061130008;起止年月:2013.01.01—2015.12.31)。

4. 吉林省科技发展计划——青年科研基金项目:“聚合物电光路由/开关阵列及拓扑机制研究”(项目负责人:郑传涛;批准号:20130522161JH;起止年月:2013.01.01—2015.12.31)。

本书可作为导波光学、集成光学、光电子学、物理电子学等专业科研工作者和工程技术人员的参考用书,同时也可作为相关专业研究生的教学用书。

在本书编写及修改过程中,参阅了国内外的一些著作和学术论文,均列于参考文献中,在此向原作者们表示由衷谢意!

本书的主要工作也得到了吉林大学聚合物光子技术实验室全体老师和同学的支持,向他们表示衷心的感谢。本书出版过程中得到了中国科学技术大学出版社的大力支持和热情协助,在此表示诚挚的谢意!

书中难免存在一些差错和不当之处,敬请广大读者批评指正,并提出宝贵意见。

作　者

2014年5月

目　　录

绪　　言

随着社会的进步与发展以及人们物质与文化需求的日益增长，通信向大容量、长距离的方向发展已经成为必然趋势。因为光波具有极高的频率即具有极高的通信带宽（大约 3 亿 MHz），从而可容纳巨大的通信信息，所以用光波作为载体进行通信一直是人们几百年来追求的目标。以光波作为载波、光纤作为传输介质的通信系统称为光纤通信系统。从 20 世纪 60 年代到 90 年代的短短几十年中，光纤通信技术取得了极其惊人的进展，用带宽极宽的光波作为传送信息的载体进行通信成为了现实。然而，就目前的光纤通信而言，其实际应用仅仅发挥了其潜在能力的 2%左右，尚有巨大的潜力等待人们去开发利用。因此，光纤通信技术必将向更高水平、更高阶段的方向迈进。

同光放大器、光滤波器、光隔离器等器件一样，光开关是光通信系统的核心器件。与无机材料相比，聚合物材料具有价格低廉、处理工艺简单、折射率易调整、成膜性能好等诸多优点，因此，人们对聚合物光开关的研究逐渐发展起来。设计和制作出低电压、低串扰、高消光比、宽光谱、低损耗和高稳定性的聚合物光开关已成为光纤通信系统性能的重要保证。

本书在阐述波导型聚合物光开关机理、波导和电极设计理论的基础上，给出了传统型、改进型、宽光谱型、波长选择型、热光型等不同种类光开关的结构模型和分析理论，对各种器件的波导结构和电极结构进行了详细的特性分析和参数优化，对各器件的开关特性进行了模拟，对给出的分析理论和设计方法进行了验证，对各结构器件的优缺点进行了对比讨论，为实验室制备相关器件提供了必要的数据参考和理论依据。

第1章　光开关技术

本章首先介绍光开关技术的主要应用、技术种类和特点，然后详细介绍电光以及热光机制下的光开关技术及研究现状，使读者能够更好地了解光开关技术，并为以后运用光波导模式理论和行波传输线电极理论设计和分析光开关器件打好基础。

1.1　光开关技术应用

目前，光纤通信已从第一代 850 nm 多模光纤系统、第二代 1300 nm 多模光纤系统过渡到第三代 1300 nm 单模光纤系统。第四代 1550 nm 单模光纤系统也已广泛投入使用。随着光电子器件、光纤技术以及系统技术的不断改善和更新，超高速、超大容量和超长距离的光纤通信系统乃至全光光纤通信系统已从实验室研发阶段逐步进入工程实施阶段。与其他通信技术相比，光纤通信技术的主要优点是：

① 光波频率相对较高，光纤传输频带很宽，故传输容量很大，理论上可通上亿门话路或上万套电视，可满足图像、数据、传真、控制、打印等多种业务需求。

② 抗电磁干扰，保密性好，不怕雷击，可利用高压电缆架空敷设，可用于国防、铁路、防爆等。

③ 耐高温、高压，抗腐蚀，不受潮，可靠性高。

④ 光纤材料来源丰富，可节约有色金属（如铜、铝），且直径小、重量轻、可缠绕性好。

传统的光纤通信仅限于石英光纤的几个低损耗窗口，包括 850 nm、1310 nm 和 1550 nm 波长的单路传输，增加系统容量的唯一方式是采用电时分复用（ETDM）技术以提高每对光纤的传输速率。由于电子处理的传输速度以 10 Gbps 为限，要提高到 20 Gbps 已经相当困难。为了克服这一瓶颈，充分发挥光纤通信的带宽优势，光波分复用（WDM）技术应运而生。

所谓波分复用，就是按照一定的波长间隔，把若干路经过调制的光信号通过合束器或波分复用器耦合在一起，由一根光纤传输。根据各路信号波长间隔的不同，把波长间隔大于 200 GHz（大于 1.6 nm）的复用称为粗波分复用（CWDM）（传统习惯上把 1310 nm/1550 nm 复用也称为粗波分复用）；把波长间隔小于 200 GHz（小于 1.6 nm）的复用称为密集波分复用（DWDM）。目前在长途系统和城域网中广泛使用的是 DWDM，在用户接入系统尤其是光纤入户系统（FTTH）中使用的是 CWDM。

自 20 世纪末开始，DWDM 光纤通信系统迅速发展，在通道数量和单通道传输容量上都取得了长足的进步。

1999 年 10 月，Sun 等人[1]报道了基于在线级联半导体光放大器的 32×2.5 Gbps DWDM 传输系统，传输距离可达 125 km，原理图如图 1.1 所示，光谱范围为 1534.95～1559.36 nm，光谱间隔为 100 GHz（0.8 nm）。另外，Spiekman[2]、Yamada[3]、Makino[4]、Takara[5]、Cho[6]、Xie[7]、Dumler[8]以及 Furukawa[9]等人所在的研究小组分别报道了不同传输容量和通道数目的 DWDM 光纤通信系统。2009 年 9 月，Yu 等人[10]使用 SMF－28 标准光纤试验了一种调制方式为 PDM－RZ－QPSK、容量为 4×100 Gbps 的 DWDM 传输系统，其传输距离可达 1040 km，该系统的实验装置如图 1.2 所示。

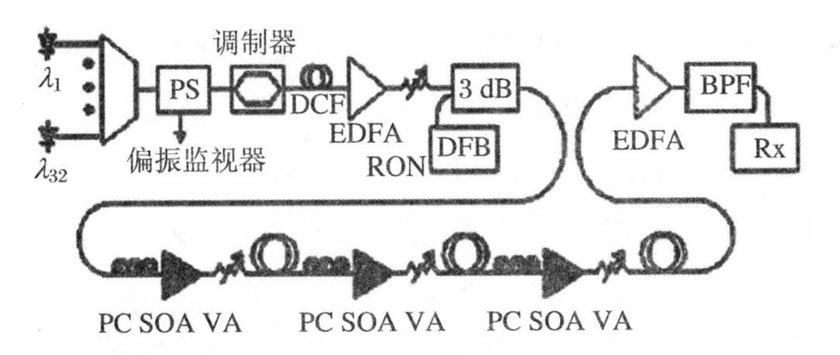

图 1.1　基于级联半导体光放大器的 32×2.5 Gbps DWDM 传输系统[1]

在 DWDM 光纤通信系统中，主要有如下两种技术：

(1) 光交叉连接(OXC)技术[11~14]

对于传统的光纤通信系统,在交换节点处需要首先通过光电转换设备将光信号转换为电信号,然后再进行各种处理。在这种处理模式下,因为交换节点处的电子元器件受电子瓶颈的限制,致使光纤通信的带宽优势无法发挥出来。为了解决这个问题,需要采用 OXC 设备将光信息直接在光层面进行交换,即用光子器件替代电子器件同时以光交换替代电交换,所以在较为成熟的 DWDM 系统中需要具有 OXC 设备。该设备的主要作用是在光波层面完成信号复用、交换、保护倒换和监控管理等功能。由于 OXC 设备无需关心信号内部的格式、速率等问题,因此可更为透明地对位于底层的原始光信号进行处理,并且处理速度可高达 10^{15} bit 量级。

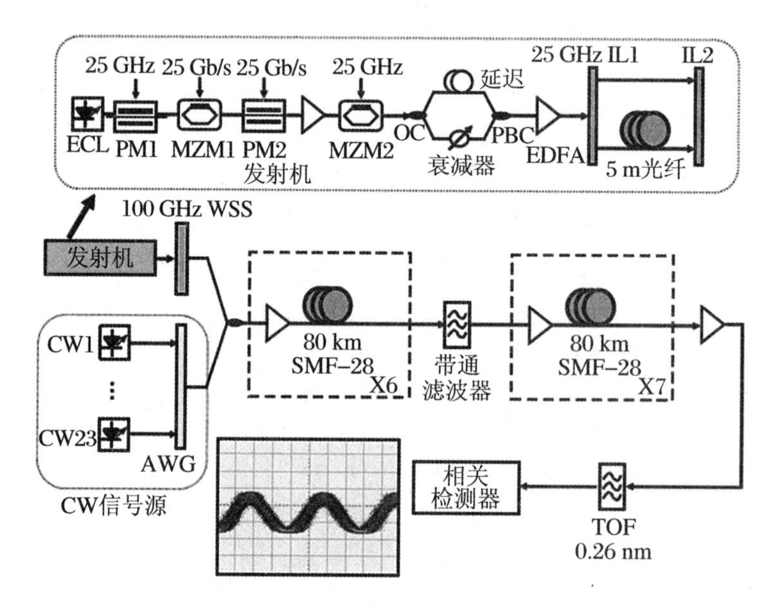

图 1.2 容量为 4×100 Gbps 的 DWDM 传输系统[10]

图 1.3 是 OXC 设备的基本原理简图,主要包括输入单元(光放大器(EDFA)、光解复用器(DEMUX))、光交叉连接部分(光交叉连接矩阵)、输出单元(波长变换器(OTU)、功率均衡器、复用器)、控制和管理单元以及分叉复用单元。光信号经过放大和解复用后成为单一波长的光波,进入交换矩阵进行交换,而后变换波长并经均功后重新复用输出,同时,也可复用在 IP 网络和同步光网络(SDH)链路上。

(2) 光分插复用(OADM)技术[15~17]

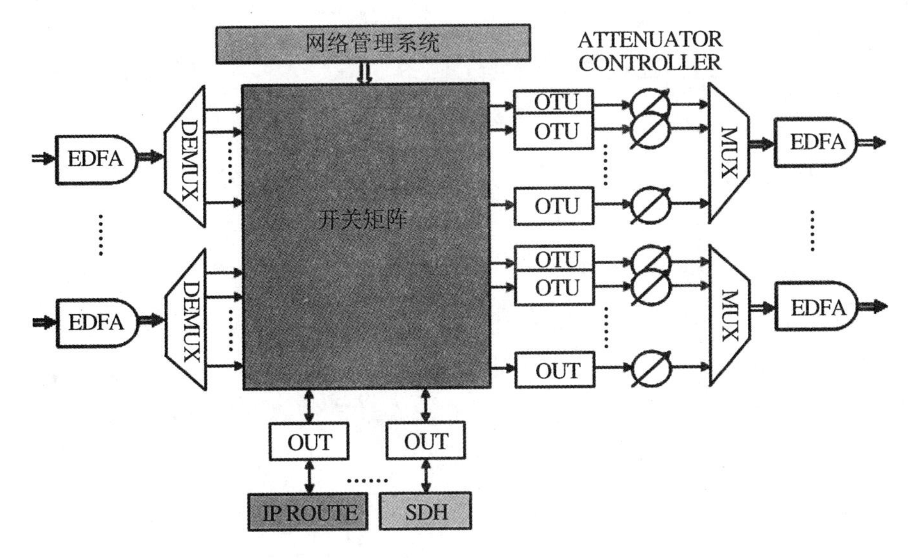

图1.3　OXC设备的光开关技术

EDFA:光放大器;DEMUX:光解复用器;OUT:波长变换器;
ATTENUATOR CONTOLLER:光衰减器;MUX:复用器

OADM是指将某一波长的光信号从传送节点处“分离”出来或者将该波长的光“插入”到传送节点处的处理技术。OADM原理图如图1.4所示,

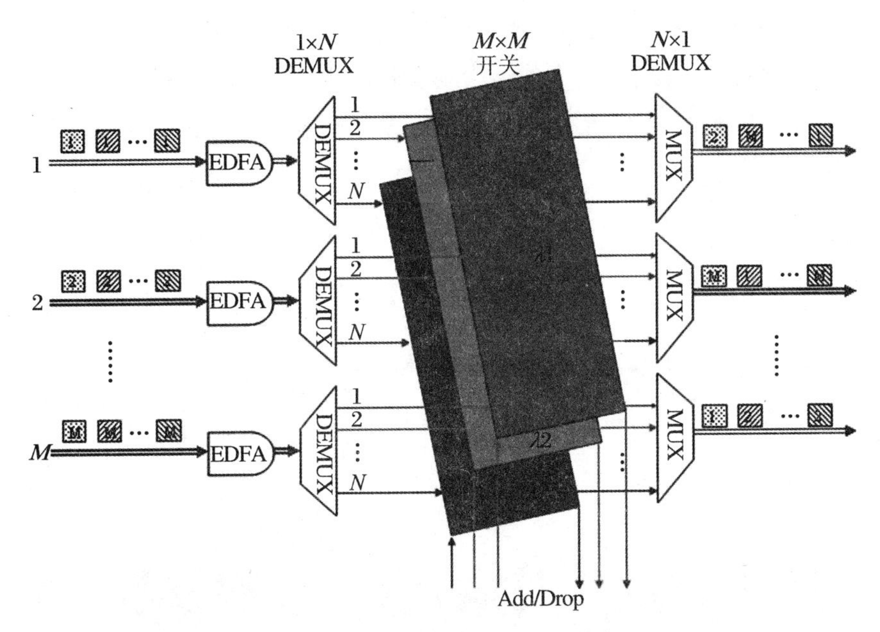

图1.4　OADM设备的光开关技术

EDFA:掺铒光纤放大器;DEMUX:光解复用器;MUX:光复用器;Add/Drop:上传/下载

具体工作过程可简述为：从线路来的多个波长信道的光信号，进入 OADM 的输入端，根据需要，在这些波长信道中，有选择性地从下路端（Drop）输出所需波长信道的光信号，或者从上路端（Add）输入所需波长信道的光信号，而其他与本地无关的波长信道的光信号可直接通过 OADM 设备，并与 Add 端波长信道的光信号复用后，通过 OADM 的线路输出端输出。OADM 设备的使用，可使光网的波长应用和分配更加灵活。

OADM 的主要性能参数包括信道间的波长间隔、信道带宽、中心波长、信道隔离度、温度稳定性及信道插入损耗的均匀度等。实现 OADM 的具体形式主要有两类：光纤光栅器件加光开关以及分波合波器器件加光开关阵列。

(1) 光纤光栅器件加光开关

光纤布拉格光栅（FBG）是采用紫外光干涉在光纤中形成的周期性折射率变化制作而成的光器件，具有成本低，重复性好，可批量生产，易于和不同的光纤系统连接且连接损耗小，波长、带宽及色散等可灵活控制等优点。不足之处在于受外部环境的影响较大，由温度、应变等因素产生的微小变化都可造成 FBG 器件的中心波长漂移。

(2) 分波合波器器件加光开关或光开关阵列

分波合波器一般采用体光栅、阵列波导光栅（AWG）和多层介质膜等器件。在该模式下，采用分波合波器实现波长路由，采用光开关或光开关阵列实现 OADM 的上、下路切换。群路与支路之间的串扰由光开关决定，各波长信道之间的串扰由分波合波器决定。不足之处在于，由于分波合波器的损耗较大，由此造成 OADM 设备的插入损耗也较大。

按照速度与端口数目要求的不同，光开关的主要应用及需求如图 1.5

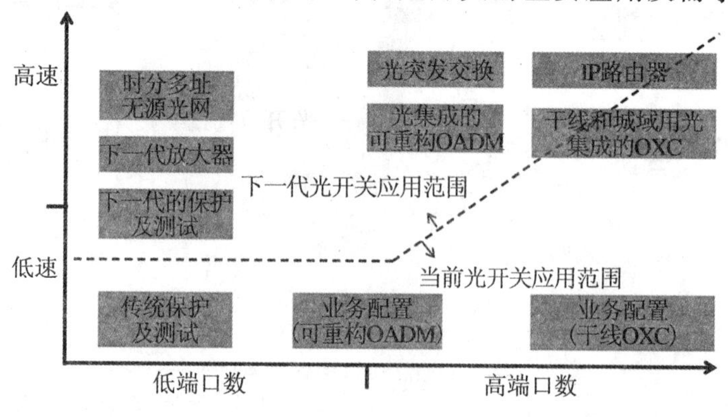

图 1.5 光开关的主要应用及需求

所示,可以看出,光开关的发展趋势是高速度及高端口数。因此,提高光开关的稳定性和可靠性,降低光开关制备成本,使之实用化和商用化,对改善光纤通信系统性能具有重要的现实意义。

1.2　光开关技术基础

随着 DWDM 系统的广泛应用,复杂的网络拓扑对可靠、灵活的网络管理产生了强烈的需求,DWDM 在城域网和接入网的应用对具有插/分和交换功能的光开关的需要更加迫切。在光网络中,光域优化、路由、保护和自愈等功能已经成为关键,而这一切都离不开光开关。

1. 光开关的作用

· 光网络的自动保护倒换:当发生光纤断裂或其他传输故障时,利用光开关实现信号迂回路由,从主路由切换到备用路由上。这种保护通常只需要简单的 1×2 或者 $1\times N$ 光开关即可实现。

· 网络监视:当需要监视网络时,只需在远端监测点将光纤经光开关连接到网络监视仪器上,通过光开关的动作,就可以实现网络的在线监测。这种监视通常使用简单的 $1\times N$ 光开关即可完成。

· 光器件测试:将多个待测光器件通过光纤连接,再利用 $1\times N$ 光开关监测每个通道的信号来测试相应器件。

· 构建 OADM 设备的核心:OADM 是光网络关键设备之一,通常用于城域网和骨干网。实现 OADM 光信号上、下路的具体方式很多,但大多数情况下都应用了光开关且主要是 2×2 光开关。由于光开关的使用,使 OADM 能动态配置业务,增强了 OADM 节点的灵活性;同时,使得 OADM 节点能支持保护倒换,当通信网络出现故障时,节点将故障业务切换到备用路由中,增强了网络的生存能力和保护恢复能力。

· 构建 OXC 设备的交换核心:OXC 主要用于骨干网,对不同子网的业务进行汇聚和交换,因此需要使用光开关对不同端口的业务进行交换。同时,光开关的使用使 OXC 具有动态配置业务和支持保护倒换的功能,在光层面支持波长路由的配置和动态选路。由于 OXC 主要用于高速大容量 DWDM 光骨干网中，因此对光开关的性能要求较高，如透明性、高速、大容量、多粒度交换等。

2. 波导光开关结构

· 定向耦合器(DC)，如 Y 分支 DC、通用 DC 等。

· 马赫—曾德尔干涉仪(MZI)，其分束及合束器结构主要有 Y 分支型、DC 型、非对称 X 结、对称 X 结、多模干涉仪(MMI)等。

· 数字光开关(DOS)，如 Y 分支型、非对称 X 结等。

· 微环谐振器(MRR)，如串联耦合多环谐振器、并联耦合多环谐振器等。

3. 光开关制备材料

无机电光晶体材料($LiNbO_3$、$LiTaO_3$ 等)，Ⅲ～Ⅴ族化合物半导体材料(InP、GaAs 等)，玻璃，液晶材料，有机聚合物材料等。

4. 光开关特性参数

· 插入损耗：各端口的输出光功率与器件输入光功率的比值，一般用 dB 表示。

· 串扰：非导通端口与导通端口的输出光功率比值，一般用 dB 表示。

· 隔离度：两个相邻输出端口的输出光功率的比值，一般用 dB 表示。

· 消光比：某端口在导通与非导通状态下的输出光功率比值，一般用 dB 表示。

· 回波损耗：从输入端返回的光功率与输入光功率的比值，一般用 dB 表示。

· 开关时间：从施加或撤销驱动信号的时刻算起，开关某端口从某一初状态转为通状态或者断状态所需要的时间。

· 开关速度：单位时间可以完成的最大开关次数，用 Hz 表示。

· 偏振损耗：由偏振状态引起插入损耗的差值，用 dB 表示。

· 工作波长与输出频谱：在一定的允许的性能参数范围内，所允许的工作波长范围。

· 开关寿命：器件所允许的最大操作次数。

· 驱动功率：能使得器件产生正常动作所需要的驱动功率，一般是指电功率。

5．光开关的性能要求

为了改善光纤通信系统性能，需要的光开关性能指标包括：小的串扰，大的消光比，低的插入损耗，低的偏振依赖性，小的驱动功率，快的响应速度和短的响应时间，合适的光波信号带宽（输出光谱）及小的光谱漂移，与光纤对接时高的耦合效率，制作公差对开关特性的小的影响，高的热稳定性，长的使用寿命即高的可重复操作次数，低的成本，小的器件尺寸即高的集成度，简单、成熟的加工和制作工艺等。

1.3　光开关技术分类

按工作时的路由介质划分，光开关可分为自由空间光开关和波导光开关。按开关机理划分，光开关可分为机械式光开关和非机械式光开关两种。机械式光开关利用驱动机构带动活动光纤（或者微反射镜），使活动光纤（或者微反射镜）根据指令信号与所需光纤（或者光波导）连接。非机械式光开关根据工作原理的不同可分为电光效应开关、载流子注入效应开关、热光效应开关、声光效应开关和折射率效应开关等。

1．机械式光开关[18]

传统机械式光开关的发展较为成熟，其实现方式可分为移动光纤、移动套管、移动准直器、移动反光镜、移动棱镜和移动耦合器。其优点是插入损耗较低（$\leqslant$2 dB），隔离度高（$>$45 dB），偏振和波长依赖性低。其缺陷在于开关时间较长，约为毫秒量级，有时还存在回跳抖动和重复性较差的问题。另外，该类器件体积较大，不易做成大型的光开关矩阵。

2．微光机电系统（MOEMS）光开关[19～23]

MOEMS 光开关是微机电（MEMS）技术与传统光技术相结合的新型机械式光开关。利用半导体微细加工技术可以制作出微小而活动的机械系统，采用集成电路标准工艺在 Si 衬底上制作出微反射镜阵列。按照驱动目标的不同，MOEMS 光开关又可分为光纤驱动式和微反射镜驱动式两种，驱动力可以是热力、静电力或者静磁力等。实际报道和应用的产品多以后者为主，原因是该类开关具有体积小、消光比大、开关速度快、偏振依赖性低等优点。文献[23]报道了一种用于DWDM系统的8×8 MOEMS光开关，如图1.6所示，其中图1.6(a)为8×8光开关的结构图和DWDM实验装置

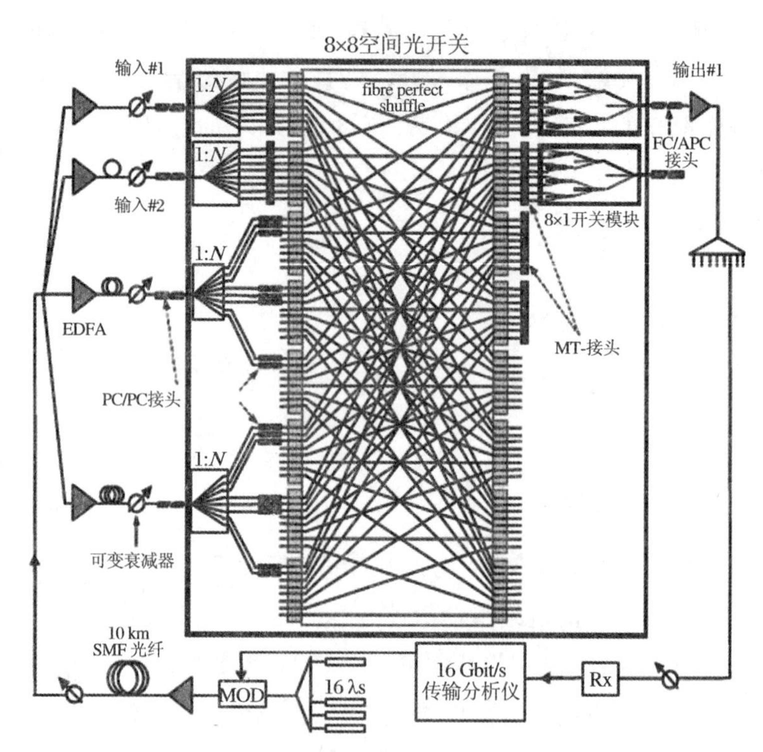

(a) 8×8光开关的结构图和DWDM实验装置图

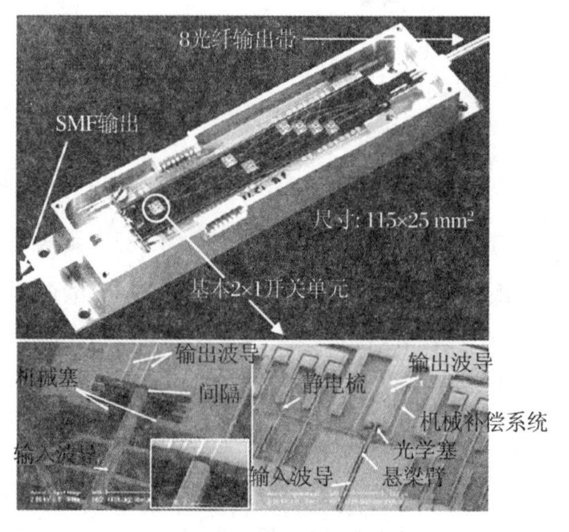

(b) 8×1 MOEMS光开关的结构图

图1.6 8×8 MOEMS光开关[23]

图，图1.6(b)为基于三级2×1光开关级联结构的8×1 MOEMS光开关的结构图及2×1光开关的结构图。实验结果显示，在波长为1525～1565 nm范围内，8×1光开关的端到端总损耗为16.5～18.5 dB，波长依赖损耗小于0.2 dB，偏振依赖损耗小于0.3 dB，隔离度大于50 dB，上升时间和下降时间分别为1.5 ms和0.3 ms。

3. 液晶光开关[24～27]

液晶光开关利用了液晶材料的电光效应——在液晶材料未加电压与施加电压两种情况下，偏振光通过液晶材料后，其偏振态的变化不同。由于液晶材料的电光系数是$LiNbO_3$的百万倍，因而成为最有效的电光材料。液晶光开关一般由三部分组成：入射光首先进入偏振光分束器，被起偏后射入液晶，从液晶输出的光的偏振态取决于该液晶是否加电压，然后进入偏振光合束器。由于液晶光开关没有可移动的机械部分，所以其可靠性高，此外，液晶光开关还具有无偏振依赖性、驱动功率低等优点。在液晶光开关发展的初期有两个主要的制约因素，即切换速度和温度相关损耗，现在已有技术可使铁电液晶光开关的切换时间降到1 ms以下，其典型插入损耗小于1 dB。

图1.7所示为Wang等人[27]报道的TE和TM模通用的液晶光开关。液晶材料作为波导的上包层，由三部分组成：偏振分束器(3 dB耦合器)、偏振转换器和偏振合束器(3 dB耦合器)。当未加电压时，如图1.7(a)所示，若进入端口1的输入光为TE模式，经过耦合后，进入另一分支波导，由于未加外加电压，因此其传播模式不变，最终经耦合后由端口4输出；若进入端口1的输入光为TM模式，在经过偏振分束器时该模式不发生耦合作用，即继续沿原波导传输，由于未加外加电压，因此经过模式转换器后其传输模式不变，最终仍由端口4输出。当施加电压时，光波在通过偏振转换器后，其偏振模式发生转变，此时光波将从端口3输出。模拟结果表明，当输入光为TE模式时，器件ON和OFF状态间的消光比分别为18.4 dB和28 dB；当输入光为TM模式时，器件ON和OFF状态间的消光比分别为16.46 dB和29.38 dB。

4. 电光开关

电光开关是利用电光效应改变波导材料折射率而实现光的开关作用，其材料包括无机电光晶体材料、半导体材料和有机聚合物材料等。由于电光开关具有开关速度快、插入损耗小、串扰低、消光比高、使用寿命长、集成度高等优点，而高分子有机极化聚合物材料具有价格低廉、介电常数低、折射率易调整、电光系数高、成膜性能好、工艺简单、响应时间短等优点，使得聚合物电光开关成为高速光开关的研究热点和发展方向，并且在光通信网络中有着广泛的应用。关于此类电光开关的详细原理和研究进展将在本章后续几节做详细介绍。

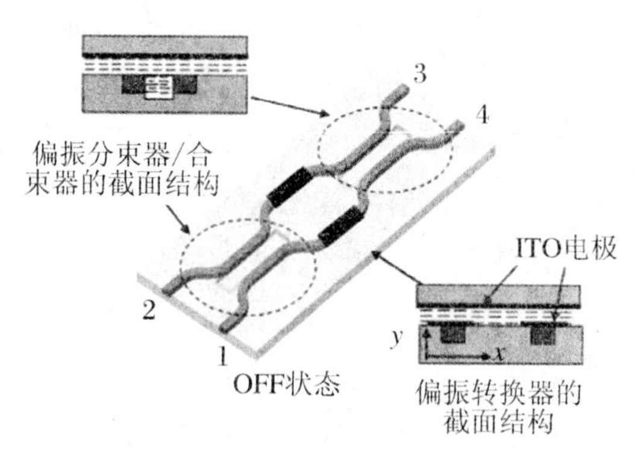

(a) 未加电压

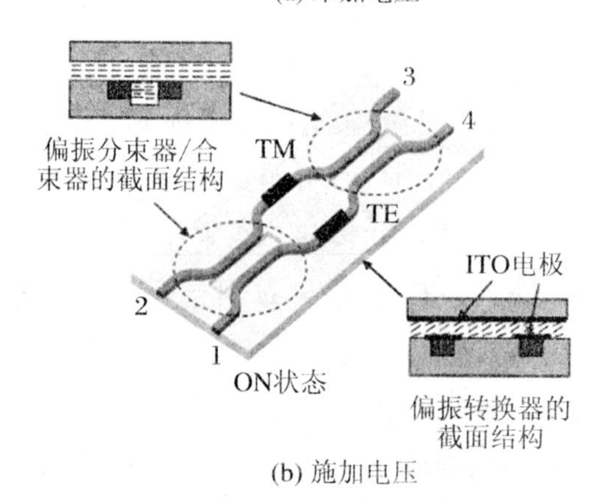

(b) 施加电压

图 1.7 液晶光开关的工作原理[27]

5. 热光开关[28~33]

热光开关的原理：通过对光波导加热来改变波导材料的折射率，进而实现光的开关功能。从结构上来讲，热光开关由分支波导（或阵列）及薄膜加热器两部分组成，通过控制薄膜加热器的电压或者电流，可控制加热器产生的热量，进而控制光波导的温度以此达到控制折射率的目的。制作热光开关的主要材料有 Si、SiO_2、有机聚合物等。为了降低驱动电压或驱动电流，设计中需要尽可能选择热光系数大的材料。对于有机聚合物材料来说，当温度变化时，折射率的变化主要由材料密度的变化决定，由于有机聚合物材料的分子量很大，因此其折射率变化要远大于无机材料，其热光系数一般可达 $10^{-4}/^{\circ}C$ 量级。通过采用定向耦合器结构、MZI 结构和数字型结构，国内外部分公司、科研院所已研制出具有良好性能的有机聚合物光波导热光开关及阵列。文献[28]报道了一种基于高折射率差的硅光子线波导的 MZI 热光开关，波导结构如图 1.8 中(a)所示，器件加热电极结构如图 1.8 中(b)所示。实验结果表明，该器件的驱动功率约为 6.5 mW，10%～90%的上升时间为 14 μs。本书后续章节也将对聚合物热光开关做详细阐述。

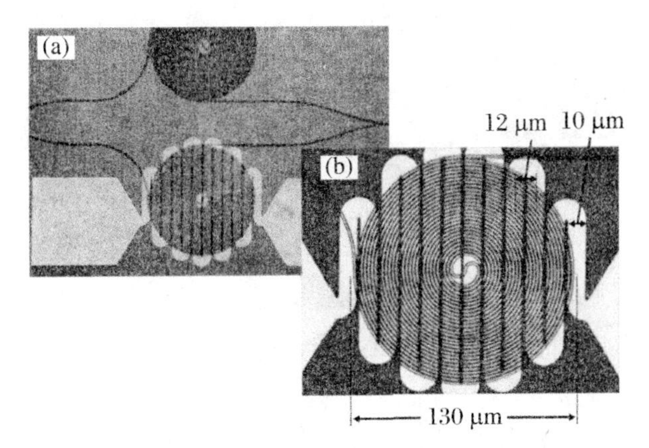

图 1.8 基于硅光子线波导的 MZI 热光开关[28]

(a) 器件整体结构；(b) 加热电极结构

6. 半导体光放大器(SOA)光开关[34～36]

SOA 光开关包括分支波导和半导体光放大器两部分，可通过平面光波导与 SOA 的单片集成或者光纤等无源器件与 SOA 的连接来实现。该类器件的工作原理可描述为：施加电压的 SOA 波导分支由于对光具有放大作用，从而使该支路呈现开状态；未施加电压的 SOA 波导分支由于对光吸收系数较大，从而使该支路呈关状态。如图 1.9 所示为一种用于速率为 40 Gbps、触发模式为 2R 接收机的 SOA－MZI 光开关，它由两个分波系数为 α 的耦合器组成，MZI 两臂上各使用了两个 SOA[34]。

7. 全光开关[37～40]

全光型光开关是实现全光网络进程中的研究热点之一。目前，人们对全光开关的研究已经取得了初步进展。虽然全光开关的工作机理较为广泛，但很大程度上仍是利用现有的非全光型光开关的相似机理。例如，利用半导体材料的光折射率效应，该过程与载流子注入的电折射率效应近似相同，只是是利用光生载流子激发的带填充效应（半导体材料）或隧穿势垒效应（多量子阱材料）来改变材料折射率。有机聚合物材料的三阶非线性效应也是设计和制作全光开关的机理之一[38,39]。该效应是指电极化矢量不仅与电场的一次方有关，而且与电场的二次方、三次方……有关，材料的折射率与入射光的光强成正比，比例因子称为非线性系数。当改变入射控制光的强度时，可以调节材料的折射率，进而改变信号光的传输路径，达到光功率切换的目的。目前，全光开关的设计中仍有很多需要解决的问题，如控制光的耦合、信号光与控制光的分离以及材料本身的光效应效率等。

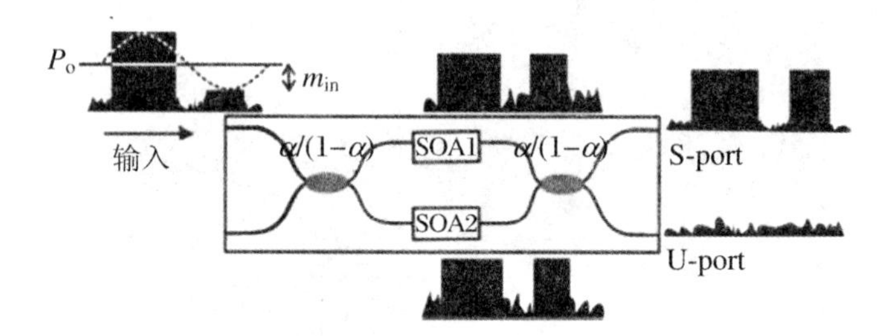

图 1.9 SOA-MZI 光开关结构及工作原理[34]

1.4 基于无机电光晶体材料的光开关技术

作为电光开关研究领域的一个分支，波导型电光开关以其开关电压低、响应时间短、开关速度快、集成度高等优点成为光通信系统中的重要元件。它主要依靠波导材料的电光效应，改变其自身的折射率，进而改变光的传播路径，达到切换光信号通道的目的。具有电光效应的无机电光材料包括 K. D. P.、$BaTiO_3$、GaAs、InP、CdTe、$LiNbO_3$、CdSe 等，而最初报道的电光开关就是基于无机电光材料的波导电光开关。

1.4.1 电光晶体光开关

早在1975年，Campbell等人[41]就报道了基于GaAs材料的定向耦合器型电光开关，其中心工作波长为1060 nm，耦合区长度为7 mm，波导长度为6 μm，波导间隔为7 μm，开关电压为35 V，消光比约为13 dB，开关的上升时间为7 ns，3 dB调制带宽约为100 MHz。1976年，Sasaki等人[42]报道了633 nm、Y分支结构、Y切X传Ti：$LiNbO_3$电光开关，互作用区的波导宽度为14 μm，Y分支区的波导宽度为7 μm，中心电极宽度为4 μm，与两侧地电极的间隔为5 μm，开关电压约为20 V。1977年，Papuchon等人[43]报道了对称X结电光开关，在514.5 nm工作波长下，器件的工作电压分别为+8 V和−18 V，串扰分别为−16 dB和−18.3 dB。1979年，Kawase等人[44]应用离子轰击增强刻蚀技术制备了两种630 nm、脊形波导Ti：$LiNbO_3$电光开关。器件一：脊形波导宽度为2.4 μm，电极宽度和长度分别为20 μm和3 mm，电极间隔为4.2 μm，开关电压为20 V，消光比为19 dB；器件二：波导宽度为4.0 μm，电极长度和间隔分别为2.5 mm和7.0 μm，开关电压为16 V。

1983年，Masamitsu等人[45]理论分析并制作了630 nm、对称和非对称结构的两种Ti：$LiNbO_3$数字电光开关。两种器件的开关电压均约为80 V，电光重叠积分因子约为0.3。1984年，Mccaughan[46]报道了波长为1300 nm、低损耗、偏振无关、Z切X传$LiNbO_3$电光开关，推导了S型弯曲波导与直波导间耦合系数等相关公式，并制作了规模为2×2和4×3的电光开关，所制备的2×2器件在TE模式下的开关电压为80 V，TM模式下的开关电压为70 V，插入损耗约为3 dB，串扰约为−14 dB。

1991年，Duthie等人[47]报道了基于模式多样性、偏振无关$LiNbO_3$波导电光开关，由具有TM模式谐振特性的金属负载型定向耦合模式分离器和TE、TM模式下的定向耦合器组成。器件的中心工作波长为1300 nm，TM模式下的开关电压为7 V，TE模式下的开关电压为24 V。1992年，Mccallion等人[48]报道了一种基于电光夹层的光纤开关。它由三部分构成：输入光纤、电光晶体插入层和耦合光纤。实验结果表明，当$LiNbO_3$夹层的厚度为10 μm时，开关电压约为40 V。同年，Zucker等人[49]首次报道了偏振无关量子阱波导 MZI 电光开关，通过改变 InGaAs/InP 量子阱的组成成分及内部应变的程度、合理设计量子阱带隙来产生 TE 和 TM 偏振模式下场诱导的等量折射率变化，同时保留了未受应变的量子阱的增强性电光效应特性，所获得的电压长度积仅为 3 V·mm。实验结果显示，在 1600 nm 波长下，开关电压约为 4.6 V，损耗为 3.0 dB。

2004 年，Tanushi 等人[50]报道了基于电光材料的单环侧向耦合微环谐振器电光开关。结果表明，当电光材料为 $LiNbO_3$ 时，开关电压为 13.5 V（@850 nm）。

详细内容可参阅相关文献。

1.4.2 电光晶体光开关阵列

人们报道较多的光开关阵列一般由若干定向耦合电光开关单元或者数字光开关单元级联组成。1976 年，Schmidt 等人[51]首次报道的光开关阵列由 5 个反转 $\Delta\beta$ 结构 Ti: $LiNbO_3$ 定向耦合电光开关组成，其最大串扰小于 −18 dB。

1982 年，Kondo 等人[52]报道了工作波长为 1300 nm 的 $LiNbO_3$ 波导电光开关阵列，其损耗为 6 dB。1985 年，McCaughan 等人[53]报道了基于 16 个定向耦合电光开关的 4×4 光开关阵列，开关电压为 11 V，光纤—光纤的插入损耗为 4.6～15 dB，串扰为 −12～−35 dB。1986 年，利用成熟的光波导加工工艺，文献[54]报道了串扰＜−30 dB 的 4×4 反转 $\Delta\beta$ 电极定向耦合结构电光开关阵列，每个定向耦合开关单元由独立的电压控制，交叉态电压为 ±7.8 V，直通态电压为 13 V，平均插入损耗为 5.2 dB。同年，Granestrand 等人[55]报道了 8×8 无阻塞 $LiNbO_3$ 波导电光开关阵列，如图 1.10 所示，其总长度为 6 cm，含 64 个长度为 2 mm 的反转电极定向耦合器，总的插入损耗小于 7 dB，消光比大于 30.5 dB，直通态和交叉态的驱动电压分别为 18.4 V 和 26.4 V。

进入 20 世纪 90 年代后，设计和制作的开关阵列规模继续增大。1991 年，Duthie 等人[56]报道了 16×16 $LiNbO_3$ 波导光开关阵列。它具有 56 个基本开关单元，开关电压为 35～60 V，串扰为 −20 dB。1993 年，Okayama 等人[57]报道了 4×4 数字光开关矩阵，由 1×2 Y 分支器、2×2 非对称 X 结和 2×1 Y 分支合束器组成，各开关单元的驱动电压为 ±25 V，TM 和 TE 模式下的消光比分别为 18 dB 和 17 dB。1994 年，该研究小组[58]报道了 32×32 $LiNbO_3$ 波导光开关矩阵，开关电压为 24 V，平均串扰为 -18 dB，器件路径无关的插入损耗为 10 dB。

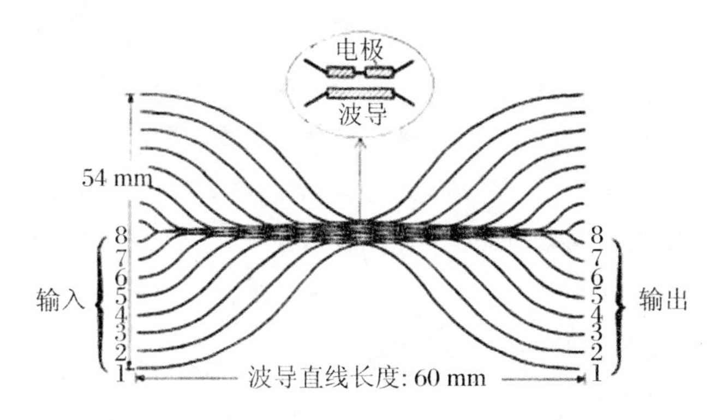

图 1.10　8×8 无阻塞 $LiNbO_3$ 波导电光开关阵列[55]

1.4.3　制备工艺

以 Ti:$LiNbO_3$ 波导电光开关为例，制作工艺主要包括波导制作工艺和电极制作工艺两部分。器件制备流程可简述为：在清洗好的 $LiNbO_3$ 衬底上旋涂光刻胶，并显影为波导形状；通过电子束溅射沉积或磁控溅射沉积或热蒸发工艺沉积 Ti 金属膜；利用显影工艺，将剩余光刻胶及附着其上的金属膜清洗掉；然后将晶体材料放置到温度为 1000～1050 ℃的环境中按照预定的时间扩散形成 Ti 扩散波导区（Ti 金属膜厚度、扩散时间和扩散温度与工作波长、选定的波导模式及模场分布有关）；扩散之后，在衬底材料上沉积 SiO_2 作为缓冲层，以减小电极对波导传输模式的吸收；在缓冲层上蒸镀或者溅射 Al 或者 Au 作为工作电极，特别地，当对开关速度要求不高时，一般可选 Al 电极，当对开关速度要求较高时，一般可采用厚达 3 μm 的 Au 电极（电镀工艺）；最后，对晶体材料进行切割和打磨，连接和对齐光纤接头。

1.4.4 关键技术

1．与光纤的连接

为了增大波导与光纤之间的耦合效率，需要使波导的模场分布与光纤的模场分布尽可能的匹配，这一点可通过合理选择 Ti 扩散的工艺条件来实现。另外，光纤的连接也可通过紫外固化工艺来完成，其损耗小于 1 dB。一般来讲，光纤的模场尺寸较大，为了实现二者尽可能的匹配，波导的模场也应较大，然而为了获得较小的驱动电压，模场尺寸又不宜太大。解决该问题的办法之一是在电光区输出端和光纤连接端之间使用锥形波导，以使波导模场尺寸渐变为光纤的模场尺寸。

2．光折变效应

在可见光以及近红外波长范围内，光功率会影响折射率的变化。但是，在 1300 nm 和 1500 nm 处这种影响会降低，当对折射率不产生影响时，最小的光功率分别可达 10 mW 和 50 mW。

3．直流偏置的漂移

Ti：$LiNbO_3$ 器件直流偏置的漂移是指为了使器件呈现良好的插入损耗和串扰特性，需要在电极上补偿的直流电压，这主要是由缓冲层的绝缘特性不良引起的。因此，器件直流漂移的产生、影响和消除也是设计中需要解决的问题之一。

4．均一性和可重复性

电光开关及阵列的均一性包括稳定的开关电压、恒定的直流偏置等指标；可重复性是指器件的性能不随操作环境的变化而变化。

1.4.5 基本开关单元的性能指标

基本开关单元的特性参数是影响开关阵列整体性能的重要因素，包括开关电压、开关速度、串扰和数据传输速率。分析开关阵列的插入损耗时，除了要考虑基本开关单元的损耗，还要考虑单元之间连接波导和输入/输出区波导的传输损耗。在实际应用中，波长相关性、温度相关性、偏振相关性、制作误差、电压误差等也是衡量器件性能的重要因素。下面给出一些重要的衡量指标：

（1）电压长度积

该参数与波导参数、电极参数、开关条件、电光重叠积分因子有关，该值越小，表明在一定的互作用区长度下，所需要的驱动电压越小；反之，所需要的驱动电压就越大。

（2）开关速度与带宽长度积

由于材料电光效应的响应时间为亚 ps 量级，因此开关时间主要受电路的影响，即取决于开关所使用电极的形式。根据电光开关要求速度的不同，可将电极分为两种：一是低速度下的集总参数电极，此时开关速度取决于 RC 常数，C 是电极的分布电容，R 为终端电阻；二是高速度下的行波传输线电极，此时开关速度取决于光波和微波传输速度的失配程度。一般用带宽长度积来描述这一性能指标，且该值越大越好，即在较短的器件尺寸下可获得较大的传输带宽。

（3）光波传输带宽

该参数主要受两方面因素的影响：其一是光波导中所传输光信号的实际色散脉冲宽度，当波导长度较短时，该时间对数据传输带宽的影响很小；其二是开关的波长依赖性，如果一个光信号可被分解为许多波长频率成分，那么在不产生失真的情况下，需要使所有的光波频率成分都能完成开关作用，这就要求器件在中心波长附近具有较宽的平坦光谱特性。

（4）温度依赖性

对大多数无机材料（如 $LiNbO_3$）而言，其折射率都是温度相关的，开关电压也会随着温度的变化而波动，因此实用中必须控制器件的工作温度。

（5）偏振依赖性

无机电光材料的有效电光系数取决于入射光的偏振方向。为了降低开关电压，一般选取电光系数较大方向作为入射光的偏振方向。为了解决器件的偏振相关问题，人们提出了很多改进设计方案，如对定向耦合器采用加权耦合[59]或采用非对称分支波导[60]等，但此时电光系数较小，得到的电压长度积较大。

1.4.6　光开关阵列的设计关键

光开关阵列一般由 2×2 基本光开关模块通过级联或者交叉连接形成。

在选择光开关结构时,需要考虑如下几个因素:

(1) 连接性和阻塞性

如果阵列的一个输入端需要和一个输出端相连通,但是找不到连通的路径,那么这个器件就是阻塞的;如果这种连接不需要拆除和重建现有的连接,那么这个器件就是严格非阻塞的;如果这种连接的建立需要改变其他的连接,那么这个器件就是可重组非阻塞的。一般来讲,严格非阻塞器件是网络连接中所需要的器件,而其结构一般需要更多的行列交叉单元来实现。

(2) 电压允许范围

降低单个节点的串扰是降低阵列整体串扰以及降低开关电压控制装置复杂度的有效措施。然而在级联过程中,原开关电压对应的串扰值可能会由于级联而改变,因此为了获得更低的串扰,一般需要调节驱动电压,即所设计的开关节点必须是电压可调的,并具有满足一定串扰水平的电压波动范围。

1.5 基于化合物半导体材料的光开关技术

化合物半导体材料除了适用于高速微电子器件外,还广泛应用于高速光波导器件和光电子器件。近几十年来,基于化合物半导体材料(如 InP、GaAs 等)的波导光开关及其集成技术一直是该研究领域的热点之一,同时也是高速光开关的一个主要发展方向。一般而言,该类器件的工作原理可归纳为利用化合物半导体材料的电光效应或者载流子色散效应。然而,因为化合物半导体材料的电光系数较小,因此基于该效应的光波导器件一般尺寸相对较大或者开关电压相对较高,同时,由于这些材料的电光系数是偏振相关的,这也会给器件性能带来不良影响。在 1310～1550 nm 的光通信波段,利用载流子色散效应,化合物半导体材料所能够产生的折射率变化要比电光效应大约两个数量级。当注入的载流子密度达到 10^{18} cm^{-3} 量级时,材料的折射率变化可达 0.01,而且该变化与光的波长、模式偏振态均无关。载流子注入型器件的另一优点是速度快(主要依赖于载流子的寿命),一般可达 ns 量级。另外，为了减小注入功率，设计中需要尽量降低限制层、包层等对载流子的吸收作用。

1976 年，Leonberger 等人[61]利用 GaAs $p^+n^-n^+$ 材料制作了定向耦合器型电光开关，中心工作波长为 1060 nm，消光比大于 12 dB，插入损耗小于 0.2 dB，开关电压为 50 V。该器件是较早报道的基于载流子注入效应的半导体电光开关之一。

1991 年，Komatsu 等人[62]报道了 4×4 GaAs/AlGaAs 电光开关阵列，器件由 12 个反相电极定向耦合器组成，采用分子束外延和反应离子刻蚀技术生长和制作了光波导。器件的直通态电压为 21.9±1.5 V，交叉态电压为 9.0±0.5 V，路径相关损耗小于 0.5 dB。1992 年，Hamamoto 等人[63]又报道了基于 GaAs/AlGaAs 材料的 8×8 电光开关阵列，各基本开关单元由反相电极定向耦合电光开关组成。开关的交叉态电压为 12 V，串扰为 −21 dB，直通态电压为 25.5 V，串扰为 −23 dB，器件总长度 11.5 mm，总损耗（不包含耦合损耗）约为 8.7 dB。器件损耗的降低是由于研究者在 n− 下限制层和波导层之间插入了一个 i− 下限制层，因而大大降低了自由载流子的吸收作用。

2008 年，Li 等人[64]报道了基于 Si 基波导和载流子注入效应的双环谐振电光逻辑开关，其结构如图 1.11 所示。各谐振环由直波导耦合区和两个半圆区组成，器件采用了两个嵌入式 p−i−n 结，且二者分别外接独立的驱动电压。模拟结果显示，该器件能较好地完成逻辑开关功能。然而，该器件对工艺精度要求较高，尤其是对谐振环的工艺精度要求更高，否则将不能实现所设计的功能。

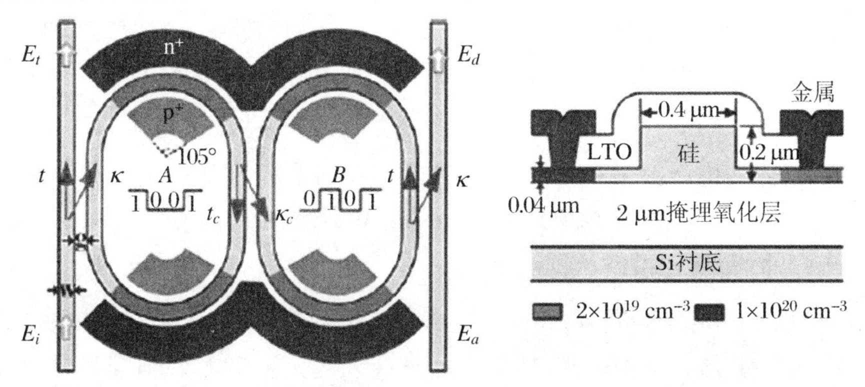

图 1.11　基于 Si 波导和载流子注入效应的双环谐振电光逻辑开关[64]

2009 年，基于 GaAs 材料的载流子注入效应，Wang 等人[65]采用 GaAs/AlGaAs 双异质结结构，制作了工作波长为 1550 nm 的 X 结全内反射型和多模干涉 MZI 型两种电光开关，其结构如图 1.12 所示。测试结果显示，开关的消光比均超过 20 dB，开关时间达到 10 ns 量级。

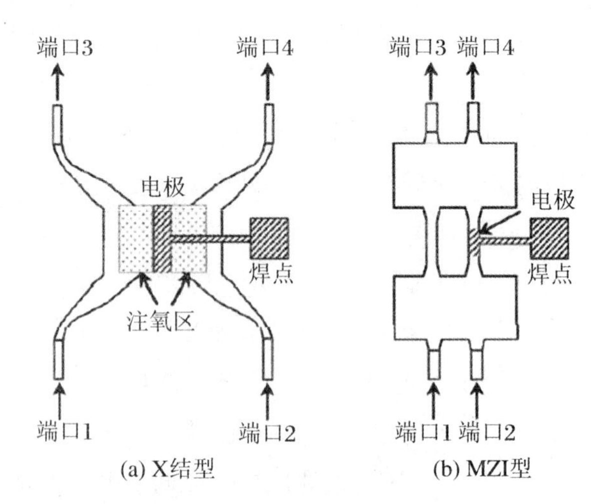

图 1.12 基于 GaAs 材料及其载流子注入效应的电光开关[65]

制作此类电光开关的主要工艺包括离子增强化学气相淀积工艺（PECVD）、干法刻蚀工艺、湿法刻蚀工艺、反应离子刻蚀（RIE）工艺、氧离子注入工艺、金属溅射工艺、剥离工艺、蒸镀工艺等。

在非波长选择性光片上网络中，宽光谱电光开关在切换高速数据流方面具有广阔的应用，其应用场合与一般的基于微环谐振器的波长选择性路由开关有明显不同。2009 年 12 月，Campenhout 等人[66]采用 2 个波长不敏感的宽带 3 dB 耦合器取代传统的 3 dB 耦合器，设计并制备了一种宽光谱绝缘体上硅（SOI）MZI 电光开关，其结构如图 1.13 所示。在 −17 dB 串扰水平下，器件的带宽可达 110 nm，器件功耗为 3 mW，开关时间小于 4 ns。

2010 年，Dong 等人报道了一种功耗为亚毫瓦量级、宽光谱 SOI 电光开关[67]，器件结构如图 1.14 所示。器件利用正向偏置的 PIN 结来调整相位，MZI 两臂长为 4 mm，开关功耗为 0.6 mW，驱动电压为 0.83 V，10%～90%开关时间为 6 ns，在 −17 dB 串扰水平下器件的光波带宽约为 60 nm。

2011 年，Campenhout 等人采用级联 MZI 设计并制备了一种数字型电光开关[68]，其结构如图 1.15 所示。通过合理优化各级 MZ 耦合系数，实现了数字式开关响应。实验结果显示，器件的串扰小于 −15 dB，驱动电压的噪声容限为 300 mVpp，消光比大于 26 dB，插入损耗小于 0.45 dB。该器件在含噪环境下的片上网络中具有广阔的应用前景。

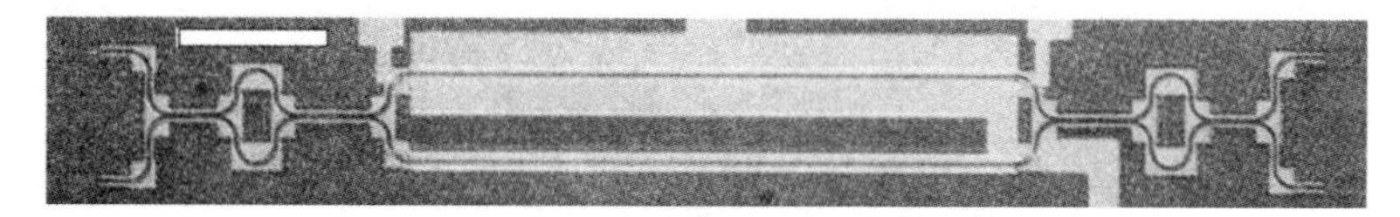

(a) 器件结构

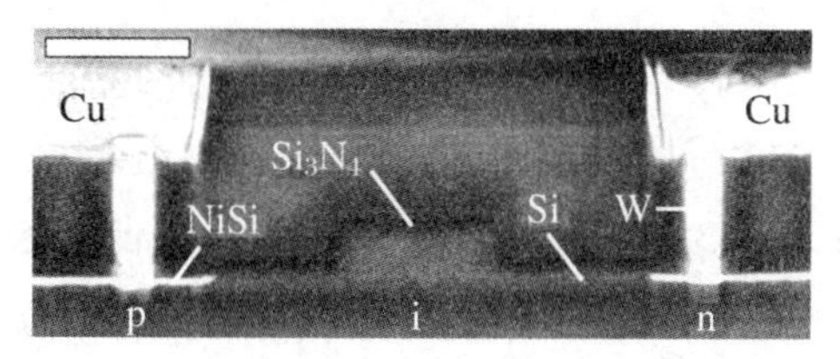

(b) 波导端面结构

图 1.13　Campenhout 等人报道的宽光谱 SOI-MZI 电光开关[66]

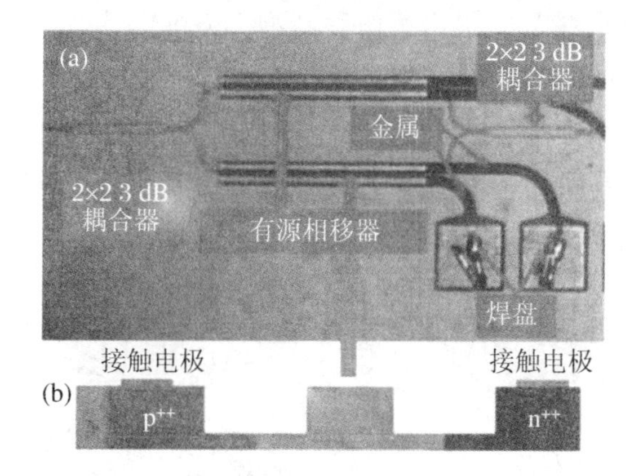

图 1.14　Dong 等人报道的 SOI 电光开关[67]

(a) 器件整体结构；(b) 器件截面结构

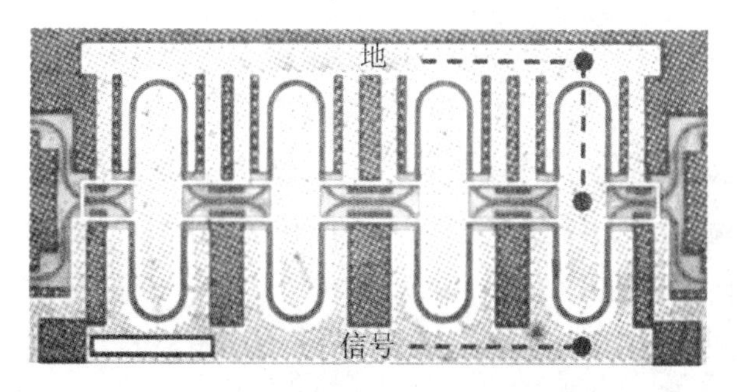

图 1.15　Campenhout 等人报道的 SOI 数字型电光开关[68]

1.6 基于光折变效应的光开关技术

基于光折变效应的光开关，主要开关机理有如下几种：一是利用外加电压控制光折变空间的电荷场与光干涉条纹间的相位差[69]；二是利用外加电压改变偏振光束的读出方向[70]；三是利用外加电压改变各向异性晶体的衍射特性[71]；四是利用外加电压以及 $LiNbO_3$ 晶体的电光效应、压电效应来改变光的输出方向[72]等。该类器件的主要优点是响应速度快，不足之处在于对偏振敏感且驱动电压一般较高。

2004 年，Song 等人[72]提出了两种新型 $LiNbO_3$ 单晶体结构直通/交叉电光开关，其原理如图 1.16 所示。当未外接电压时，两束偏振方向不同的光保持其原偏振方向，开关呈交叉态；当外加电压不为零时，两束偏振方向不同的光在通过电光区后将改变其偏振方向，开关呈直通态。

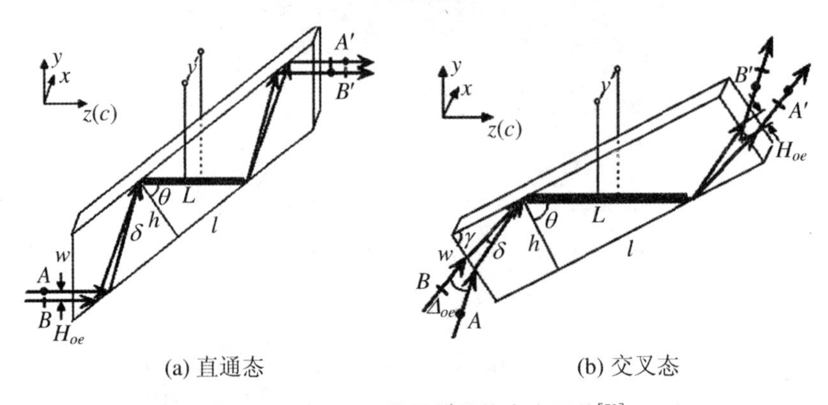

图 1.16 $LiNbO_3$ 单晶体结构电光开关[72]

2005 年，Zuo 等人[73]报道了基于 $LiTaO_3$ 晶体材料的 1×2、1×4 集成电光开关，结构如图 1.17 所示。它主要应用晶体材料的折射作用，通过改变外加电压，调整输出光的偏折角度，进而改变光的传输路径。实验结果表明，1×2 电光开关的插入损耗和串扰分别为 2.4 dB 和 −39.2 dB，驱动电压为 1200 V；1×4 电光开关的插入损耗和串扰分别为 2.8 dB 和 −40.6 dB，驱动电压为 1100 V；两种器件的通道转换时间均小于 86 ns。

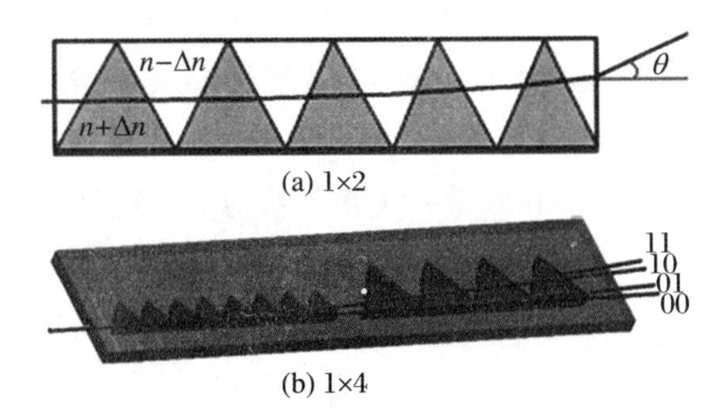

图1.17　基于 $LiTaO_3$ 晶体材料的电光开关[73]

1.7　光开关设计理论与模拟方法

为了使所设计的器件具有优良的性能，除了需要具备充足的实验材料、完善的制备工艺、合理的操作流程外，还需要高精度的设计方法、健全的理论模型和大量的模拟结果作为指导。因此，除了上述的实验报道外，国内外研究小组还就开关模型、开关机理、开关特性、热稳定性、功耗特性等方面进行了相关的理论分析和报道。

1986年，Goldhar 等人[74]提出了一种基于等离子体电极的大孔径 K. D. P 电光开关，给出了等离子体电极的详细工程模型和设计大孔径器件的考虑因素。1987年，Eimerl 等人[75]理论分析了大功率电光开关的热效应。分析表明，由激光脉冲的线性光学吸收作用产生的热效应将限制电光开关的平均功率，并指出 K. D. P. 和 $LiNbO_3$ 材料平均功率特性很差，具有高平均功率特性的电光开关须使用高热有效性、高激励电压和较强机械性能的新型材料。1990年，Yoon 等人[76]鉴于 Ti：$LiNbO_3$ 电光开关偏振依赖性强以及对角电光张量系数小的不足，提出了基于非对角电光张量 γ_{51} 的 Zn：$LiTaO_3$ 电光开关，该模型的不足之处在于电压长度积数值高(达30～35 V・cm)，电光重叠积分因子较小。1997年，Wongcharoen 等人[77]给出了分析定向耦合电光开关的有限元法，同时结合改进的耦合模理论和最小均方边界残留方法，分析了定向耦合电光开关的功率耦合效率等参数，并以 Ti：$LiNbO_3$ 器件为例给出了相关的计算结果，该分析方法对于基于其他材料的耦合器型电光开关的设计和分析同样具有指导意义。2003 年，Chakraborty 等人[78]应用有效折射率矩阵法（EIMM）分析了 Ti：$LiNbO_3$ 定向耦合电光开关的开关特性。该方法的计算结果与实验结果及其他数值方法的结果符合较好，同时比 BPM 方法具有更高的求解效率和更快的求解速度。

国内的理论研究多数集中在利用光束传播法（BPM）、有限时域差分法（FDTD）、有限元法（FEM）等数值分析方法建立器件数学模型，并对其做特性分析。如利用 BPM 对 InP/InGaP MMI－MZI 光开关的理论设计与分析，利用 BPM 对具有单一复合调制区的 1×3 MMI 光开关的分析[79,80]，利用 FD－BPM 对非对称电极 Y 分支 $LiNbO_3$ 数字光开关的设计[81]等。

需要说明的是，本书对光开关的阐述主要立足于“器件物理”，即根据器件结构和基本理论（如赫姆霍兹方程、波动方程等），推导出用于表征器件性能的相关公式，从而构建用于器件特性分析的基本理论基础和方法框架。

1.8 基于极化聚合物材料的波导电光开关技术

由于无机电光材料具有工艺要求苛刻、电光系数不高、价格昂贵、与半导体材料兼容性差等缺点，使得这类材料在电光开关的应用中受到很大的限制。为此，人们需要设计和合成新型的材料以适应通信系统的要求，这就出现了极化聚合物电光材料。

1.8.1 极化聚合物电光材料

最早研究的非线性电光材料主要是具有良好透明性和硬度的氧化物以及铁电单晶材料，如 $LiNbO_3$、K. D. P. 等。但是，电光系数较低、工艺条件要求较为苛刻、扩散型波导因介质扩散不能长期保持导波特性、与半导体材料无法集成等诸多原因限制了这类材料的进一步发展和使用。

极化聚合物是指利用外加强电场使聚合物材料中具有高 β 值的生色团取向，进而得到的具有非中心对称结构和高非线性光学系数的新材料。该概念最先于 1982 年被提出——Meredith 等人[82]将大型极化分子客体材料掺杂液晶聚合物主体材料，该研究为后来聚合物非线性光学材料研究的深入开展奠定了基础。自 Meredith[82]和 Garito[83]首次报道利用电场极化法制备电光聚合物材料以来，人们在电光聚合物方面的研究一直较为活跃。30 多年来，人们一直侧重于提高聚合物的电光系数和增强生色团极化偶极取向的稳定性，尤其是在高温下的稳定性。20 世纪 90 年代以后，极化聚合物的研究已经涵盖了众多的高分子体系，从化学组成来看，主要包括聚酰亚胺类、聚丙烯酸酯类、聚苯乙烯类、环氧树脂类、聚酯类、聚氨酯类等；从结构特点来看，主要包括主客掺杂型、侧链型、主链型以及交联型等。目前，极化聚合物材料已取得了高电光系数、高偶极取向稳定性和低吸收损耗的突破性进展。

1．宾主型(掺杂型)电光材料

宾主型聚合物又称为掺杂型聚合物，即将非线性光学系数较高的有机分子和聚合物主体进行物理混合，最早用于电场极化实验的材料就是宾主型的掺杂材料。这种材料的制备过程较为简单：可采用商品化的生色团和聚合物，将二者混合溶液旋涂成膜，在样品的玻璃化温度 T_g 附近施加电场对薄膜极化，即可得到生色团定向取向的宾主型极化聚合物膜。但是研究发现，极化取向的生色团很快就会发生弛豫，从而失去非线性效应。同时，由于生色团在主体中溶解度有限，生色团在整个体系中的含量较低。从根本上说，由于宾主型聚合物是一种物理的混合，生色团分子的浓度不但要受到溶解度的限制，而且就材料本身来说也存在发生相分离等不稳定因素；同时，随着生色团分子含量的增加，聚合物的玻璃化转变温度下降，也导致宾主型体系的极化稳定性同实际需求还相距甚远。

2．侧链型电光材料

将生色团通过化学键连接到聚合物侧链再极化，即可得到侧链型非线性光学聚合物。与宾主型体系相比，侧链型更容易实现生色团的高浓度化，而不出现相分离或形成生色团的浓度梯度。同时，由于生色团直接与高分子链段相连，生色团取向后的热恢复将受到一定限制，因此侧链型聚合物的取向稳定性也有所提高。不同于宾主型体系中生色团对主体聚合物有明显的塑化作用,将生色团引入聚合物侧链所得的聚合物仍可有较高的 T_g。总的说来,与掺杂体系相比,侧链型电光聚合物可以大幅度提高生色团的含量,并增强了取向稳定性。

3. 主链型电光材料

主链型非线性光学聚合物就是将生色团引入聚合物的主链,使之成为主链的一部分。一般认为,非线性光学生色团的两端都固定在聚合物主链上,其偶极矩取向稳定性会进一步提高。最早研究的一类主链型聚合物为"头—尾"连接型,即所有生色团偶极矩都沿主链同一方向。另一类主链型聚合物的特点是其生色团的偶极矩矢量与主链相垂直,从而使其取向相对容易。

4. 交联型电光材料

不同于通常的线型聚合物,交联型非线性光学聚合物体系的 T_g 是随着极化温度的升高而逐步增大的,生色团的取向相对显得更加容易,且可交联基团的原位固化作用将生色团的取向有序性及时地"固定"下来,最终得到的极化聚合物可同时具有较大的非线性光学系数和较好的偶极取向稳定性。因此,设计和合成可交联的非线性光学聚合物体系是同时获得具有较大非线性光学系数和较好偶极取向稳定性的高性能极化聚合物的一条重要途径。在交联型极化聚合物的制备中,必须注意的是,聚合物体系应该先极化再交联或在极化的同时发生交联。根据交联方式的不同,可以把交联型极化聚合物分为两种:热交联型和光交联型。

较宾主型聚合物材料而言,后三种材料无论在电光系数和热稳定性方面都有较大改进[84]。然而根据 Enami 等人[85]的报道,在材料的吸收损耗方面,宾主型聚合物比其他三种类型都略低。

相比无机电光材料,极化聚合物材料的优点如下:① 利用生色团掺杂方法获得的极化聚合物的电光系数要比无机材料高;② 由于聚合物材料中电子激发的响应时间($10^{-14}\sim10^{-15}$ s)比晶格畸变快 10^3 倍,因此聚合物材料响应速度快;③ 直流介电常数较低,即器件驱动电压较小;④ 通信波长处的吸收系数一般较低;⑤ 聚合物材料的激光损伤阈值较大,一般可达到 GW/cm^2 量级;⑥ 聚合物材料的种类繁多,材料来源丰富,其结构可根据非线性光学系数的要求自由设计;⑦ 聚合物材料具有良好的可加工特性,并且与半导体工艺相兼容。

1.8.2 极化聚合物电光材料的研究进展

对用于电光开关/电光调试器的聚合物材料来说，本书仅讨论其一级电光效应，也称普克尔效应(Pokel Effect)，即由电光材料引起的折射率变化正比于外加电场和电光系数的乘积，为了最大程度地增大这一数值，需要使外加电场沿着聚合物的极化方向。对于电光聚合物，最大的电光张量元素是 γ_{33}，该方向对应使生色团分子取向的外加极化电场的方向。在没有包层时，若直接对交联型电光聚合物薄膜进行极化，得到的电光系数数值最高可达 200 pm/V[84]。Enami 等人[85]报道了基于宾主型电光聚合物 AJLS102 的调制器，实验测得的电光系数为 78 pm/V。Shi 等人[86,87]报道了半波电压为 0.8 V 的推挽 MZ 调制器，在 1318 nm 工作波长下，测得的 CLD-1/PMMA 的电光系数为 58 pm/V。Zhang 等人[88]报道的电光聚合物薄膜的电光系数可达 92 pm/V(@1060 nm)，然而在 1550 nm 波长处，该材料的电光系数却较低。其他报道的电光聚合物[89~91]的电光系数较小，一般约为 30 pm/V。

对置于低电导率聚合物包层中间的芯层材料，其极化效率定义为由制备的器件测得的电光系数与单层电光聚合物薄膜在接近介质击穿时通过极化所获得的电光系数的比值。实际中，为了降低驱动电压，必须采取有效措施提高电光聚合物薄膜的极化效率。2007 年，Emani 等人[92]将生色团 AJC146(30%)和交联对甲基酰胺(BMI)与主体聚合物材料 PMMA-AMA 相混合，得到电光聚合物材料 AJ309，将其置于铟锡氧化物(ITO)上，并通过金电极进行极化，测得的电光系数可达 220 pm/V(@1330 nm)。将该聚合物薄膜置于50 ℃环境中持续 24 小时后，其电光系数衰减 22%；在室温条件下放置 30 天后，其电光系数无明显衰减。然而 AJ309 的电光系数虽高，但其光波损耗较大，基于 AJ309 制作的长度为 3 cm(电光区长度为 2.4 cm)的调制器的总功率损耗可达 15～20 dB，可估计出该电光材料的幅值损耗约为 2 dB/cm(对应的功率损耗约为 4 dB/cm)。制成器件后，估计得到的芯层材料的电光系数可达 138 pm/V。

其他常见的可用于制备电光调制器、电光开关的极化聚合物材料的高

β值生色团包括 FTC、CLD－1、CLD－72 等，所报道的电光聚合物材料 FTC/PMMA 的电光系数可达 57 pm/V(@1060 nm)，CLD－1/PMMA 的电光系数可达 88 pm/V(@1060 nm)，CLD1－APC 的电光系数可达 90 pm/V(@1060 nm)，CLD/APC 的振幅衰减系数约为 1.2 dB/cm(@1550 nm)。

1.8.3 极化聚合物波导电光开关

图 1.18 所示为 1994 年 Thackara 等人报道的聚合物 MZI 电光开关[93]，其模型简单、易于分析。该器件基于 PMMA－DR1 材料制备而成，单臂调制下的电光作用区长度为 1.7 cm，开关电压为 42 V，对应的电光系数约为 6 pm/V。

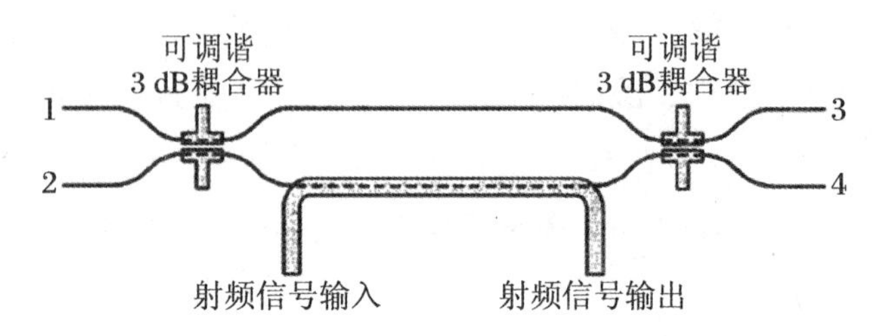

图 1.18 Han 等人报道的 MZI 电光开关[93]

1996 年，Han 等人[94]报道了一种 MZI 电光开关，如图 1.19 所示，图中 ⅰ 区和 ⅲ 区为零间距波导耦合区，ⅱ 区为调制区。芯层、包层材料分别为由 DANS 与 PMMA 材料按不同比例配备合成的聚合物。实验结果显示，在中心波长 1300 nm 下，电光区长度为 12 mm，开关电压为 10 V，两端口的串扰分别为－17.7 dB 和－18.6 dB，6 个月后所测得的开关电压为 12 V，串扰值未发生变化。该器件具有较好的稳定性和开关性能，不足之处在于单臂调制，这在一定程度上增加了开关电压。

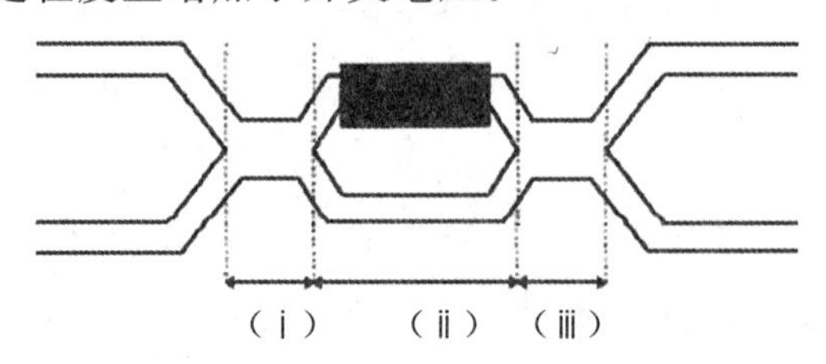

图 1.19 基于 DANS/PMMA 聚合物的 BOA 电光开关[94]

作为改进结构，1997年，Hwang等人[95]报道了一种P2ANS/PMMA材料的非对称Y结MZI电光开关，如图1.20所示，电极长度为1.5 cm，在中心波长1300 nm和TM偏振模式下，测得的开关电压为15 V。该结构的优点是耦合区波导为两模波导，对折射率控制和波导尺寸精度要求较低；不足之处在于非对称Y分支的角度需尽可能小，以降低模式演变，这无疑对波导的制作工艺提出了更高的要求。文献[96]报道的电光开关结构与图1.18类似，其所使用的聚合物材料分别为PEI－DR1、UFC150和HM2，电光区长度为15 mm，开关电压为8.5 V，直通态和交叉态的串扰分别为－18.5 dB和－18.1 dB。

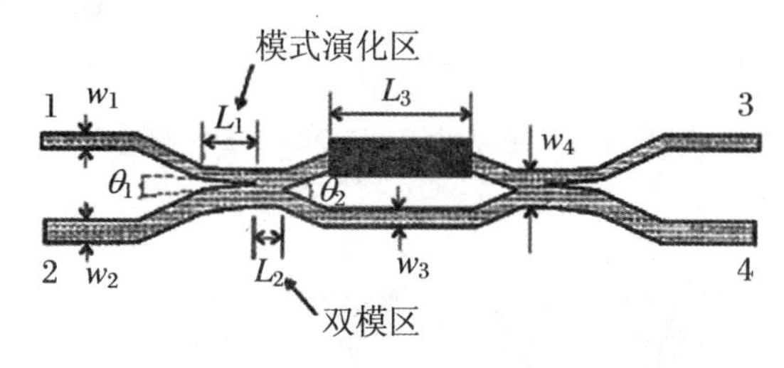

图1.20　基于P2ANS/PMMA材料的非对称Y结MZI电光开关[95]

由于图1.19和图1.20所示的电光开关MZI两端的耦合器单元对加工精度要求较高，因此出现了以多模干涉仪（MMI）取代单模耦合器或者两模耦合器的MZI电光开关[97]。文献[98]报道的基于IPC－E/PSU的2×2 MMI电光开关，电光区长度为2 cm，开关电压为3.8 V，串扰为－15 dB，开关时间为6 ns。

聚合物数字电光开关是一种基于模式演变机理的光开关[99]。Yuan等人报道的基于电光聚合物材料APC/CPW1的数字光开关[100]如图1.21所示，开关电压为7 V，消光比为20 dB，插入损耗为13 dB。该研究小组报道的另一种数字光开关在结构上做了进一步改进，即以1×2隔离耦合器取代Y分支耦合器，如图1.22所示[101]。基于相同的聚合物材料，在推挽驱动方式下，获得的开关电压为5.9～6.4 V，消光比为20 dB。该改进结构较传统结构更易于器件的制备，且进一步降低了开关电压。此外，该研究小组还报道了一种基于APC－DH6的二阶级联型1×4数字光开关[102]。

虽然主客掺杂型电光聚合物材料的电光系数普遍较小，但AJLS102相对较大，约为50～78 pm/V[103]，而交联型电光聚合物材料AJ309的电光系

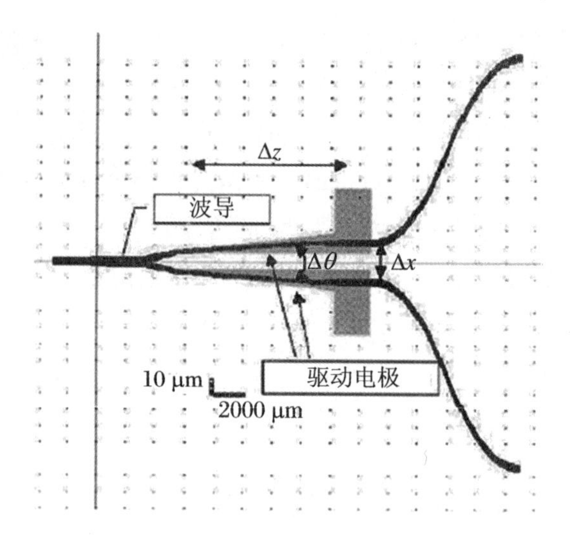

图 1.21 基于电光聚合物材料 APC/CPW1 的数字光开关[100]

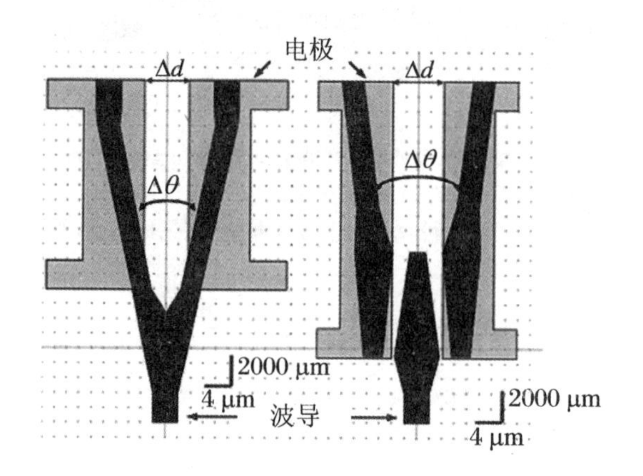

图 1.22 改进的聚合物数字光开关[101]

数可达 130～170 pm/V[92]。因此,基于这两种材料的电光开关可以具有更低的开关电压和更小的器件尺寸。图 1.23 显示了 Enami 等人在 2009 年报道的定向耦合电光开关[103],中心工作波长为 1550 nm。图 1.23(a)为器件俯视结构图,由溶胶—凝胶(sol-gel)输入区、锥形折射率递变区、电光区和输出区构成,递变区完成模式分束;电光区完成功率重新分配,即在不同的电压下实现开关作用。图 1.23(b)为器件电光区截面图,采用推挽电极结构。图 1.24(a)为采用 AJLS102 制备的器件的性能测试结果,器件的上、下电极间距为 8.5 μm,电光作用区长度为 1.5 mm,开关电压为 19.5 V;图 1.24(b)为采用 AJ309 制备的器件的性能测试结果,器件的上、下电极间距为 16 μm,电光作用区长度为 7.2 mm,开关电压为 7.9 V。与图 1.24(b)所代表的器件相比,图 1.24(a)所代表的器件的优点是:作用区长度短,易于加工,芯层材料的传输损耗小。

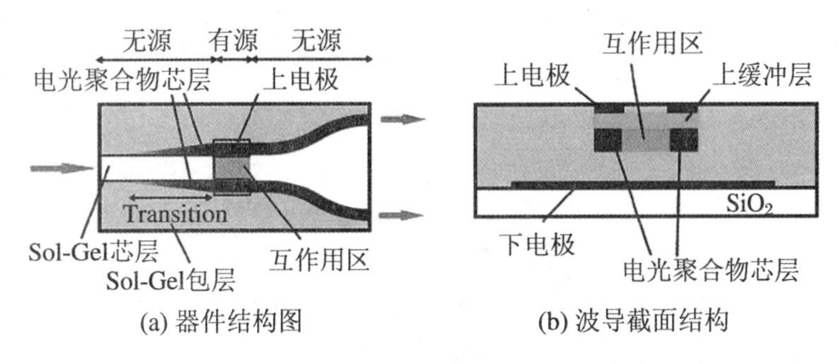

(a) 器件结构图 (b) 波导截面结构

图 1.23 Enami 报道的定向耦合电光开关结构[103]

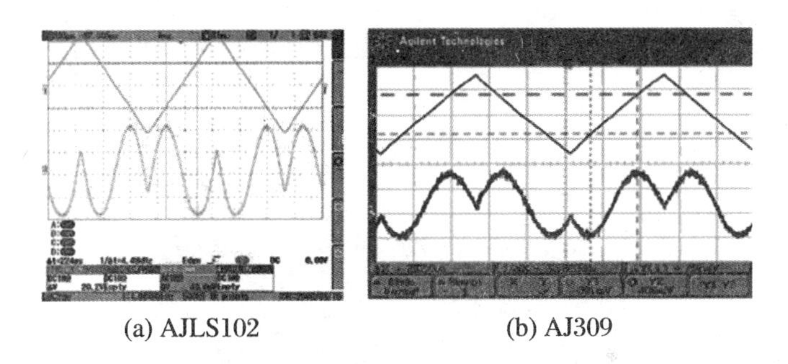
(a) AJLS102 (b) AJ309

图 1.24 Enami 报道的采用不同极化聚合物材料的定向耦合电光开关的性能测试结果[103]

与传统波导结构不同,浙江大学的 Xiao 等人[104]报道了一种基于狭缝结构的电光开关,如图 1.25 所示,其中(a)图为器件结构,(b)图为单臂截面结构。理论模拟结果显示,当聚合物材料的电光系数为 130 pm/V 时,若狭缝宽度为 100 nm,获得的电压长度积为 74 mV · cm;若狭缝宽度为 50 nm,获得的电压长度积为 37 mV · cm。由于电压长度积很低,因此该器件可以容许更小的器件尺寸,进而增加集成度。

2011 年,Enami 等人报道了一种聚合物/sol-gel 二氧化硅波导定向耦合开关[105],如图 1.26 所示。从非电光 sol-gel 芯层到电光聚合物芯层的过渡区采用具有共面锥形结构的电光聚合物材料。通过优化极化条件,在 1550 nm 波长下电光聚合物材料(SEO100)的电光系数可达 160 pm/V。当电极长度分别为 2.1 mm 和 1.5 mm 时,测得的开关电压分别为 8.4 V 和 10.5 V。

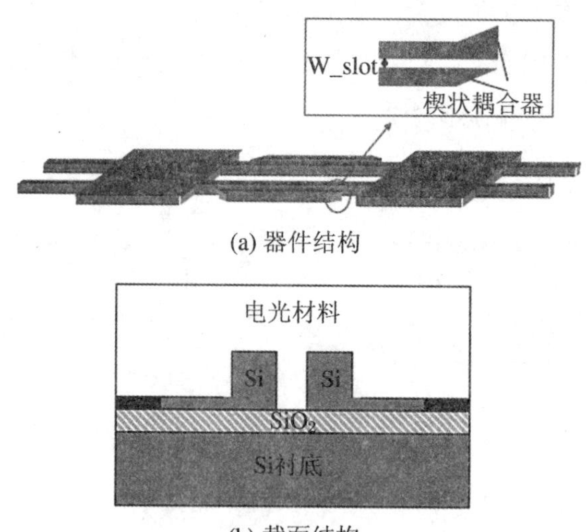

(a) 器件结构

(b) 截面结构

图 1.25 聚合物填充的狭缝波导电光开关[104]

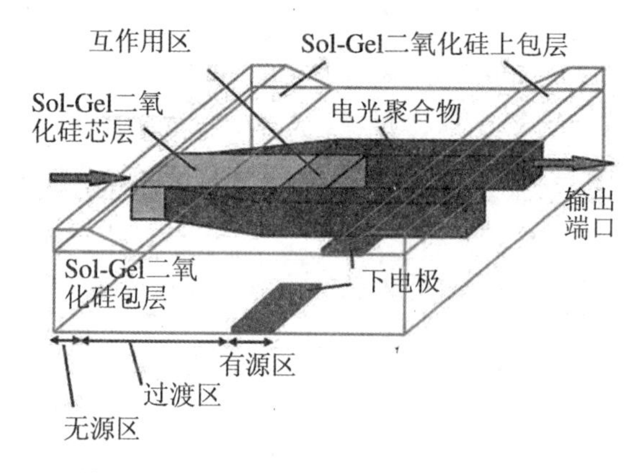

图 1.26 Enami 等人报道的聚合物/溶胶—凝胶二氧化硅波导定向耦合开关

国内报道的聚合物电光开关[106,107]，以及本课题组报道的定向耦合型电光开关[108~110]和微环谐振器电光开关及阵列[111~113]等，读者可查阅相关文献。

1.9 热控光机制下的光开关技术

热光开关具有尺寸小、驱动功率低和稳定性好等优点，从而受到人们的广泛关注。20世纪80年代，人们已研制出基于离子交换玻璃和 $LiNbO_3$ 的热光器件[114,115]，但是由于所用材料的热光系数较小，器件的驱动功率达500 mW。1985年，Cariou等人报道了聚甲基丙烯酸甲酯（PMMA）和聚碳酸酯（Polycarbonate），发现聚合物材料也具有较大的热光系数[116,117]，这使得这类材料与SOI材料一起成为制作热光开关的优选材料。

1.9.1 SOI热光开关

由于SOI材料具有较大的热传导系数，因而SOI热光开关速度较快。1994年，Fischer等人报道了一种SOI热光开关[118]，功耗为150 mW，开关时间为5 μs。近年来，人们围绕降低开关功率并缩短响应时间开展了大量工作。文献[119]报道了一种响应速度仅为700 ns的DC-MZI热光开关，如图1.27所示。该器件采用硅作为脊形波导的芯层材料，采用二氧化硅作为包层材料。虽然器件响应时间短，但驱动功率较高，大于250 mW，这是由于硅材料的热光系数较小所致。

Shoji等人报道的硅纳米线SOI热光开关[120]结构如图1.28所示。通过2个2×2 MZI热光开关的级联，实现了较低的串扰：直通状态下为-50 dB，交叉状态下为-30 dB。每个开关单元的功耗为40 mW，器件总功耗为160 mW。

2011年，Fang等人制作了一种悬浮波导热光开关[121]，开关功率降低到0.49 mW。悬浮波导结构如图1.29中(a)和(b)所示。SOI波导制备完成后，采用干法刻蚀将波导下方、侧方的硅材料刻蚀掉一部分，这种处理工艺能够有效降低热量从波导中散失的速度，从而减小驱动功率，但也在一定程度上造成了开关时间的增大。图1.29中(c)显示了以悬浮波导为基础制

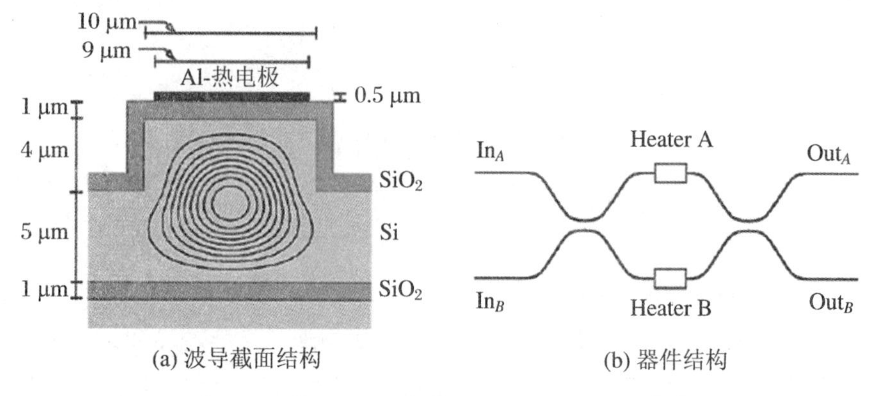

(a) 波导截面结构 (b) 器件结构

图 1.27 基于 SOI 材料的 DC-MZI 热光开关[119]

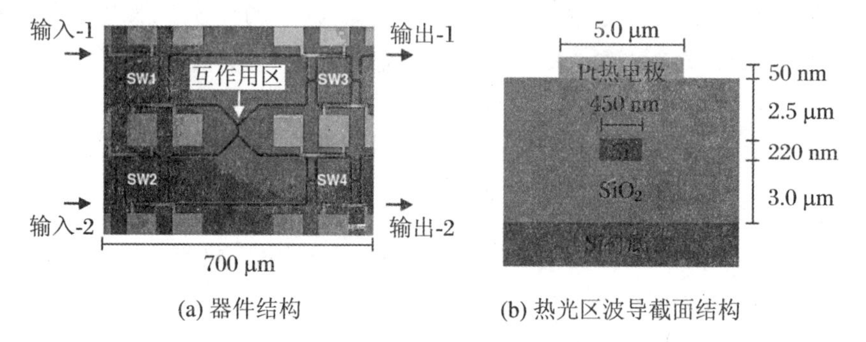

(a) 器件结构 (b) 热光区波导截面结构

图 1.28 硅纳米线 SOI 热光开关[120]

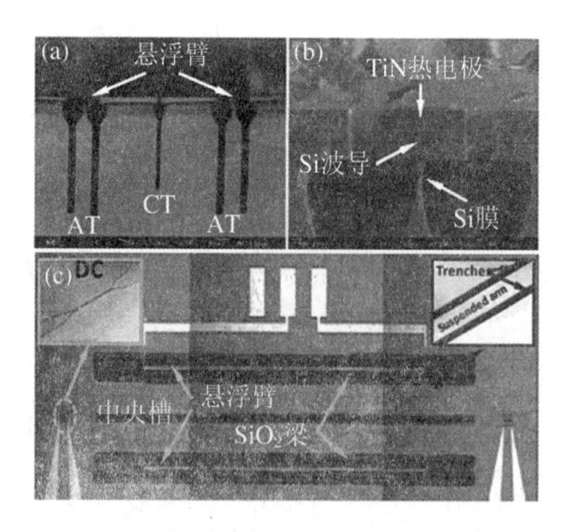

图 1.29 悬浮波导 SOI 热光开关[121]

(a)、(b) 悬浮波导截面及端面形貌;(c) 器件结构备的 DC-MZI 热光开关，图 1.30 为该器件开关性能的测试结果，上升时间为 144 μs，下降时间为 122 μs。

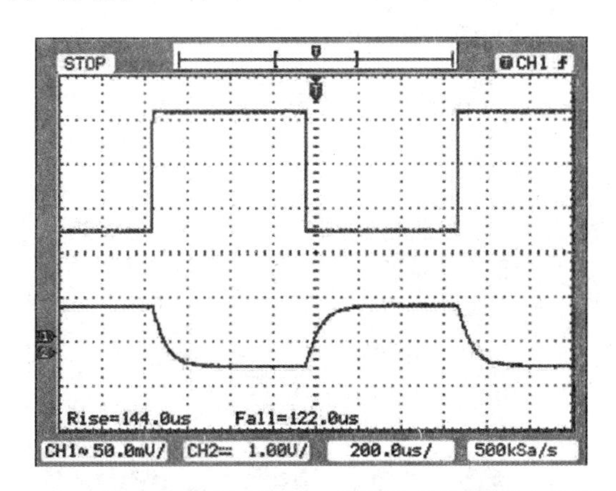

图 1.30　基于悬浮波导的 SOI 热光开关性能测试结果[121]

1.9.2　聚合物热光开关

聚合物材料具有较大的热光系数，并且热传导系数也相对较大，因此采用聚合物材料制备的热光开关一般都具有较小的功耗。早在 1993 年，Hida 等人就报道了聚合物热光开关[122]，驱动功率仅为 4.8 mW，开关时间为 9 ms，消光比>44 dB。近年来，人们在聚合物热光开关方面的研究取得了较大进展。

2010 年，Hu 等人报道了一种 1×2 热光开关[123]，其结构如图 1.31 所示，其主要特征在于波导芯层和包层的热光系数不同，且当温度变化时，芯层折射率的变化比上包层的小。数值模拟结果显示，器件的串扰可降至 -60 dB以下，插入损耗约为 1.71 dB。

与传统热光开关不同，2010 年，Kim 等人报道了一种基于热光全内反射效应和压力效应的聚合物波导光开关[124]，其结构如图 1.32 所示。器件包括一个三层平板波导和两条微带传输线。制备好微带传输线后可在其下方的聚合物材料中引入压力，进而产生两个压力诱导的光波导，实现交叉态。施加电流后，由于热光全反射效应，在两电极间形成一个波导，实现直通状态。实验测试结果显示，针对直通端口或交叉端口，器件的 ON 与 OFF 状态间的消光比约为 15 dB，插入损耗约为 28 dB。

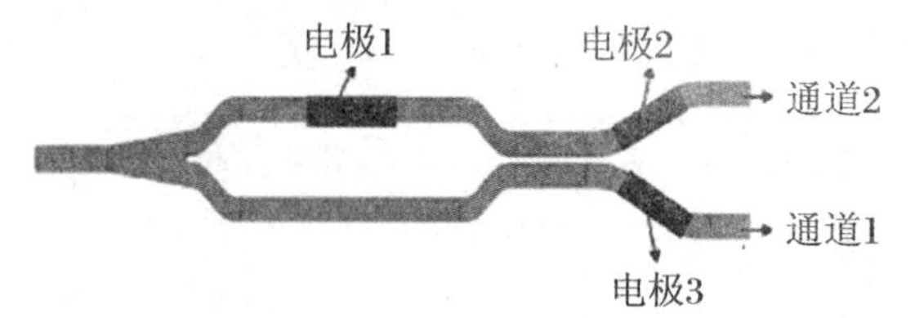

(a) 器件结构

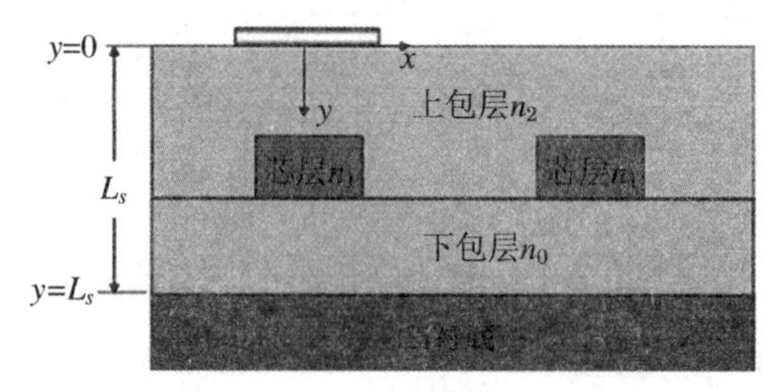

(b) 截面结构

图 1.31 Hu 等人模拟报道的 1×2 热光开关[123]

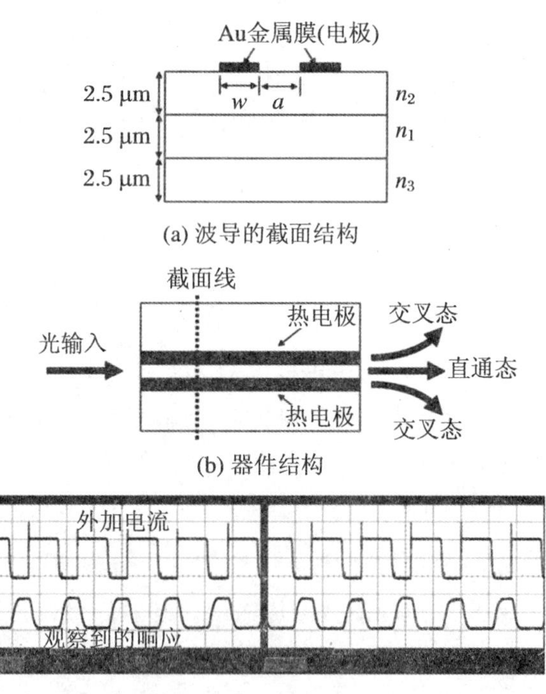

(c) 性能测试结果，左：TM模式；右：TE模式

图 1.32 Kim 等人报道的热光开关[124]

2011 年，Al-hetar 等人报道了一种聚合物 MMI－MZI 型热光开关[125]，如图 1.33 所示。由于器件采用 MMI 结构，因此该器件的结构较为紧凑。通过优化设计，所制备的器件具有较低的功耗，约为 1.85 mW，响应时间为 0.7 ms。基于 MMI 波导结构，Xie 等人也报道了一种矩形波导热光开关[126]，如图 1.34 所示。该热光开关偏振不敏感，驱动功率为 4 mW，响应时间小于 200 μs。

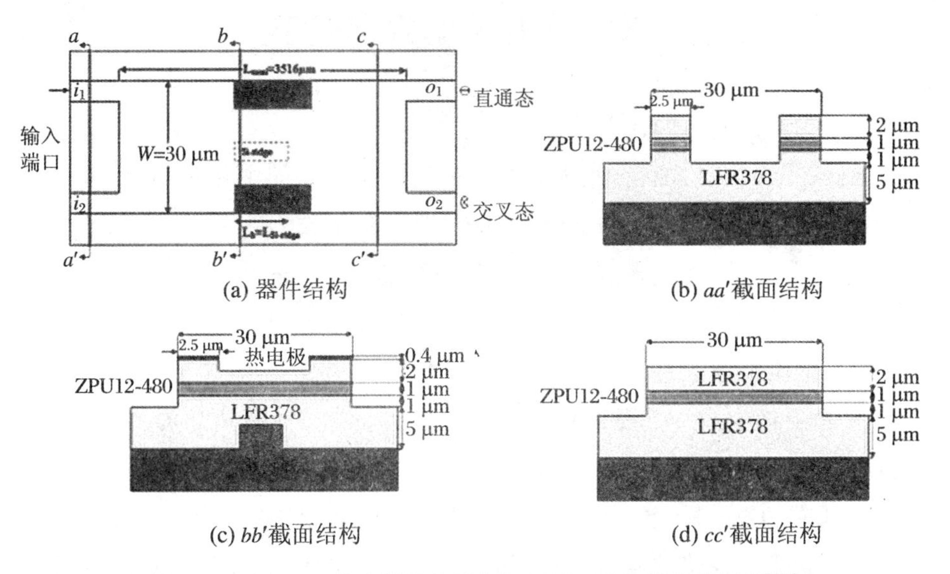

图 1.33　Al-hetar 等人报道的聚合物 MMI－MZI 型热光开关[125]

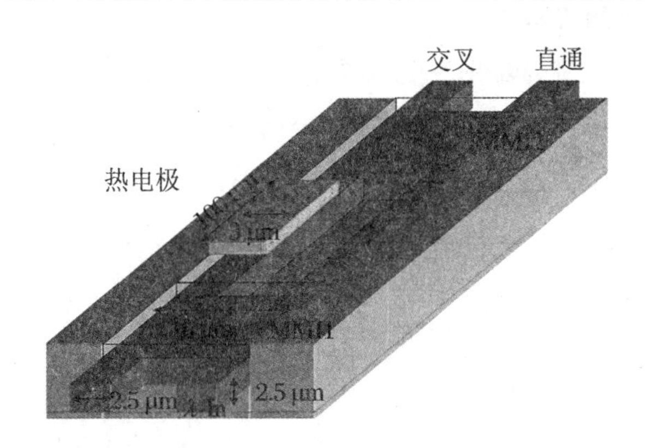

图 1.34　Xie 等人报道的聚合物 MMI－MZI 热光开关[126]

在聚合物热光开关方面，本课题组也开展了大量的实验研究工作。由于使用 SU－8 光刻胶材料作为波导的芯层热光材料，进而采用简单的光刻工艺就可制备热光器件，因此简化了器件制备流程和复杂度。2010 年，Gao

等人报道的 2×2 热光开关[127]的驱动功率为 7.5 mW，上升时间为 320 μs，下降时间为 400 μs。

详细内容请读者查阅相关文献。

1.10 光开关的发展趋势

无疑，小型化、低能耗、集成化是未来光开关发展的主要趋势，而这三者中，小型化与低能耗又是集成化的必备条件。集成技术主要有三大类：光电集成技术（OEIC）、光子集成技术（PIC）和微光机械技术，具体是：

① 光电集成——主要实现有源光子器件与电子器件的集成，可将光子元件与它的驱动电子芯片集成在一起。

② 光子集成——主要进行无源波导器件的集成，将光开关、可调衰减器和波分复用/解复用器等集成在一起，在一块芯片上实现子系统功能。

③ 微光机械——主要实现微机械结构与光学元件的集成。

与分立器件构建的系统相比，集成器件大大减小了体积，还降低了封装和后续组装工艺的成本。

光联网技术的演进对光开关的功能提出了更高的要求。例如，在以宽带视频、高清晰度电视和多媒体业务为主的智能化光网中，采用全光的点对多点的连接方式能够极大地扩展网络能力和使用效率。与传统的光—电—光交换或仅具备光点对点连接的光网络相比，全光点对多点连接方式可用最少的波长和波长备份、最少的光收发器实现网络节点间最多的虚连接，从而使网络得到优化。这种连接方式的实现，主要依赖于具有多项功能的光开关器件，包括 $1\times N$ 的开关选择功能、对通路增益的控制功能等，它可通过把单刀多掷的光开关与可变光衰减器及相关探测与控制电路集成到一个芯片上而得以实现。该器件在智能光放大器、可重配置 OADM 和网络检测设备中也将被广泛应用。因此，随着光网络智能化趋势的发展，集成各种有源、无源器件的多功能光开关模块将成为研究开发的重点。

目前，光通信领域的一些公司已经逐渐推出不同集成程度和功能的集成光开关模块或光子交换平台以适应不同厂商的需要。2002 年 5 月，日本 NEC 公司和美国 Tellium 公司宣布共同开发了集成光传送—交换单元，包括 Tellium 公司的光开关阵列与 StarNet 波长管理系统（WMS）、NEC 公司的 DWDM 光转发器和 SpectraWave 网络管理系统（NMS）等。所推出的模块也是第一个可商用的集成光传送—交换单元，将节省电信运营商的投资和运行费用，降低功耗和设备的体积。

虽然光器件的集成技术尚处于初步发展期，且与微电子大规模集成电路技术相比，光电子器件的集成还有很长的路要走，但是它却是使光电子器件包括光开关器件走向小型化、多功能化和生产自动化的必然发展方向。

第2章 光开关的波导结构及模式分析

在光开关的设计中，波导结构的设计和优化是关键环节，主要内容是合理选择光波偏振模式，计算、分析模式的有效折射率、振幅衰减系数和光波电场分布，确定波导单模尺寸。一般来讲，聚合物材料都具有一定的传输损耗（单位：dB/cm 或 cm^{-1}），因此它无论作为限制层、缓冲层或者芯层都会吸收光波功率，使得光波在波导中传输时，其强度总是会随着传输距离的增加而逐渐减弱，造成光功率的降低。当波导的某一介质层材料为金属电极材料时，由于金属材料的消光系数很大，对光波的吸收和损耗作用会愈加显著。当考虑波导材料的损耗特性时，介质的折射率将变为复数，特征方程将演变为复特征方程，该特征方程的解即为模式的复有效折射率。

针对光开关设计中所涉及的介质吸收型和金属包层型波导结构，本章将运用微扰法或微分法求解其传播常数及振幅衰减系数，简化波导结构，并分析其耦合、偏折、弯曲等特性。本章还将给出其他几种波导的分析方法，如多模干涉波导、狭缝波导等，为设计和制备相关光开关器件提供理论依据。

2.1 光波导材料的损耗表征

2.1.1 非金属介质材料的损耗表征[128]

在吸收型介质中，设 α 为其体振幅衰减系数（单位为 cm^{-1}）。当光场传输距离 z 后，场函数可表示为

$$\phi = \phi_0 \exp(-\alpha z)\exp[\mathrm{j}(\omega t - \beta z)] \tag{2.1.1}$$

式中 ϕ_0 为初始光场强度，$\beta = k_0 n$ 为介质的传播常数，n 为介质的折射率，k_0 为波数。将式(2.1.1)取模并对 z 求导可得

$$\alpha = -\frac{1}{\phi}\frac{\mathrm{d}\phi}{\mathrm{d}z} \tag{2.1.2}$$

式(2.1.1)可改写为

$$\phi = \phi_0 \exp\left\{\mathrm{j}\left[\omega t - k_0\left(n - \mathrm{j}\frac{\alpha}{k_0}\right)z\right]\right\} = \phi_0 \exp\{\mathrm{j}[\omega t - k_0(n - \mathrm{j}\kappa)z]\} \tag{2.1.3}$$

式中 $\kappa = \dfrac{\alpha}{k_0}$ 为消光系数，且记 $\bar{n} = n - \mathrm{j}\kappa$ 为材料的复折射率，对于一般介质 κ 为正数（相关书籍中亦有将 $\bar{n}$ 表示为 $n + \mathrm{j}\kappa$，此时 κ 为负数）。另外，按照一般的表述习惯，损耗型介质的振幅衰减系数一般用 dB/cm 表示，二者有如下转换关系：

$$\alpha\big|_{\mathrm{cm}^{-1}} = \frac{\alpha\big|_{\mathrm{dB\ cm}^{-1}}}{10/\ln 10} \tag{2.1.4}$$

因此，用于表征材料损耗的主要参数有两个：实有效折射率 n 和振幅衰减系数 α。

2.1.2　金属介质的复介电常数和光频特性

在电光开关的设计中，为了施加电控信号，需要在电光区波导上镀上金属膜，形成金属电极。与一般的介质材料相比，金属具有其独特的性质，即在光波频率范围内，金属的介电常数为复数，其实部为负数。由于金属介质层的存在，介质吸收型波导将演变为金属包层型波导，必将影响到波导中模式的传输，并引起功率损耗。

一般来讲，金属材料的光学特性可由有效折射率 n 和消光系数 κ 来定义，金属材料的复折射率也可表示为 $\bar{n} = n - \mathrm{j}\kappa$，$n$ 为光在真空中相速度和在该金属介质中相速度之比，κ 为与光波在该介质中传播时呈指数衰减有关的因子。必须注意的是，n 和 κ 都会随光波波长以及温度而变化。考虑到金属材料的吸收作用，$\alpha = k_0\kappa$，则光场的传输亦可由式(2.1.1)来表示。金属材料的复介电常数可表示为

$$\bar{\varepsilon} = \varepsilon - \mathrm{j}K = (n^2 - \kappa^2) - \mathrm{j}(2n\kappa) \tag{2.1.5}$$

即有 $\varepsilon = n^2 - \kappa^2$，$K = 2n\kappa$。另外，影响光和金属介质互作用的两个重要参数是金属的磁导率 μ 和电导率 σ。对于各向同性、非磁性、介电常数均匀的导电介质，根据麦克斯韦方程，可得 $\bar{\varepsilon} = \varepsilon - \mathrm{j}\sigma/\varepsilon_0\omega$，其中 ε_0 为真空中的介电常数。利用经典的电子理论对等离子体振荡进行分析，可得电导率与角频率关系表达式：

$$\sigma = \frac{Ne^2}{m(\gamma + \mathrm{j}\omega)} \tag{2.1.6}$$

式中 N 为单位体积内的电子数量，e 为电子的电量，γ 为衰减常数（量级为 $10^{14}\ \mathrm{s}^{-1}$），m 为电子的质量。

因此，金属的复介电常数表示为

$$\bar{\varepsilon} = \varepsilon - \frac{Ne^2}{m\varepsilon_0\omega(\omega - \mathrm{j}\gamma)} = \varepsilon - \frac{\omega_{\mathrm{p}}^2}{\omega(\omega - \mathrm{j}\gamma)} \tag{2.1.7}$$

式中 $\omega_{\mathrm{p}} = \sqrt{\dfrac{Ne^2}{\varepsilon_0 m}}$ 为等离子体的振荡频率，数量级为 $10^{16}\ \mathrm{s}^{-1}$。在光频范围内，$\gamma \ll \omega$，因此由式(2.1.7)可得 $\bar{\varepsilon}$ 的实部和虚部分别为

$$\mathrm{Re}(\bar{\varepsilon}) = \varepsilon - \frac{\omega_{\mathrm{p}}^2}{\omega^2 + \gamma^2} \approx \varepsilon - \left(\frac{\omega_{\mathrm{p}}}{\omega}\right)^2 \tag{2.1.8a}$$

$$\mathrm{Im}(\bar{\varepsilon}) = -\frac{\gamma\omega_{\mathrm{p}}^2}{\omega(\omega^2 + \gamma^2)} \approx -\frac{\gamma}{\omega}\left(\frac{\omega_{\mathrm{p}}}{\omega}\right)^2 \tag{2.1.8b}$$

金属的实介电常数 ε 的数量级为 $10^{-1} \sim 10^0$，一般情况下可取 $\varepsilon \approx 1$。

利用式(2.1.8)，图 2.1 显示了金属介质复介电常数的实部与虚部的比

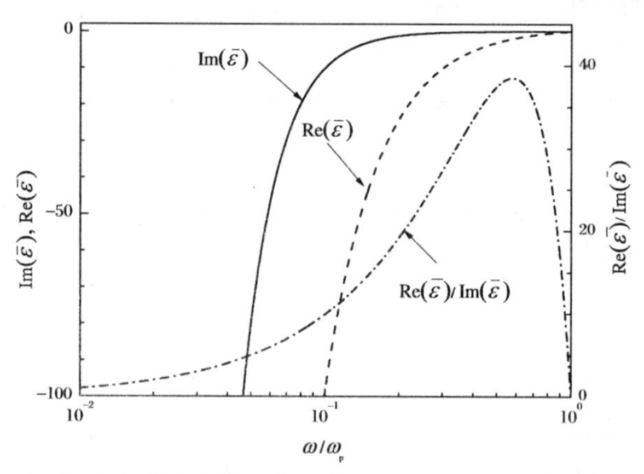

图 2.1　金属介质复介电常数实部与虚部的比值随光波频率的变化关系

值随光波频率的变化关系,计算中取 $\omega_p = 10^{16}\ s^{-1}$,$\gamma = 10^{14}\ s^{-1}$。由图 2.1 可见,在光波频率范围内,金属介电常数的实部与虚部的比值很大,且当 $\omega < \omega_p$ 时,复折射率的实部为负数。

2.2 光开关的波导结构及参数

2.2.1 波导结构

在光开关的设计中,常用的波导结构包括矩形波导、脊形波导、加载条形波导等。作为示例,图 2.2 显示了电光开关不同区域的脊形波导结构,(a)为无源区域,(b)为双金属包层有源区域,(c)为单金属包层有源区域。令聚合物芯层材料的实折射率为 n_1,振幅衰减系数为 α_1;上缓冲层,下缓冲层,脊形波导左、右覆层的实折射率为 n_2,振幅衰减系数为 α_2;上限制层的实折射率为 n_4,振幅衰减系数为 α_4;Si 衬底材料的实折射率为 n_5,振幅衰

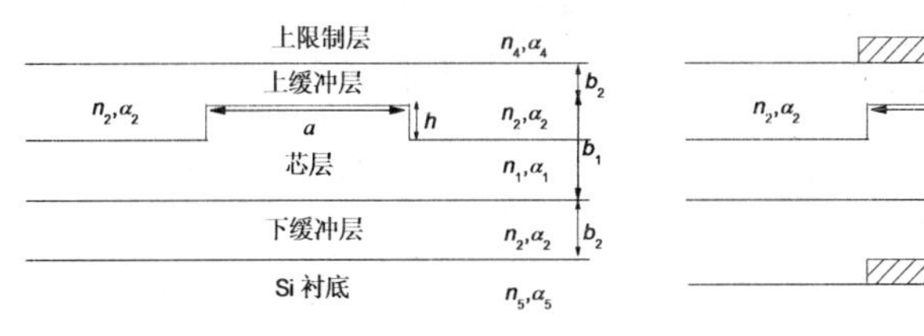

(a) 无源区域

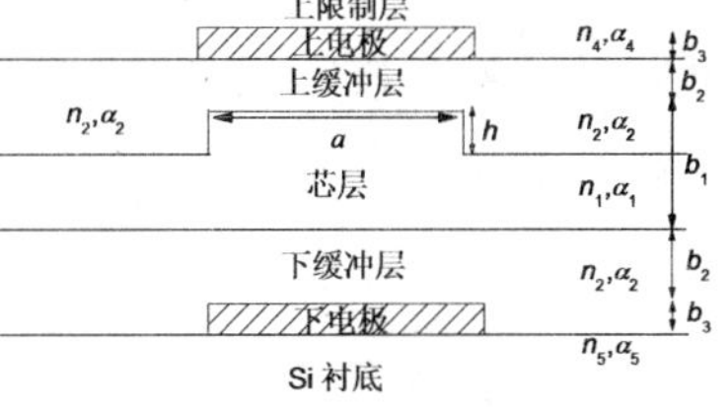

(b) 有源区域:双金属包层电极

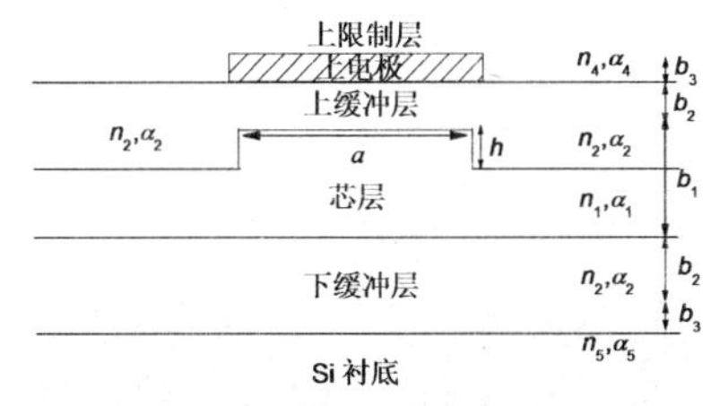

(c) 有源区域:单金属包层电极

图 2.2　电光/热光开关的脊形波导结构

减系数为α_5。引入金属电极后，电极材料的实折射率和消光系数分别为 n_3 和 κ_3。脊形波导芯宽度为 a，厚度为 b_1，脊高为 h。上、下缓冲层厚度为 b_2，电极厚度为 b_3。注意：① 如无特殊说明，本书所有体振幅衰减系数的单位均为 dB/cm，消光系数无单位；② 有时，我们也用 n_{i0} 表示材料在外加电压为 0 V 时材料的折射率，以区别于外加电压不为 0 V 时材料的折射率。

2.2.2 传输模式

无论是矩形波导、脊形波导还是加载条形波导，都是二维受限的三维波导。三维波导中传输的模式不再是单纯的 TE 或者 TM 模，而存在下述两种基本模式（选取波导截面的水平方向为 x 轴方向、竖直方向为 y 轴方向）：一种是电磁场的主要分量为 E_y 和 H_x，并且 H_y 很小，可近似认为 $H_y \approx 0$，此时电场主要沿 y 方向（一般定义为垂直方向）偏振，该模式称为 E^y_{mn}，其中 m 和 n 分别表示 x 和 y 方向的模式阶数。另一种是电磁场的主要分量为 E_x 和 H_y，并且 E_y 很小，可近似认为 $E_y \approx 0$，此时电场主要沿 x 方向偏振，该模式称为 E^x_{mn}。

对于在介质吸收型波导中传输的光波模式而言，设 $\bar{n}_{\text{eff}} = n_{\text{eff}} - \text{j}\kappa_{\text{eff}}$ 为波导模式的复有效折射率，其中 n_{eff} 为实有效折射率，κ_{eff} 为波导模式的有效消光系数，则波导模式的有效振幅衰减系数为 $\alpha_{\text{eff}} = k_0 \kappa_{\text{eff}}$。$n_{\text{eff}}$ 和 α_{eff} 的数值可通过求解介质吸收型波导模式的复特征方程来得到，这将在后续章节中做详细阐述。

2.2.3 分析方法

运用有效折射率法分析图 2.2 所示的脊形波导结构，可得如下结论[129,130]：

① 图 2.2(a)所示波导结构在竖直方向上可等效为高折射率衬底上的介质吸收型五层平板波导，水平方向上可等效为介质吸收型三层平板波导。

② 图 2.2(b)所示波导结构在竖直方向上，有电极覆盖区域可等效为金属包层型七层平板波导，无电极覆盖区域可等效为介质吸收型四层平板波导；水平方向上可等效为介质吸收型三层平板波导。

③ 图2.2(c)所示波导结构在竖直方向上,有电极覆盖区域可等效为金属包层型六层平板波导,无电极覆盖区域可等效为介质吸收型四层平板波导;水平方向上可等效为介质吸收型三层平板波导。

另外设计中还需注意几个细节问题:

① 为了简化问题的分析,需要考虑如何选取上、下缓冲层厚度才能减小甚至忽略上限制层(一般选取为空气)和高折射率衬底(一般选取为Si衬底)对模式特性的影响。在此厚度下,可分别将上、下缓冲层看作半无限厚,进而将图2.2(a)所示的波导结构简化为三层介质波导结构,更易于分析。

② 为了尽可能减小有电极覆盖的波导区域(无源区)和没有电极覆盖的波导区域(有源区)的耦合损耗,需要使这两部分波导中传输模式的有效折射率尽可能相等。这也涉及如何选取上、下缓冲层厚度以减小甚至忽略电极、上限制层和衬底对波导中传输模式的影响,从而将缓冲层看作半无限厚,便于问题的分析。

③ 由于电极厚度不可能制作得太厚,因此要确定出电极的最小厚度,使得在该厚度下,可将上、下电极看作半无限厚,从而简化问题的分析。

当考虑介质的吸收损耗时,介电常数变为复数,波导模式的特征方程由实特征方程演变为复特征方程,由该方程得到的解即为模式的复有效折射率。然而该方程在复数域内的求解相当复杂。一般情况下,吸收型介质的消光系数 κ 比较小,满足 $\kappa \ll n$ 及 $K \ll \varepsilon$。因此,可以采用微扰法或者微分法求解波导模式的实传播常数 β 和振幅衰减系数 α。微扰法及微分法的求解过程主要包含两个步骤:① 零级近似求解实传播常数。由于复介电常数中的虚部很小,对模式的传播常数影响很小,可以在求解过程中近似忽略,因此可把波导等效为非吸收型波导,使传播常数的求解过程得到简化。② 一级近似求解振幅衰减系数。这两种方法的详细求解过程可参考文献[128],本章我们也将利用上述方法求解所设计波导的模式吸收特性。

2.3 高折射率衬底上的非对称五层平板波导

对于图 2.2(a)所示的脊形波导结构，选择波导中传输的光波模式为 E^y_{mn}。若对其在竖直方向上进行分析，则波导中等效传输模式为 TM 模，此时，可将原波导等效为图 2.3 所示的非对称五层平板波导。令芯区宽度为 b_1，上缓冲层厚度为 b_2，下缓冲层厚度为 b_3。各层介质材料的折射率及振幅衰减系数如图中标注，并且各折射率存在如下关系：$n_5 > n_1 > n_2 > n_4$。

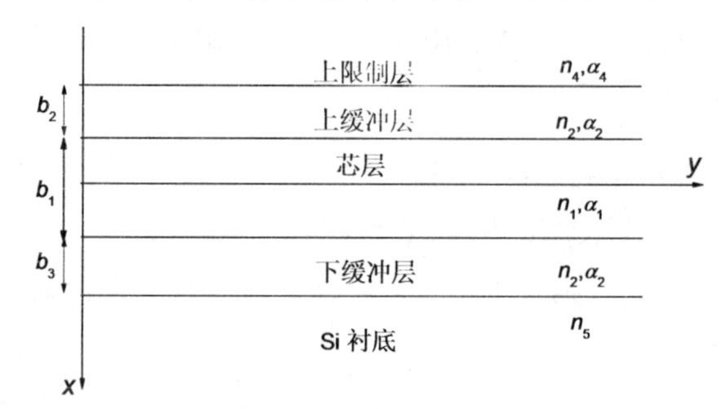

图 2.3 高折射率衬底上的五层平板波导

2.3.1 TM 模式的特征方程

图 2.3 所示的非对称五层平板波导的相对介电常数分布 $\varepsilon(x)$ 可表示为

$$\varepsilon(x) = \begin{cases} \varepsilon_4 & (x \leqslant -b_1/2 - b_2) \\ \varepsilon_2 & (-b_1/2 - b_2 < x < -b_1/2) \\ \varepsilon_1 & (-b_1/2 \leqslant x \leqslant b_1/2) \\ \varepsilon_2 & (b_1/2 < x \leqslant b_1/2 + b_3) \\ \varepsilon_5 & (x > b_1/2 + b_3) \end{cases} \tag{2.3.1}$$

式中 $\varepsilon_i = n_i^2 - \kappa_i^2 \approx n_i^2$。TM 模式的磁场分量 $H_{y0}(x)$ 和传播常数 β 满足横向赫姆霍兹方程：

$$\frac{d^2 H_{y0}(x)}{dx^2} + [k_0^2 n^2(x) - \beta^2] H_{y0}(x) = 0 \tag{2.3.2}$$

由于各层介质中的介电常数不同,可分别写出各区域的赫姆霍兹方程如下:

$$\frac{d^2 H_{y0}(x)}{dx^2} + [k_0^2 n_4^2(x) - \beta^2] H_{y0}(x) = 0 \quad (x \leqslant -b_1/2 - b_2) \tag{2.3.3a}$$

$$\frac{d^2 H_{y0}(x)}{dx^2} + [k_0^2 n_2^2(x) - \beta^2] H_{y0}(x) = 0 \quad (-b_1/2 - b_2 < x < -b_1/2) \tag{2.3.3b}$$

$$\frac{d^2 H_{y0}(x)}{dx^2} + [k_0^2 n_1^2(x) - \beta^2] H_{y0}(x) = 0 \quad (-b_1/2 \leqslant x \leqslant b_1/2) \tag{2.3.3c}$$

$$\frac{d^2 H_{y0}(x)}{dx^2} + [k_0^2 n_2^2(x) - \beta^2] H_{y0}(x) = 0 \quad (b_1/2 < x \leqslant b_1/2 + b_3) \tag{2.3.3d}$$

$$\frac{d^2 H_{y0}(x)}{dx^2} + [k_0^2 n_5^2(x) - \beta^2] H_{y0}(x) = 0 \quad (x > b_1/2 + b_3) \tag{2.3.3e}$$

对于导模,其传播常数满足 $k_0 n_2 < \beta < k_0 n_1$,令 $\gamma_i^2 = k_0^2 n_i^2 - \beta^2 (i = 1, 5)$,$\gamma_i^2 = \beta^2 - k_0^2 n_i^2 (i = 2, 4)$,则方程式(2.3.3)可简化为

$$\frac{d^2 H_{y0}(x)}{dx^2} - \gamma_4^2 H_{y0}(x) = 0 \quad (x \leqslant -b_1/2 - b_2) \tag{2.3.4a}$$

$$\frac{d^2 H_{y0}(x)}{dx^2} - \gamma_2^2 H_{y0}(x) = 0 \quad (-b_1/2 - b_2 < x < -b_1/2) \tag{2.3.4b}$$

$$\frac{d^2 H_{y0}(x)}{dx^2} + \gamma_1^2 H_{y0}(x) = 0 \quad (-b_1/2 \leqslant x \leqslant b_1/2) \tag{2.3.4c}$$

$$\frac{d^2 H_{y0}(x)}{dx^2} - \gamma_2^2 H_{y0}(x) = 0 \quad (b_1/2 < x \leqslant b_1/2 + b_3) \tag{2.3.4d}$$

$$\frac{d^2 H_{y0}(x)}{dx^2} + \gamma_5^2 H_{y0}(x) = 0 \quad (x > b_1/2 + b_3) \tag{2.3.4e}$$

上述方程的通解可以写为

$$H_{y0}(x)=\begin{cases}A_4\exp[\gamma_4(x+b_1/2+b_2)] & (x\leqslant -b_1/2-b_2)\\ A_{21}\cosh[\gamma_2(x+b_1/2)]+B_{21}\sinh[\gamma_2(x+b_1/2)] & \\ \qquad (-b_1/2-b_2<x<-b_1/2) & \\ A_1\cos(\gamma_1 x-\phi_1) & (-b_1/2\leqslant x\leqslant b_1/2)\\ A_{22}\cosh[\gamma_2(x-b_1/2)]+B_{22}\sinh[\gamma_2(x-b_1/2)] & \\ \qquad (b_1/2<x\leqslant b_1/2+b_3) & \\ A_5\cos[\gamma_5(x-b_1/2-b_3)-\phi_5] & (x>b_1/2+b_3)\end{cases}\tag{2.3.5}$$

式中 A_1、A_{21}、B_{21}、A_{22}、B_{22}、A_4、A_5、ϕ_1、ϕ_5 为积分常数。

根据边界连续条件,即 $H_{y0}(x)$和$\dfrac{\mathrm{d}H_{y0}(x)}{\varepsilon(x)\mathrm{d}x}$连续,可得:

① 在 $x=-b_1/2-b_2$ 处,有

$$A_4 = A_{21}\cosh(-\gamma_2 b_2)+B_{21}\sinh(-\gamma_2 b_2)\tag{2.3.6a}$$

$$A_4 = \frac{T_2}{T_4}[A_{21}\sinh(-\gamma_2 b_2)+B_{21}\cosh(-\gamma_2 b_2)]\tag{2.3.6b}$$

式中 $T_2=\dfrac{\varepsilon_1}{\varepsilon_2}\dfrac{\gamma_2}{\gamma_1}$,$T_4=\dfrac{\varepsilon_1}{\varepsilon_4}\dfrac{\gamma_4}{\gamma_1}$。

② 在 $x=-b_1/2$ 处,有

$$A_{21} = A_1\cos(\gamma_1 b_1/2+\phi_1)\tag{2.3.7a}$$

$$B_{21} = \frac{A_1}{T_2}\sin(\gamma_1 b_1/2+\phi_1)\tag{2.3.7b}$$

式(2.3.6b)除以式(2.3.6a),并结合式(2.3.7),可得

$$\tan(\gamma_1 b_1/2+\phi_1) = T_2\frac{T_2\tanh(-\gamma_2 b_2)-T_4}{T_4\tanh(-\gamma_2 b_2)-T_2}\tag{2.3.8}$$

③ 在边界 $x=b_1/2$ 处,有

$$A_{22} = A_1\cos(\gamma_1 b_1/2-\phi_1)\tag{2.3.9a}$$

$$B_{22} = \frac{A_1}{T_2}\sin(\gamma_1 b_1/2-\phi_1)\tag{2.3.9b}$$

④ 在边界 $x=b_1/2+b_3$ 处,有

$$A_5\cos\phi_5 = A_{22}\cosh(\gamma_2 b_3)+B_{22}\sinh(\gamma_2 b_3)\tag{2.3.10a}$$

$$A_5\sin\phi_5 = \frac{T_2}{T_4}[A_{22}\sinh(\gamma_2 b_3)+B_{22}\cosh(\gamma_2 b_3)]\tag{2.3.10b}$$

式(2. 3. 10b)除以式(2. 3. 10a),并结合式(2. 3. 9),可得

$$\tan(\gamma_1 b_1/2 - \phi_1) = T_2 \frac{T_5 \tan\phi_5 - T_2 \tanh(\gamma_2 b_3)}{T_5 \tan\phi_5 \tanh(\gamma_2 b_3) - T_2} \tag{2.3.11}$$

式中 $T_5 = \dfrac{\varepsilon_1}{\varepsilon_5}\dfrac{\gamma_5}{\gamma_1}$。

由式(2. 3. 8)和式(2. 3. 9),可得 TM 导模的特征方程:

$$\gamma_1 b_1 = m\pi + \arctan\left(T_2 \frac{T_2 \tanh(-\gamma_2 b_2) - T_4}{T_4 \tanh(-\gamma_2 b_2) - T_2}\right) + \arctan\left(T_2 \frac{T_5 \tan\phi_5 - T_2 \tanh(\gamma_2 b_3)}{T_5 \tan\phi_5 \tanh(\gamma_2 b_3) - T_2}\right) \tag{2.3.12a}$$

利用公式 $\tanh(x) = \dfrac{\exp(x) - \exp(-x)}{\exp(x) + \exp(-x)}$,式(2. 3. 12a)可简化为

$$\gamma_1 b_1 = m\pi + \arctan(T_2 \delta_{21}) + \arctan(T_2 \delta_{22}) \tag{2.3.12b}$$

式中

$$\delta_{21} = \frac{(T_4 + T_2) + (T_4 - T_2)\exp(-2\gamma_2 b_2)}{(T_4 + T_2) - (T_4 - T_2)\exp(-2\gamma_2 b_2)}$$

$$\delta_{22} = \frac{(T_5 \tan\phi_5 - T_2) + (T_5 \tan\phi_5 + T_2)\exp(-2\gamma_2 b_3)}{(T_5 \tan\phi_5 - T_2) - (T_5 \tan\phi_5 + T_2)\exp(-2\gamma_2 b_3)}$$

由式(2. 3. 12b)可以看出,由于衬底的存在,ϕ_5 可在 $-\pi/2 \sim \pi/2$ 取连续值。因此,对应一定的模式阶数 m,将会产生诸多分立模式,且各分立模式的有效折射率不同,这种模式称为准导模,它兼具有导模和辐射膜的特征,会造成泄露损耗。

2. 3. 2 衬底的泄露损耗

与文献[128]中非对称四层平板波导的分析方法类似,本节我们运用微扰法求解非对称五层平板波导的功率泄露损耗系数。在式(2. 3. 12a)中,令 $b_3 \to \infty$,则特征方程转化为

$$\gamma_{10} b_1 = m\pi + \arctan(T_{20}\delta_{210}) + \arctan(T_{20}) \tag{2.3.13}$$

该方程的解即为 β_0。对应 $\beta = \beta_0$ 的 γ_1、δ_{21}、T_2、T_4 的值分别记为 γ_{10}、δ_{210}、T_{20}、T_{40}。衬底的存在相当于对不存在衬底时传播常数的微扰。利用微扰法[128],可得功率泄露损耗因子为

$$2\alpha=\frac{\gamma_{10}T_{20}T_{50}^{2}}{\beta_{0}\pi(1+T_{20}^{2})(T_{20}^{2}+T_{50}^{2})b_{\text{eff}}}\exp(-2\gamma_{20}b_{3})\qquad(2.3.14)$$

式中 $b_{\text{eff}}=b+\dfrac{2(\varepsilon_1^2+\varepsilon_2^2T_{20}^2)}{\gamma_{20}\varepsilon_1\varepsilon_2(1+T_{20}^2)}$为波导的有效厚度,$2\alpha$ 的单位为 m^{-1}。

取真空中的工作波长为 $\lambda_0=1.55\ \mu\text{m}$。在该波长下,令聚合物芯层,上、下包层的折射率分别为 $n_1=1.643$,$n_2=1.461$,Si 衬底的折射率为 $n_5=3.45$,上限制层空气的折射率为 $n_4=1.0$。利用式(2.3.14),图 2.4 显示了当上缓冲层厚度取为 $b_2=100\ \mu\text{m}$ 即可视为无穷大时,衬底的功率泄露损耗 2α 与下缓冲层厚度 b_3 的关系曲线。由图 2.4 可见,当下缓冲层厚度 $b_3>1.5\ \mu\text{m}$ 时,泄露损耗小于 0.01 dB/mm。因此,当取 $b_3=1.5\ \mu\text{m}$ 时,可以忽略衬底对波导中传输模式的影响,即可将下缓冲层看作半无限厚。

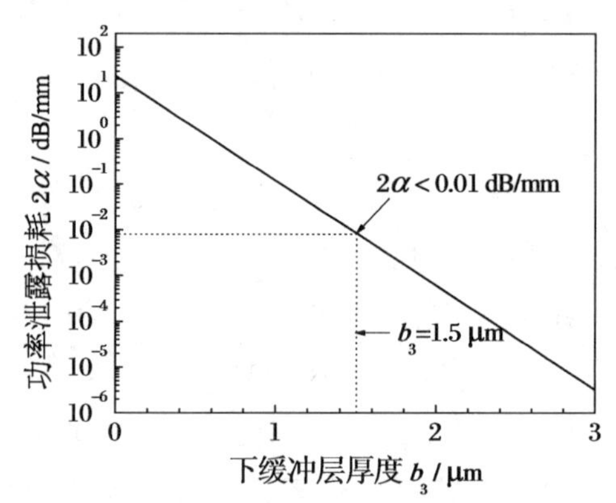

图 2.4 当 $b_2=100\ \mu\text{m}$ 时,衬底的功率泄露损耗 2α 与下缓冲层厚度 b_3 的关系曲线

当下缓冲层视为无穷大(即 $b_3\to\infty$)时,利用式(2.3.13),图 2.5 显示

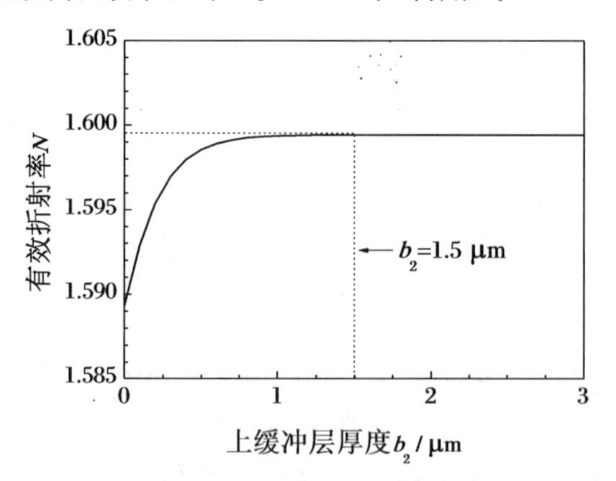

图 2.5 当下缓冲层视为无穷大时,TM_0 模式的有效折射率 N 与上缓冲层厚度 b_2 的关系曲线

了 TM_0 模式的有效折射率与上缓冲层厚度 b_2 的关系曲线。由图 2.5 可见，当上缓冲层厚度 $b_2>1.5\ \mu m$ 时，波导模式的有效折射率将变为常数，此时可将上缓冲层视为半无限厚，即可忽略上限制层对波导中传输模式的影响。

综合图 2.4 及图 2.5 的分析结果，当上、下缓冲层的厚度满足 $b_2=b_3>1.5\ \mu m$ 时，可以同时忽略衬底材料和上限制层空气的影响，此时可直接将图 2.2(a)的波导结构等效为三层介质吸收型脊形波导结构，其模式特性将在 2.4 节予以分析。

2.4　介质吸收型脊形波导[128,131]

在 2.3 节，我们分析了由衬底材料造成的泄露损耗。结论显示，当下缓冲层达到一定厚度时，衬底的影响可以忽略，即可将下缓冲层看作半无限厚；同时，当上缓冲层达到一定厚度时，模式的有效折射率将不再随缓冲层厚度的增加而改变，即可将上缓冲层看作半无限厚。从而图 2.2(a)所示的波导可被简化为三层介质吸收型脊形波导，如图 2.6 所示。这里为了简化分析，令上缓冲层和下缓冲层具有相同厚度，并选取波导中传输的导模为 E^y_{mn}。

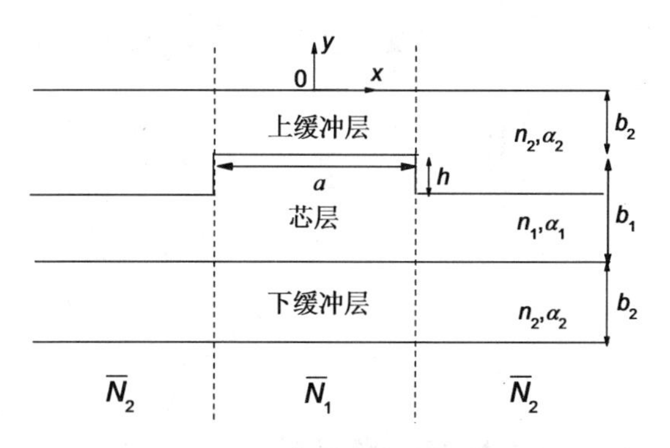

图 2.6　三层介质吸收型脊形波导

对各层介质而言，其复介电常数为

$$\bar{\varepsilon}_i=\bar{n}_i^2=n_i^2-\kappa_i^2-\mathrm{j}2n_i\kappa_i=\varepsilon_i-\mathrm{j}K_i \tag{2.4.1}$$

式中 $\varepsilon_i = n_i^2 - \kappa_i^2$，$K_i = 2n_i\kappa_i$ 且 $K_i \ll \varepsilon_i$。我们运用微扰法求解波导中传输模式的实传播常数 β 和振幅衰减系数 α，该求解过程分为如下两个步骤：零级近似求实传播常数和一级近似求振幅衰减系数。

2.4.1 零级近似求实传播常数

由于介质复折射率的虚部很小，可以直接忽略，从而波导模式的复特征方程将退化为实特征方程。按照有效折射率法的分析步骤，对脊型波导的求解如下：

① 在 y 方向上，等价于对 TM 模式进行分析。按照对称三层平板波导的分析理论[128]，脊形芯区对应的模式特征方程为

$$\gamma_{11} b_1 = n\pi + 2\arctan\left(\frac{\varepsilon_1 \gamma_{21}}{\varepsilon_2 \gamma_{11}}\right) \tag{2.4.2}$$

式中 $\gamma_{11} = \sqrt{k_0^2 \varepsilon_1 - \beta_1^2}$，$\gamma_{21} = \sqrt{\beta_1^2 - k_0^2 \varepsilon_2}$，且 $N_1 = \dfrac{\beta_1}{k_0}$。

② 同理，脊两侧区域对应的模式特征方程为

$$\gamma_{12}(b_1 - h) = n\pi + 2\arctan\left(\frac{\varepsilon_1 \gamma_{22}}{\varepsilon_2 \gamma_{12}}\right) \tag{2.4.3}$$

式中 $\gamma_{12} = \sqrt{k_0^2 \varepsilon_1 - \beta_2^2}$，$\gamma_{22} = \sqrt{\beta_2^2 - k_0^2 \varepsilon_2}$，且 $N_2 = \dfrac{\beta_2}{k_0}$。

③ 在 x 方向上，等价于对 TE 模式进行分析，模式特征方程为

$$\gamma_{13} a = m\pi + 2\arctan\left(\frac{\gamma_{23}}{\gamma_{13}}\right) \tag{2.4.4}$$

式中 $\gamma_{13} = \sqrt{k_0^2 N_1^2 - \beta^2}$，$\gamma_{23} = \sqrt{\beta^2 - k_0^2 N_2^2}$，$N = \dfrac{\beta}{k_0}$。$N$ 即为所求 E_{mn}^y 模式的有效折射率。

2.4.2 一级近似求振幅衰减系数

利用微扰法，仍可将求解过程分为三个步骤：

① y 方向脊形芯区对应的 TM 模式的振幅衰减系数为

$$\alpha_{\mathrm{TM1}} = \frac{1}{N_1 b_{\mathrm{eff}}}\left[n_1 \alpha_1 \left(b + 2\frac{\varepsilon_1 \varepsilon_2 \gamma_{21}}{\varepsilon_2^2 \gamma_{11}^2 + \varepsilon_1^2 \gamma_{21}^2}\right) + 2n_2 \alpha_2 \frac{\varepsilon_1 \varepsilon_2 \gamma_{11}^2}{\gamma_{21}(\varepsilon_2^2 \gamma_{11}^2 + \varepsilon_1^2 \gamma_{21}^2)}\right] \tag{2.4.5}$$

式中

$$b_{\mathrm{eff}} = b + 2\frac{\varepsilon_1 \varepsilon_2 (\gamma_{11}^2 + \gamma_{21}^2)}{\gamma_{21}(\varepsilon_2^2 \gamma_{11}^2 + \varepsilon_1^2 \gamma_{21}^2)} \tag{2.4.6}$$

② y 方向上脊两侧区域对应的 TM 模式的振幅衰减系数为

$$\alpha_{\mathrm{TM2}} = \frac{1}{N_2 b_{\mathrm{eff}}}\left[n_1 \alpha_1 \left(b - h + 2\frac{\varepsilon_1 \varepsilon_2 \gamma_{22}}{\varepsilon_2^2 \gamma_{12}^2 + \varepsilon_1^2 \gamma_{22}^2}\right) + 2n_2 \alpha_2 \frac{\varepsilon_1 \varepsilon_2 \gamma_{12}^2}{\gamma_{22}(\varepsilon_2^2 \gamma_{12}^2 + \varepsilon_1^2 \gamma_{22}^2)}\right] \tag{2.4.7}$$

式中

$$b_{\mathrm{eff}} = b - h + 2\frac{\varepsilon_1 \varepsilon_2 (\gamma_{12}^2 + \gamma_{22}^2)}{\gamma_{22}(\varepsilon_2^2 \gamma_{12}^2 + \varepsilon_1^2 \gamma_{22}^2)} \tag{2.4.8}$$

③ x 方向上对应的 TE 模式的振幅衰减系数为

$$\alpha_{\mathrm{TE}} = \frac{1}{N a_{\mathrm{eff}}}\left[N_1 \alpha_{\mathrm{TM1}} \left(a + 2\frac{\gamma_{23}}{\gamma_{13}^2 + \gamma_{23}^2}\right) + 2N_2 \alpha_{\mathrm{TM2}} \frac{\gamma_{13}^2}{\gamma_{23}(\gamma_{13}^2 + \gamma_{23}^2)}\right] \tag{2.4.9}$$

式中

$$a_{\mathrm{eff}} = a + \frac{2}{\gamma_{23}} \tag{2.4.10}$$

α_{TE}即为最终求得的 E_{mn}^y 模式的振幅衰减系数。

同理，我们可分析介质吸收型脊形波导中 E_{mn}^x 模式的有效折射率和振幅衰减系数，读者可参阅文献[128]。

2.5　单金属包层型非对称六层平板波导[128,132,133]

在设计中，一般选取上限制层材料为空气，其吸收系数为零，即不存在吸收损耗；同时当下缓冲层足够厚时，可忽略衬底材料引起的泄露损耗。首先,对图 2.2(c)所示的脊形波导在竖直方向上进行分析:在没有电极覆盖的波导部分,由于不用考虑空气和衬底对模式的影响,可直接等效为介质吸收型三层平板波导,该结构已在 2.4 节做过分析;在有电极覆盖的波导区域,忽略衬底材料对波导模式的影响,即可认为下缓冲层为半无限厚。因此,可将芯区波导等效为图 2.7 所示的五层平板波导,且上限制层为半无限厚。选取芯层、上/下缓冲层、上金属电极厚度分别为 b_1、b_2 和 b_3。注意到 ε_3 为负数,因此各层材料的介电常数满足 $\varepsilon_1>\varepsilon_2>\varepsilon_4>\varepsilon_3$,分析中选取 TM 模式。采用微分法分析等效后的平板波导,即首先将波导等效为非吸收型波导后利用零级近似求解模式传播常数,其次利用一级近似求解振幅衰减系数。

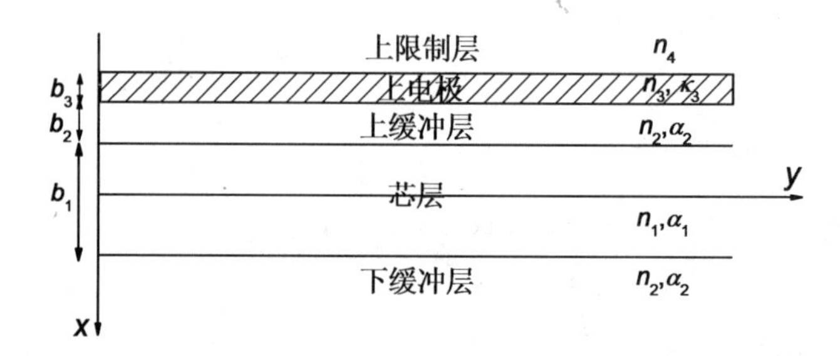

图 2.7 将下缓冲层视为足够厚时,非对称六层平板波导的等效结构

2.5.1 零级近似求解 TM 模传播常数

各介质层的介电常数可表示为

$$\varepsilon_i = n_i^2 - \kappa_i^2 = n_i^2 - \left(\frac{\alpha_i}{k_0}\right)^2 \tag{2.5.1}$$

如图 2.7 所示,相对介电常数分布 $\varepsilon(x)$ 可表示为

$$\varepsilon(x) = \begin{cases} \varepsilon_4 & (-\infty < x \leqslant -b_1/2 - b_2 - b_3) \\ \varepsilon_3 & (-b_1/2 - b_2 - b_3 < x \leqslant -b_1/2 - b_2) \\ \varepsilon_2 & (-b_1/2 - b_2 < x < -b_1/2) \\ \varepsilon_1 & (-b_1/2 \leqslant x \leqslant b_1/2) \\ \varepsilon_2 & (b_1/2 < x < +\infty) \end{cases} \tag{2.5.2}$$

TM 模式的磁场分量 $H_{y0}(x)$ 和传播常数 β 满足的横向赫姆霍兹方程为

$$\frac{d^2H_{y0}(x)}{dx^2}+[k_0^2\varepsilon(x)-\beta^2]H_{y0}(x)=0 \tag{2.5.3}$$

由于各层介质中的介电常数不同，因此可分别写出各区域的赫姆霍兹方程：

$$\frac{d^2H_{y0}(x)}{dx^2}+[k_0^2\varepsilon_4-\beta^2]H_{y0}(x)=0 \quad (x\leqslant -b_1/2-b_2-b_3) \tag{2.5.4a}$$

$$\frac{d^2H_{y0}(x)}{dx^2}+[k_0^2\varepsilon_3-\beta^2]H_{y0}(x)=0$$
$$(-b_1/2-b_2-b_3<x\leqslant -b_1/2-b_2) \tag{2.5.4b}$$

$$\frac{d^2H_{y0}(x)}{dx^2}+[k_0^2\varepsilon_2-\beta^2]H_{y0}(x)=0 \quad (-b_1/2-b_2<x<-b_1/2) \tag{2.5.4c}$$

$$\frac{d^2H_{y0}(x)}{dx^2}+[k_0^2\varepsilon_1-\beta^2]H_{y0}(x)=0 \quad (-b_1/2\leqslant x\leqslant b_1/2) \tag{2.5.4f}$$

$$\frac{d^2H_{y0}(x)}{dx^2}+[k_0^2\varepsilon_2-\beta^2]H_{y0}(x)=0 \quad (b_1/2<x\leqslant b_1/2+b_2) \tag{2.5.4e}$$

对于导模，其传播常数满足 $k_0^2\varepsilon_4<k_0^2\varepsilon_3<k_0^2\varepsilon_2<\beta^2<k_0^2\varepsilon_1$，令

$$\gamma_1^2=k_0^2\varepsilon_1-\beta^2,\quad \gamma_i^2=\beta^2-k_0^2\varepsilon_i \quad (i=2,3,4) \tag{2.5.5}$$

则方程式(2.5.4)可简化为

$$\frac{d^2H_{y0}(x)}{dx^2}-\gamma_4^2H_{y0}(x)=0 \quad (x\leqslant -b_1/2-b_2-b_3) \tag{2.5.6a}$$

$$\frac{d^2H_{y0}(x)}{dx^2}-\gamma_3^2H_{y0}(x)=0 \quad (-b_1/2-b_2-b_3<x\leqslant -b_1/2-b_2) \tag{2.5.6b}$$

$$\frac{d^2H_{y0}(x)}{dx^2}-\gamma_2^2H_{y0}(x)=0 \quad (-b_1/2-b_2<x<-b_1/2) \tag{2.5.6c}$$

$$\frac{d^2H_{y0}(x)}{dx^2}+\gamma_1^2H_{y0}(x)=0 \quad (-b_1/2\leqslant x\leqslant b_1/2) \tag{2.5.6d}$$

$$\frac{d^2H_{y0}(x)}{dx^2}-\gamma_2^2H_{y0}(x)=0 \quad (b_1/2<x<+\infty) \tag{2.5.6e}$$

上述方程的通解可写为

$$H_{y0}(x)=\begin{cases}A_4\exp[\gamma_4(x+b_1/2+b_2+b_3)] & (x\leqslant -b_1/2-b_2-b_3)\\ A_{31}\cosh[\gamma_3(x+b_1/2+b_2)]+B_{31}\sinh[\gamma_3(x+b_1/2+b_2)] & \\ \qquad (-b_1/2-b_2-b_3<x\leqslant -b_1/2-b_2) & \\ A_{21}\cosh[\gamma_2(x+b_1/2)]+B_{21}\sinh[\gamma_2(x+b_1/2)] & \\ \qquad (-b_1/2-b_2<x<-b_1/2) & \\ A_1\cos(\gamma_1 x-\phi_1) & (-b_1/2\leqslant x\leqslant b_1/2)\\ A_{22}\exp[-\gamma_2(x-b_1/2)] & (b_1/2<x<+\infty)\end{cases}\tag{2.5.7}$$

式中 A_1、A_{21}、B_{21}、A_{22}、A_{31}、B_{31}、A_4、ϕ_1 为积分常数。令

$$T_i=\frac{\varepsilon_1}{\varepsilon_i}\frac{\gamma_i}{\gamma_1}\quad (i=2,3,4)\tag{2.5.8}$$

利用 $H_{y0}(x)$和$\dfrac{\mathrm{d}H_{y0}(x)}{\varepsilon(x)\mathrm{d}x}$在各边界连续,我们得到:

① 在边界 $x=-b_1/2$ 处,有

$$A_{21}=A_1\cos(\gamma_1 b_1/2+\phi_1),\quad B_{21}=\frac{A_1}{T_2}\sin(\gamma_1 b_1/2+\phi_1)\tag{2.5.9}$$

② 在边界 $x=-b_1/2-b_2$ 处,有

$$A_{31}=A_{21}\cosh(-\gamma_2 b_2)+B_{21}\sinh(-\gamma_2 b_2)\tag{2.5.10a}$$

$$B_{31}=\frac{T_2}{T_3}[A_{21}\sinh(-\gamma_2 b_2)+B_{21}\cosh(-\gamma_2 b_2)]\tag{2.5.10b}$$

③ 在边界 $x=-b_1/2-b_2-b_3$ 处,有

$$A_4=A_{31}\cosh(-\gamma_3 b_3)+B_{31}\sinh(-\gamma_3 b_3)\tag{2.5.11a}$$

$$A_4=\frac{T_3}{T_4}[A_{31}\sinh(-\gamma_3 b_3)+B_{31}\cosh(-\gamma_3 b_3)]\tag{2.5.11b}$$

将式(2.5.11a)代入式(2.5.11b),可得

$$B_{31}/A_{31}=\delta_{31}\tag{2.5.12}$$

式中 $\delta_{31}=\dfrac{(T_4+T_3)+(T_4-T_3)\exp(-2\gamma_3 b_3)}{(T_4+T_3)-(T_4-T_3)\exp(-2\gamma_3 b_3)}$。将式(2.5.10)代入式(2.5.12),可得

$$B_{21}/A_{21}=\delta_{21}\tag{2.5.13}$$

式中 $\delta_{21}=\dfrac{(T_3\delta_{31}+T_2)+(T_3\delta_{31}-T_2)\exp(-2\gamma_2 b_2)}{(T_3\delta_{31}+T_2)-(T_3\delta_{31}-T_2)\exp(-2\gamma_2 b_2)}$。将式(2.5.7)代入式(2.5.11),可得

$$\tan(\gamma_1 b_1/2+\phi_1)=T_2\delta_{21} \tag{2.5.14}$$

④ 在边界 $x=b_1/2$ 处,有

$$A_{22}=A_1\cos(\gamma_1 b_1/2-\phi_1),\quad A_{22}=\frac{A_1}{T_2}\sin(\gamma_1 b_1/2-\phi_1) \tag{2.5.15}$$

根据式(2.5.15)可得

$$\tan(\gamma_1 b_1/2-\phi_1)=T_2 \tag{2.5.16}$$

结合式(2.5.14)和式(2.5.16),我们得到 TM 模式的特征方程:

$$\gamma_1 b_1=m\pi+\arctan(T_2\delta_{21})+\arctan(T_2) \tag{2.5.17}$$

式中 m 为模式的阶数。

2.5.2　一级近似求解 TM 模振幅衰减系数

与文献[128,132,133]中 MOS 型四层平板波导的分析过程类似,本节运用微分法求解金属包层型非对称六层(等效后五层)平板波导的振幅衰减系数,且求解中仅考虑导模。

当考虑各介质层的虚部时,波导等效为吸收型波导。为了便于表达,将式(2.5.17)表示为隐函数形式:

$$F(\varepsilon_1,\varepsilon_2,\varepsilon_3,\beta)=m\pi+\arctan(T_2\delta_{21})+\arctan(T_2)-\gamma_1 b_1 \tag{2.5.18}$$

在式(2.5.18)中,对 ε_i 增加一个虚部分量 $\Delta\bar{\varepsilon}_i=-\mathrm{j}2n_i\kappa_i$,相应 β 的增量为 $\Delta\bar{\beta}=-\mathrm{j}\Delta\beta$,二者的关系可表示为

$$\sum_{i=1}^{3}\frac{\partial F}{\partial\varepsilon_i}\Delta\bar{\varepsilon}_i+\frac{\partial F}{\partial\beta}\Delta\bar{\beta}=0 \tag{2.5.19}$$

即有

$$\Delta\bar{\beta}=-\sum_{i=1}^{3}\frac{\partial F}{\partial\varepsilon_i}\Delta\bar{\varepsilon}_i\Big/\frac{\partial F}{\partial\beta}=\mathrm{j}\sum_{i=1}^{3}\frac{\partial F}{\partial\varepsilon_i}2n_i\kappa_i\Big/\frac{\partial F}{\partial\beta}=\mathrm{j}\sum_{i=1}^{3}\alpha'_i \tag{2.5.20}$$

由此得到模振幅衰减系数的表达式：

$$\alpha_{\text{total}} = -\operatorname{Im}(\Delta\overline{\beta}) = \sum_{i=1}^{3} \alpha'_i \tag{2.5.21}$$

式中

$$\alpha'_i = 2n_i\kappa_i \frac{\partial F}{\partial \varepsilon_i} \Big/ \frac{\partial F}{\partial \beta} \quad (i = 1,2,3) \tag{2.5.22}$$

① 求解 α'_1。对式(2.5.18)的隐函数 $F(\varepsilon_1,\varepsilon_2,\varepsilon_3,\beta)$求偏导可得到$\dfrac{\partial F}{\partial \varepsilon_1}$和$\dfrac{\partial F}{\partial \beta}$的表达式为

$$\frac{\partial F}{\partial \varepsilon_1} = \frac{1}{1+T_2^2\delta_{21}^2}\left(\delta_{21}\frac{\partial T_2}{\partial \varepsilon_1} + T_2\frac{\partial \delta_{21}}{\partial \varepsilon_1}\right) + \frac{1}{1+T_2^2}\frac{\partial T_2}{\partial \varepsilon_1} - b_1\frac{\partial \gamma_1}{\partial \varepsilon_1} \tag{2.5.23}$$

$$\frac{\partial F}{\partial \beta} = \frac{1}{1+T_2^2\delta_{21}^2}\left(\delta_{21}\frac{\partial T_2}{\partial \beta} + T_2\frac{\partial \delta_{21}}{\partial \beta}\right) + \frac{1}{1+T_2^2}\frac{\partial T_2}{\partial \beta} - b_1\frac{\partial \gamma_1}{\partial \beta} \tag{2.5.24}$$

将式(2.5.23)和式(2.5.24)代入式(2.5.22)中即可求出 α'_1，且式(2.5.23)和式(2.5.24)两式中$\dfrac{\partial \delta_{21}}{\partial \varepsilon_1}$、$\dfrac{\partial \delta_{21}}{\partial \beta}$、$\dfrac{\partial \delta_{31}}{\partial \varepsilon_1}$、$\dfrac{\partial \delta_{31}}{\partial \beta}$的表达式为

$$\frac{\partial \delta_{21}}{\partial \varepsilon_1} = \frac{4\left[T_2\left(\delta_{31}\dfrac{\partial T_3}{\partial \varepsilon_1} + T_3\dfrac{\partial \delta_{31}}{\partial \varepsilon_1}\right) - T_3\delta_{31}\dfrac{\partial T_2}{\partial \varepsilon_1}\right]\exp(-2\gamma_2 b_2)}{[(T_3\delta_{31}+T_2)-(T_3\delta_{31}-T_2)\exp(-2\gamma_2 b_2)]^2} \tag{2.5.25a}$$

$$\frac{\partial \delta_{21}}{\partial \beta} = \frac{4\left[T_2\left(\delta_{31}\dfrac{\partial T_3}{\partial \beta} + T_3\dfrac{\partial \delta_{31}}{\partial \beta}\right) - T_3\delta_{31}\dfrac{\partial T_2}{\partial \beta} - b_2(T_3^2\delta_{31}^2 - T_2^2)\dfrac{\partial \gamma_2}{\partial \beta}\right]\exp(-2\gamma_2 b_2)}{[(T_3\delta_{31}+T_2)-(T_3\delta_{31}-T_2)\exp(-2\gamma_2 b_2)]^2} \tag{2.5.25b}$$

$$\frac{\partial \delta_{31}}{\partial \varepsilon_1} = \frac{4\left(T_3\dfrac{\partial T_4}{\partial \varepsilon_1} - T_4\dfrac{\partial T_3}{\partial \varepsilon_1}\right)\exp(-2\gamma_3 b_3)}{[(T_4+T_3)-(T_4-T_3)\exp(-2\gamma_3 b_3)]^2} \tag{2.5.25c}$$

$$\frac{\partial \delta_{31}}{\partial \beta} = \frac{4\left[-T_4\dfrac{\partial T_3}{\partial \beta} + T_3\dfrac{\partial T_4}{\partial \beta} - b_3(T_4^2 - T_3^2)\dfrac{\partial \gamma_3}{\partial \beta}\right]\exp(-2\gamma_3 b_3)}{[(T_4+T_3)-(T_4-T_3)\exp(-2\gamma_3 b_3)]^2} \tag{2.5.25d}$$

式(2.5.8)中 T_i 对 ε_1、β 和 ε_i 分别求偏导并结合式(2.5.5)可得

$$\frac{\partial T_i}{\partial \varepsilon_1} = -\frac{\gamma_i(k_0^2\varepsilon_1 - 2\gamma_1^2)}{2\varepsilon_i\gamma_1^3} \quad (i=2,3,4) \tag{2.5.26a}$$

$$\frac{\partial T_i}{\partial \beta} = \frac{\varepsilon_1}{\varepsilon_i}\frac{\beta(\gamma_1^2+\gamma_i^2)}{\gamma_1^3\gamma_i} \quad (i=2,3,4) \tag{2.5.26b}$$

$$\frac{\partial T_i}{\partial \varepsilon_i} = -\frac{\varepsilon_1}{\varepsilon_i^2}\frac{2\gamma_i^2+k_0^2\varepsilon_i}{2\gamma_1\gamma_i} \quad (i=2,3,4) \tag{2.5.26c}$$

式(2.5.5)中 γ_i 对 ε_i 和 β 分别求偏导可得

$$\frac{\partial \gamma_1}{\partial \varepsilon_1} = \frac{k_0^2}{2\gamma_1},\quad \frac{\partial \gamma_2}{\partial \varepsilon_2} = -\frac{k_0^2}{2\gamma_2},\quad \frac{\partial \gamma_3}{\partial \varepsilon_3} = -\frac{k_0^2}{2\gamma_3} \tag{2.5.27a}$$

$$\frac{\partial \gamma_1}{\partial \beta} = -\frac{\beta}{\gamma_1},\quad \frac{\partial \gamma_2}{\partial \beta} = \frac{\beta}{\gamma_2},\quad \frac{\partial \gamma_3}{\partial \beta} = \frac{\beta}{\gamma_3} \tag{2.5.27b}$$

② 求解 α_2'。由于 $\frac{\partial F}{\partial \beta}$ 已由式(2.5.24)给出，这里仅给出 $\frac{\partial F}{\partial \varepsilon_2}$ 的表达式。式(2.5.18)中隐函数 $F(\varepsilon_1,\varepsilon_2,\varepsilon_3,\beta)$ 对 ε_2 求偏导可得

$$\frac{\partial F}{\partial \varepsilon_2} = \frac{1}{1+T_2^2\delta_{21}^2}\left(\delta_{21}\frac{\partial T_2}{\partial \varepsilon_2} + T_2\frac{\partial \delta_{21}}{\partial \varepsilon_2}\right) + \frac{1}{1+T_2^2}\frac{\partial T_2}{\partial \varepsilon_2} \tag{2.5.28}$$

式中 $\frac{\partial \delta_{21}}{\partial \varepsilon_2}$ 的表达式为

$$\frac{\partial \delta_{21}}{\partial \varepsilon_2} = \frac{4\left[-T_3\delta_{31}\frac{\partial T_2}{\partial \varepsilon_2} - b_2(T_3^2\delta_{31}^2 - T_2^2)\frac{\partial \gamma_2}{\partial \varepsilon_2}\right]\exp(-2\gamma_2 b_2)}{[(T_3\delta_{31}+T_2)-(T_3\delta_{31}-T_2)\exp(-2\gamma_2 b_2)]^2} \tag{2.5.29}$$

且式(2.5.29)中 $\frac{\partial T_2}{\partial \varepsilon_2}$ 和 $\frac{\partial \gamma_2}{\partial \varepsilon_2}$ 由式(2.5.26)和式(2.5.27)分别给出。最终，结合式(2.5.24)和式(2.5.28)，并利用式(2.5.22)即可计算 α_2'。

③ 求解 α_3'。由于 $\frac{\partial F}{\partial \beta}$ 已由式(2.5.24)给出，这里仅给出 $\frac{\partial F}{\partial \varepsilon_3}$ 的表达式。式(2.5.18)中隐函数 $F(\varepsilon_1,\varepsilon_2,\varepsilon_3,\beta)$ 对 ε_3 求偏导可得

$$\frac{\partial F}{\partial \varepsilon_3} = \frac{1}{1+T_2^2\delta_{21}^2}\left(T_2\frac{\partial \delta_{21}}{\partial \varepsilon_3}\right) \tag{2.5.30}$$

式中 $\frac{\partial \delta_{21}}{\partial \varepsilon_3}$ 的表达式可以写为

$$\frac{\partial \delta_{21}}{\partial \varepsilon_3} = \frac{4T_2\left[\delta_{31}\dfrac{\partial T_3}{\partial \varepsilon_3} + T_3\dfrac{\partial \delta_{31}}{\partial \varepsilon_3}\right]\exp(-2\gamma_2 b_2)}{[(T_3\delta_{31}+T_2)-(T_3\delta_{31}-T_2)\exp(-2\gamma_2 b_2)]^2} \tag{2.5.31}$$

$$\frac{\partial \delta_{31}}{\partial \varepsilon_3} = \frac{4\left[-T_4\dfrac{\partial T_3}{\partial \varepsilon_3} - b_3(T_4^2 - T_3^2)\dfrac{\partial \gamma_3}{\partial \varepsilon_3}\right]\exp(-2\gamma_3 b_3)}{[(T_4+T_4)-(T_4-T_3)\exp(-2\gamma_3 b_3)]^2} \tag{2.5.32}$$

且式(2.5.31)和式(2.5.32)中$\dfrac{\partial T_3}{\partial \varepsilon_3}$和$\dfrac{\partial \gamma_3}{\partial \varepsilon_3}$由式(2.5.26)和式(2.5.27)分别给出。最终,结合式(2.5.24)和式(2.5.30),利用式(2.5.22)即可计算 α_3'。

④ 最终,利用式(2.5.21)即可计算振幅衰减系数 α_{total}。

2.5.3 TE 模式的特性分析

1. 模式特征方程

通过列写各区域的赫姆霍兹方程并结合电磁场边界条件,按照类似的分析过程,可得 TE 模式的特征方程为

$$\gamma_1 b_1 = m\pi + \arctan(T_2\delta_{21}) + \arctan(T_2) \tag{2.5.33}$$

式中

$$\gamma_1^2 = k_0^2\varepsilon_1 - \beta^2 \tag{2.5.34a}$$

$$\gamma_i^2 = \beta^2 - k_0^2\varepsilon_i \quad (i = 2,3,4) \tag{2.5.34b}$$

$$T_i = \frac{\gamma_i}{\gamma_1} \quad (i = 2,3,4) \tag{2.5.34c}$$

$$\delta_{21} = \frac{(T_3\delta_{31}+T_2)+(T_3\delta_{31}-T_2)\exp(-2\gamma_2 b_2)}{(T_3\delta_{31}+T_2)-(T_3\delta_{31}-T_2)\exp(-2\gamma_2 b_2)} \tag{2.5.34d}$$

$$\delta_{31} = \frac{(T_4+T_3)+(T_4-T_3)\exp(-2\gamma_3 b_3)}{(T_4+T_3)-(T_4-T_3)\exp(-2\gamma_3 b_3)} \tag{2.5.34e}$$

2. 模式振幅衰减系数

模式振幅衰减系数的表达式仍由式(2.5.21)给出,此时仅需对$\dfrac{\partial T_i}{\partial \varepsilon_1}$$(i=2,3,4)$、$\dfrac{\partial T_i}{\partial \beta}(i=2,3,4)$、$\dfrac{\partial T_i}{\partial \varepsilon_i}(i=2,3,4)$进行修正即可,具体表达式如下:

$$\frac{\partial T_i}{\partial \varepsilon_1} = -\frac{\gamma_i}{2\gamma_1^3} \quad (i = 2,3,4) \tag{2.5.35a}$$

$$\frac{\partial T_i}{\partial \beta} = \frac{\beta(\gamma_1^2 + \gamma_i^2)}{\gamma_1^3 \gamma_i} \quad (i = 2,3,4) \tag{2.5.35b}$$

$$\frac{\partial T_i}{\partial \varepsilon_i} = -\frac{k_0^2}{2\gamma_1 \gamma_i} \quad (i = 2,3,4) \tag{2.5.35c}$$

2.6　双金属包层型非对称七层平板波导

本节将对图 2.2(b)所示的脊形波导在竖直方向上进行分析：在没有电极覆盖的波导部分，由于不用考虑空气和衬底对模式的影响，可直接等效为介质吸收型三层平板波导，该结构已在 2.4 节做过分析；在有电极覆盖的波导区域，忽略衬底对波导模式的影响，即可认为下电极为半无限厚，进而可将芯区波导等效为图 2.8 所示的六层平板波导，且上限制层为半无限厚。令芯层、上/下缓冲层、上金属电极厚度分别为 b_1、b_2 和 b_3。注意到 ε_3 为负数，因此各层材料的介电常数满足 $\varepsilon_1 > \varepsilon_2 > \varepsilon_4 > \varepsilon_3$。仍然采用微分法分析等效后的平板波导，即首先将波导等效为非吸收型波导后利用零级近似求解模式传播常数，其次利用一级近似求解振幅衰减系数。

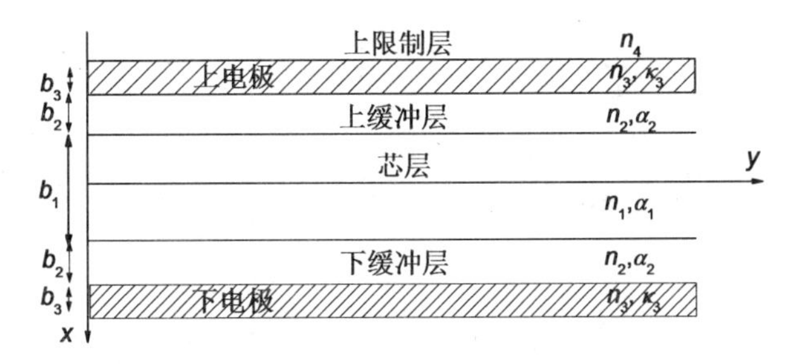

图 2.8　将下电极视为足够厚时，非对称七层平板波导的等效六层结构

2.6.1 零级近似求解 TM 模传播常数

各介质层的介电常数可表示为

$$\varepsilon_i = n_i^2 - \kappa_i^2 = n_i^2 - \left(\frac{\alpha_i}{k_0}\right)^2 \tag{2.6.1}$$

如图 2.8 所示,相对介电常数分布 $\varepsilon(x)$可表示为

$$\varepsilon(x) = \begin{cases} \varepsilon_4 & (x \leqslant -b_1/2 - b_2 - b_3) \\ \varepsilon_3 & (-b_1/2 - b_2 - b_3 < x \leqslant -b_1/2 - b_2) \\ \varepsilon_2 & (-b_1/2 - b_2 < x < -b_1/2) \\ \varepsilon_1 & (-b_1/2 \leqslant x \leqslant b_1/2) \\ \varepsilon_2 & (b_1/2 < x \leqslant b_1/2 + b_2) \\ \varepsilon_3 & (x > b_1/2 + b_2) \end{cases} \tag{2.6.2}$$

TM 模式的磁场分量 $H_{y0}(x)$和传播常数 β 满足的横向赫姆霍兹方程为

$$\frac{\mathrm{d}^2 H_{y0}(x)}{\mathrm{d}x^2} + [k_0^2\varepsilon(x) - \beta^2]H_{y0}(x) = 0 \tag{2.6.3}$$

由于各层介质中的介电常数不同,因此可分别写出各区域的赫姆霍兹方程:

$$\frac{\mathrm{d}^2 H_{y0}(x)}{\mathrm{d}x^2} + [k_0^2\varepsilon_4 - \beta^2]H_{y0}(x) = 0 \quad (x \leqslant -b_1/2 - b_2 - b_3) \tag{2.6.4a}$$

$$\frac{\mathrm{d}^2 H_{y0}(x)}{\mathrm{d}x^2} + [k_0^2\varepsilon_3 - \beta^2]H_{y0}(x) = 0$$

$$(-b_1/2 - b_2 - b_3 < x \leqslant -b_1/2 - b_2) \tag{2.6.4b}$$

$$\frac{\mathrm{d}^2 H_{y0}(x)}{\mathrm{d}x^2} + [k_0^2\varepsilon_2 - \beta^2]H_{y0}(x) = 0 \quad (-b_1/2 - b_2 < x < -b_1/2) \tag{2.6.4c}$$

$$\frac{\mathrm{d}^2 H_{y0}(x)}{\mathrm{d}x^2} + [k_0^2\varepsilon_1 - \beta^2]H_{y0}(x) = 0 \quad (-b_1/2 \leqslant x \leqslant b_1/2) \tag{2.6.4d}$$

$$\frac{\mathrm{d}^2 H_{y0}(x)}{\mathrm{d}x^2} + [k_0^2\varepsilon_2 - \beta^2]H_{y0}(x) = 0 \quad (b_1/2 < x \leqslant b_1/2 + b_2) \tag{2.6.4e}$$

$$\frac{d^2H_{y0}(x)}{dx^2}+[k_0^2\varepsilon_3-\beta^2]H_{y0}(x)=0\quad(x>b_1/2+b_2)\tag{2.6.4f}$$

对于导模而言，其传播常数满足 $k_0^2\varepsilon_2<\beta^2<k_0^2\varepsilon_1$，令

$$\gamma_1^2=k_0^2\varepsilon_1-\beta^2,\quad \gamma_i^2=\beta^2-k_0^2\varepsilon_i\quad(i=2,3,4)\tag{2.6.5}$$

则方程式(2.6.4)可简化为

$$\frac{d^2H_{y0}(x)}{dx^2}-\gamma_4^2H_{y0}(x)=0\quad(x\leqslant-b_1/2-b_2-b_3)\tag{2.6.6a}$$

$$\frac{d^2H_{y0}(x)}{dx^2}-\gamma_3^2H_{y0}(x)=0\quad(-b_1/2-b_2-b_3<x\leqslant-b_1/2-b_2)\tag{2.6.6b}$$

$$\frac{d^2H_{y0}(x)}{dx^2}-\gamma_2^2H_{y0}(x)=0\quad(-b_1/2-b_2<x<-b_1/2)\tag{2.6.6c}$$

$$\frac{d^2H_{y0}(x)}{dx^2}+\gamma_1^2H_{y0}(x)=0\quad(-b_1/2\leqslant x\leqslant b_1/2)\tag{2.6.6d}$$

$$\frac{d^2H_{y0}(x)}{dx^2}-\gamma_2^2H_{y0}(x)=0\quad(b_1/2<x\leqslant b_1/2+b_2)\tag{2.6.6e}$$

$$\frac{d^2H_{y0}(x)}{dx^2}-\gamma_3^2H_{y0}(x)=0\quad(x>b_1/2+b_2)\tag{2.6.6f}$$

上述方程的通解可以写为

$$H_{y0}(x)=\begin{cases}A_4\exp[\gamma_4(x+b_1/2+b_2+b_3)]\quad(x\leqslant-b_1/2-b_2-b_3)\\A_{31}\cosh[\gamma_3(x+b_1/2+b_2)]+B_{31}\sinh[\gamma_3(x+b_1/2+b_2)]\\\qquad(-b_1/2-b_2-b_3<x\leqslant-b_1/2-b_2)\\A_{21}\cosh[\gamma_2(x+b_1/2)]+B_{21}\sinh[\gamma_2(x+b_1/2)]\\\qquad(-b_1/2-b_2<x<-b_1/2)\\A_1\cos(\gamma_1x-\phi_1)\quad(-b_1/2\leqslant x\leqslant b_1/2)\\A_{22}\cosh[\gamma_2(x-b_1/2)]+B_{22}\sinh[\gamma_2(x-b_1/2)]\\\qquad(b_1/2<x\leqslant b_1/2+b_2)\\A_{32}\exp[-\gamma_3(x-b_1/2-b_2)]\quad(x>b_1/2+b_2)\end{cases}\tag{2.6.7}$$

式中 A_1、A_{21}、B_{21}、A_{22}、B_{22}、A_{31}、B_{31}、A_{32}、A_4、ϕ_1 为积分常数。令

$$T_i=\frac{\varepsilon_1}{\varepsilon_i}\frac{\gamma_i}{\gamma_1}\quad(i=2,3,4)\tag{2.6.8}$$

利用 $H_{y0}(x)$ 和 $\dfrac{\mathrm{d}H_{y0}(x)}{\varepsilon(x)\mathrm{d}x}$ 在各边界连续，我们得到：

① 在边界 $x=-b_1/2$ 处，有

$$A_{21}=A_1\cos(\gamma_1 b_1/2+\phi_1),\quad B_{21}=\frac{A_1}{T_2}\sin(\gamma_1 b_1/2+\phi_1) \tag{2.6.9}$$

② 在边界 $x=-b_1/2-b_2$ 处，有

$$A_{31}=A_{21}\cosh(-\gamma_2 b_2)+B_{21}\sinh(-\gamma_2 b_2) \tag{2.6.10a}$$

$$B_{31}=\frac{T_2}{T_3}[A_{21}\sinh(-\gamma_2 b_2)+B_{21}\cosh(-\gamma_2 b_2)] \tag{2.6.10b}$$

③ 在边界 $x=-b_1/2-b_2-b_3$ 处，有

$$A_4=A_{31}\cosh(-\gamma_3 b_3)+B_{31}\sinh(-\gamma_3 b_3) \tag{2.6.11a}$$

$$A_4=\frac{T_3}{T_4}[A_{31}\sinh(-\gamma_3 b_3)+B_{31}\cosh(-\gamma_3 b_3)] \tag{2.6.11b}$$

将式(2.6.11a)代入式(2.6.11b)，可得

$$B_{31}/A_{31}=\delta_{31} \tag{2.6.12}$$

式中 $\delta_{31}=\dfrac{(T_4+T_3)+(T_4-T_3)\exp(-2\gamma_3 b_3)}{(T_4+T_3)-(T_4-T_3)\exp(-2\gamma_3 b_3)}$。将式(2.6.10)代入式(2.6.12)，可得

$$B_{21}/A_{21}=\delta_{21} \tag{2.6.13}$$

式中 $\delta_{21}=\dfrac{(T_3\delta_{31}+T_2)+(T_3\delta_{31}-T_2)\exp(-2\gamma_2 b_2)}{(T_3\delta_{31}+T_2)-(T_3\delta_{31}-T_2)\exp(-2\gamma_2 b_2)}$。将式(2.6.7)代入式(2.6.11)，可得

$$\tan(\gamma_1 b_1/2+\phi_1)=T_2\delta_{21} \tag{2.6.14}$$

④ 在边界 $x=b_1/2$ 处，有

$$A_{22}=A_1\cos(\gamma_1 b_1/2-\phi_1),\quad B_{22}=-\frac{A_1}{T_2}\sin(\gamma_1 b_1/2-\phi_1) \tag{2.6.15}$$

⑤ 在边界 $x=b_1/2+b_2$ 处，有

$$A_{32}=A_{22}\cosh(\gamma_2 b_2)+B_{22}\sinh(\gamma_2 b_2) \tag{2.6.16a}$$

$$A_{32}=-\frac{T_2}{T_3}[A_{22}\sinh(\gamma_2 b_2)+B_{22}\cosh(\gamma_2 b_2)] \tag{2.6.16b}$$

将式(2.6.16a)代入式(2.6.16b),得到

$$B_{22}/A_{22} = -\delta_{22} \tag{2.6.17}$$

式中 $\delta_{22} = \dfrac{(T_3 + T_2) + (T_3 - T_2)\exp(-2\gamma_2 b_2)}{(T_3 + T_2) - (T_3 - T_2)\exp(-2\gamma_2 b_2)}$。将式(2.6.15)代入式(2.6.17),得到

$$\tan(\gamma_1 b_1/2 - \phi_1) = T_2\delta_{22} \tag{2.6.18}$$

结合式(2.6.14)和式(2.6.18),得到 TM 模式的特征方程:

$$\gamma_1 b_1 = m\pi + \arctan(T_2\delta_{21}) + \arctan(T_2\delta_{22}) \tag{2.6.19}$$

式中 m 为模式的阶数。

2.6.2 一级近似求解 TM 模振幅衰减系数

与文献[128,132,133]中 MOS 型四层及五层平板波导的分析过程类似,本节运用微分法求解金属包层型非对称七层平板波导的振幅衰减系数,且求解中仅考虑导模。

当考虑各介质层的虚部时,波导等效为吸收型波导。为了便于表达,我们将式(2.6.19)表述为隐函数形式:

$$F(\varepsilon_1,\varepsilon_2,\varepsilon_3,\beta) = m\pi + \arctan(T_2\delta_{21}) + \arctan(T_2\delta_{22}) - \gamma_1 b_1 \tag{2.6.20}$$

在式(2.6.20)中,对 ε_i 增加一个虚部分量 $\Delta\bar{\varepsilon}_i = -\mathrm{j}2n_i\kappa_i$,相应 β 的增量为 $\Delta\bar{\beta} = -\mathrm{j}\Delta\beta$,二者的关系可表示为

$$\sum_{i=1}^{3}\frac{\partial F}{\partial\varepsilon_i}\Delta\bar{\varepsilon}_i + \frac{\partial F}{\partial\beta}\Delta\bar{\beta} = 0 \tag{2.6.21}$$

即有

$$\Delta\bar{\beta} = -\sum_{i=1}^{3}\frac{\partial F}{\partial\varepsilon_i}\Delta\bar{\varepsilon}_i\Big/\frac{\partial F}{\partial\beta} = \mathrm{j}\sum_{i=1}^{3}\frac{\partial F}{\partial\varepsilon_i}2n_i\kappa_i\Big/\frac{\partial F}{\partial\beta} = \mathrm{j}\sum_{i=1}^{3}\alpha'_i \tag{2.6.22}$$

由此得到模振幅衰减系数的表达式:

$$\alpha_{\text{total}} = -\mathrm{Im}(\Delta\bar{\beta}) = \sum_{i=1}^{3}\alpha'_i \tag{2.6.23}$$

式中

$$\alpha_i' = 2n_i\kappa_i \frac{\partial F}{\partial \varepsilon_i} \Big/ \frac{\partial F}{\partial \beta} \quad (i = 1,2,3) \tag{2.6.24}$$

① 求解 α_1'。对式(2.6.20)中隐函数 $F(\varepsilon_1,\varepsilon_2,\varepsilon_3,\beta)$ 求偏导可得 $\frac{\partial F}{\partial \varepsilon_1}$ 和 $\frac{\partial F}{\partial \beta}$ 的表达式为

$$\frac{\partial F}{\partial \varepsilon_1} = \frac{1}{1+T_2^2\delta_{21}^2}\left(\delta_{21}\frac{\partial T_2}{\partial \varepsilon_1} + T_2\frac{\partial \delta_{21}}{\partial \varepsilon_1}\right) + \frac{1}{1+T_2^2\delta_{22}^2}\left(\delta_{22}\frac{\partial T_2}{\partial \varepsilon_1} + T_2\frac{\partial \delta_{22}}{\partial \varepsilon_1}\right) - b_1\frac{\partial \gamma_1}{\partial \varepsilon_1} \tag{2.6.25}$$

$$\frac{\partial F}{\partial \beta} = \frac{1}{1+T_2^2\delta_{21}^2}\left(\delta_{21}\frac{\partial T_2}{\partial \beta} + T_2\frac{\partial \delta_{21}}{\partial \beta}\right) + \frac{1}{1+T_2^2\delta_{22}^2}\left(\delta_{22}\frac{\partial T_2}{\partial \beta} + T_2\frac{\partial \delta_{22}}{\partial \beta}\right) - b_1\frac{\partial \gamma_1}{\partial \beta} \tag{2.6.26}$$

将式(2.6.25)和式(2.6.26)代入式(2.6.24)中即可求出 α_1'。式(2.6.25)和式(2.6.26)两式中 $\frac{\partial \delta_{21}}{\partial \varepsilon_1}$、$\frac{\partial \delta_{21}}{\partial \beta}$、$\frac{\partial \delta_{22}}{\partial \varepsilon_1}$、$\frac{\partial \delta_{22}}{\partial \beta}$ 的表达式为

$$\frac{\partial \delta_{21}}{\partial \varepsilon_1} = \frac{4\left[T_2\left(\delta_{31}\frac{\partial T_3}{\partial \varepsilon_1} + T_3\frac{\partial \delta_{31}}{\partial \varepsilon_1}\right) - T_3\delta_{31}\frac{\partial T_2}{\partial \varepsilon_1}\right]\exp(-2\gamma_2 b_2)}{[(T_3\delta_{31}+T_2)-(T_3\delta_{31}-T_2)\exp(-2\gamma_2 b_2)]^2} \tag{2.6.27a}$$

$$\frac{\partial \delta_{21}}{\partial \beta} = \frac{4\left[T_2\left(\delta_{31}\frac{\partial T_3}{\partial \beta} + T_3\frac{\partial \delta_{31}}{\partial \beta}\right) - T_3\delta_{31}\frac{\partial T_2}{\partial \beta} - b_2(T_3^2\delta_{31}^2 - T_2^2)\frac{\partial \gamma_2}{\partial \beta}\right]\exp(-2\gamma_2 b_2)}{[(T_3\delta_{31}+T_2)-(T_3\delta_{31}-T_2)\exp(-2\gamma_2 b_2)]^2} \tag{2.6.27b}$$

$$\frac{\partial \delta_{22}}{\partial \varepsilon_1} = \frac{4\left(T_2\frac{\partial T_3}{\partial \varepsilon_1} - T_3\frac{\partial T_2}{\partial \varepsilon_1}\right)\exp(-2\gamma_2 b_2)}{[(T_3+T_2)-(T_3-T_2)\exp(-2\gamma_2 b_2)]^2} \tag{2.6.27c}$$

$$\frac{\partial \delta_{22}}{\partial \beta} = \frac{4\left[-T_3\frac{\partial T_2}{\partial \beta} + T_2\frac{\partial T_3}{\partial \beta} - b_2(T_3^2 - T_2^2)\frac{\partial \gamma_2}{\partial \beta}\right]\exp(-2\gamma_2 b_2)}{[(T_3+T_2)-(T_3-T_2)\exp(-2\gamma_2 b_2)]^2} \tag{2.6.27d}$$

且式(2.6.27a)～式(2.6.27d)中

$$\frac{\partial \delta_{31}}{\partial \varepsilon_1} = \frac{4\left(T_3 \frac{\partial T_4}{\partial \varepsilon_1} - T_4 \frac{\partial T_3}{\partial \varepsilon_1}\right)\exp(-2\gamma_3 b_3)}{[(T_4 + T_3) - (T_4 - T_3)\exp(-2\gamma_3 b_3)]^2} \tag{2.6.27e}$$

$$\frac{\partial \delta_{31}}{\partial \beta} = \frac{4\left[-T_4 \frac{\partial T_3}{\partial \beta} + T_3 \frac{\partial T_4}{\partial \beta} - b_3(T_4^2 - T_3^2)\frac{\partial \gamma_3}{\partial \beta}\right]\exp(-2\gamma_3 b_3)}{[(T_4 + T_3) - (T_4 - T_3)\exp(-2\gamma_3 b_3)]^2} \tag{2.6.27f}$$

式(2.6.8)中 T_i 对 ε_1、β 和 ε_i 分别求偏导并结合式(2.6.5)可得

$$\frac{\partial T_i}{\partial \varepsilon_1} = -\frac{\gamma_i(k_0^2\varepsilon_1 - 2\gamma_1^2)}{2\varepsilon_i\gamma_1^3} \quad (i = 2,3,4) \tag{2.6.28a}$$

$$\frac{\partial T_i}{\partial \beta} = \frac{\varepsilon_1}{\varepsilon_i}\frac{\beta(\gamma_1^2 + \gamma_i^2)}{\gamma_1^3\gamma_i} \quad (i = 2,3,4) \tag{2.6.28b}$$

$$\frac{\partial T_i}{\partial \varepsilon_i} = -\frac{\varepsilon_1}{\varepsilon_i^2}\frac{2\gamma_i^2 + k_0^2\varepsilon_i}{2\gamma_1\gamma_i} \quad (i = 2,3,4) \tag{2.6.28c}$$

式(2.6.5)中 γ_i 对 ε_i 和 β 分别求偏导可得

$$\frac{\partial \gamma_1}{\partial \varepsilon_1} = \frac{k_0^2}{2\gamma_1}, \quad \frac{\partial \gamma_2}{\partial \varepsilon_2} = \frac{-k_0^2}{2\gamma_2}, \quad \frac{\partial \gamma_3}{\partial \varepsilon_3} = \frac{-k_0^2}{2\gamma_3} \tag{2.6.29a}$$

$$\frac{\partial \gamma_1}{\partial \beta} = \frac{-\beta}{\gamma_1}, \quad \frac{\partial \gamma_2}{\partial \beta} = \frac{\beta}{\gamma_2}, \quad \frac{\partial \gamma_2}{\partial \beta} = \frac{\beta}{\gamma_3} \tag{2.6.29b}$$

② 求解 α_2'。由于$\frac{\partial F}{\partial \beta}$已由式(2.6.26)给出，这里仅给出$\frac{\partial F}{\partial \varepsilon_2}$的表达式。式(2.6.20)中隐函数 $F(\varepsilon_1,\varepsilon_2,\varepsilon_3,\beta)$对 ε_2 求偏导可得

$$\frac{\partial F}{\partial \varepsilon_2} = \frac{1}{1 + T_2^2\delta_{21}^2}\left(\delta_{21}\frac{\partial T_2}{\partial \varepsilon_2} + T_2\frac{\partial \delta_{21}}{\partial \varepsilon_2}\right) + \frac{1}{1 + T_2^2\delta_{22}^2}\left(\delta_{22}\frac{\partial T_2}{\partial \varepsilon_2} + T_2\frac{\partial \delta_{22}}{\partial \varepsilon_2}\right) \tag{2.6.30}$$

式中$\frac{\partial \delta_{21}}{\partial \varepsilon_2}$和$\frac{\partial \delta_{22}}{\partial \varepsilon_2}$的表达式分别为

$$\frac{\partial \delta_{21}}{\partial \varepsilon_2} = \frac{4\left[-T_3\delta_{31}\frac{\partial T_2}{\partial \varepsilon_2} - b_2(T_3^2\delta_{31}^2 - T_2^2)\frac{\partial \gamma_2}{\partial \varepsilon_2}\right]\exp(-2\gamma_2 b_2)}{[(T_3\delta_{31} + T_2) - (T_3\delta_{31} - T_2)\exp(-2\gamma_2 b_2)]^2} \tag{2.6.31}$$

$$\frac{\partial \delta_{22}}{\partial \varepsilon_2} = \frac{4\left[-T_3 \dfrac{\partial T_2}{\partial \varepsilon_2} - b_2(T_3^2 - T_2^2)\dfrac{\partial \gamma_2}{\partial \varepsilon_2}\right]\exp(-2\gamma_2 b_2)}{[(T_3 + T_2) - (T_3 - T_2)\exp(-2\gamma_2 b_2)]^2} \tag{2.6.32}$$

且式(2.6.31)和式(2.6.32)中$\dfrac{\partial T_2}{\partial \varepsilon_2}$和$\dfrac{\partial \gamma_2}{\partial \varepsilon_2}$由式(2.6.28)和式(2.6.29)分别给出。最终,结合式(2.6.26)和式(2.6.30),利用式(2.6.24)即可计算 α_2'。

③ 求解 α_3'。由于$\dfrac{\partial F}{\partial \beta}$已由式(2.6.26)给出,这里仅给出$\dfrac{\partial F}{\partial \varepsilon_3}$的表达式。式(2.6.20)中隐函数 $F(\varepsilon_1,\varepsilon_2,\varepsilon_3,\beta)$对 ε_3 求偏导可得

$$\frac{\partial F}{\partial \varepsilon_3} = \frac{1}{1 + T_2^2\delta_{21}^2}\left(T_2 \frac{\partial \delta_{21}}{\partial \varepsilon_3}\right) + \frac{1}{1 + T_2^2\delta_{22}^2}\left(T_2 \frac{\partial \delta_{22}}{\partial \varepsilon_3}\right) \tag{2.6.33}$$

式(2.6.33)中$\dfrac{\partial \delta_{21}}{\partial \varepsilon_3}$及$\dfrac{\partial \delta_{22}}{\partial \varepsilon_3}$的表达式为

$$\frac{\partial \delta_{21}}{\partial \varepsilon_3} = \frac{4T_2\left[\delta_{31} \dfrac{\partial T_3}{\partial \varepsilon_3} + T_3 \dfrac{\partial \delta_{31}}{\partial \varepsilon_3}\right]\exp(-2\gamma_2 b_2)}{[(T_3\delta_{31} + T_2) - (T_3\delta_{31} - T_2)\exp(-2\gamma_2 b_2)]^2} \tag{2.6.34}$$

$$\frac{\partial \delta_{22}}{\partial \varepsilon_3} = \frac{4T_2 \dfrac{\partial T_3}{\partial \varepsilon_3}\exp(-2\gamma_2 b_2)}{[(T_3 + T_2) - (T_3 - T_2)\exp(-2\gamma_2 b_2)]^2} \tag{2.6.35}$$

$$\frac{\partial \delta_{31}}{\partial \varepsilon_3} = \frac{4\left[-T_4 \dfrac{\partial T_3}{\partial \varepsilon_3} - b_3(T_4^2 - T_3^2)\dfrac{\partial \gamma_3}{\partial \varepsilon_3}\right]\exp(-2\gamma_3 b_3)}{[(T_4 + T_4) - (T_4 - T_3)\exp(-2\gamma_3 b_3)]^2} \tag{2.6.36}$$

式(2.6.34)~式(2.6.36)中$\dfrac{\partial T_3}{\partial \varepsilon_3}$和$\dfrac{\partial \gamma_3}{\partial \varepsilon_3}$由式(2.6.28)和式(2.6.29)分别给出。结合式(2.6.26)和式(2.6.33),利用式(2.6.24)即可计算 α_3'。

④ 最终,利用式(2.6.23)即可求解振幅衰减系数 α_{total}。

2.6.3 TE 模式的特性分析

TE 模式的特征方程和振幅衰减系数仍分别由式(2.6.19)和式(2.6.24)给出,仅需对 T_i、$\dfrac{\partial T_i}{\partial \varepsilon_1}(i=2,3,4)$、$\dfrac{\partial T_i}{\partial \beta}(i=2,3,4)$、$\dfrac{\partial T_i}{\partial \varepsilon_i}(i=2,3,4)$进行修正即可,修正表达式分别见式(2.5.34c)、式(2.5.35a)、式

(2.5.35b)和式(2.5.35c)。

2.7　金属包层型脊形波导

本节将采用有效折射率法并结合 2.4 节、2.5 节和 2.6 节的分析结果，计算图 2.2(b)和图 2.2(c)所示的双金属包层和单金属包层脊形波导中 E^y_{mn}模式(或 E^x_{mn}模式)的有效折射率和振幅衰减系数。

2.7.1　单金属包层型脊形波导的 E^y_{mn} 模式分析

按照有效折射率法，可将求解过程分为三个步骤：

① E^y_{mn}模式在竖直方向上等效为 TM_n 模式。将脊形芯区(电极覆盖区)等效为非对称六层平板波导，此时可以直接利用 2.5.1 节、2.5.2 节的分析结果，得到该区域竖直方向上的有效折射率 N_{eff1}和振幅衰减系数 α_{eff1}。

② 竖直方向上，将脊形芯区两侧区域(非电极覆盖区)等效为三层平板波导，对应的 TM_n 模式特征方程为

$$\gamma_{12}(b_1 - h) = n\pi + 2\arctan\left(\frac{\varepsilon_1\gamma_{22}}{\varepsilon_2\gamma_{12}}\right) \tag{2.7.1}$$

式中 $\varepsilon_i = n_i^2 - \kappa_i^2$，$\gamma_{12} = \sqrt{k_0^2\varepsilon_1 - \beta_{\text{eff2}}^2}$，$\gamma_{22} = \sqrt{\beta_{\text{eff2}}^2 - k_0^2\varepsilon_2}$，$N_{\text{eff2}} = \beta_{\text{eff2}}/k_0$。利用微扰法可得振幅衰减系数为

$$\alpha_{\text{eff2}} = \frac{1}{N_{\text{eff2}}b_{\text{eff}}}\left(n_1\alpha_1\left(b - h + 2\frac{\varepsilon_1\varepsilon_2\gamma_{22}}{\varepsilon_2^2\gamma_{12}^2 + \varepsilon_1^2\gamma_{22}^2}\right) + 2n_2\alpha_2\frac{\varepsilon_1\varepsilon_2\gamma_{12}^2}{\gamma_{22}(\varepsilon_2^2\gamma_{12}^2 + \varepsilon_1^2\gamma_{22}^2)}\right) \tag{2.7.2}$$

式中 $b_{\text{eff}} = b - h + 2\dfrac{\varepsilon_1\varepsilon_2(\gamma_{12}^2 + \gamma_{22}^2)}{\gamma_{22}(\varepsilon_2^2\gamma_{12}^2 + \varepsilon_1^2\gamma_{22}^2)}$。

③ E^y_{mn}模式在水平方向上等效为 TE_m 模式。等效后三层平板波导的模式特征方程为

$$\gamma_{13}a = m\pi + 2\arctan\left(\frac{\gamma_{23}}{\gamma_{13}}\right) \tag{2.7.3}$$

式中 $\gamma_{13} = \sqrt{k_0^2E_1 - \beta_{\text{eff}}^2}$，$\gamma_{23} = \sqrt{\beta_{\text{eff}}^2 - k_0^2E_2^2}$，$N_{\text{eff}} = \beta_{\text{eff}}/k_0$，$E_1 = N_{\text{eff1}}^2 - \kappa_{\text{eff1}}^2$，$E_2 = N_{\text{eff2}}^2 - \kappa_{\text{eff2}}^2$，$\kappa_{\text{eff1}} = \alpha_{\text{eff1}}/k_0$，$\kappa_{\text{eff2}} = \alpha_{\text{eff2}}/k_0$。$N_{\text{eff}}$即为所求 E_{mn}^y模式的有效折射率，其振幅衰减系数可以由式(2.7.4)得到：

$$\alpha_{\text{eff}} = \frac{1}{N_{\text{eff}}a_{\text{eff}}}\left[N_{\text{eff1}}\alpha_{\text{eff1}}\left(a + 2\frac{\gamma_{23}}{\gamma_{13}^2 + \gamma_{23}^2}\right) + 2N_{\text{eff2}}\alpha_{\text{eff2}}\frac{\gamma_{13}^2}{\gamma_{23}(\gamma_{13}^2 + \gamma_{23}^2)}\right] \tag{2.7.4}$$

式中 $a_{\text{eff}} = a + \dfrac{2}{\gamma_{23}}$。

2.7.2 单金属包层型脊形波导的 E_{mn}^x模式分析

仍采用如下三个步骤：

① E_{mn}^x模式在竖直方向上等效为 TE_n 模式。将脊形芯区(电极覆盖区)等效为非对称六层平板波导，此时可以直接利用 2.5.3 节的分析结果，得到该区域竖直方向上的有效折射率 N_{eff1}和振幅衰减系数 α_{eff1}。

② 竖直方向上，将脊形芯区两侧区域(非电极覆盖区)等效为三层平板波导，对应的 TE_n 模式特征方程为

$$\gamma_{12}(b_1 - h) = n\pi + 2\arctan\left(\frac{\gamma_{22}}{\gamma_{12}}\right) \tag{2.7.5}$$

式中 $\varepsilon_i = n_i^2 - \kappa_i^2$，$\gamma_{12} = \sqrt{k_0^2\varepsilon_1 - \beta_{\text{eff2}}^2}$，$\gamma_{22} = \sqrt{\beta_{\text{eff2}}^2 - k_0^2\varepsilon_2}$，$N_{\text{eff2}} = \beta_{\text{eff2}}/k_0$。利用微扰法可得振幅衰减系数为

$$\alpha_{\text{eff2}} = \frac{1}{N_{\text{eff2}}b_{\text{eff}}}\left(n_1\alpha_1\left(b - h + 2\frac{\gamma_{22}}{\gamma_{12}^2 + \gamma_{22}^2}\right) + 2n_2\alpha_2\frac{\gamma_{12}^2}{\gamma_{22}(\gamma_{12}^2 + \gamma_{22}^2)}\right) \tag{2.7.6}$$

式中 $b_{\text{eff}} = b - h + \dfrac{2}{\gamma_{22}}$。

③ E_{mn}^x模式在水平方向上等效为 TM_m 模式。等效后三层平板波导的模式特征方程为

$$\gamma_{13}a = m\pi + 2\arctan\left(\frac{E_1\gamma_{23}}{E_2\gamma_{13}}\right) \tag{2.7.7}$$

式中 $\gamma_{13}=\sqrt{k_0^2E_1-\beta_{\text{eff}}^2}$，$\gamma_{23}=\sqrt{\beta_{\text{eff}}^2-k_0^2E_2^2}$，$N_{\text{eff}}=\beta_{\text{eff}}/k_0$，$E_1=N_{\text{eff1}}^2-\kappa_{\text{eff1}}^2$，$E_2=N_{\text{eff2}}^2-\kappa_{\text{eff2}}^2$，$\kappa_{\text{eff1}}=\alpha_{\text{eff1}}/k_0$，$\kappa_{\text{eff2}}=\alpha_{\text{eff2}}/k_0$。$N_{\text{eff}}$ 即为所求 E_{mn}^x 模式的有效折射率，其振幅衰减系数可以由式(2.7.8)得出：

$$\alpha_{\text{eff}}=\frac{1}{N_{\text{eff}}a_{\text{eff}}}\left[N_{\text{eff1}}\alpha_{\text{eff1}}\left(a+2\frac{E_1E_2\gamma_{23}}{E_2^2\gamma_{13}^2+E_1^2\gamma_{23}^2}\right)+2N_{\text{eff2}}\alpha_{\text{eff2}}\frac{E_1E_2\gamma_{13}^2}{\gamma_{23}(E_2^2\gamma_{13}^2+E_1^2\gamma_{23}^2)}\right] \tag{2.7.8}$$

式中 $a_{\text{eff}}=a+\dfrac{2E_1E_2(\gamma_{13}^2+\gamma_{23}^2)}{\gamma_{23}(E_2^2\gamma_{13}^2+E_1^2\gamma_{23}^2)}$。

2.7.3　双金属包层型脊形波导的 E_{mn}^y 及 E_{mn}^x 模式分析

对双金属包层型脊形波导的 E_{mn}^y 及 E_{mn}^x 模式的分析可采用与 2.7.1 节及 2.7.2 节类似的过程，仅需在步骤①中，采用 2.6 节给出的双金属包层型七层平板波导的模式分析方法得到芯层竖直方向模式的有效折射率 N_{eff1} 和振幅衰减系数 α_{eff1}，步骤②及③的求解过程和相关公式保持不变。

2.8　脊形波导的等效分析

对于图 2.2 所示的金属包层型或者介质吸收型脊形波导而言，当上、下缓冲层的厚度超过一定数值时，缓冲层均可视为半无限厚，两个波导都可等效为如图 2.9 所示的脊形波导。在脊形波导的分析中，通常需要求解两脊形波导的耦合系数、耦合长度以及光波电场分布，这些问题都可以通过将脊形波导转换为等效的矩形波导来解决。

2.8.1　脊形波导的等效折射率分析法

仍以 E_{mn}^y 模式为例。如图 2.9 所示，首先把脊形波导等效为一个矩形波导，如图中虚线所示区域，称 n_{41} 为等效折射率，即为等效后矩形波导左、右覆层材料的折射率，它可以由式(2.8.1)确定：

$$n_{41} = \sqrt{n_1^2 - N_1^2 + N_2^2} \tag{2.8.1}$$

式中 N_1 和 N_2 分别为厚度为 b 和 $b-h$ 的三层平板波导 TM 模式的有效折射率，如图中所示，二者均可由式(2.4.2)和式(2.4.3)来求解。

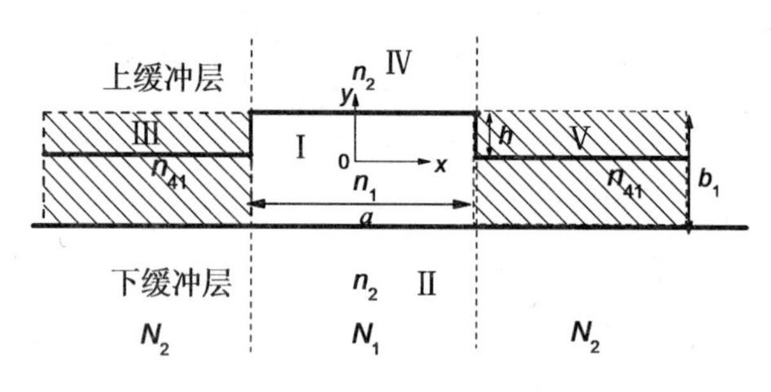

图 2.9 脊形波导的等效分析模型

2.8.2 脊形波导的近似等效光波电场分布

光波电场分布是计算电光重叠积分因子的一个重要参量。对于矩形波导而言，其光场分布可由 Marcatili 法[128,134]求解。这里我们仍以 E_{mn}^y 模式为例，其主要模场分量为 E_y 和 H_x，并且近似认为 $H_y=0$。首先求解 x 方向及 y 方向上的有效折射率。令Ⅱ区和Ⅳ区的 y 方向传播常数分别为k'_{2y} 和 k'_{4y}，有效传播常数为 k_y，其关系为 $k'_{2y}=k'_{4y}=\sqrt{k_0^2(n_1^2-n_2^2)-k_y^2}$。$k_y$ 可由式(2.8.2)求解：

$$k_y b_1 = n\pi + 2\arctan\left[\frac{\varepsilon_1}{\varepsilon_2}\frac{\sqrt{k_0^2(n_1^2-n_2^2)-k_y^2}}{k_y}\right] \tag{2.8.2}$$

令Ⅲ区和Ⅴ区的 x 方向传播常数分别为 k'_{3x} 和 k'_{5x}，有效传播常数为 k_x，其关系为 $k'_{3x}=k'_{5x}=\sqrt{k_0^2(\varepsilon_1-\varepsilon_{41})-k_x^2}$。$k_x$ 可由式(2.8.3)求解：

$$k_x a = m\pi + 2\arctan\left[\frac{\sqrt{k_0^2(\varepsilon_1-\varepsilon_{41})-k_x^2}}{k_x}\right] \tag{2.8.3}$$

E_{mn}^y 模式的有效传播常数和折射率可分别表示为

$$\beta = k_z = \sqrt{k_0^2 n_1^2 - k_x^2 - k_y^2}, \quad N = \frac{\beta}{k_0} = \sqrt{k_0^2 n_1^2 - k_x^2 - k_y^2}/k_0 \tag{2.8.4}$$

模式的场分布函数 H_x 可以表示为

$$H_x(x,y) = H_{xx}(x)H_{xy}(y) \tag{2.8.5}$$

式中

$$H_{xx}(x) = \begin{cases} A\cos(k_x a/2 + \zeta)\exp[k'_{3x}(x + a/2)] & (-\infty < x < -a/2) \\ A\cos(k_x - \zeta) & (-a/2 \leqslant x \leqslant a/2) \\ A\cos(k_x a/2 - \zeta)\exp[-k'_{5x}(x - a/2)] & (a/2 < x < +\infty) \end{cases} \tag{2.8.6a}$$

$$H_{xy}(y) = \begin{cases} A\cos(k_y b/2 + \eta)\exp[k'_{2y}(y + b/2)] & (-\infty < x < -b/2) \\ A\cos(k_y y - \eta) & (-b/2 \leqslant y \leqslant b/2) \\ A\cos(k_y b/2 - \eta)\exp[-k'_{4y}(y - b/2)] & (b/2 < y < +\infty) \end{cases} \tag{2.8.6b}$$

按照麦克斯韦方程,可推导出光波电场的 y 方向分量 $E_y(x,y)$ 与 x 方向磁场分量 $H_x(x,y)$ 的关系表达式:

$$E_y^i(x,y) = -\frac{k_0^2\varepsilon_i - k_y^2}{\omega\varepsilon_0\varepsilon_i k_z}H_y^i(x,y) \tag{2.8.7}$$

式中 $i=1,2,3,4,5$ 分别代表图 2.9 中不同的区域,ω 为光波角频率(由工作波长确定)。

2.9　脊形波导的耦合、偏折与弯曲

2.9.1　脊形波导的耦合

将脊形波导等效为矩形波导后,两脊形波导的耦合可以转化为两矩形波导的耦合,本节将给出双脊形波导的耦合系数以及耦合长度的表达式。仍以 E_{mn}^y 模式进行分析,如图 2.10 所示,令脊形波导的耦合间距为 d,芯宽度为 a,厚度为 b_1,脊高为 h,芯层折射率为 n_1,上、下缓冲层的折射率为 n_2,转化为矩形波导后的等效折射率为 n_{41}(可由式(2.8.1)求解)。

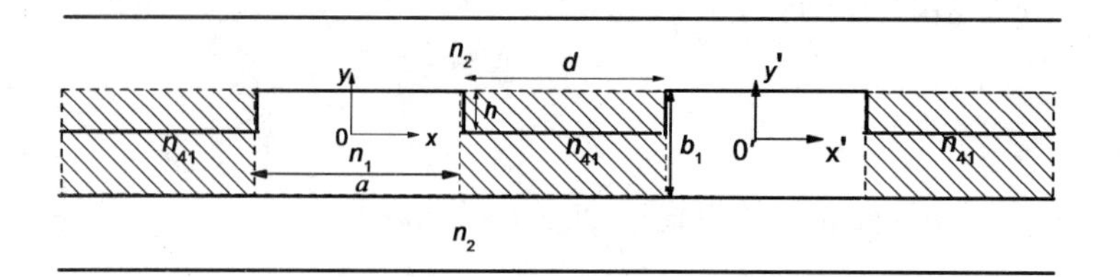

图 2.10　双脊形波导的耦合

等效后双矩形波导 E_{mn}^{y} 模式的耦合系数可以表示为[128]

$$K = \frac{2\Gamma_y k_{1x}^2 k_{2x}^2}{\beta_{\mathrm{TE}} k_0^2 (n_1^2 - n_{41}^2)(2 + k_{2x}a)} \exp(-k_{2x}d) \tag{2.9.1}$$

式中 Γ_y 为 y 方向 TM 模式的功率限制因子，可表示为

$$\Gamma_y = \frac{b + \dfrac{2\varepsilon_1\varepsilon_2 k_{2y}^2}{k_{2y}(\varepsilon_2^2 k_{1y}^2 + \varepsilon_1^2 k_{2y}^2)}}{b + \dfrac{2\varepsilon_1\varepsilon_2 (k_{1y}^2 + k_{2y}^2)}{k_{2y}(\varepsilon_2^2 k_{1y}^2 + \varepsilon_1^2 k_{2y}^2)}} \tag{2.9.2a}$$

$$k_{2x} = \sqrt{k_0^2 n_1^2 - k_0^2 n_{41}^2 - k_{1x}^2}, \quad k_{2y} = \sqrt{k_0^2 n_1^2 - k_0^2 n_2^2 - k_{1y}^2} \tag{2.9.2b}$$

$$\beta_{\mathrm{TE}} = \sqrt{k_0^2 n_1^2 - k_{1x}^2} \tag{2.9.2c}$$

且 $\varepsilon_1 = n_1^2$，$\varepsilon_2 = n_2^2$。k_{1x}、k_{1y}分别为 x 和 y 方向的传播常数，可由下述特征方程求解：

$$k_{1x}a = m\pi + 2\arctan\left(\frac{k_{2x}}{k_{1x}}\right), \quad k_{1y}b = n\pi + 2\arctan\left(\frac{\varepsilon_1 k_{2y}}{\varepsilon_2 k_{1y}}\right) \tag{2.9.3}$$

耦合长度(即两定向耦合波导完成功率交换的最小长度)为

$$L_0 = \pi/(2K) \tag{2.9.4}$$

E_{mn}^{x} 模式下，图 2.10 所示等效后两脊形波导的耦合系数可以表示为

$$K = \frac{2\Gamma_y k_{1x}^2 k_{2x}^2}{\beta_{\mathrm{TM}} k_0^2 (n_1^2 - n_{41}^2)\left[\dfrac{2n_1^2 n_{41}^2 (k_{1x}^2 + k_{2x}^2)}{n_{41}^2 k_{1x}^2 + n_1^2 k_{2x}^2} + k_{2x}a\right]} \exp(-k_{2x}d) \tag{2.9.5}$$

式中

$$\Gamma_y = \frac{b + \dfrac{2k_{2y}^2}{k_{2y}(k_{1y}^2 + k_{2y}^2)}}{b + \dfrac{2}{k_{2y}}} \tag{2.9.6a}$$

$$k_{2x} = \sqrt{k_0^2 n_1^2 - k_0^2 n_{41}^2 - k_{1x}^2}, \quad k_{2y} = \sqrt{k_0^2 n_1^2 - k_0^2 n_2^2 - k_{1y}^2} \tag{2.9.6b}$$

$$\beta_{\text{TM}} = \sqrt{k_0^2 n_1^2 - k_{1x}^2} \tag{2.9.6c}$$

k_{1x}、k_{1y}分别为x和y方向的传播常数，可由下述特征方程求解：

$$k_{1x}a = m\pi + 2\arctan\left(\frac{n_1^2 k_{2x}}{n_{41}^2 k_{1x}}\right), \quad k_{1y}b = n\pi + 2\arctan\left(\frac{k_{2y}}{k_{1y}}\right) \tag{2.9.7}$$

2.9.2 脊形波导的偏折

波导的偏折是改变光波传输方向的一种方式，在波导的偏折界面处将产生模式耦合，使得某一个入射的导模激发出其他的导模或辐射模，并且将其功率转移至这些激励的模式上，造成信号失真和功率损耗。

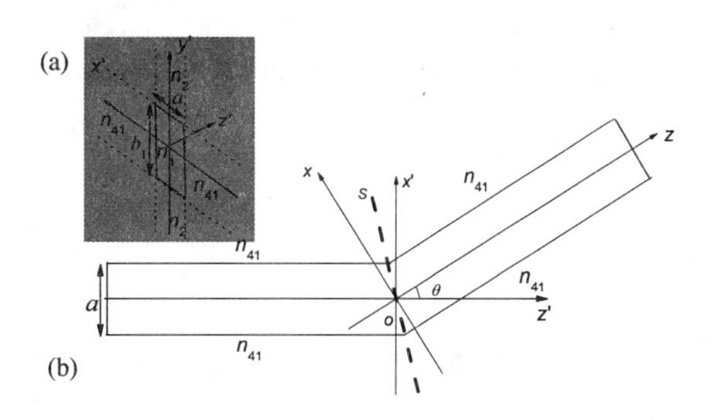

图 2.11 偏折波导

(a) 截面结构；(b) 波导结构

脊形波导的偏折结构如图2.11所示，n_1为芯区折射率，n_{41}为脊形波导的等效矩形波导的左、右覆层的折射率，n_2为上、下缓冲层的折射率。等效矩形波导的芯宽度为a，厚度为b_1，波导偏折角度为θ。仍以E_{mn}^y导模为例进行分析。令偏折前波导1中只有主模E_{00}^y，当其入射到偏折面时，由于波导并未在y方向产生偏折，因此波导中所激发的模式也只能是$n=0$的模式。设 a_{m0} 为偏折后波导 2 中激发的导模 E^y_{m0} 的激发系数，s 为 x 方向所激发模式的最高阶模数。令 E^y_{p0} 模式的 x 方向磁场分量为 $H_{xp0}(x,y)$，与式(2.8.5)类似，它可以表示为

$$H_{xp0}(x,y) = H_{xp}(x)H_{y0}(y) \tag{2.9.8}$$

β_{p0} 为 E^y_{p0} 的传播常数，可以通过 Marcatili 法求解（参考式(2.8.2)～式(2.8.4)）。定义如下两个参数：

$$c_{pm} = \int_{-\infty}^{\infty} H_{xp}(x)H_{xm}(x)\cos[(\beta_{p0} - \beta_{m0})x\tan(\theta/2)]\mathrm{d}x \tag{2.9.9a}$$

$$d_{p0} = \int_{-\infty}^{\infty} H_{xp}(x)H_{x0}(x)\cos[(\beta_{p0} + \beta_{00})x\tan(\theta/2)]\mathrm{d}x \tag{2.9.9b}$$

根据激励模式的边界条件，即边界面上 $H_x\cos(\theta/2)$ 连续，可得

$$\sum_{m=0}^{s} c_{pm}a_{m0} = d_{p0} \quad (p = 0,1,2,\cdots) \tag{2.9.10}$$

考虑到 x 方向上折射率对称分布，可得 $a_{m0} = 0(m = 1,3,5)$，因此式(2.9.10)可写为

$$\sum_{m=0,2,4,\cdots}^{s} c_{pm}a_{m0} = d_{p0} \quad (p = 0,2,4,\cdots) \tag{2.9.11}$$

则主模的传输效率和高阶模式的激发效率可分别表示为

$$\eta_{00} = |a_{00}|^2, \quad \eta_{m0} = |a_{m0}|^2 \tag{2.9.12}$$

2.9.3 脊形波导的弯曲

马卡梯里法[128,134,135]是处理矩形波导弯曲的一种近似方法。当将脊形波导等效为矩形波导后，同样也可以用来求解脊形波导的弯曲损耗。弯曲波导结构如图 2.12 所示，等效后，矩形波导的参数与图 2.10 均相同，弯曲波导的半径为 R。考虑到波导沿 x 方向折射率对称分布，E^y_{00} 主模的振幅衰减系数可以表示为

$$\alpha = \frac{1}{2R}\left(1 - \frac{n_{41}^2}{n_1^2}\right)^{-0.5}(k_x a)^2\left(\frac{A}{\pi a}\right)^3\left[1 - \left(\frac{k_x A}{\pi}\right)^2\right]^{0.5}\left(\frac{k_z}{k_0 n_1}\right)$$

$$\times \frac{R'\exp\left\{-\frac{R'}{3}\left[1-\left(\frac{k_xA}{\pi}\right)^2\left(1+\frac{2c}{k_xa}\right)^2\right]\right\}}{1-\left[1-\frac{n_{41}^2}{n_1^2}\right]\left(\frac{k_xA}{\pi}\right)^2+2\left(\frac{A}{\pi a}\right)\left[1-\left(\frac{k_xA}{\pi}\right)^2\right]^{-0.5}} \tag{2.9.13}$$

式中

$$R' = \frac{2k_0^3(n_1^2-n_{41}^2)^{1.5}R}{k_z^2},\quad c = \frac{1}{2k_xaR'}\left(\frac{\pi a}{A}\right)^3,\quad A = \frac{\lambda_0}{2(n_1^2-n_{41}^2)^{0.5}} \tag{2.9.14}$$

且 k_x、k_y 和 k_z 分别为 E_{00}^y 模式在 x、y 及 z 方向的传播常数，可由式(2.8.2)～式(2.8.4)求解。

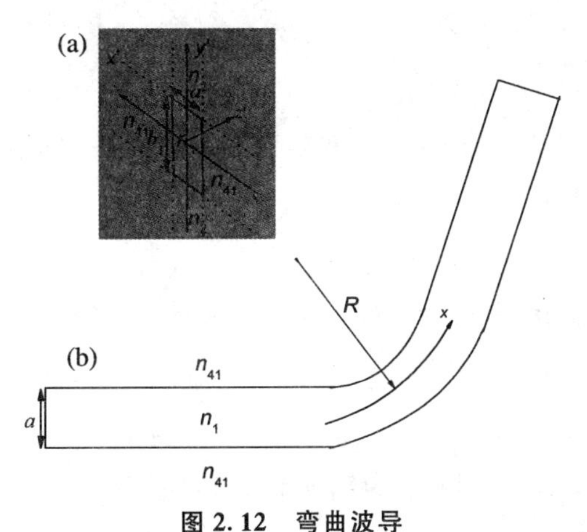

图 2.12　弯曲波导

(a) 截面结构；(b) 波导结构

2.10　多模干涉波导

MMI 多模耦合器具有尺寸容差大、偏振不敏感、体积小等优点，成为光开关设计中的主要波导结构之一。考虑一般情况下的多模干涉(MMI)波导结构，如图 2.13 所示，其宽度为 W_{MMI}，长度为 L_{MMI}，输入/输出波导均为单模波导。

在 MMI 波导中，选择传输的光波模式为 E_{m0}^y($m>0$)，即在竖直方向上

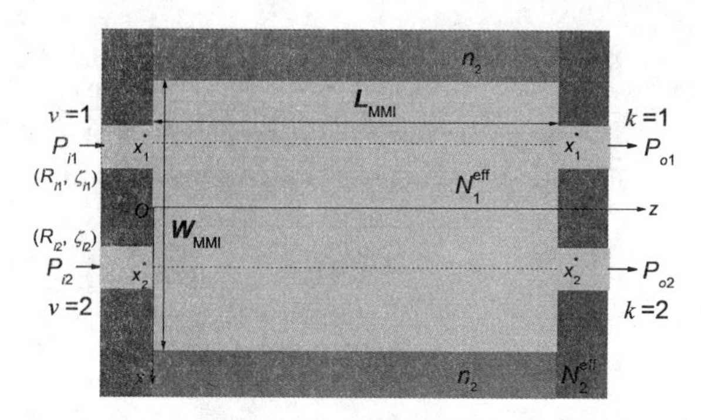

图 2.13　MMI 波导结构

为单模($n=0$)。定义 $n_{\mathrm{eff}m}$、k_{xm}、$\beta_{\mathrm{eff}m}$ 和 $\alpha_{\mathrm{eff}m}$ 分别为各阶模式的有效折射率、横向传播常数、模式传播常数和振幅衰减系数,它们之间的关系为

$$\beta_{\mathrm{eff}m}=k_0 n_{\mathrm{eff}m},\quad k_{xm}=k_0\sqrt{(N_1^{\mathrm{eff}})^2-(n_{\mathrm{eff}m})^2}\tag{2.10.1}$$

式中 N_1^{eff} 为芯区沿竖直方向的有效折射率,可由有效折射率法求解;$k_0=2\pi/\lambda_0$ 为真空中的波数。MMI 波导内各阶模式的归一化场分布函数可以表述为

$$\phi_m(x)=\begin{cases}\sin(k_{xm}x) & (|x|\leqslant W_{\mathrm{MMI}}/2)\quad(m=1,3,5,\cdots)\\ \cos(k_{xm}x) & (|x|\leqslant W_{\mathrm{MMI}}/2)\quad(m=0,2,4,\cdots)\end{cases}\tag{2.10.2}$$

如图 2.13 所示,定义 R_{iv} 和 ζ_{iv} 为输入到 MMI 波导端口 $v(v=1,2)$的光波振幅和相位,当 $R_{iv}=1$ 且 $\zeta_{iv}=0$ 时,定义对应的输入场分布函数为 ψ_{iv}^*。当仅有一个 ψ_{iv}^* 输入到 MMI 波导的端口 1 或端口 2 时,波导中将激励出一系列的高阶模式 E_{m0}^y,并且 ψ_{iv}^* 可以表示为

$$\psi_{iv}^*(x)\big|_{z=0}=\sum_{m=0}^{m_{\max}}\eta_{vm}^*\phi_m(x)\tag{2.10.3}$$

式中 $m_{\max}$为 MMI 波导中允许传输模式的数量;η_{vm}^* 为由端口 v 输入的场引起的 E_{m0}^y模式的归一化激励因子,由式(2.10.4)确定:

$$\eta_{vm}^*=\frac{\int_{-\frac{W_{\mathrm{MMI}}}{2}}^{\frac{W_{\mathrm{MMI}}}{2}}\psi_{iv}^*(x,0)\phi_m(x)\mathrm{d}x}{\int_{-\frac{W_{\mathrm{MMI}}}{2}}^{\frac{W_{\mathrm{MMI}}}{2}}|\phi_m(x)|^2\mathrm{d}x}\tag{2.10.4}$$

因此,当具有任意幅值和任意相位的光波同时输入到 MMI 波导的端口 1 和端口 2 时,综合模式激励因子可表示为

$$\eta_m = \sum_{v=1,2}\eta_{vm}^{*}R_{iv}\cos(\zeta_{iv}) + \mathrm{j}\sum_{v=1,2}\eta_{vm}^{*}R_{iv}\sin(\zeta_{iv}) \quad (m = 0,1,2,\cdots,m_{\max}) \tag{2.10.5}$$

当考虑各阶模式的传输损耗时，MMI 波导中的场分布可表示为

$$\psi(x,z) = \exp(-\mathrm{j}\beta_{\mathrm{eff0}}z)\sum_{m=0}^{m_{\max}}\eta_m\phi_m(x)\exp[\mathrm{j}(\beta_{\mathrm{eff0}} - \beta_{\mathrm{eff}m})z]\exp(-\alpha_{\mathrm{eff}m}z) \tag{2.10.6}$$

式中 $\beta_{\mathrm{eff0}} - \beta_{\mathrm{eff}m} = [m(m+2)\pi]/(3L_\pi)(m = 0,1,2,\cdots,m_{\max})$，并且

$$L_\pi = \pi/[k_0(n_{\mathrm{eff0}} - n_{\mathrm{eff1}})] \tag{2.10.7}$$

与基模对应的 MMI 波导的有效宽度 W_{eff0} 可写为

$$W_{\mathrm{eff0}} = W_{\mathrm{MMI}} + \frac{\lambda_0}{\pi}[(N_1^{\mathrm{eff}})^2 - (n_2)^2]^{-0.5} \tag{2.10.8}$$

针对 2×2 MMI 波导，为实现 3 dB 分束与合束功能，输入、输出端口的中心位置及 MMI 波导的长度应分别为

$$x_{1,2}^{*} = \mp\frac{1}{4}W_{\mathrm{eff0}},\quad L_{\mathrm{MMI}} = 3L_\pi/2 \tag{2.10.9}$$

2.11　二维狭缝波导

一维受限的二维狭缝波导结构如图 2.14 所示，各层材料的折射率关系为 $n_2 > n_3$、n_1。$-a \sim a$ 区域被高折射率材料所包覆，形成低折射率的狭

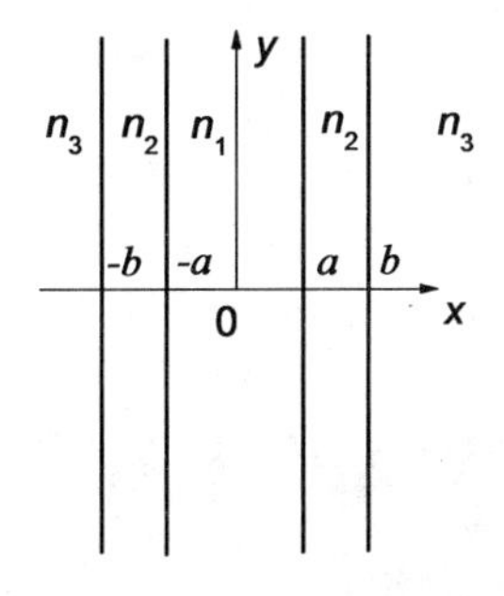

图 2.14　二维狭缝波导结构图

缝区。由于折射率分布不同，造成各边界处电场的不连续性。高折射率材料中的电场强度要明显小于低折射率材料中的电场强度。因此，当折射率差较大时，狭缝区域将存在很强的光场。

二维狭缝波导的介电常数分布可表示为如下分段函数：

$$\varepsilon(x)=\begin{cases}\varepsilon_3 & (-\infty<x<-b)\\ \varepsilon_2 & (-b\leqslant x<-a)\\ \varepsilon_1 & (-a\leqslant x<a)\\ \varepsilon_2 & (a\leqslant x<b)\\ \varepsilon_3 & (b\leqslant x<\infty)\end{cases}\tag{2.11.1}$$

2.11.1 TE 模

TE 模的电场分量 $E_{y0}(x)$和传播常数满足

$$\frac{\mathrm{d}^2E_{y0}(x)}{\mathrm{d}x^2}+[k_0^2\varepsilon(x)-\beta^2]E_{y0}(x)=0\tag{2.11.2}$$

进一步分区间写成如下形式：

$$\frac{\mathrm{d}^2E_{y0}(x)}{\mathrm{d}x^2}+[k_0^2\varepsilon_3(x)-\beta^2]E_{y0}(x)=0\quad(-\infty<x\leqslant-b)\tag{2.11.3}$$

$$\frac{\mathrm{d}^2E_{y0}(x)}{\mathrm{d}x^2}+[k_0^2\varepsilon_2(x)-\beta^2]E_{y0}(x)=0\quad(-b<x\leqslant-a)\tag{2.11.4}$$

$$\frac{\mathrm{d}^2E_{y0}(x)}{\mathrm{d}x^2}+[k_0^2\varepsilon_1(x)-\beta^2]E_{y0}(x)=0\quad(-a<x\leqslant a)\tag{2.11.5}$$

$$\frac{\mathrm{d}^2E_{y0}(x)}{\mathrm{d}x^2}+[k_0^2\varepsilon_2(x)-\beta^2]E_{y0}(x)=0\quad(a<x\leqslant b)\tag{2.11.6}$$

$$\frac{\mathrm{d}^2E_{y0}(x)}{\mathrm{d}x^2}+[k_0^2\varepsilon_3(x)-\beta^2]E_{y0}(x)=0\quad(b<x<\infty)\tag{2.11.7}$$

考虑到基模的传播常数满足 $k_0^2\varepsilon_3$、$k_0^2\varepsilon_1<\beta^2<k_0^2\varepsilon_2$，令

$$\gamma_1^2 = \beta^2 - k_0^2 \varepsilon_1 \tag{2.11.8}$$

$$\gamma_3^2 = \beta^2 - k_0^2 \varepsilon_3 \tag{2.11.9}$$

$$\gamma_2^2 = k_0^2 \varepsilon_1 - \beta^2 \tag{2.11.10}$$

则式(2.11.3)～式(2.11.7)可写为

$$\frac{d^2 E_{y0}(x)}{dx^2} - \gamma_3^2 E_{y0}(x) = 0 \quad (-\infty < x \leqslant -b) \tag{2.11.11}$$

$$\frac{d^2 E_{y0}(x)}{dx^2} + \gamma_2^2 E_{y0}(x) = 0 \quad (-b < x \leqslant -a) \tag{2.11.12}$$

$$\frac{d^2 E_{y0}(x)}{dx^2} - \gamma_1^2 E_{y0}(x) = 0 \quad (-a < x \leqslant -a) \tag{2.11.13}$$

$$\frac{d^2 E_{y0}(x)}{dx^2} + \gamma_2^2 E_{y0}(x) = 0 \quad (a < x \leqslant b) \tag{2.11.14}$$

$$\frac{d^2 E_{y0}(x)}{dx^2} - \gamma_3^2 E_{y0}(x) = 0 \quad (b < x \leqslant +\infty) \tag{2.11.15}$$

上述方程的通解可表示为

$$E_{y0}(x) = \begin{cases} A\exp[\gamma_3(x+b)] & (-\infty < x \leqslant -b) \\ B_1\cos[\gamma_2(x+b)] + B_2\sin[\gamma_2(x+a)] & (-b < x \leqslant -a) \\ C_1\cosh(\gamma_1 x - \Phi_1) & (-a < x \leqslant a) \\ D_1\cos[\gamma_2(x-a)] + D_2\sin[\gamma_2(x-a)] & (a < x \leqslant b) \\ E\exp[-\gamma_3(x-b)] & (b < x < +\infty) \end{cases} \tag{2.11.16}$$

由于波导结构对称，因此

$$E_{y0}(x) = E_{y0}(-x) \tag{2.11.17}$$

可得式(2.11.16)中各系数的关系为

$$\begin{cases} A = E \\ B_1 = D_1 \\ B_2 = -D_2 \\ C_1 = C \\ \Phi_1 = 0 \end{cases} \tag{2.11.18}$$

此时 $E_{y0}(x)$可写为

$$E_{y0}(x)=\begin{cases}A\exp[\gamma_3(x+b)] & (-\infty<x\leqslant -b)\\ B_1\cos[\gamma_2(x+b)]+B_2\sin[\gamma_2(x+a)] & (-b<x\leqslant -a)\\ C\cosh(\gamma_1 x) & (-a<x\leqslant a)\\ B_1\cos[\gamma_2(x-a)]-B_2\sin[\gamma_2(x-a)] & (a<x\leqslant b)\\ A\exp[-\gamma_3(x-b)] & (b\leqslant x<+\infty)\end{cases}$$

(2.11.19)

考虑到 $E_{y0}(x)$ 和 $\frac{\mathrm{d}E_{y0}(x)}{\mathrm{d}x}$ 在各边界上连续,可得如下边界条件:

① $x=-b$ 处,有

$$\begin{cases}A\exp[\gamma_3(-b+b)]=A=B_1\cos[\gamma_2(a-b)]+B_2\sin[\gamma_2(a-b)]\\ A\gamma_3=-\gamma_2 B_1\sin[\gamma_2(a-b)]+B_2\gamma_2\cos[\gamma_2(a-b)]\end{cases}$$

(2.11.20)

② $x=-a$ 处,有

$$\begin{cases}B_1=C\cosh(-\gamma_1 a)\\ B_2\gamma_2=C\gamma_1\sinh(-\gamma_1 a)\end{cases}\tag{2.11.21}$$

③ $x=a$ 处,有

$$\begin{cases}B_2=\frac{C\gamma_1}{\gamma_2}\sinh(-\gamma_1 a)\\ B_1=C\cosh(-\gamma_1 a)\end{cases}\tag{2.11.22}$$

④ $x=b$ 处,有

$$A=C\cosh(-\gamma_1 a)\cos[\gamma_2(a-b)]+\frac{C\gamma_1}{\gamma_2}\sinh(-\gamma_1 a)\sin[\gamma_2(a-b)]$$

(2.11.23)

由式(2.11.20)~式(2.11.23)得

$$\begin{aligned}&\gamma_3 C\cosh(-\gamma_1 a)\cos[\gamma_2(a-b)]+\frac{\gamma_3 C\gamma_1}{\gamma_2}\sinh(-\gamma_1 a)\sin[\gamma_2(a-b)]\\ &\quad=-\gamma 2C\cosh(-\gamma_1 a)\sin[\gamma_2(a-b)]\\ &\qquad+\frac{C\gamma_1}{\gamma_2}\gamma_2\cos[\gamma_2(a-b)]\sinh(-\gamma_1 a)\end{aligned}\tag{2.11.24}$$

整理式(2.11.24),得

$$\tanh(\gamma_1 a) = -\frac{\gamma_3\cos[\gamma_2(a-b)] + \gamma_2\sin[\gamma_2(a-b)]}{\gamma_1\cos[\gamma_2(a-b)] - \dfrac{\gamma_1\gamma_3}{\gamma_2}\sin[\gamma_2(a-b)]} \tag{2.11.25}$$

式(2.11.25)中的分子分母同除以 $\gamma_2\cos[\gamma_2(a-b)]$,并令 $\tan\theta = \dfrac{\gamma_3}{\gamma_2}$,则得 TE 模的特征方程:

$$\tanh(\gamma_1 a) = \frac{\gamma_2}{\gamma_1}\tan[\gamma_2(b-a) - \theta] \tag{2.11.26}$$

进一步写为

$$\tanh(\gamma_1 a) - \frac{\gamma_2}{\gamma_1}\tan[\gamma_2(b-a) - \theta] = 0 \tag{2.11.27}$$

方程式(2.11.27)可由二分法求解。由于 tanh 为周期函数,所以该方程具有多个解,分别对应各阶模式的传播常数 β,则各阶模式的有效折射率为

$$n_{\text{eff}} = \frac{\beta\lambda_0}{2\pi} \tag{2.11.28}$$

其中,求解得到的最大折射率即为基模有效折射率。将传播常数以及 A、B_1 等参数代入式(2.11.19)中即可得到 TE 模的场分布。

2.11.2　TM 模

推导 TM 模特征方程的过程与 TE 模基本相同,直接写出 TM 导模的场分布如下:

$$H_{y0}(x) = \begin{cases} A\exp[\gamma_3(x+b)] & (-\infty < x \leqslant -b) \\ B_1\cos[\gamma_2(x+b)] + B_2\sin[\gamma_2(x+a)] & (-b < x \leqslant -a) \\ C_1\cosh(\gamma_1 x) & (-a < x \leqslant a) \\ B_1\cos[\gamma_2(x-a)] - B_2\sin[\gamma_2(x-a)] & (a < x \leqslant b) \\ A\exp[-\gamma_3(x-b)] & (b < x < +\infty) \end{cases} \tag{2.11.29}$$

根据 H_y 及 $\dfrac{1}{\varepsilon}\dfrac{\mathrm{d}H_y}{\mathrm{d}x}$ 在各边界上连续,可得到如下边界条件:

① 在 $x = -b$ 边界,有

$$\begin{cases} A = B_1\cos[\gamma_2(b-a)] - B_2\sin[\gamma_2(b-a)] \\ \dfrac{\varepsilon_2}{\varepsilon_3}A\gamma_3 = B_1\gamma_2\sin[\gamma_2(b-a)] + B_2\gamma_2\cos[\gamma_2(b-a)] \end{cases} \tag{2.11.30}$$

② 在 $x=-a$ 边界,有

$$\begin{cases} B_1 = C\cosh(\gamma_1 a) \\ B_2 = -\dfrac{\varepsilon_2}{\varepsilon_1}\dfrac{\gamma_1}{\gamma_2}C\sinh(\gamma_1 a) \end{cases} \tag{2.11.31}$$

令 $\gamma_2(b-a)=\theta$,由式(2.11.30)、式(2.11.31)得

$$\frac{\varepsilon_2}{\varepsilon_3}\left[C\cosh(\gamma_1 a)\cos\theta + \frac{\varepsilon_2}{\varepsilon_1}\frac{\gamma_1}{\gamma_2}C\sinh(\gamma_1 a)\sin\theta\right]\gamma_3 =$$

$$C\cosh(\gamma_1 a)\gamma_2\sin\theta - \frac{\varepsilon_2}{\varepsilon_1}\gamma_1 C\sinh(\gamma_1 a)\cos\theta \tag{2.11.32}$$

整理式(2.11.32),得

$$\cosh(\gamma_1 a)\left[-\frac{\varepsilon_2}{\varepsilon_3}\gamma_3\cos\theta + \gamma_2\sin\theta\right] = \frac{\gamma_1\varepsilon_2}{\varepsilon_1}\sinh(\gamma_1 a)\left[\cos\theta + \frac{\varepsilon_2}{\varepsilon_1}\frac{\gamma_3}{\gamma_2}\sin\theta\right] \tag{2.11.33}$$

进一步写为

$$\tanh(\gamma_1 a) = \frac{\varepsilon_1}{\gamma_1\varepsilon_2}\frac{\gamma_2\sin\theta - \dfrac{\varepsilon_2}{\varepsilon_3}\gamma_3\cos\theta}{\cos\theta + \dfrac{\varepsilon_2}{\varepsilon_3}\dfrac{\gamma_3}{\gamma_2}\sin\theta} \tag{2.11.34}$$

由于 $\tan\theta = \frac{\varepsilon_2}{\varepsilon_3}\frac{\gamma_3}{\gamma_2}$,式(2.11.34)可最终写为

$$\tanh(\gamma_1 a) = \frac{\varepsilon_1}{\varepsilon_2}\frac{\gamma_2}{\gamma_1}\tan[\gamma_2(b-a)-\theta] \tag{2.11.35}$$

令 $\tanh(\gamma_1 a) - \frac{\varepsilon_1}{\varepsilon_2}\frac{\gamma_2}{\gamma_1}\tan[\gamma_2(b-a)-\theta]=0$,我们可利用二分法求解该方程得到 TM 模式的有效折射率,进而根据式(2.11.36)可得到 TM 模的电场分布:

$$E_x = \frac{\beta}{\omega\varepsilon_0\varepsilon}H_{y0}(x)$$

$$
= \frac{\beta c}{\omega \varepsilon_0}
\begin{cases}
\dfrac{1}{\varepsilon_3}\left\{\cosh(\gamma_1 a)\cos[\gamma_2(b-a)] + \dfrac{\varepsilon_2}{\varepsilon_1}\dfrac{\gamma_2}{\gamma_1}\sinh(\gamma_1 a)\sin[\gamma_2(b-a)]\right\} \\
\quad \cdot \exp[\gamma_3(x+b)] \quad (-\infty < x \leqslant -b) \\
\dfrac{1}{\varepsilon_2}\cosh(\gamma_1 a)\cos[\gamma_2(x+a)] \\
\quad - \dfrac{\gamma_1}{\varepsilon_1 \gamma_2}\sinh(\gamma_1 a)\sin[\gamma_2(x+a)] \quad (-b \leqslant x \leqslant -a) \\
\dfrac{1}{\varepsilon_1}\cosh(\gamma_1 x) \quad (-a \leqslant x \leqslant a) \\
\dfrac{1}{\varepsilon_2}\cosh(\gamma_1 a)\cos[\gamma_2(x-a)] \\
\quad + \dfrac{\gamma_1}{\varepsilon_1 \gamma_2}\sinh(\gamma_1 a)\sin[\gamma_2(x-a)] \quad (a \leqslant x \leqslant b) \\
\dfrac{1}{\varepsilon_3}\left\{\cosh(\gamma_1 a)\cos[\gamma_2(b-a)] + \dfrac{\varepsilon_2}{\varepsilon_1}\dfrac{\gamma_2}{\gamma_1}\sinh(\gamma_1 a)\sin[\gamma_2(b-a)]\right\} \\
\quad \cdot \exp[-\gamma_3(x-b)] \quad (b \leqslant x < +\infty)
\end{cases}
\tag{2.11.36}
$$

2.11.3　计算示例

图 2.14 中，令波导的高折射率材料为硅，狭缝区域材料为 SU－8，狭缝波导周围介质为二氧化硅。硅的折射率为 $n_2 = 3.45$，SU－8 的折射率为 $n_1 = 1.573$，二氧化硅的折射率为 $n_3 = 1.46$，狭缝区域宽度为 $2a = 50$ nm，硅介质层的宽度为 $b - a = 180$ nm，即 $a = 25$ nm，$b = 205$ nm。取真空中的中心工作波长为 $\lambda_0 = 1550$ nm。

利用 2.11.1 节给出的相关理论和公式，图 2.15 显示了狭缝波导中 TE 基模模式的归一化模场分布图。由于 TE 模的电场主要沿竖直方向偏振，该方向为各介质层分界处的切向方向，电场是连续的，因此，狭缝区域的电场并不是阶跃变化的。同时，利用二分法求解模式特征方程得到的 TE 基模模式有效折射率为 2.9766。利用 2.11.2 节给出的相关理论和公式，图 2.16 显示了狭缝波导中 TM 基模模式的归一化模场分布图。由于 TM 模的电场主要沿水平方向偏振，该方向为各介质层分界处的法向方向，电场是不连续的。由于狭缝区材料的折射率较小,因此在狭缝区形成强度较大的电场。同时,通过求解模式特征方程得到 TM 基模有效折射率为 2.3618。

对比图 2.15 和图 2.16 可以发现,由于 TM 模场的电场分量主要沿 x 方向偏振,且由于狭缝区域介质的折射率远低于 Si 材料,因此,狭缝区域的电场要比 Si 区电场大很多,这也是狭缝波导能够较好限制光场的主要原因。

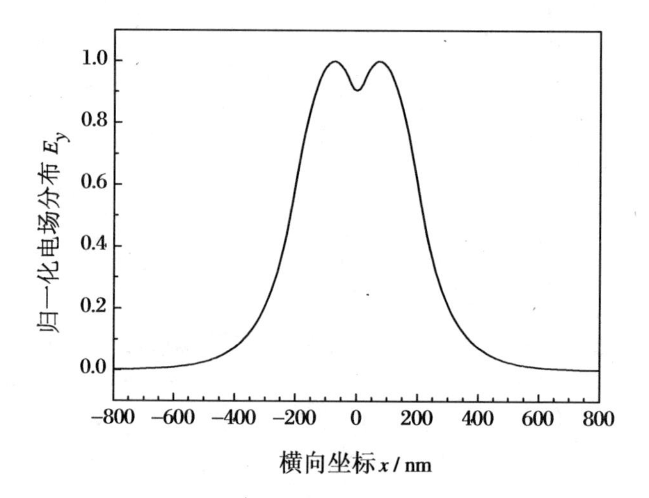

图 2.15 二维狭缝波导的归一化 TE 模场分布

取 $a=25$ nm, $b=205$ nm

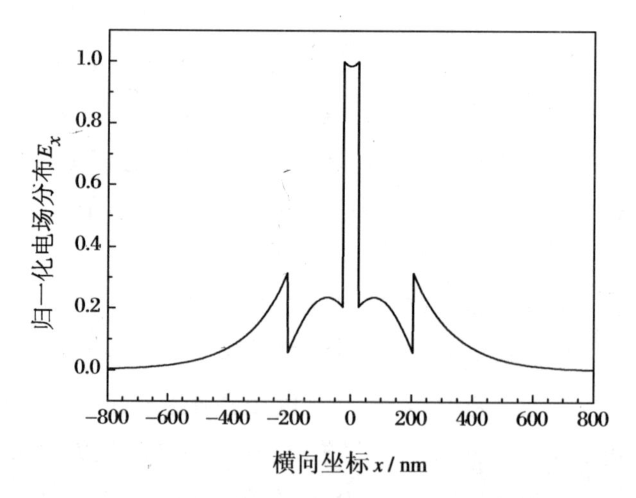

图 2.16 二维狭缝波导的归一化 TM 模场分布

取 $a=25$ nm, $b=205$ nm

2.12　三维狭缝波导

2.12.1　模式分析理论

图 2.17 显示了三维狭缝波导的截面结构，狭缝波导的下包层为 SiO_2，狭缝波导的高折射率材料为 Si，狭缝区材料、上包层材料及左右覆层材料均为聚合物材料 SU－8。硅的宽度及狭缝的宽度分别为 W_H 和 W_S，下包层厚度、狭缝高度及上包层的厚度分别为 h_1、h_2 和 h_3。

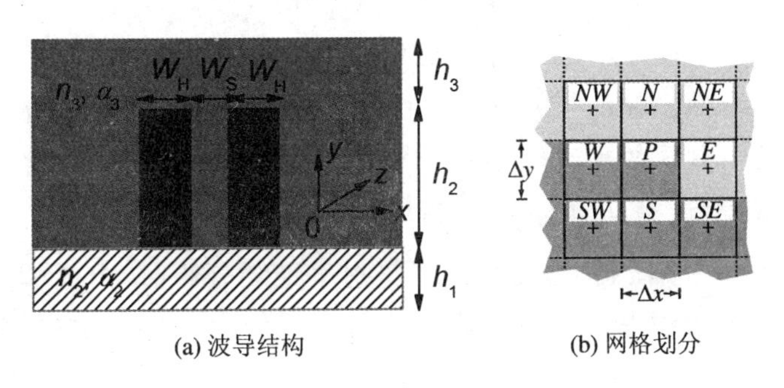

(a) 波导结构　　(b) 网格划分

图 2.17　三维狭缝波导

为了求解双耦合狭缝波导的模式特性，我们首先给出模式电场的全波矢量特征方程[128]：

$$\nabla^2 \boldsymbol{E} + \nabla\left[\frac{1}{n^2}\nabla(n^2)\cdot \boldsymbol{E}\right] + k^2 n^2 \boldsymbol{E} = 0 \qquad (2.12.1)$$

式中，k 为波数，n 为折射率分布，$\boldsymbol{E}$ 为光波电场。将电场分解为横向（沿截面方向）分量 $\boldsymbol{e}_t$ 和纵向（沿传输方向）分量 $z e_z$，即

$$\boldsymbol{E}(x, y, z) = (\boldsymbol{e}_t + z e_z)\exp(-\mathrm{j}\beta z) \qquad (2.12.2)$$

式中，β 为模式传播常数。将式(2.12.2)代入式(2.12.1)，可得横向的全波矢量方程：

$$\nabla^2 \boldsymbol{e}_t + \nabla\left[\frac{1}{n^2}\nabla(n^2)\cdot \boldsymbol{e}_t\right] + k^2 n^2 \boldsymbol{e}_t = \beta^2 \boldsymbol{e}_t \qquad (2.12.3)$$

而纵向方向的电场分量可由下式计算：

$$j\beta e_z = \nabla \cdot \boldsymbol{e}_t + \frac{1}{n^2}\nabla(n^2) \cdot \boldsymbol{e}_t \tag{2.12.4}$$

针对式(2.12.3)，将横向电场 $\boldsymbol{e}_t$ 分解为水平分量 e_x 和竖直分量 e_y，可得如下两个方程(合为矩阵形式)：

$$\begin{bmatrix} P_{xx} & P_{xy} \\ P_{yx} & P_{yy} \end{bmatrix} \begin{bmatrix} e_x \\ e_y \end{bmatrix} = \beta^2 \begin{bmatrix} e_x \\ e_y \end{bmatrix} \tag{2.12.5}$$

式中 P_{xx}、P_{xy}、P_{yx} 及 P_{yy} 分别为微分作用系数，且根据式(2.12.3)，可得

$$P_{xx}e_x = \frac{\partial}{\partial x}\left[\frac{1}{n^2}\frac{\partial(n^2 e_x)}{\partial x}\right] + \frac{\partial^2 e_x}{\partial y^2} + n^2 k^2 e_x \tag{2.12.6a}$$

$$P_{yy}e_y = \frac{\partial^2 e_y}{\partial x^2} + \frac{\partial}{\partial y}\left[\frac{1}{n^2}\frac{\partial(n^2 e_y)}{\partial y}\right] + n^2 k^2 e_y \tag{2.12.6b}$$

$$P_{xy}e_y = \frac{\partial}{\partial x}\left[\frac{1}{n^2}\frac{\partial n^2 e_y}{\partial y}\right] - \frac{\partial^2 e_y}{\partial x \partial y} \tag{2.12.6c}$$

$$P_{yx}e_x = \frac{\partial}{\partial y}\left[\frac{1}{n^2}\frac{\partial n^2 e_x}{\partial x}\right] - \frac{\partial^2 e_x}{\partial y \partial x} \tag{2.12.6d}$$

由于某一方向的光波电场分量相比另一分量一般很小，因此在如下求解中，我们仅考虑单一模场分量 Φ(可取为 e_x(对应 TE 模式)或 e_y(对应 TM 模式))。对于任意形式的 Φ，当折射率连续分布时，由式(2.12.5)和式(2.12.6a)可得如下特征方程：

$$P\Phi(x, y) = \beta^2 \Phi(x, y) \tag{2.12.7}$$

式中 $P = \frac{\partial^2}{\partial x^2} + \frac{\partial^2}{\partial y^2} + n^2 k^2$。对图 2.17(a)所示的波导截面做网格剖分，并设水平和竖直方向上的剖分步长分别为 Δx 和 Δy。参见图 2.17(b)，当折射率分布不连续时，设足够小网格 P、W、E、N、S 中的折射率和模场分量分别为 n_P、n_W、n_E、n_N、n_S 及 Φ_P、Φ_W、Φ_E、Φ_N、Φ_S，且令 $\Phi(x, y) = \Phi_x(x) \times \Phi_y(y)$。

以模场分量为 e_x(对应 TE 模)为例进行求解。当 x 一定时，由于边界 $y = \pm\Delta y/2$ 处(切向)e_x 连续，利用拉格朗日插值函数，网格 N、P、S 中的 $\Phi_y(y)$具有相同的表达式，可表示为

$$\Phi_y(y) = A' + B'y + C'y^2 \tag{2.12.8a}$$

而当 y 一定时，在 $x = \pm\Delta x/2$ 处 e_x 不连续，利用拉格朗日插值函数，网格

W、P、E 中的 $\Phi_x(x)$ 需分别展开为

$$\Phi_x(x) = \begin{cases} A'_W + B''x + C''x^2 & (\text{cell } W) \\ A'_P + B''x + C''x^2 & (\text{cell } P) \\ A'_E + B''x + C''x^2 & (\text{cell } E) \end{cases} \tag{2.12.8b}$$

式中 A'、B'、C'、A'_W、A'_P、A'_E、B''和 C''为展开系数。

当 $y=0$ 时，$\Phi_y(y) = A'$。令 $A_W = A'_W A'$，$A_P = A'_P A'$，$A_E = A'_E A'$，$B = B''A'$，$C = C''A'$，可得

$$\Phi(x,y) = \Phi(x) = \begin{cases} A_W + Bx + Cx^2 & (\text{cell } W) \\ A_P + Bx + Cx^2 & (\text{cell } P) \\ A_E + Bx + Cx^2 & (\text{cell } E) \end{cases} \tag{2.12.9}$$

在网格 P 内，n^2 为定值，则

$$\frac{\partial}{\partial x}\left[\frac{1}{n^2}\frac{\partial(n^2 e_x)}{\partial x}\right] = \frac{\partial^2 e_x}{\partial x^2} = 2C \tag{2.12.10}$$

利用 $x = \pm\dfrac{\Delta x}{2}$处 $n^2 e_x$ 连续，可以得到

$$\begin{aligned} 2C = \frac{1}{(\Delta x)^2}\Bigg\{ & \frac{4(n_W^2 n_P^2 + n_E^2 n_W^2)}{n_P^4 + 2n_E^2 n_P^2 + 2n_W^2 n_P^2 + 3n_E^2 n_W^2} e_{xW} \\ & + \frac{4(n_E^2 n_P^2 + n_W^2 n_P^2 + 2n_E^2 n_W^2)}{n_P^4 + 2n_E^2 n_P^2 + 2n_W^2 n_P^2 + 3n_E^2 n_W^2} e_{xP} \\ & + \frac{4(n_E^2 n_P^2 + n_E^2 n_W^2)}{n_P^4 + 2n_E^2 n_P^2 + 2n_W^2 n_P^2 + 3n_E^2 n_W^2} e_{xE} \Bigg\} \end{aligned} \tag{2.12.11}$$

当 $x=0$ 时，$\Phi_x(x) = A'_P$，于是

$$\Phi(x,y) = A'_P A' + A'_P B' y + A'_P C' y^2 = A_P + B'''y + C'''y^2 \tag{2.12.12}$$

因此

$$\frac{\partial^2 e_x}{\partial y^2} = 2C''' \tag{2.12.13}$$

考虑到 $e_{xP} = A_P$，$e_{xN} = A_P + B'''\Delta y + C'''\Delta y^2$，$e_{xS} = A_P - B'''\Delta y + C'''\Delta y^2$，联立上述三式可得

$$2C''' = \frac{1}{(\Delta y)^2}(e_{xN} + e_{xS} - 2e_{xP}) \tag{2.12.14}$$

最终，针对某一中心网格，式(2.12.6a)中的各微分项都可表示为该网格及

其相邻网格中心点处的模场分量的线性关系,并由式(2.12.5)构成一个线性方程。联立界面内所有网格并令边界处场为0,我们可以得到一个矩阵方程,方程的系数为一个稀疏矩阵。该稀疏矩阵的本征值即为耦合波导各阶模式的传播常数,各本征值对应的特征矢量即为各阶模式的场分布。

2.12.2 计算示例

在1550 nm工作波长下,Si、SiO_2的折射率分别为$n_1=3.48$和$n_2=1.46$,并且认为二者对光波的吸收损耗很小,可以忽略,即$\alpha_1\approx0$和$\alpha_2\approx0$。利用椭偏仪测得的光刻胶材料SU-8的折射率为$n_3=1.5679$,体消光系数为$\kappa_3=3.93\times10^{-5}$,$W_S=100$ nm,$W_H=200$ nm,$h_1=475$ nm,$h_2=250$ nm,$h_3=475$ nm。图2.18显示了三维狭缝波导中TE模式的归一化电场分布图。可以看到,相比其他区域,狭缝区域存在较高的电场,计算得到的TE基模有效折射率为1.8133。图2.19显示了狭缝波导中TM模式的归一化电场分布,计算得到的TM基模有效折射率为1.8485。对比图2.18和图2.19,由于TE模的电场主要沿x方向偏振,且狭缝区材料的折射率要小于Si材料的折射率,因此,光波电场被较好地限制在狭缝区域。鉴于此,在电光开关的设计中,为了提高电光重叠积分因子,光波偏振模式应选为

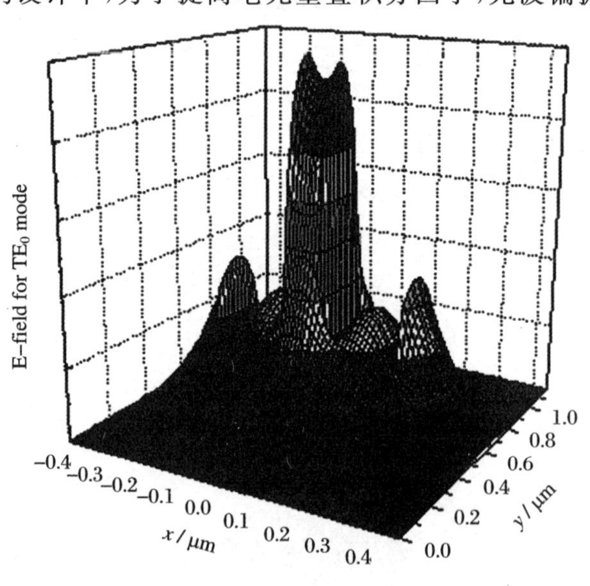

图2.18 聚合物填充的三维狭缝波导的TE模场分布

TE 模，且外加电场方向也应沿 x 方向。

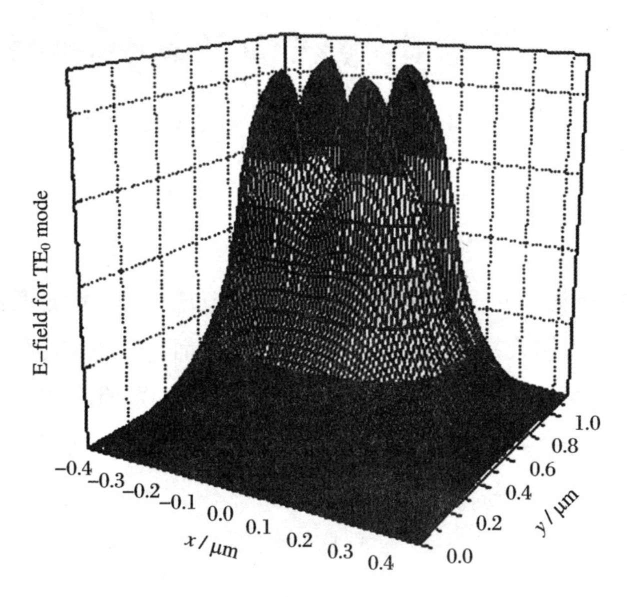

图 2.19　聚合物填充的三维狭缝波导的 TM 模场分布

2.13　本 章 小 结

本章主要以脊形波导为例，应用微扰法和微分法分析了单/双金属包层平板波导/脊形波导的模式特性，给出了详细的理论推导过程，得到了模式特征方程和振幅衰减系数的表达式。在光开关器件的设计中，根据所采用材料的折射率和消光系数，便可理论计算出波导中所传输模式的有效折射率和模式损耗系数，也可确定出保证单模传输的波导截面尺寸，因此本章给出的相关理论和分析公式具有工程设计需求。

本章还分析了 MMI 波导和狭缝波导的模式特性，这也可用于相关器件的优化设计中。此外，通过对本章给出的公式和相关求解过程进行修正，也可求解金属包层型加载条形波导、金属包层型矩形波导的模式特性，限于篇幅，本章对上述内容不做具体阐述，读者可参考文献[128]。

第3章　行波电极结构及其分析理论

电光开关/调制器的主要原理是电光调制理论，通过外加调制电场，使极化聚合物波导的模式有效折射率发生改变，进而完成光的调制或开关功能。材料折射率的变化主要与材料的电光系数和电光调制效率（亦称为电光重叠积分因子）有关，影响前者的主要因素包括极化聚合物材料的生色团性能、极化效率等，影响后者的主要因素是电极结构、电场与光场的分布及其空间相互位置关系等。这些都将影响器件的开关电压、开关时间等性能。

本章将首先介绍含掺杂生色团的聚合物的两种极化方法——电晕极化和接触式极化，并依据电光调制理论分析极化聚合物的折射率变化与外加电场的关系。其次，针对所设计的电光开关，给出经常用到的几种共面或微带电极结构及其电场分布的计算方法，包括保角变换法[136]、镜像法[137]、点匹配法[138~140]、扩展点匹配法[141]等。最后讨论行波电极的等效模型、阻抗匹配和动态场分布等问题。

3.1　极化聚合物薄膜及电光调制特性

与无机电光材料相比，有机极化聚合物材料具有电光系数高、响应时间短、介电常数低、工艺简单、与微电子加工工艺兼容等优点，成为制作电光器件的首选材料。除此之外，为了克服纯有机聚合物材料无固定熔点、热稳定性差的缺点，人们还采用溶胶—凝胶方法（sol-gel）合成了有机/无机杂化聚合物电光材料，该类材料既具有无机材料的刚性特征又具有有机材料的非晶柔性特征。当未对掺杂高 β 值生色团的聚合物薄膜进行极化时，生色团取向各不相同，薄膜不具有电光效应；对聚合物材料进行极化后，生色团取向一致，聚合物材料将具备电光效应。对聚合物材料进行极化的主要方法包括电晕极化、接触式极化、全光极化、光辅助极化等。

3.1.1　聚合物薄膜的极化

对聚合物薄膜进行极化的物理机理是：有机聚合物中生色团的永久偶极矩可以在强电场下取向一致，这将打破材料的中心对称性并得到各向异性的非中心对称结构，从而使材料具有电光活性，即显示出二阶光学非线性特性并保持下去。

电晕极化[142]是采用电晕放电的方法对绝缘体表面放电，使非线性有机分子的偶极矩按外加电场方向取向。图3.1所示为高温电晕极化装置的示意图。在电晕极化过程中，极化电极附近的强电场使周围气体分子离子化，产生与电极极性相同的离子，在电场的作用下，这些离子飞向贴在接地电极的介质膜并在膜表面聚集，从而在介质膜内部产生一个很强的电场。该电场使非线性光学基团取向，并诱导聚合物薄膜的二阶非线性光学行为。为了获得较大的电光系数并且不损伤聚合物薄膜，需要严格控制烘干温度、烘干时间、预处理等薄膜制备条件。由于电晕极化电极产生的极化电场为椭圆状，因此极化的均匀度低。

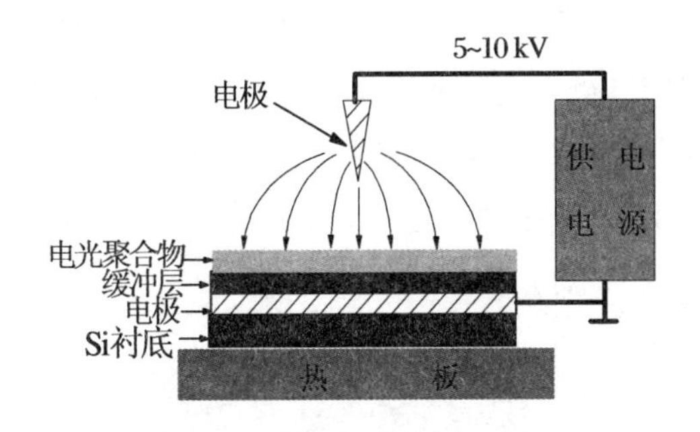

图3.1　电晕极化装置示意图

接触式极化[143]的实验装置如图3.2所示，图中可见，接触式极化法产生的极化电场分布均匀，这可提高极化均匀度，同时由于极化电压相对较低，也可以降低对聚合物薄膜的损伤程度。

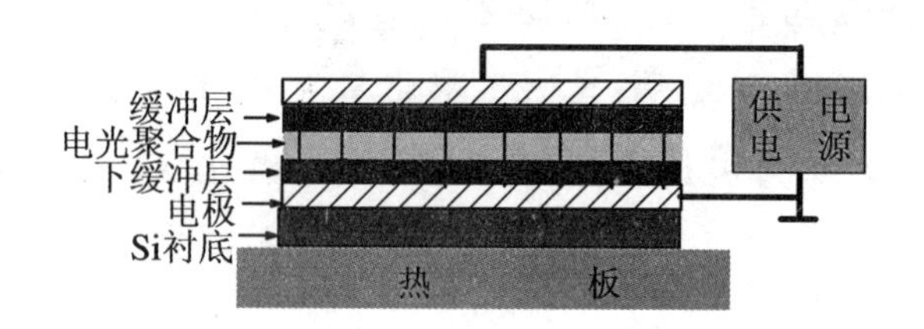

图 3.2 接触极化装置示意图

3.1.2 电光调制理论[128]

聚合物薄膜被极化以后，由各向同性转变为各向异性。同电光晶体一样，电位移 $\boldsymbol{D}$ 与电场强度 $\boldsymbol{E}$ 之间的关系可以表示为

$$D_i = \varepsilon_0 \sum_{j=1}^{3} \varepsilon_{ij} E_j \quad (i = 1,2,3) \tag{3.1.1}$$

用矩阵表示为

$$\begin{pmatrix} D_1 \\ D_2 \\ D_3 \end{pmatrix} = \varepsilon_0 \begin{pmatrix} \varepsilon_{11} & \varepsilon_{12} & \varepsilon_{13} \\ \varepsilon_{21} & \varepsilon_{22} & \varepsilon_{23} \\ \varepsilon_{31} & \varepsilon_{32} & \varepsilon_{33} \end{pmatrix} \begin{pmatrix} E_1 \\ E_2 \\ E_3 \end{pmatrix} \tag{3.1.2}$$

简记为

$$\boldsymbol{D} = \varepsilon_0 \boldsymbol{\varepsilon} \boldsymbol{E} \tag{3.1.3}$$

式中 $\boldsymbol{\varepsilon}$ 为相对介电常数张量且为对称的三阶矩阵，只有 6 个矩阵元相互独立；$\boldsymbol{D}$ 为电位移矩阵；$\boldsymbol{E}$ 为外加电场强度一阶矩阵。由线性代数理论，设 $\boldsymbol{\varepsilon}$ 的三个特征值以及对应的特征向量分别为 ε_1、ε_2、ε_3 及 $\boldsymbol{e}_1$、$\boldsymbol{e}_2$、$\boldsymbol{e}_3$。可以证明：ε_1、ε_2、ε_3 均为实数，且 $\boldsymbol{e}_1$、$\boldsymbol{e}_2$、$\boldsymbol{e}_3$ 满足归一化正交条件。如果以这三个特征矢量为基矢量建立新的坐标系 $O-x'y'z'$，那么在这一新的主轴坐标系中的介电常数矩阵 $\boldsymbol{\varepsilon}'$ 为对角矩阵，可表示为

$$\boldsymbol{\varepsilon}' = \begin{pmatrix} \varepsilon_1 & & \\ & \varepsilon_2 & \\ & & \varepsilon_3 \end{pmatrix} \tag{3.1.4}$$

在 ε_1、ε_2、ε_3 中，若三者互不相同，称为双轴晶体；若有两个相同，称为单轴晶体；若三者均相同，称为各向同性晶体。$\boldsymbol{\varepsilon}$ 的逆矩阵具有如下形式：

$$\boldsymbol{\varepsilon}^{-1}=\begin{bmatrix}\left(\frac{1}{n^2}\right)_{11} & \left(\frac{1}{n^2}\right)_{12} & \left(\frac{1}{n^2}\right)_{13}\\ \left(\frac{1}{n^2}\right)_{12} & \left(\frac{1}{n^2}\right)_{22} & \left(\frac{1}{n^2}\right)_{23}\\ \left(\frac{1}{n^2}\right)_{13} & \left(\frac{1}{n^2}\right)_{23} & \left(\frac{1}{n^2}\right)_{33}\end{bmatrix} \tag{3.1.5}$$

按照电场能量密度的定义 $\boldsymbol{W}_{\mathrm{e}}=\frac{1}{2}\boldsymbol{E}^{\mathrm{T}}\boldsymbol{D}=\frac{1}{2\varepsilon_0}(\varepsilon^{-1}\boldsymbol{D})^{\mathrm{T}}\boldsymbol{D}=\frac{1}{2\varepsilon_0}\boldsymbol{D}^{\mathrm{T}}\varepsilon^{-1}\boldsymbol{D}$，结合式(3.1.5)可得

$$2\varepsilon_0\boldsymbol{W}_{\mathrm{e}}=\left(\frac{1}{n^2}\right)_{11}D_1^2+\left(\frac{1}{n^2}\right)_{22}D_2^2+\left(\frac{1}{n^2}\right)_{33}D_3^2+2\left(\frac{1}{n^2}\right)_{23}D_2D_2+2\left(\frac{1}{n^2}\right)_{13}D_1D_3+2\left(\frac{1}{n^2}\right)_{12}D_1D_2 \tag{3.1.6}$$

式(3.1.6)可改写为

$$1=\left(\frac{1}{n^2}\right)_{11}\left[\frac{D_1}{\sqrt{2\varepsilon_0\boldsymbol{W}_{\mathrm{e}}}}\right]+\left(\frac{1}{n^2}\right)_{22}\left[\frac{D_2}{\sqrt{2\varepsilon_0\boldsymbol{W}_{\mathrm{e}}}}\right]+\left(\frac{1}{n^2}\right)_{33}\left[\frac{D_3}{\sqrt{2\varepsilon_0\boldsymbol{W}_{\mathrm{e}}}}\right]+2\left(\frac{1}{n^2}\right)_{23}\left[\frac{D_2}{\sqrt{2\varepsilon_0\boldsymbol{W}_{\mathrm{e}}}}\right]\left[\frac{D_3}{\sqrt{2\varepsilon_0\boldsymbol{W}_{\mathrm{e}}}}\right]+2\left(\frac{1}{n^2}\right)_{13}\left[\frac{D_1}{\sqrt{2\varepsilon_0\boldsymbol{W}_{\mathrm{e}}}}\right]\left[\frac{D_3}{\sqrt{2\varepsilon_0\boldsymbol{W}_{\mathrm{e}}}}\right]+2\left(\frac{1}{n^2}\right)_{12}\left[\frac{D_1}{\sqrt{2\varepsilon_0\boldsymbol{W}_{\mathrm{e}}}}\right]\left[\frac{D_2}{\sqrt{2\varepsilon_0\boldsymbol{W}_{\mathrm{e}}}}\right] \tag{3.1.7}$$

令 $x=\frac{D_1}{\sqrt{2\varepsilon_0\boldsymbol{W}_{\mathrm{e}}}}$，$y=\frac{D_1}{\sqrt{2\varepsilon_0\boldsymbol{W}_{\mathrm{e}}}}$，$z=\frac{D_1}{\sqrt{2\varepsilon_0\boldsymbol{W}_{\mathrm{e}}}}$，并记原编号 11、22、33、23、13、12 为 1、2、3、4、5、6，可得折射率椭球方程为

$$\left(\frac{1}{n^2}\right)_1x^2+\left(\frac{1}{n^2}\right)_2y^2+\left(\frac{1}{n^2}\right)_3z^2+2\left(\frac{1}{n^2}\right)_4yz+2\left(\frac{1}{n^2}\right)_5xz+2\left(\frac{1}{n^2}\right)_6xy=1 \tag{3.1.8}$$

电光材料的电光系数具有如下形式：

$$\boldsymbol{\gamma} = \begin{pmatrix} \gamma_{11} & \gamma_{12} & \gamma_{13} \\ \gamma_{21} & \gamma_{22} & \gamma_{23} \\ \gamma_{31} & \gamma_{32} & \gamma_{33} \\ \gamma_{41} & \gamma_{42} & \gamma_{43} \\ \gamma_{51} & \gamma_{52} & \gamma_{53} \\ \gamma_{61} & \gamma_{62} & \gamma_{63} \end{pmatrix} \tag{3.1.9}$$

当把电压加到极化聚合物电光薄膜上时，会引起其折射率的变化，称为电光效应。当电场引起的折射率变化正比于外加电场强度时，称为一级电光效应。记电场引起的折射率的变化量为 $\Delta\left(\frac{1}{n^2}\right)_i$，它与电场分量的关系如下：

$$\Delta\left(\frac{1}{n^2}\right)_i = \sum_{k=1}^{3} \gamma_{ik} E_k \quad (i = 1,2,3,4,5,6) \tag{3.1.10}$$

下面我们推导折射率的变化与外加电场的关系。

$$\Delta\left(\frac{1}{n^2}\right) = \frac{1}{2}\left[\frac{1}{(n+\Delta n)^2} - \frac{1}{(n-\Delta n)^2}\right] = \frac{-2n\Delta n}{(n+\Delta n)^2(n-\Delta n)^2} \approx -\frac{2\Delta n}{n^3} \tag{3.1.11}$$

结合式(3.1.10)和式(3.1.11)可得

$$\Delta n = -\frac{n^3}{2}\sum_{k=1}^{3} \gamma_{ik} E_k \tag{3.1.12}$$

3.1.3 极化聚合物的电光特性

令聚合物沿 3 方向极化，则其电光张量矩阵变为[144]

$$\boldsymbol{\gamma}_{\text{polymer}} = \begin{pmatrix} 0 & 0 & \gamma_{13} \\ 0 & 0 & \gamma_{13} \\ 0 & 0 & \gamma_{33} \\ 0 & \gamma_{13} & 0 \\ \gamma_{13} & 0 & 0 \\ 0 & 0 & 0 \end{pmatrix} \tag{3.1.13}$$

没有外加电场时，极化聚合物为各向同性，即折射率椭球具有如下形式：

$$\frac{x^2}{n^2} + \frac{y^2}{n^2} + \frac{z^2}{n^2} = 1 \tag{3.1.14}$$

当沿3方向施加电场时，即 $E_1=E_2=0, E_3\neq 0$ 时，折射率椭球变为

$$\left(\frac{1}{n^2}+\gamma_{13}E_3\right)x^2+\left(\frac{1}{n^2}+\gamma_{13}E_3\right)y^2+\left(\frac{1}{n^2}+\gamma_{33}E_3\right)z^2=1 \tag{3.1.15}$$

记

$$\frac{1}{n^2}+\gamma_{13}E_3=\frac{1}{(n+\Delta n_1)^2},\quad \frac{1}{n^2}+\gamma_{23}E_3=\frac{1}{(n+\Delta n_2)^2} \tag{3.1.16}$$

运用式(3.1.12)，可得

$$\Delta n_1=-\frac{n^3}{2}\gamma_{13}E_3,\quad \Delta n_2=-\frac{n^3}{2}\gamma_{33}E_3 \tag{3.1.17}$$

由式(3.1.17)可见，当沿3方向施加电场时，聚合物薄膜的主轴方向保持不变，但沿1、2和3方向的折射率均发生变化，且1和2方向的折射率变化相同，即主轴发生伸缩变化。

对于一般的极化聚合物薄膜而言，可近似认为 $n_o\approx n_e=n$，此时 $\Delta n_1=\Delta n_2=-\frac{n^3}{2}\gamma_{13}E_3, \Delta n_3=-\frac{n^3}{2}\gamma_{33}E_3$。

在器件的实际设计中，聚合物的极化方向取为3方向。为了便于以下公式的表达，建立一个新的坐标系，并取3方向为其 y 方向(相当于式(3.1.14)、式(3.1.15)所用坐标系的 z 方向)，此时式(3.1.13)中较大的电光张量元素为 γ_{33}。根据上述分析，我们可得如下结论：

① 为了获得较大的折射率变化，外加调制电场的方向应沿3方向即 y 方向。

② 为了实现对光波的有效调制，应选择光波电场的偏振方向沿3方向即 y 方向。

③ 尽管外加电场后，x 方向和 y 方向的折射率变化不同，但是对 E_{mn}^y 模式而言，由于其电场的偏振方向主要沿 y 方向，因此2.4节和2.7节给出的脊形波导的有效折射率求解方法仍是成立的，仅需要令波导芯的折射率等于 y 方向的折射率即可。

④ 由于外加电场后，x 方向和 y 方向的折射率变化不同，将脊形波导等效为矩形波导后，2.8节的Marcatili分析方法需做修正，即在求解 x 方向的传播常数 k_x 时，芯区的折射率应为 x 方向的折射率 $n+\Delta n_1$，而求解 y

方向的传播常数k_y时，芯区折射率应为y方向的折射率$n+\Delta n_3$。

3.2 非均匀电场作用下的电光重叠积分因子

一般情况下，波导中由工作电压U引起的y方向的总电场$E_y(x,y)$为非均匀电场，是位置坐标x、y的函数，因此各点由$E_y(x,y)$引起的材料折射率的变化互不相同，也是位置坐标x、y的函数，可表示为

$$\Delta n(x,y)=-\frac{1}{2}n^3\gamma_{33}E_y(x,y) \tag{3.2.1}$$

式中n为不存在外加电场情况下，沿波导横截面的折射率分布。

令未加外电场时波导中E_{00}^y主模光波电场的y分量为$E_{y0}(x,y)$，模有效折射率为n_c，则二者满足的横向赫姆霍兹方程为[128]

$$\left(\frac{\partial^2}{\partial x^2}+\frac{\partial^2}{\partial y^2}\right)E_{y0}(x,y)+k_0^2[n^2(x,y)-n_c^2]E_{y0}(x,y)=0 \tag{3.2.2}$$

当施加外电场$E_y(x,y)$后，令模式的光场由$E_{y0}(x,y)$变为$E_{y0}(x,y)+\Delta E_{y0}(x,y)$，折射率分布由$n(x,y)$变为$n(x,y)+\Delta n(x,y)$，相应的模有效折射率由$n_c$变为$n_c+\Delta n_c$，对施加外电场前、后的两个赫姆霍兹方程作差可得

$$\begin{aligned}&\left(\frac{\partial^2}{\partial x^2}+\frac{\partial^2}{\partial y^2}\right)\Delta E_{y0}(x,y)+k_0^2[n^2(x,y)-n_c^2]\Delta E_{y0}(x,y)\\&\quad+k_0^2[2n(x,y)\Delta n(x,y)-2n_c\Delta n_c]E_{y0}(x,y)=0\end{aligned} \tag{3.2.3}$$

施加外电场后模式光场的改变量$\Delta E_{y0}(x,y)$很小，因此将式(3.2.3)的前两项略去，得到

$$n(x,y)\Delta n(x,y)E_{y0}(x,y)=n_c\Delta n_cE_{y0}(x,y) \tag{3.2.4}$$

式(3.2.4)两侧同乘以$E_{y0}^*(x,y)$，并在波导截面上做横向积分，可得外加电场引起的模式有效折射率的变化量为

$$\Delta n_{c}=\frac{\iint_{-\infty}^{+\infty} n(x,y)\Delta n(x,y)\left|E_{y0}(x,y)\right|^{2}\mathrm{d}x\mathrm{d}y}{n_{c}\iint_{-\infty}^{+\infty}\left|E_{y0}(x,y)\right|^{2}\mathrm{d}x\mathrm{d}y} \tag{3.2.5}$$

在式(3.2.5)的积分中，由于波导只有芯层为聚合物电光材料，外加电场引起的折射率变化 $n(x,y)\neq 0$，而波导芯外的包层材料为非电光材料，外加电场引起的折射率变化 $n(x,y)=0$，因此在式(3.2.5)中分子的积分区域变为波导芯区 A_c，而分母的积分区域遍及波导的整个横截面。又因 $n(x,y)$ 为未加外电场时波导的折射率分布，在波导芯区 $n(x,y)=n_1$，因此，式(3.2.5)可改写为

$$\Delta n_{c}=\frac{n_{1}\iint_{A_{c}}\Delta n(x,y)\left|E_{y0}(x,y)\right|^{2}\mathrm{d}x\mathrm{d}y}{n_{c}\iint_{-\infty}^{+\infty}\left|E_{y0}(x,y)\right|^{2}\mathrm{d}x\mathrm{d}y} \tag{3.2.6}$$

将式(3.2.1)代入式(3.2.6)中可得

$$\Delta n_{c}=-\frac{1}{2}n_{1}^{3}\gamma_{33}\frac{n_{1}\iint_{A_{c}}E_{y}(x,y)\left|E_{y0}(x,y)\right|^{2}\mathrm{d}x\mathrm{d}y}{n_{c}\iint_{-\infty}^{+\infty}\left|E_{y0}(x,y)\right|^{2}\mathrm{d}x\mathrm{d}y} \tag{3.2.7}$$

引入电光重叠积分因子 Γ_y 为

$$\Gamma_{y}=G\frac{\iint_{A_{c}}\frac{1}{U}E_{y}(x,y)\left|E_{y0}(x,y)\right|^{2}\mathrm{d}x\mathrm{d}y}{\iint_{-\infty}^{+\infty}\left|E_{y0}(x,y)\right|^{2}\mathrm{d}x\mathrm{d}y} \tag{3.2.8}$$

进而式(3.2.7)可简写为

$$\Delta n_{c}=-\frac{1}{2}n_{1}^{3}\gamma_{33}\frac{n_{1}}{n_{c}}\frac{U}{G}\Gamma_{y} \tag{3.2.9}$$

式(3.2.8)和式(3.2.9)中的模场分量 $E_{y0}(x,y)$ 和模有效折射率 n_c 可由等效折射率法和有效折射率法求出。令 $\frac{1}{U}E_y(x,y)$ 为单位电压引起的电场，其已与外加电压 U 无关，只是波导材料参数和结构参数的函数，因此由式(3.2.8)定义的电光重叠积分因子 Γ_y 与外加电压 U 无关，且 Γ_y 是一个没有量纲的量。

有时为了分析和表述方便，也定义如下形式的重叠积分因子：

$$\Gamma_y = \frac{\iint_{A_c} \frac{1}{U} E_y(x,y) \left| E_{y0}(x,y) \right|^2 \mathrm{d}x\mathrm{d}y}{\iint_{-\infty}^{+\infty} \left| E_{y0}(x,y) \right|^2 \mathrm{d}x\mathrm{d}y} \tag{3.2.10}$$

式中 Γ_y 的单位为 m^{-1}。

3.3 行波电极结构与特性参数

根据3.1节和3.2节所述内容,为了使电光区波导产生折射率变化,需要具备可以施加开关信号或者调制信号的电极。常见的电极结构有集总参数电极和分布参数(或称为行波)电极,二者的差异主要在于电压馈送方式不同。受 RC 充放电常数的影响,集总参数电极电光开关/调制器的速度或带宽很难达到很高。因此,实际应用中人们一般将电极配置为行波方式,此时器件的开关速度或调制带宽取决于光波和微波相速度的匹配程度,这两个参数均与电极结构密切相关。本节将首先给出电光开关设计中常用到的几种行波电极结构,并简要说明求解电极特性参数的相关公式,为后续章节设计高速电光开关打下基础。

3.3.1 行波电极结构

1. 共面波导行波电极

作为一种基本电极形式,共面波导行波电极的结构如图3.3所示。该电极电场分布的计算结果也将直接用于其他微带电极电场分布的计算中,因此本书将对该电极做详细的计算和分析,其电场分布可结合保角变换法[136]和镜像法[137]联合求解得到,详见3.5节和3.6节。

2. 微带行波电极

设计中常用的微带行波电极结构如图3.4所示,它采用同相极化。当电极厚度足够小时,该电极形成的电场分布可采用点匹配法来分析[138~140];当电极具有有限厚度时,可采用扩展点匹配法进行分析[141]。若在图3.4中引入反相极化(一般适用于MZI电光开关),则两表面电极应接极性相同的电压。

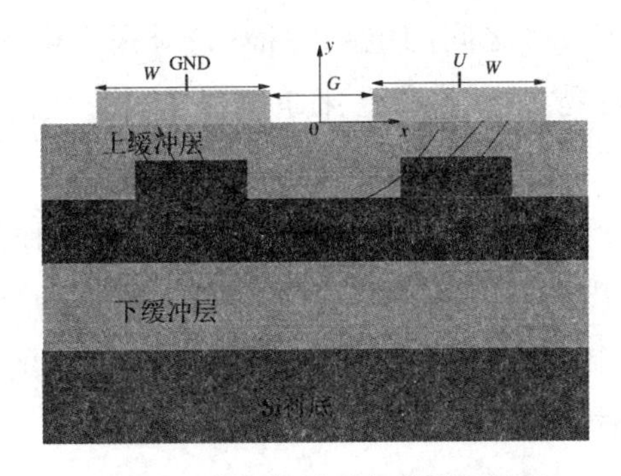

图3.3 共面行波电极的截面结构

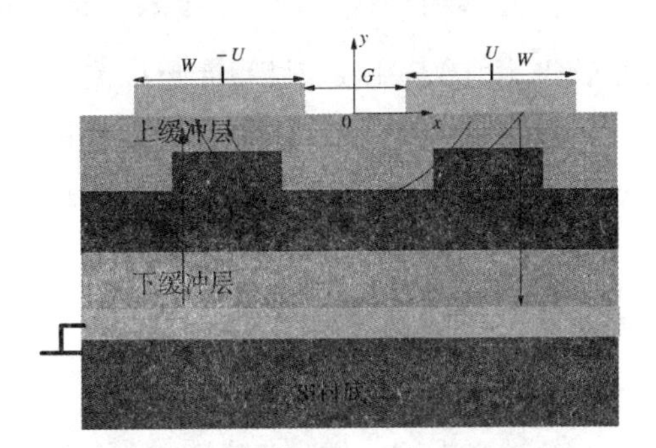

图3.4 微带行波电极的截面结构

为了增大电光调制效率,我们设计了一种新型交叉式推挽微带四电极结构[145],如图3.5所示。它将图3.4中的下电极分为两部分,并使上左电极与下右电极、上右电极与下左电极分别通过交叉引线方式互连。由于这种新型的推挽连接方式,采用该电极结构的定向耦合电光开关具有更高的

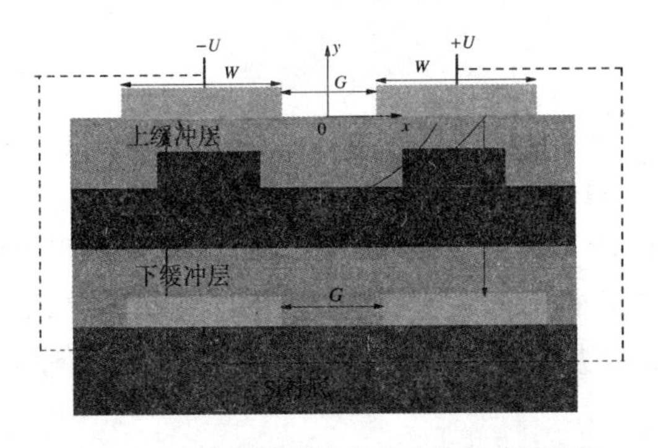

图3.5 改进型的推挽微带电极的截面结构

电光调制效率和更低的开关电压，详见 4.2 节。然而对于 MZI 器件而言，不宜采用该结构，主要原因是 MZI 电光区的两臂间距太大，两上表面电极之间的电场以及两下表面之间的电场均很弱，对提高电光调制效率贡献不大。我们可结合保角变换法、镜像法来求解该电极形成的电场分布。

在图 3.5 中，通过对两波导芯进行反向极化（一般适用于电极间距较远的情况，否则当电极间距较小时，会由于极化电压过高而造成击穿现象）并改变引线连接方式，出现了一些变形结构，例如，可使两下表面电极同时接地且两上表面电极同时接工作电压，此时波导芯中形成的电场将更为均匀。

3. 推挽屏蔽微带行波电极

该结构是在图 3.4 所示结构的基础上，增加一个屏蔽层（设计为地电极），结构如图 3.6 所示。该结构的优点是：可在不影响电光调制效率（主要由工作电极和下地电极决定）的基础上，调节屏蔽层高度以调节微波特性参数，从而更易于器件的优化设计以进一步获得较高的开关速度和较快的响应时间。可采用扩展点匹配法或点匹配法来求解该电极形成的电场分布。

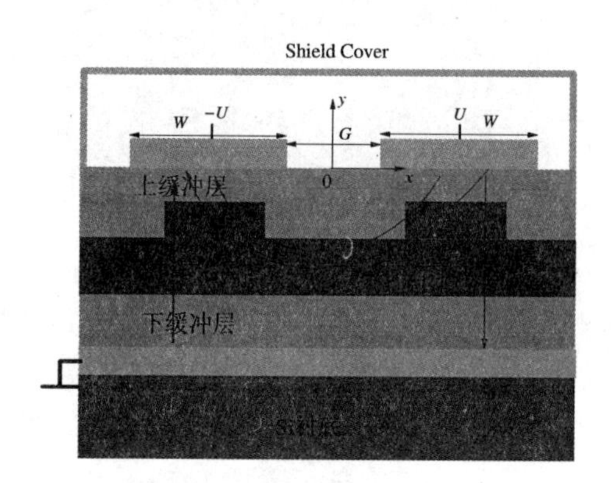

图 3.6 推挽屏蔽电极的截面结构

3.3.2 行波电极的特性参数

电极的微波特性参数是与电极结构以及电场分布相关的，主要包括嵌入介质时电极的单位长度电容 C_0、嵌入真空时电极的单位长度电容 C_0'、微波有效折射率 n_m 以及电极特征阻抗 Z_0。下面逐一推导并给出上述参数的表达式。

令工作电极对地的外加电压为 U，则电极的单位长度电容可由式

(3.3.1)求解：

$$C_0 = Q/U \tag{3.3.1}$$

式中 Q 为单位长度电极上所携带的电荷量，它可由式(3.3.2)计算：

$$Q = \oint \varepsilon_0 \varepsilon \boldsymbol{E} \mathrm{d}\boldsymbol{S} \tag{3.3.2}$$

式中 $\mathrm{d}\boldsymbol{S}$ 为环绕电极的闭合积分曲面上的面元，方向为垂直于曲面并指向曲面外侧；$\boldsymbol{E}$ 为该面元处的外加矢量电场。当将所分析的电极结构完全嵌入在真空中时（即除电极材料外，其他材料均为真空介质），定义对应的矢量电场为 $\boldsymbol{E}'$，则 C_0'可由式(3.3.3)计算：

$$C_0' = \frac{1}{U}\oint \varepsilon_0 \varepsilon \boldsymbol{E}' \mathrm{d}\boldsymbol{S} \tag{3.3.3}$$

微波有效折射率 n_m 可以表示为

$$n_\mathrm{m} = \sqrt{C_0/C_0'} \tag{3.3.4}$$

微波传播常数可以表示为

$$\beta_\mathrm{m} = \omega_\mathrm{m} n_\mathrm{m}/c \tag{3.3.5}$$

式中 ω_m 为微波角频率，c 为真空中光的速度。最终电极的微波特性阻抗可以表示为

$$Z_0 = 1/(c\sqrt{C_0 C_0'}) \tag{3.3.6}$$

上述特性参数对高速电光开关的设计至关重要，表现在开关速度的提高主要依赖于微波特性阻抗与传输线阻抗的匹配、微波折射率和光波折射率的匹配。

3.4　电极静态场的解析分析法——保角变换法

保角变换法是用来将一个平面上的图形经过特殊变换映射为另一个平面上另一图形而保持任意两条相交线的夹角不变的方法。该方法是求解共面电极电场分布的基础。本节首先给出保角变换的原理，并根据变换前后的电量守恒原理推导出电场分布的表达式。

3.4.1 保角变换原理[146]

设复数 $z=x+\mathrm{i}y$，其模为 $r=\sqrt{x^2+y^2}$，幅角为 $\theta=\arctan(y/x)$。设复变函数 W 是 z 的函数，即有关系 $W=f(z)$，且对每一个 z 值都有一个唯一的 W 值与之对应。令

$$W = u + \mathrm{j}v \tag{3.4.1}$$

式中 $u=u(x,y)$，$v=v(x,y)$。根据复变函数理论，若 W 可导，则其必须满足如下条件：

$$\frac{\partial u}{\partial x}=\frac{\partial v}{\partial y},\quad \frac{\partial v}{\partial x}=-\frac{\partial u}{\partial y} \tag{3.4.2}$$

式(3.4.2)也称为柯西黎曼条件。若 $W=f(z)$是 z 的解析函数且具有确定的导数 $f'(z)$，则在 z 平面上每给一点 z，W 平面必有一点 $W=f(z)$与之对应，因此，对于 z 平面上任一条曲线，W 平面上也有一条曲线与之对应。在相应的两条曲线上各取相应的一小段$(z,z+\Delta z)$和$(W,W+\Delta W)$，其长度比值为 $\Delta W/\Delta z$，其极限可定义为

$$\lim_{\Delta z\to 0}|\Delta W/\Delta z| = |f'(z)| \tag{3.4.3}$$

式(3.4.3)表明，从 z 平面到 W 平面，线段长度的放大倍数为 $f'(z)$。由于 $f'(z)$并非常数，因此变换前后曲线的形状将有很大的变化，这点正是保角变换所需要的。

对于相应的小段曲线的方向，z 平面上$(z,z+\Delta z)$段与实轴所夹的角度为 $\arg\Delta z$，而 W 平面上相应段与实轴之间的夹角为 $\arg\Delta W$，两者之差为 $\arg\Delta W-\arg\Delta z=\arg(\Delta W/\Delta z)$。当 $\Delta z\to 0$ 时，有极限

$$\lim_{\Delta z\to 0}\arg(\Delta W/\Delta z) = \arg f'(z) \tag{3.4.4}$$

如果将 z 点附近的小段曲线旋转一个角度 $\arg f'(z)$，就得到相应的点在 W 平面上的小段曲线方向。同样，如果在 z 平面内有两条曲线相交，在 W 平面内必有两条相应曲线相交。从 z 平面到 W 平面两相应曲线都将旋转 $\arg f'(z)$，二者保持夹角不变，而且两曲线的转向也保持不变，这就是保角变换。

3.4.2　电量平衡原理

u 和 v 是共轭函数，即

$$\frac{\partial^2 u}{\partial x^2} = \frac{\partial^2 v}{\partial y^2} = 0 \tag{3.4.5}$$

为了分析电场，我们首先考虑二维拉普拉斯算符 $\nabla^2 = \frac{\partial^2}{\partial x^2} + \frac{\partial^2}{\partial y^2}$ 的变换。

$\frac{\partial}{\partial x} = \frac{\partial u}{\partial x}\frac{\partial}{\partial u} + \frac{\partial v}{\partial x}\frac{\partial}{\partial v}$ 的两边同时对 x 求导数，得

$$\frac{\partial^2}{\partial x^2} = \frac{\partial^2 u}{\partial x^2}\frac{\partial}{\partial u} + \left(\frac{\partial u}{\partial x}\right)^2\frac{\partial^2}{\partial u^2} + \frac{\partial^2 v}{\partial x^2}\frac{\partial}{\partial v} + \left(\frac{\partial v}{\partial x}\right)^2\frac{\partial^2}{\partial v^2} + 2\frac{\partial u}{\partial x}\frac{\partial v}{\partial x}\frac{\partial^2}{\partial u \partial v} \tag{3.4.6}$$

同理，$\frac{\partial}{\partial y} = \frac{\partial u}{\partial y}\frac{\partial}{\partial u} + \frac{\partial v}{\partial y}\frac{\partial}{\partial v}$ 的两边同时对 y 求导数，得

$$\frac{\partial^2}{\partial y^2} = \frac{\partial^2 u}{\partial y^2}\frac{\partial}{\partial u} + \left(\frac{\partial u}{\partial y}\right)^2\frac{\partial^2}{\partial u^2} + \frac{\partial^2 v}{\partial y^2}\frac{\partial}{\partial v} + \left(\frac{\partial v}{\partial y}\right)^2\frac{\partial^2}{\partial v^2} + 2\frac{\partial u}{\partial y}\frac{\partial v}{\partial y}\frac{\partial^2}{\partial u \partial v} \tag{3.4.7}$$

式(3.4.6)和式(3.4.7)相加，得

$$\begin{aligned}\nabla^2 = \frac{\partial^2}{\partial x^2} + \frac{\partial^2}{\partial y^2} &= \left[\left(\frac{\partial u}{\partial x}\right)^2 + \left(\frac{\partial u}{\partial y}\right)^2\right]\frac{\partial^2}{\partial u^2} + \left[\left(\frac{\partial v}{\partial x}\right)^2 + \left(\frac{\partial v}{\partial y}\right)^2\right]\frac{\partial^2}{\partial v^2} \\ &+ \left(\frac{\partial^2 u}{\partial x^2} + \frac{\partial^2 u}{\partial y^2}\right)\frac{\partial}{\partial u} + \left(\frac{\partial^2 v}{\partial x^2} + \frac{\partial^2 v}{\partial y^2}\right)\frac{\partial}{\partial v} + 2\left(\frac{\partial u}{\partial x}\frac{\partial v}{\partial x} + \frac{\partial u}{\partial y}\frac{\partial v}{\partial y}\right)\frac{\partial^2}{\partial u \partial v}\end{aligned} \tag{3.4.8}$$

结合柯西黎曼条件，上式可简化为

$$\begin{aligned}\nabla^2 = \frac{\partial^2}{\partial x^2} + \frac{\partial^2}{\partial y^2} &= \left[\left(\frac{\partial u}{\partial x}\right)^2 + \left(\frac{\partial v}{\partial x}\right)^2\right]\left[\frac{\partial^2}{\partial u^2} + \frac{\partial^2}{\partial v^2}\right] \\ &= |f'(z)|^2\left[\frac{\partial^2}{\partial u^2} + \frac{\partial^2}{\partial v^2}\right]\end{aligned} \tag{3.4.9}$$

根据式(3.4.9)，如果在所研究场的区域内 $f'(z) \neq 0$，则拉普拉斯方程 $\frac{\partial^2 A}{\partial x^2} + \frac{\partial^2 A}{\partial y^2} = 0$（设 A 为电位函数），且在新的坐标系下，仍有拉普拉斯方程

$\frac{\partial^2 A}{\partial u^2}+\frac{\partial^2 A}{\partial v^2}=0$。根据电磁场理论，当该区域存在源电荷时，必须满足泊松方程 $\frac{\partial^2 A}{\partial x^2}+\frac{\partial^2 A}{\partial y^2}=-\frac{\rho(x,y)}{\varepsilon_0}$，且在新的坐标系下，有

$$\frac{\partial^2 A}{\partial u^2}+\frac{\partial^2 A}{\partial v^2}=-\frac{\rho^*(u,v)}{\varepsilon_0} \tag{3.4.10}$$

由式(3.4.9)及式(3.4.10)得到

$$\rho^*(u,v)=|f'(z)|^{-2}\rho(x,y) \tag{3.4.11}$$

根据数学关系式，可以推导得到

$$\begin{aligned}\iint_{S^*}\rho^*(u,v)\mathrm{d}u\mathrm{d}v&=\iint_S|f'(z)|^{-2}\rho(x,y)|f'(z)|\mathrm{d}x|f'(z)|\mathrm{d}y\\&=\iint_S\rho(x,y)\mathrm{d}x\mathrm{d}y\end{aligned} \tag{3.4.12}$$

式(3.4.12)表明，经过保角变换后，总电量保持不变，于是可通过求解变换后的电量来得到变换前的电量，从而可避免 z 平面内复杂的求解过程。

3.4.3 电场分布

假设 $W=u+\mathrm{j}v$ 为复电位函数，其实部和虚部都是拉普拉斯方程的解。假设 $u(x,y)=c_1$，其上任一点的斜率满足$\frac{\partial u}{\partial x}+\frac{\partial u}{\partial y}\frac{\mathrm{d}y}{\mathrm{d}x}=0$，因此有

$$\frac{\mathrm{d}y}{\mathrm{d}x}=-\frac{\partial u}{\partial x}\Big/\frac{\partial u}{\partial y} \tag{3.4.13}$$

同理，对曲线 $v(x,y)=c_2$，其上任意一点的斜率为

$$\frac{\mathrm{d}y}{\mathrm{d}x}=-\frac{\partial v}{\partial x}\Big/\frac{\partial v}{\partial y} \tag{3.4.14}$$

根据柯西黎曼条件，有下述关系：

$$\left.\frac{\mathrm{d}y}{\mathrm{d}x}\right|_{c_1}=-\left(\left.\frac{\mathrm{d}y}{\mathrm{d}x}\right|_{c_2}\right)^{-1} \tag{3.4.15}$$

这说明 $u(x,y)=c_1$ 和 $v(x,y)=c_2$ 正交。根据电磁场理论，既然在平面内 $u(x,y)=c_1$ 和 $v(x,y)=c_2$ 是相互正交的曲线族，如果我们取 u、v 中的任一族代表等电位函数，那么另一族处处与它们正交，代表电力线，亦称为通量函数。

由于 $W=u+\mathrm{j}v=f(z)$，$z=x+\mathrm{j}y$，由柯西黎曼条件可得

$$\frac{\mathrm{d}W}{\mathrm{d}z}=\frac{\partial v}{\partial y}+\mathrm{j}\frac{\partial v}{\partial x} \quad 或 \quad \frac{\mathrm{d}W}{\mathrm{d}z}=\frac{\partial u}{\partial x}-\mathrm{j}\frac{\partial u}{\partial y} \tag{3.4.16}$$

令 u 代表电位函数，根据电场强度的定义，有

$$\boldsymbol{E}=-\nabla u=-\frac{\partial u}{\partial x}\boldsymbol{i}_x-\frac{\partial u}{\partial y}\boldsymbol{i}_y \tag{3.4.17}$$

即

$$E_x=-\mathrm{Re}\left(\frac{\mathrm{d}W}{\mathrm{d}z}\right),\quad E_y=\mathrm{Im}\left(\frac{\mathrm{d}W}{\mathrm{d}z}\right) \tag{3.4.18}$$

令 v 代表电位函数，则有

$$E=-\nabla v=-\frac{\partial v}{\partial x}\boldsymbol{i}_x-\frac{\partial v}{\partial y}\boldsymbol{i}_y \tag{3.4.19}$$

因此

$$E_x=-\mathrm{Im}\left(\frac{\mathrm{d}W}{\mathrm{d}z}\right),\quad E_y=-\mathrm{Re}\left(\frac{\mathrm{d}W}{\mathrm{d}z}\right) \tag{3.4.20}$$

式(3.4.18)和式(3.4.20)表明，只要确定了变换式 $W=f(z)$，就可求解 z 域内电场的 x 和 y 方向上的分量。

3.5 共面波导电极的保角变换分析

作为保角变换的一种特殊形式，本节我们将运用施瓦兹变换将共面波导电极所在的半无限大平面变换到四边形区域，从而将原电极结构映射为平板电容器，最终结合具体的变换式，得到共面波导电极的电场分布表达式。

3.5.1 施瓦兹变换

考虑如图3.7所示的 z 平面，在实轴上有四个点 b_1、b_2、b_3、b_4，欲将其变换至 W 平面上的四边形 a_1、a_2、a_3、a_4，令 α_1、α_2、α_3、α_4 分别为四边形各

顶点处角度的外角。

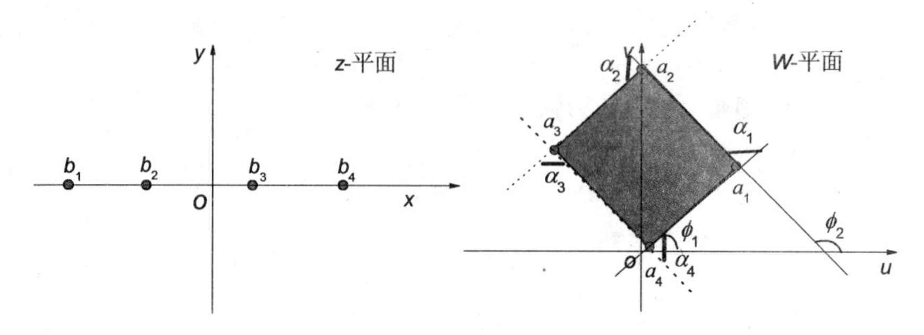

图 3.7 施瓦兹变换过程

在该变换中，由于各顶点处的导数不存在，故该变换在顶点处是不保角的。考虑顶点附近，比如在 b_1 点附近的无穷小邻域 $|z-b_1|<\varepsilon$（ε 为非常小的正数）内，有

$$\mathrm{d}W/\mathrm{d}z = (z-b_1)^{\beta_1} \tag{3.5.1}$$

对式(3.5.1)两边取幅角，得到 $\arg\mathrm{d}W=\arg\mathrm{d}z+\beta_1\arg(z-b_1)$，当 z 在实轴上 b_1 点的左边时，相应的 W 在 a_4-a_1 直线上，此时 $\arg\mathrm{d}z=\phi_1$，当 z 在实轴上 b_1 点的右边时，相应的 W 在 a_1-a_2 的直线上，此时 $\arg\mathrm{d}z=\phi_2$，但在 b_1 点的左、右两边 $\arg\mathrm{d}z$ 没有变化，因此有

$$\begin{aligned}(\arg\mathrm{d}W)_{z=b_1+0} &- (\arg\mathrm{d}W)_{\zeta=b_1-0}\\ &= \beta_1[\arg(z-b_1)_{z=b_1+0}-\arg(z-b_1)_{z=b_1-0}] = \phi_2-\phi_1 = \alpha_1\end{aligned} \tag{3.5.2}$$

由于 $\arg(z-b_1)_{z=b_1+0}-\arg(z-b_1)_{z=b_1-0}=-\pi$，因此 $\beta_1=-\alpha_1/\pi$，那么在 b_1 点的附近 $\dfrac{\mathrm{d}W}{\mathrm{d}z}=(z-b_1)^{-\alpha_1/\pi}$。当使用变换式 $W=f(z)$ 把上平面变为四边形时，该变换式应满足如下微分方程：

$$\frac{\mathrm{d}W}{\mathrm{d}z} = A(z-b_1)^{-\alpha_1/\pi}(z-b_2)^{-\alpha_2/\pi}(z-b_3)^{-\alpha_3/\pi}(z-b_4)^{-\alpha_4/\pi} \tag{3.5.3}$$

式中 $\alpha_1+\alpha_2+\alpha_3+\alpha_4=2\pi$。对式(3.5.3)积分可得

$$W = A\int(z-b_1)^{-\alpha_1/\pi}(z-b_2)^{-\alpha_2/\pi}(z-b_3)^{-\alpha_3/\pi}(z-b_4)^{-\alpha_4/\pi}\mathrm{d}z + B \tag{3.5.4}$$

式(3.5.4)即为所求的施瓦兹变换的表达式，其中 A 和 B 为任意常数，二者

决定了 W 平面上四边形的形状和大小。

3.5.2　共面波导电极的施瓦兹变换

按照施瓦兹变换的求解思路，对图 3.8 所示的电极结构做如下两次变换：

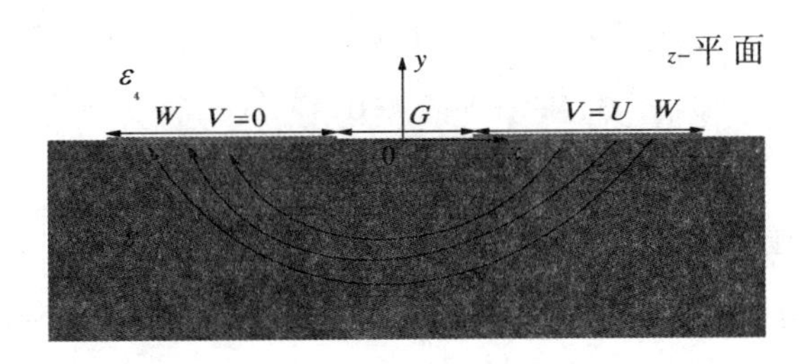

图 3.8　共面波导双电极

① 变换一：令 $h=G/2$，$s=G/2+W$，$z1=z/h$，则原 z 平面可变换为图 3.9(a)所示的 $z1$ 平面，其中 $k=h/s$。

② 变换二：利用施瓦兹变换把图 3.9(a)中的 $z1$ 的上半平面变换至图 3.9(b)所示的 W 平面上长方形 $a_1a_2a_3a_4$ 的内部，有 $\alpha_1=\alpha_2=\alpha_3=\alpha_4=\pi/2$，因此采用的施瓦兹变换可写为

$$W=A\int\left(z_1+\frac{1}{k}\right)^{-0.5}(z_1+1)^{-0.5}\cdots(z_1-1)^{-0.5}\left(z_1-\frac{1}{k}\right)^{-0.5}\mathrm{d}z_1+B$$

$$=Ak\int\frac{\mathrm{d}z_1}{\sqrt{(1-z_1^2)(1-k^2z_1^2)}}+B \tag{3.5.5}$$

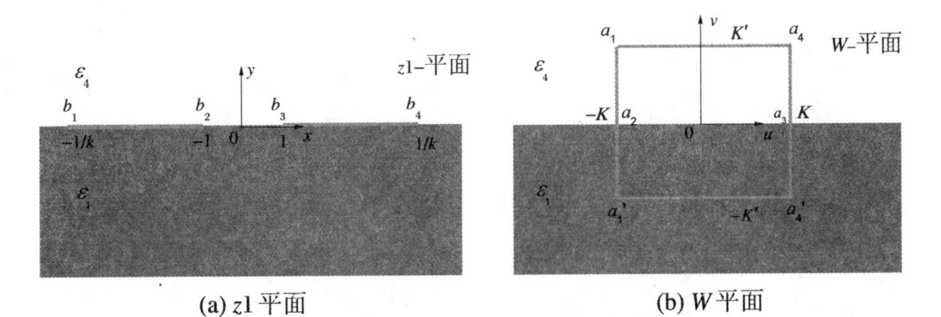

(a) z1 平面　　(b) W 平面

图 3.9　共面波导双电极的施瓦兹变换

由于对四边形的具体形状没有要求，可取 $Ak=1$，$B=0$，进而得到

$$W=\int_0^{b_i}\frac{\mathrm{d}z_1}{\sqrt{(1-z_1^2)(1-k^2z_1^2)}} \tag{3.5.6}$$

式(3.5.6)的积分称为第一类椭圆积分,其数值可以通过数学手册查得。

由于 W 平面上的 a_1、a_2、a_3、a_4 分别对应于 $z1$ 平面上的 b_1、b_2、b_3、b_4,所以必须根据式(3.5.6)和坐标的关系确定 W 平面上 a_1、a_2、a_3、a_4 的坐标值。下面我们逐个求解。

先看 a_3,因为 b_3 的坐标为 $z_1=1$,将其代入式(3.5.3)后得到

$$W=\int_0^{1}\frac{\mathrm{d}z_1}{\sqrt{(1-z_1^2)(1-k^2z_1^2)}} \tag{3.5.7}$$

式(3.5.7)称为第一类完全椭圆积分,因为它是 k 的函数,因此常用 $K(k)$ 表示。同理得到 a_2 的坐标是 $-K(k)$。a_4 对应的 b_4 的坐标为 $1/k$,同样的方法代入上式并整理得到其坐标为 $W=K(k)+\mathrm{j}K(k')$,其中,$k'^2=1-k^2$;同理,a_1 的坐标是 $W=-K(k)+\mathrm{j}K(k')$。至此我们已经确定了 W 平面上所有的坐标。有一点需要注意:在 W 平面内,两电极形成的电场充满整个空间,包括整个上下平面,因此由施瓦兹变换得到的多边形必须关于 x 轴对称,即下半平面内的四边形为 $a_2a'_1a'_4a_3$,且 a'_1和 a'_4的坐标分别是 $-K(k)-\mathrm{j}K(k')$和 $K(k)-\mathrm{j}K(k')$。

3.5.3 电场分布

当忽略缓冲层的影响并假设电极足够薄时,电极可等效为图 3.8 所示的结构,视为 z 平面,由施瓦兹变换可将其变换至图 3.9(b)所示的 W 平面。为了清晰起见,重写变换式如下:

$$W=\int_0^{z_1}\frac{\mathrm{d}t}{\sqrt{(1-t^2)(1-k^2t^2)}} \tag{3.5.8}$$

式中 t 为积分变量。考虑到 z_1 和 z 的关系:$z_1=z/h$,有

$$W=\int_0^{z/h}\frac{\mathrm{d}t}{\sqrt{(1-t^2)(1-k^2t^2)}} \tag{3.5.9}$$

式(3.5.9)即为所求的 W 对 z 的变换式。

由于$\dfrac{\mathrm{d}W}{\mathrm{d}z}=\dfrac{\mathrm{d}W}{\mathrm{d}z_1}\dfrac{\mathrm{d}z_1}{\mathrm{d}z}=\dfrac{1}{h}\dfrac{\mathrm{d}W}{\mathrm{d}z_1}$,结合式(3.5.8)可得

$$\frac{\mathrm{d}W}{\mathrm{d}z_1}=\frac{1}{\sqrt{(1-z_1^2)(1-k^2z_1^2)}} \tag{3.5.10}$$

因此

$$\frac{\mathrm{d}W}{\mathrm{d}z}=\frac{1}{h}\frac{1}{\sqrt{(1-z_1^2)(1-k^2z_1^2)}}\bigg|_{z_1=z/h}=\frac{h}{\sqrt{(h^2-z^2)(h^2-k^2z^2)}} \tag{3.5.11}$$

该变换也可写为 $z=h\mathrm{sn}(W,k)$。由于电极 b_1b_2、b_3b_4 变换至 W 平面的 a_1a_1'、a_4a_4',令 $V(x,y)$为电势函数,则 V 满足拉普拉斯方程:

$$\frac{\partial^2V}{\partial x^2}+\frac{\partial^2V}{\partial y^2}=0\quad(y>0\text{ 或 }y<0) \tag{3.5.12}$$

在图 3.9(b)中,电势函数 $V(x,y)$可表示为

$$V(x,y)=\frac{U}{2K}[u(x,y)+K] \tag{3.5.13}$$

最终,电场分布可以写为

$$E_x^0(x,y)=-\frac{\partial V(x,y)}{\partial x}=\frac{U}{2K}\left(-\frac{\partial u(x,y)}{\partial x}\right)=-\frac{U}{2K}\mathrm{Re}\left(\frac{\mathrm{d}W}{\mathrm{d}z}\right) \tag{3.5.14a}$$

$$E_y^0(x,y)=-\frac{\partial V(x,y)}{\partial y}=\frac{U}{2K}\left[-\frac{\partial u(x,y)}{\partial y}\right]=\frac{U}{2K}\mathrm{Im}\left(\frac{\mathrm{d}W}{\mathrm{d}z}\right) \tag{3.5.14b}$$

式中 $\mathrm{d}W/\mathrm{d}z$ 由式(3.5.11)给出。注意,这里我们用上角标“0”表示电极下方无缓冲层时的电场分布。

3.6 共面波导电极的镜像分析法

3.5 节给出的电场分布的分析过程是在假设电极下方不存在缓冲层或芯层与缓冲层的折射率差非常小的情况下得到的。而在实际应用中,为了降低电极对波导传输模式的吸收损耗,需要在芯层与电极之间增加一定厚

度的缓冲层，同时当缓冲层与芯层的折射率差较大时，会造成电场和电势的重新分布。设 $V(x,y)$是在不考虑缓冲层时由保角变换法得到的电位函数，当考虑缓冲层时，波导沿截面的结构如图 3.10 所示，此时可由镜像法求解共面电极形成的电势和电场分布。

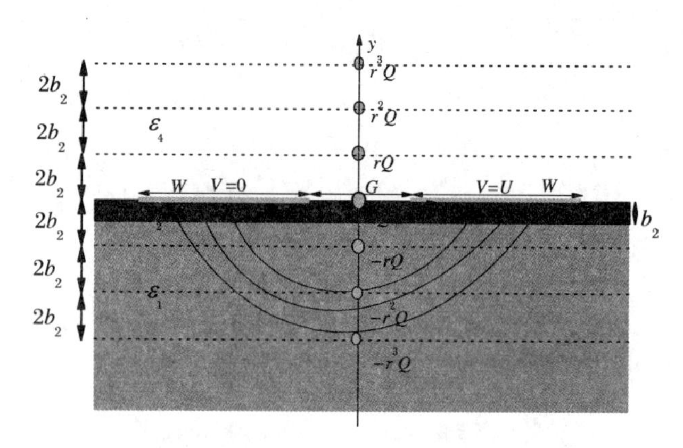

图 3.10 镜像法——电荷等效分布示意图

该方法的求解思想如下：不利用原电极的电荷分布计算电场，而将其产生的电场等效为一个有限的电荷镜像序列产生的电场，镜像的区域一方面包括波导—缓冲层本身的区域，另一方面包括其关于电极表面的镜像区域。这种分析方法和有限元法相比具有较高的精度。理论和实验证明，当电极宽度远大于电极间距时，该方法的精度会更高[137]。

依据上述假设，我们将电极产生的作用等效为一系列对称分布在坐标为$(x,y)=(0,\pm 2nb_2)(n=0,1,2,\cdots)$的电荷的作用结果，其中 b_2 为缓冲层厚度，并假设正电荷分布在 $y>0$ 区域，负电荷分布在 $y<0$ 区域，如图 3.10 所示。

缓冲层（$-b_2\leqslant y\leqslant 0$）区域的电位函数可表示为

$$\begin{aligned}\phi_1(x,y) &= \sum_{n=0}^{\infty} r^n V(x,y-2nb_2) - \sum_{n=1}^{\infty} r^n V(x,-y-2nb_2) \\ &= \sum_{n=0}^{\infty}\{r^n V(x,y-2nb_2) - r^{n+1} V[x,-y-2(n+1)b_2]\}\end{aligned} \tag{3.6.1}$$

式中，r 为反射因子，由缓冲层和波导层分界面上的边界条件确定，可表示为

$$r = \frac{\varepsilon_1 - \varepsilon_2}{\varepsilon_1 + \varepsilon_2} \tag{3.6.2}$$

ε_1、ε_2 分别为波导芯的相对介电常数以及缓冲层的相对介电常数；$V(x,y)$ 由式(3.5.13)给出。

波导区域($y<0$)的电位函数是由 $y>0$ 区域中的电荷引起的，可表示为

$$\phi_2(x,y) = (1-r)\sum_{n=0}^{\infty} r^n V(x, y-2nd) \tag{3.6.3}$$

波导中的电场分布为

$$\boldsymbol{E}_i(x,y) = -\operatorname{grad}(\phi_i(x,y)) \quad (i=1,2) \tag{3.6.4}$$

因此可得缓冲层的电场分布为

$$\begin{aligned} E_{x_1}(x,y) &= -\frac{\partial \phi_1(x,y)}{\partial x} \\ &= \sum_{n=0}^{\infty}\left\{ r^n\left(-\frac{\partial V(x,y-2nb_2)}{\partial x}\right) - r^{n+1}\left(-\frac{\partial V[x,-y-2(n+1)b_2]}{\partial x}\right)\right\} \\ &= \sum_{n=0}^{\infty}\{ r^n E_x^0(x,y-2nb_2) - r^{n+1}E_x^0(x,-y-2(n+1)b_2)\} \end{aligned} \tag{3.6.5a}$$

$$\begin{aligned} E_{y_1}(x,y) &= -\frac{\partial \phi_1(x,y)}{\partial y} \\ &= \sum_{n=0}^{\infty}\left\{ r^n\left(-\frac{\partial V(x,y-2nb_2)}{\partial y}\right) - r^{n+1}\left(-\frac{\partial V[x,-y-2(n+1)b_2]}{\partial y}\right)\right\} \\ &= \sum_{n=0}^{\infty}\{ r^n E_y^0(x,y-2nb_2) - r^{n+1}E_y^0(x,-y-2(n+1)b_2)\} \end{aligned} \tag{3.6.5b}$$

同理可得波导层的电场分布函数为

$$\begin{aligned} E_{x_2}(x,y) &= (1-r)\sum_{n=0}^{\infty} r^n \frac{\partial V}{\partial x}(x,y-2nb_2) \\ &= (1-r)\sum_{n=0}^{\infty} r^n E_x^0(x,y-2nb_2) \end{aligned} \tag{3.6.6a}$$

$$\begin{aligned} E_{y_2}(x,y) &= (1-r)\sum_{n=0}^{\infty} r^n \frac{\partial V}{\partial y}(x,y-2nb_2) \\ &= (1-r)\sum_{n=0}^{\infty} r^n E_y^0(x,y-2nb_2) \end{aligned} \tag{3.6.6b}$$

式中 $E_x^0(x,y)$和 $E_y^0(x,y)$由式(3.5.14)给出。

3.7 电极静态场的数值分析法——点匹配法

一般来说,解析方法只适用于电极形状较为规则的场合。当电极形状复杂时,即使通过保角变换,也很难得到电势、电场分布的解析表达式。因此,数值分析方法便成为求解复杂电极静态场的常用方法。当行波传输线电极置于一系列层状介质之上时,其电势和电场分布可以采用点匹配法来求解[138~140]。本节将首先给出点匹配法的一般求解模型;其次,针对设计中常用的行波电极结构,对其分区并列写各区域的电势函数和边界条件;最终,给出求解电势和电场分布的过程和方法。

3.7.1 一般求解模型

图 3.11 为待求解电极的几何模型,器件的宽度为 L,电极视为无限薄。三层介质(分为三个区)均为各向同性介质,其相对介电常数分别为 ε_1、ε_2 和 ε_3。区域Ⅲ有如下两种设计方式:一是纵向深度 D 为无限大(如图 3.11(a)所示);二是 D 为一定值且 $y = -D$ 处的电势为 0(如图 3.11(b)所示)。

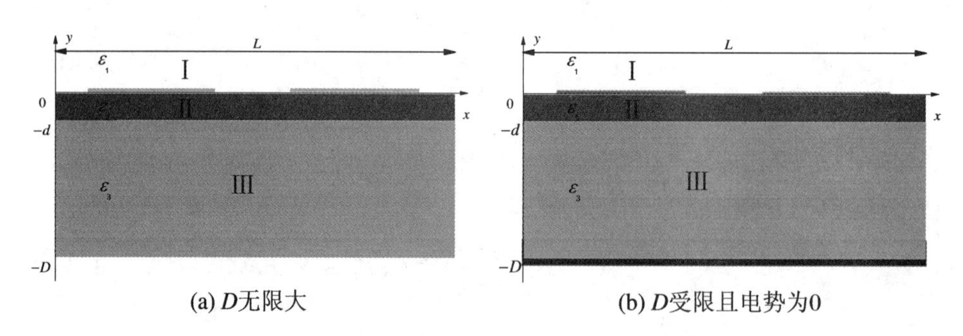

图 3.11 微带电极的点匹配法求解模型

设Ⅰ、Ⅱ、Ⅲ区域的电势函数为 $\phi_i(i = \text{Ⅰ},\text{Ⅱ},\text{Ⅲ})$,则各区域的电场可以表示为

$$\boldsymbol{E}_i = -\nabla\phi_i \tag{3.7.1}$$

且各区域的电势函数 ϕ_i 均满足拉普拉斯方程：

$$\frac{\partial^2 \phi_i}{\partial x^2} + \frac{\partial^2 \phi_i}{\partial y^2} = 0 \tag{3.7.2}$$

在 $y=0$ 边界上，外加电压与坐标 x 有关；而在其他区域内，其电势函数可由傅里叶积分或者数值求和来表示。对于积分变量 v（v 为整数）而言，在区间 $0<x<L$ 内，由于 $\cos(vx\pi/L)$ 构成一组正交基，因此式(3.7.2)的通解可表示为

$$\phi_{1v} = \exp(\pm vy\pi/L)\cos(vx\pi/L) \tag{3.7.3a}$$

$$\phi_{2v} = \cosh(vy\pi/L)\cos(vx\pi/L) \tag{3.7.3b}$$

$$\phi_{3v} = \sinh(vy\pi/L)\cos(vx\pi/L) \tag{3.7.3c}$$

$$\phi_{4v} = a + by \tag{3.7.3d}$$

于是图3.11所示各区域的电场可根据其特征展开如下：

$$\phi_1 = a_0 + \sum_{v=1}^{\infty} a_v \exp(-vy\pi/L)\cos(vx\pi/L) \quad (y \geqslant 0) \tag{3.7.4}$$

$$\begin{aligned}\phi_2 = b_0 + c_0 y + \sum_{v=1}^{\infty}[b_v \exp(-vy\pi/L) \\ + c_v \exp(vy\pi/L)]\cos(vx\pi/L) \quad (0 \geqslant y \geqslant -d)\end{aligned} \tag{3.7.5}$$

当区域Ⅲ纵向深度为无穷大时，其电势函数可以写为

$$\phi_3 = d_0 + \sum_{v=1}^{\infty} d_v \exp[v(y+d)\pi/L]\cos(vx\pi/L) \tag{3.7.6}$$

当区域Ⅲ纵向深度有限且 $y=-D$ 处的电势为0时，其电势函数可以展开为

$$\begin{aligned}\phi_3 = d_0(y+D) + \sum_{v=1}^{\infty} d_v \sinh[v(y+D)\pi/L]\cos(vx\pi/L) \\ (-d \geqslant y \geqslant -D)\end{aligned} \tag{3.7.7}$$

式中 a_v、b_v、c_v 和 d_v 为待定系数。

列写各区域的电势函数时，有几点需要注意：

① 电势函数随着各区域特征的不同而选择的通解形式不同，比如区域Ⅰ，由于 $y \to \infty$ 时，其电势必然趋于0，因此所选择的通解形式为指数衰减形式。

② 当某区域有零电势作为边界时，比如图3.11(b)，所选择的通解形式必须能够反映该边界条件。

③ 由于 $\cos(\nu x\pi/L)$为偶连续函数，因此上述展开的函数在 $-L\leqslant x\leqslant 0$ 区间也连续。

④ 考虑到 $\cos(\nu x\pi/L)$的周期为 $2L$，因此上述展开形式的重复周期为 $2L$，这种特性使得我们不能孤立地研究该电极结构的某一部分。如果确实需要研究某一部分，应该在该部分的两端留出尽可能大的空间，以忽略其他部分对所研究目标区域的影响。

3.7.2 边界条件

各待定系数 a_ν、b_ν、c_ν 和 d_ν 的值可以通过求解由各边界上的边界条件构成的方程组得到。在 $y=\text{const}$ 边界上，有 ϕ 和 $\varepsilon_y\partial\phi/\partial y$ 连续，如在边界 $y=-d$ 处，我们得到

$$\begin{cases}\varepsilon_2\dfrac{\partial\phi_2}{\partial y}=\varepsilon_3\dfrac{\partial\phi_3}{\partial y}\\ \phi_2=\phi_3\end{cases}\tag{3.7.8}$$

在 $y=0$ 处得到

$$\begin{cases}\varepsilon_1\dfrac{\partial\phi_1}{\partial y}=\varepsilon_2\dfrac{\partial\phi_2}{\partial y}\\ \phi_1=\phi_2\end{cases}\quad\text{无电极区域}\tag{3.7.9}$$

$$\begin{cases}\phi_1=V(x,0)\\ \phi_2=V(x,0)\end{cases}\quad\text{有电极区域}\tag{3.7.10}$$

令各边界上匹配点的总个数为 $N=L/\Delta x$，Δx 为相邻匹配点的间隔，即各匹配点的 x 坐标为 $x_j=j\Delta x$。令各待定系数的个数为 N 个，则所需要求解的待定系数的个数共有 $4N$ 个。由于方程式(3.7.8)在边界 $y=-d$ 上的各匹配点均成立，可以获得方程的个数为 $2N$ 个。同时，方程式(3.7.9)和式(3.7.10)同在边界 $y=0$ 上的不同区域，二者涵盖了该区域上所有的匹配点，因此得到方程的个数也为 $2N$ 个。因此，由边界条件共可以得到 $4N$ 个方程，与待定系数的个数一致。

令所有待定系数构成的列向量为 $\boldsymbol{X}=[\boldsymbol{a},\boldsymbol{b},\boldsymbol{c},\boldsymbol{d}]$，则上述边界条件构成的方程可写为如下矩阵形式：

$$\boldsymbol{AX}=\boldsymbol{B}\tag{3.7.11a}$$

式中，系数矩阵 $\boldsymbol{A}$ 和 $\boldsymbol{B}$ 由边界条件确定。最终各待定系数的解为

$$\boldsymbol{X} = \boldsymbol{A}^{-1}\boldsymbol{B} \tag{3.7.11b}$$

3.7.3 电场分布

各区域的电场分布为

$$E_{xv} = -\partial\phi_v/\partial x, \quad E_{yv} = -\partial\phi_v/\partial y \tag{3.7.12}$$

具体展开如下：

区域Ⅰ

$$E_{x1} = -\partial\phi_1/\partial x$$

$$= (\pi/L)\sum_{v=1}^{\infty} v a_v \exp(-vy\pi/L)\sin(vx\pi/L) \tag{3.7.13a}$$

$$E_{y1} = -\partial\phi_1/\partial y$$

$$= (\pi/L)\sum_{v=1}^{\infty} v a_v \exp(-vy\pi/L)\cos(vx\pi/L) \tag{3.7.13b}$$

区域Ⅱ

$$E_{x2} = -\partial\phi_2/\partial x$$

$$= (\pi/L)\sum_{v=1}^{\infty} v[b_v\exp(-vy\pi/L) + c_v\exp(vy\pi/L)]\sin(vx\pi/L) \tag{3.7.14a}$$

$$E_{y2} = -\partial\phi_2/\partial y$$

$$= -\{c_0 + (\pi/L)\sum_{v=1}^{\infty} v[-b_v\exp(-vy\pi/L) + c_v\exp(vy\pi/L)]\cos(vx\pi/L)\} \tag{3.7.14b}$$

区域Ⅲ

$$E_{x3} = -\partial\phi_3/\partial x$$

$$= (\pi/L)\sum_{v=1}^{\infty} v d_v \exp[v(y+d)\pi/L]\sin(vx\pi/L) \tag{3.7.15a}$$

$$E_{y3} = -\partial\phi_3/\partial y$$

$$= -(\pi/L)\sum_{v=1}^{\infty} v d_v \exp[v(y+d)\pi/L]\cos(vx\pi/L) \tag{3.7.15b}$$

或者

$$E_{x3} = -\partial\phi_3/\partial x$$
$$= (\pi/L)\sum_{v=1}^{\infty} vd_v \sinh[v(y+D)\pi/L]\sin(vx\pi/L) \quad (3.7.16a)$$
$$E_{y3} = -\partial\phi_3/\partial y$$
$$= -(\pi/L)\sum_{v=1}^{\infty} vd_v \cosh[v(y+D)\pi/L]\cos(vx\pi/L) \quad (3.7.16b)$$

设计中,可依据点匹配法的求解原理和实际电极结构及材料参数,灵活划分区域和选择各区域电势函数的展开式,并根据边界条件列写待定系数方程组,从而将其转化为如式(3.7.11)所示的矩阵方程形式,求解出待定系数后即可得到各区域的电势分布和 x 及 y 方向的电场分布。

3.8 电极静态场的数值分析法——扩展点匹配法

3.7 节给出的点匹配法可用来求解覆盖于多层介质之上的无限薄电极的情形(一般假设电极的宽度与厚度的比值大于 100,即 $W/b_3>100$),然而当电极足够厚时,这个假设便不能成立,此时可采用扩展点匹配法[141]进行求解。本节将以三种电极结构为例,说明该方法的求解思路,以使其用于后续器件的设计中。

3.8.1 单电极

图 3.12 所示为单电极结构。由于电极具有一定的厚度,因此截面内的分区情况和图 3.11 不同。这里将横截面分为 5 个区。令各区域边界上匹配点的数量为 $N_v = L_v/\Delta x$,L_v 为各区域的宽度,Δx 为相邻匹配点的间隔,ϕ_0 为电极上的外加电压。

区域Ⅰ的电势函数的展开形式与式(3.6.4)相同,写为

$$\phi_1 = a_0 + \sum_{v=1}^{N_1-1} a_v \exp(-vy\pi/L)\cos(vx\pi/L) \quad (y \geqslant 0) \quad (3.8.1)$$

区域Ⅱ的电势函数可展开为

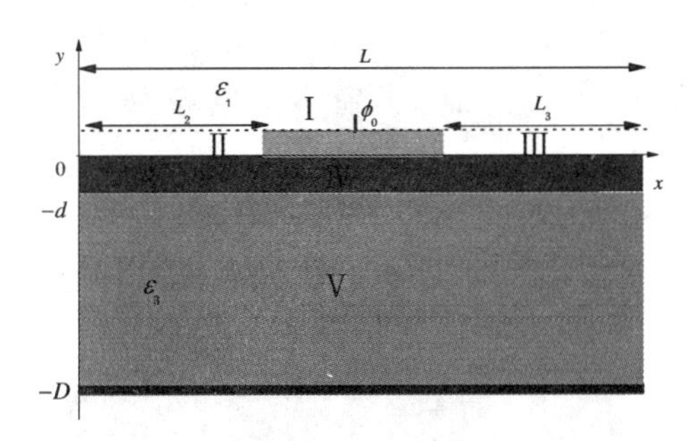

图 3.12　单电极的扩展点匹配法求解模型

$$\phi_2 = \sum_{v=0}^{N_2-1}\left[b_v\exp\left(-vy\frac{\pi}{L_2}\right)+c_v\exp\left(vy\frac{\pi}{L_2}\right)\right]\cos\left(vx\frac{\pi}{L_2}\right) \tag{3.8.2}$$

区域Ⅲ的电势函数可展开为

$$\phi_3 = \sum_{v=0}^{N_3-1}\left[d_v\exp\left(-vy\frac{\pi}{L_3}\right)+e_v\exp\left(vy\frac{\pi}{L_3}\right)\right]\cos\left\{v[x-(L-L_3)]\frac{\pi}{L_3}\right\} \tag{3.8.3}$$

区域Ⅳ的电势函数可展开为

$$\phi_4 = f_0 + g_0 y + \sum_{v=1}^{N_4-1}[f_v\exp(-vy\pi/L)+g_v\exp(vy\pi/L)]\cos(vx\pi/L) \tag{3.8.4}$$

区域Ⅴ的电势函数要视有无地电极限制而展开形式不同,当纵向深度无穷大时

$$\phi_5 = p_0 + \sum_{v=1}^{N_5-1}p_v\exp[v(y+d)\pi/L]\cos(vx\pi/L) \tag{3.8.5}$$

当该区域的纵向深度一定且有地电极限制时

$$\phi_5 = p_0(y+D) + \sum_{v=1}^{N_5-1}p_v\sinh[v(y+D)\pi/L]\cos(vx\pi/L) \tag{3.8.6}$$

上述各待定系数可通过求解由边界条件构成的方程组得到。边界条件的列写和参数的求解过程与 3.7 节类似,这里不再赘述。

3.8.2　推挽异性对称双电极

设计中通常使用的是推挽微带电极结构,如图 3.13 所示,两工作电极上的外加电压分别为 $+\phi_0$ 和 $-\phi_0$，在 $y=-D$ 处电势为 0。由于截面结构关于 $x=0$ 对称，因此 $x=0$ 截面上所有点的电势为 0，即 $x=0$ 为电壁。

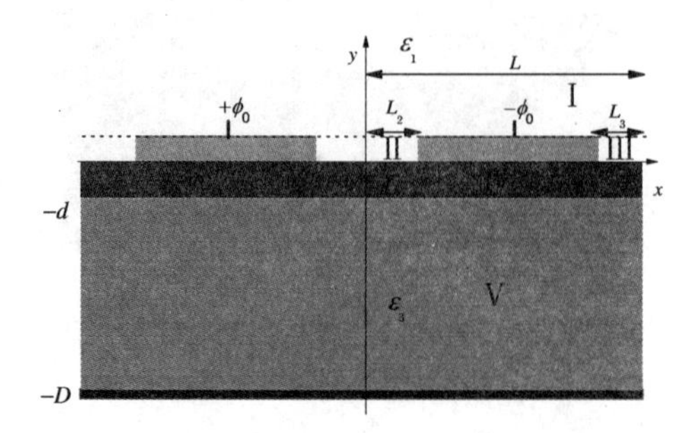

图 3.13 推挽微带电极结构的扩展点匹配法求解模型

各区域的电势函数可以展开为

$$\phi_1=a_0+\sum_{v=1}^{N_1-1}a_v\exp(-vy\pi/L)\sin(vx\pi/L)\quad(y\geqslant 0)\tag{3.8.7}$$

$$\phi_2=-\frac{\phi_0 x}{L_2}+\sum_{v=0}^{N_2-1}\left[b_v\exp\left(-vy\frac{\pi}{L_2}\right)+c_v\exp\left(vy\frac{\pi}{L_2}\right)\right]\sin\left(vx\frac{\pi}{L_2}\right)\tag{3.8.8}$$

$$\phi_3=\sum_{v=0}^{N_3-1}\left[d_v\exp\left(-vy\frac{\pi}{L_3}\right)+e_v\exp\left(vy\frac{\pi}{L_3}\right)\right]\cos\left\{v[x-(L-L_3)]\frac{\pi}{L_3}\right\}\tag{3.8.9}$$

$$\phi_4=f_0+g_0 y+\sum_{v=1}^{N_4-1}[f_v\exp(-vy\pi/L)+g_v\exp(vy\pi/L)]\sin(vx\pi/L)\tag{3.8.10}$$

$$\phi_5=p_0(y+D)+\sum_{v=1}^{N_5-1}p_v\sinh[v(y+D)\pi/L]\sin(vx\pi/L)\tag{3.8.11}$$

上述各待定系数可同样由边界条件来求解，且边界条件的列写和参数的求解过程与 3.7 节类似，这里也不再赘述。

3.8.3 推挽同性对称双电极

在图3.13中，若两工作电极上施加相同的电压，则 $x=0$ 处为磁壁。此时电势函数可展开为

$$\phi_1 = a_0 + \sum_{v=1}^{N_1-1} a_v \exp\left(-(2v-1)y\frac{\pi}{2L}\right)\cos\left((2v-1)x\frac{\pi}{2L}\right) \tag{3.8.12}$$

$$\phi_2 = \phi_0 + \sum_{v=0}^{N_2-1}\left[b_v \exp\left(-(2v+1)y\frac{\pi}{2L_2}\right) + c_v \exp\left((2v+1)y\frac{\pi}{2L_2}\right)\right] \times \cos\left((2v+1)x\frac{\pi}{2L_2}\right) \tag{3.8.13}$$

$$\phi_3 = \sum_{v=0}^{N_3-1}\left[d_v \exp\left(-(2v+1)y\frac{\pi}{2L_3}\right) + e_v \exp\left((2v+1)y\frac{\pi}{2L_3}\right)\right] \times \cos\left\{v[x-(L-L_3)]\frac{\pi}{2L_3}\right\} \tag{3.8.14}$$

$$\phi_4 = f_0 + g_0 y + \sum_{v=1}^{N_4-1}\left[f_v \exp\left(-(2v-1)y\frac{\pi}{2L}\right) + g_v \exp\left((2v-1)y\frac{\pi}{2L}\right)\right] \times \cos\left((2v-1)x\frac{\pi}{2L}\right) \tag{3.8.15}$$

$$\phi_5 = p_0(y+D) + \sum_{v=1}^{N_5-1} p_v \sinh\left[(2v-1)(y+D)\frac{\pi}{2L}\right]\cos\left((2v-1)x\frac{\pi}{2L}\right) \tag{3.8.16}$$

上述各待定系数可采用与3.7节类似的方法得到。

3.9 屏蔽电极静态场的数值分析

在3.7节和3.8节给出的电极模型中，均没有使用屏蔽层。但是，在必要的情况下，需要引入屏蔽电极以优化和改善器件的高频响应性能。本节我们仅讨论具有确定厚度的推挽异性对称双电极的情形。电极结构如图

3.14 所示。设电极厚度为 b_3，屏蔽层高度为 b_4。由于电极结构对称且 $x=0$ 处为电壁，因此仅分析截面结构的右半部分。分析过程与 3.8.2 节大致相同，只是Ⅰ区和Ⅲ区中电势函数的展开形式存在差别。

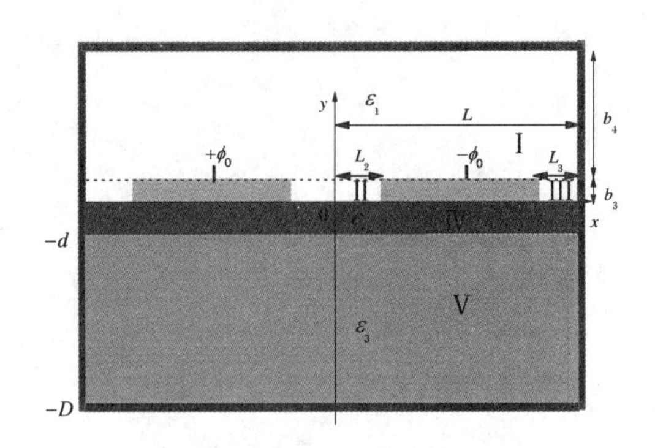

图 3.14 推挽屏蔽电极的扩展点匹配法求解模型

利用与 3.7 节、3.8 节类似的原理，直接写出各区域的电势展开式如下：

$$\phi_1 = a_0(y + b_3 + b_4) + \sum_{v=1}^{N_1-1} a_v \sinh[-v(y + b_3 + b_4)\pi/L]\sin(vx\pi/L) \tag{3.9.1}$$

$$\phi_2 = -\frac{\phi_0 x}{L_2} + \sum_{v=0}^{N_2-1}\left[b_v \exp\left(-vy\frac{\pi}{L_2}\right) + c_v \exp\left(vy\frac{\pi}{L_2}\right)\right]\sin\left(vx\frac{\pi}{L_2}\right) \tag{3.9.2}$$

$$\phi_3 = -\frac{\phi_0(L - x)}{L_3} + \sum_{v=0}^{N_3-1}\left[d_v \exp\left(-vy\frac{\pi}{L_3}\right) + e_v \exp\left(vy\frac{\pi}{L_3}\right)\right] \times \sin\left\{v[x - (L - L_3)]\frac{\pi}{L_3}\right\} \tag{3.9.3}$$

$$\phi_4 = f_0 + g_0 y + \sum_{v=1}^{N_4-1}[f_v \exp(-vy\pi/L) + g_v \exp(vy\pi/L)]\sin(vx\pi/L) \tag{3.9.4}$$

$$\phi_5 = p_0(y + D)$$

$$+\sum_{v=1}^{N_s-1} p_v \sinh[v(y+D)\pi/L]\sin(vx\pi/L) \tag{3.9.5}$$

式中，各待定系数可通过求解由各边界条件构成的方程组得到。

对于其他含屏蔽层的电极，亦可通过改变所分析区域的拉普拉斯方程的通解形式和正交基形式来列写其电势函数展开式，再进一步求解由边界条件构成的方程组得到各待定系数，最终求得电场和电势分布。

3.10 行波电极的等效模型与阻抗匹配

3.10.1 低开关频率的阻抗匹配

当开关频率较低时，微波波长远大于电极长度，此时微波电极等效于集总参数电路。相对于微波波长而言，电极相当于一个质点，其上所有点的电压呈同时、同趋势变化。若电极为非损耗型电极(由于微波电极一般为金电极)，可近似认为其电阻为0。因此可将微波电极、终端负载及微波信号电缆等效为如图3.15所示电路。

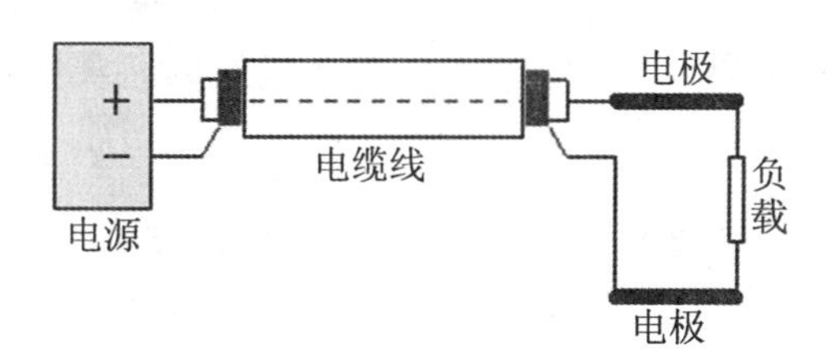

图3.15 低微波频率下的电极等效与阻抗匹配

由于电极阻抗为0即可认为电极为良导体，从而微波电缆直接与负载电阻相连。为了从信号源获取最大功率并避免微波信号的反射，要求负载电阻的阻抗等于电缆的阻抗，一般为50 Ω。需要注意的是，信号源的输出阻抗一般也为50 Ω。

3.10.2 高开关频率的阻抗匹配

当开关频率增大时，微波波长减小，当微波波长与电极尺寸可以相比时，电极不能等效为集总参数电路，而只能被视为分布参数电路。但是当截取一段电极微元 Δz 进行分析时，由于微元长度足够小，因此该小段微元可作为集总参数电极进行处理，如图 3.16 所示。

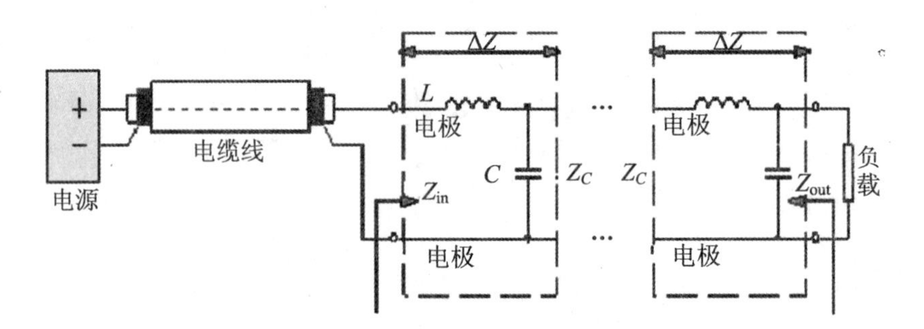

图 3.16 高微波频率下的电极等效与阻抗匹配

阻抗的匹配需要在两个节点实现：其一是电缆线与电极的接触点，为了最大化地从电缆线获取信号功率并避免向电缆线产生微波信号反射，要求电缆的特征阻抗和电极的特征阻抗相匹配，二者都应等于 50 Ω；其二是电极与终端负载的接触点，为了避免终端负载产生的微波信号反射，终端负载的电阻值和电极的特征阻抗也应该匹配，二者也应等于 50 Ω。因此阻抗匹配要求电极的特征阻抗、终端负载均应等于电缆的特征阻抗，为 50 Ω。

3.10.3 不同电极结构下的特征阻抗要求

对于图 3.15 和图 3.16 而言，电极的特征阻抗是指信号电极（可以为正或者负信号电极）与地电极之间的波阻抗，它将随着电极引线的不同而发生变化。这里我们给出几种不同电极引线情况下的阻抗匹配要求。

① 共面波导电极（图 3.17(a)）。要求工作电极和地之间的特征阻抗为 50 Ω。

② 同性推挽微带电极 1（图 3.17(b)）。由于两表面电极相当于并联，且和同一个微波电源相连，因此要求每个电极的对地特征阻抗为 100 Ω。

③ 异性推挽微带电极 1(图 3.17(c))。由于两表面电极电性相反,二者相当于串联,因此要求每个电极对地的特征阻抗为 25 Ω。

④ 交叉微带四电极(图 3.17(d))。由于两微带电极相当于并联,且和同一个微波电源相连,因此要求每个电极对地的特征阻抗为 100 Ω。

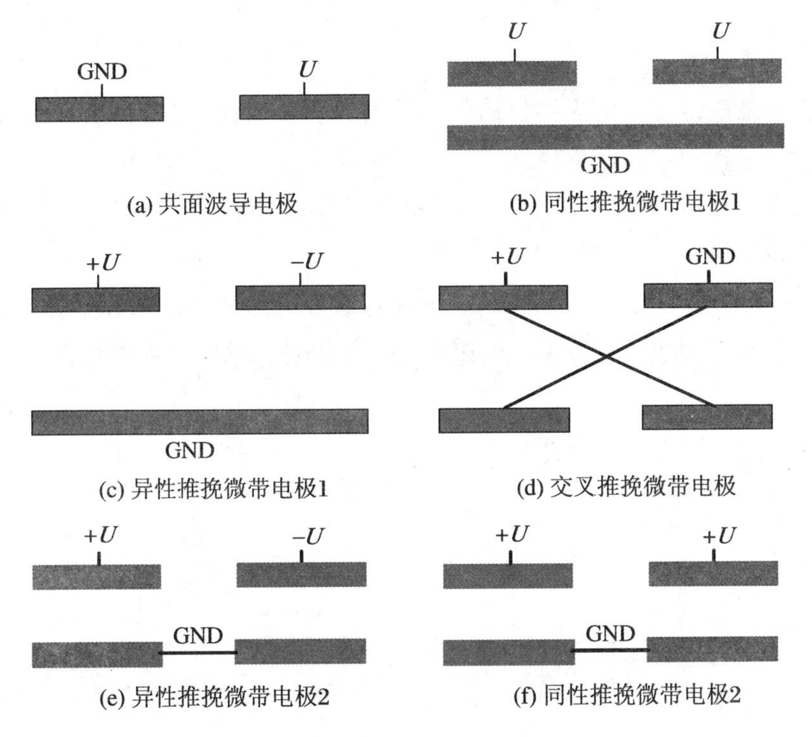

图 3.17　常见的行波电极结构及其电源引线

⑤ 异性推挽微带电极 2(图 3.17(e))。该情形与图 3.17(c)所示情况相同,要求各信号电极的阻抗均为 25 Ω。

⑥ 同性推挽微带电极 2(图 3.17(f))。该情形与图 3.17(b)所示情况相同,要求各信号电极的阻抗均为 100 Ω。

当电极系统含有屏蔽层时,由于屏蔽层一般为地电极,因此对电极特征阻抗的要求没有变化。其他电极配置情况也可做类似分析。

3.11 行波电极的动态分析

为了精确地得到电光器件的响应特性和调制带宽，需要分析在超高微波频率信号作用下行波电极各点电势的动态分布特性。当外加电压 U 以超高频率切换时，微波波长将远小于电极尺寸。当 U 变化时，电极上不同点的电压不同，电极将存在分布参数效应。如图 3.18 所示，采用微元分析法，取微元长度为 $\mathrm{d}z$，则 $\mathrm{d}z$ 可等效为集总参数电路。令 R_0、L_0、G_0 和 C_0 分别为电极传输线的单位长度电阻、单位长度电感、单位长度电导及单位长度电容。

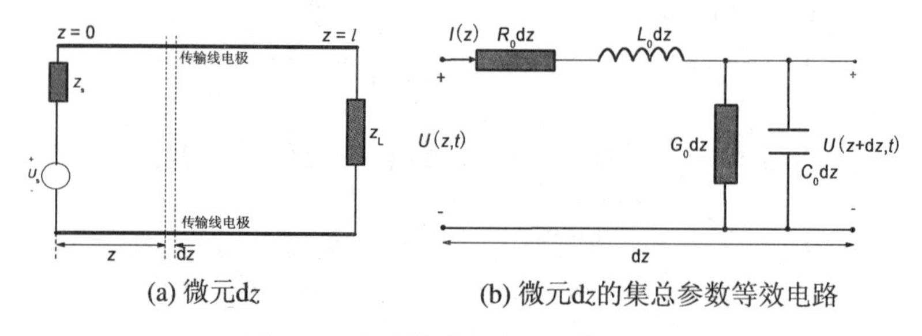

(a) 微元dz (b) 微元dz的集总参数等效电路

图 3.18 行波传输线电极的等效模型

假设电极为均匀传输线，且在微波频段，电极可认为是无损耗的，即 $R_0=0$，$G_0=0$。令行波电极上点 z 处的电压和电流分别为 $U(z)$ 和 $I(z)$，则由基尔霍夫电压定律(KVL)[147]，可得电极的传输线方程为

$$\frac{\mathrm{d}^2 U(z)}{\mathrm{d}z^2}+\beta_{\mathrm{m}}^2 U(z)=0 \tag{3.11.1a}$$

$$\frac{\mathrm{d}^2 I(z)}{\mathrm{d}z^2}+\beta_{\mathrm{m}}^2 I(z)=0 \tag{3.11.1b}$$

式中 $\beta_{\mathrm{m}}=(2\pi f_{\mathrm{m}} n_{\mathrm{m}})/c$ 为微波传播常数，c 为自由空间光速，f_{m} 为微波频率，$n_{\mathrm{m}}=\sqrt{C_0/C_0'}$ 为微波有效折射率，C_0' 为将所分析电极嵌入真空时其单位长度的电容，$Z_0=1/(c\sqrt{C_0 C_0'})$ 为均匀传输线电极的特征阻抗。上述参数的详细定义见 3.3.2 节。

根据式(3.11.1),均匀行波电极上电压和电流的分布满足一维波动方程,因此可直接写出该式的通解为

$$U(z) = A_1\exp(-j\beta_m z) + A_2\exp(j\beta_m z) \tag{3.11.2a}$$

$$I(z) = \frac{1}{Z_0}[A_1\exp(-j\beta_m z) - A_2\exp(j\beta_m z)] \tag{3.11.2b}$$

如图 3.18(a)所示,设信号源电动势为 U_s,内阻为 Z_s。在始端 $z=0$ 处,$U(0)=U_s-I_1Z_s$,$I(0)=I_1$;在终端 $z=l$ 处,$U(l)=U_2=I_2Z_2$,$I(l)=I_2$。利用式(3.11.2),可以得到

$$\begin{cases} U_s - I_1 Z_s = A_1 + A_2 \\ I_1 = \dfrac{1}{Z_0}(A_1 - A_2) \end{cases} \tag{3.11.3}$$

以及

$$\begin{cases} I_2 Z_L = A_1\exp(-j\beta_m l) + A_2\exp(j\beta_m l) \\ I_1 = \dfrac{1}{Z_0}[A_1\exp(-j\beta_m l) + A_2\exp(j\beta_m l)] \end{cases} \tag{3.11.4}$$

求解式(3.11.3)、式(3.11.4),可得

$$\begin{cases} A_1 = U_s\dfrac{Z_0}{Z_s+Z_0}\dfrac{1}{1-\Gamma_1\Gamma_2\exp(-2j\beta_m l)} \\ A_2 = U_s\dfrac{Z_0}{Z_s+Z_0}\dfrac{\Gamma_2\exp(-2j\beta_m l)}{1-\Gamma_1\Gamma_2\exp(-2j\beta_m l)} \end{cases} \tag{3.11.5}$$

式中 $\Gamma_1=\dfrac{Z_s-Z_0}{Z_s+Z_0}$为传输线始端的反射系数,$\Gamma_2=\dfrac{Z_L-Z_0}{Z_L+Z_0}$为传输线终端的反射系数。最终可得

$$U(z) = U_s\frac{Z_0}{Z_s+Z_0}\frac{1}{1-\Gamma_1\Gamma_2\exp(-2j\beta_m l)} \times[\exp(-j\beta_m z) + \Gamma_2\exp(-2j\beta_m l)\exp(j\beta_m z)] \tag{3.11.6}$$

令$\dfrac{1}{1-\Gamma_1\Gamma_2\exp(-2j\beta_m l)}=|\sigma|\exp(j\phi_0)$,则

$$U(z) = U_s\frac{Z_0}{Z_s+Z_0}|\sigma| \cdot[\exp(-j\beta_m z)|\sigma|\exp(j\phi_0) + \Gamma_2\exp[j(\beta_m z - 2\beta_m l + \phi_0)]] \tag{3.11.7}$$

因此,行波电极上任意时刻任意点处的电压分布可写为

$$u(z,t) = U_s \frac{Z_0}{Z_s + Z_0}|\sigma| \cdot [\cos(\omega_m t - \beta_m z + \phi_0) + \Gamma_2 \cos(\omega_m t + \beta_m z - 2\beta_m l + \phi_0)] \tag{3.11.8}$$

为了使电光开关在较高的开关频率下具备良好的开关性能,应该使 $Z_s = Z_0 = Z_L$,从而 $\Gamma_1 = \Gamma_2 = 0$,$|\sigma| = 0$,$\phi_0 = 0$,此时微波信号的反射部分为0,进而行波电极上任意时刻任意点处的电压分布可写为

$$U(z) = U_s \exp(-j\beta_m z) \tag{3.11.9}$$

对应的时空域解为

$$u(z,t) = U_s \cos(\omega_m t - \beta_m z) \tag{3.11.10}$$

当微波波长很长时,一般认为 $\lambda_m > 100l$,微波频率 $f_m < c/(100l)$,此时 $\beta_m z < \beta_m l = (2\pi f_m n_m)/c < (2\pi c n_m/(100l))/c = 2\pi n_m/(100l) \approx 0$。电极上任意点处任意时刻的电势分布可表示为

$$u(z,t) = u(t) = U_s \cos(\omega_m t) \tag{3.11.11}$$

即电势分布与位置无关,这与集总参数配置下电极上电压的分布是一致的。

3.12 本章小结

同波导设计和波导中传输模式的特性分析一样,电极设计和微波传输特性的分析也是电光开关设计中的关键环节,因此本章也是优化设计和模拟分析电光开关器件的重要基础。

本章首先分析了掺杂生色团聚合物薄膜及其极化方法,讨论了极化聚合物薄膜的电光特性,得到了可对极化聚合物薄膜进行有效调制的外加电场方向,推导出了外加电压下极化聚合物薄膜各方向折射率变化的表达式。

针对常用的电极结构,本章给出了用于分析电极静态场分布的保角变换法、镜像法、点匹配法和扩展点匹配法,推导并得到了电场分布的具体表达式,这些都将用于后续电光开关的设计中。除电极的静态特性外,动态场

分布、极高频率下电极表现出的分布参数效应以及微波特征参数也是影响电光开关特性的关键因素。据此，本章给出了行波电极各微波特性参数的计算公式以及行波电极常见引线连接下应满足的特征阻抗要求。最后，本章还分析了在高频微波信号作用下电极各点电势的动态分布特性。

第4章　传统结构极化聚合物电光开关

在电光开关的一般设计中，当开关速度较低时，仅需将器件配置为集总参数驱动方式。此时器件设计的主要任务是获得较低的开关电压以及较小的插入损耗和串扰，此外，良好的尺寸容差以及波长容差特性也是器件的重要指标。而这些指标的获得都与波导结构和电极结构密切相关。根据第3章可知，保角变换法[136]和镜像法[137]均为解析分析方法，较其他数值方法，如模式匹配法[148]、时域有限差分法[149]、有限元法[150]、点匹配法[151]等，它们在求解电场分布时具有模型简单、求解速度快等优势，因此，本章将主要采用这两种方法求解电场的静态分布，完成对电极结构的优化。

依据第2章和第3章给出的波导和电极的分析理论以及设计方法，本章主要针对传统定向耦合结构、MZI结构、Y型耦合器结构、多节反相电极结构的电光开关，给出各器件详细的结构模型、分析理论、相关公式和性能模拟结果。另外，通过在波导或电极方面提出一些改进或优化的结构，来增大电光调制效率、降低开关电压、增大工艺容差、减小器件尺寸、降低插入损耗和串扰。本章给出的一些分析理论、设计方法和优化过程，在实验室制作和加工该类以及同类器件方面可提供一定的理论依据和数值参考。

4.1　共面波导电极定向耦合电光开关

共面电极是最为常用的一类行波电极结构，它具有制备工艺简单、电极阻抗易于匹配、驱动信号易于馈送等优点。本节将利用所选择的聚合物材料，设计一种共面波导电极电光开关，对其做详细的理论分析、参数优化和性能模拟。

4.1.1　器件结构

图 4.1 为所设计的共面双电极聚合物定向耦合电光开关的结构图和电光区横截面图。该器件由结构相同的两条平行脊形波导构成，其上加上一对金属表面电极形成耦合区，d 为耦合间距，L 为耦合区长度。脊形波导的结构依次为：表面电极/上缓冲层/波导芯/下缓冲层/衬底，其中仅波导芯为聚合物电光材料。令芯宽度为 a，芯厚度为 b_1，脊高度为 h，折射率为 n_1，体损耗系数为 α_1；缓冲层厚度为 b_2，缓冲层以及脊两边的包层为同一种聚合物材料，折射率为 n_2，体损耗系数为 α_2；两个对称共面电极的厚度均为 b_3，折射率为 n_3，体消光系数为 κ_3；电极上面介质的折射率为 n_4，体损耗系数为 α_4；电极宽度为 W，极间距为 G，所加电压分别为 U 和 0。

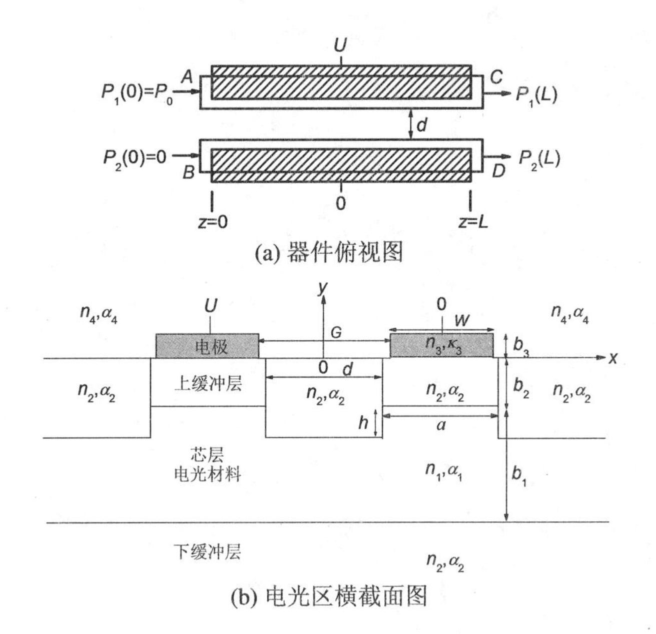

图 4.1　共面波导电极聚合物定向耦合电光开关的结构图

4.1.2 理论分析

1. 电场分布

根据第3章给出的保角变换法，利用变换式：

$$W(z)=\int_0^{z/g}\frac{\mathrm{d}t}{\sqrt{(1-t^2)(1-k^2t^2)}} \tag{4.1.1}$$

可将共面电极结构变换为 W 平面上的长方形空间。未考虑缓冲层时，电场分布可以表示为

$$E_{0y}(x,y)=\frac{U}{2K'}\mathrm{Im}\left(\frac{\mathrm{d}W}{\mathrm{d}z}\right) \tag{4.1.2}$$

式中 $\frac{\mathrm{d}W}{\mathrm{d}z}=\frac{g}{\sqrt{(g^2-k^2z^2)(g^2-z^2)}}$，$g=G/2$，$k=G/(G+2W)$，$z=x+\mathrm{j}y$，$w=u(x,y)+\mathrm{j}v(x,y)$。当考虑缓冲层的影响时，利用镜像法，可得到芯区竖直方向上电场的分布函数为

$$E_y(x,y)=(1-r)\sum_{v=0}^{\infty}r^vE_{0y}(x,y-2vb_2) \tag{4.1.3}$$

式中 $r=\frac{n_1^2-n_2^2}{n_1^2+n_2^2}$ 为反射因子。为了反映波导层中电光相互作用的强度，定义 y 方向上的电光重叠积分因子为

$$\Gamma_y=G\frac{\iint\frac{1}{U}E_y(x,y)\,|E'(x,y)|^2\mathrm{d}x\mathrm{d}y}{\iint|E'(x,y)|^2\mathrm{d}x\mathrm{d}y} \tag{4.1.4}$$

式中积分区域为电光作用区域，$E'(x,y)$ 为基模横向光波电场分布。结合式(4.1.2)和式(4.1.3)，可得 $\frac{E_y(x,y)}{U}$ 的数值表达式，将其代入式(4.1.4)中，即可求得 Γ_y。

2. 输出光功率

因为波导芯为电光材料，根据电光调制理论，在外加电压 U 的作用下，在 y 方向上，两条波导中将分别产生大小相等、方向相反的电场，使其中一条波导的模式有效折射率由 n_{eff} 减小到 $n_{\mathrm{eff}}-\Delta n_{\mathrm{eff}}$，而另一条波导的模式有

效折射率由 n_{eff} 增大到 $n_{eff}+\Delta n_{eff}$。只考虑线性电光效应，有

$$\Delta n_{eff} = \frac{n_1^3}{2}\gamma_{33}\frac{U}{G}\Gamma_y \tag{4.1.5}$$

式中 γ_{33} 为芯层材料的电光系数。施加工作电压时，令两波导的模式传播常数分别为 β_1、β_2，并令 $2\delta=\beta_2-\beta_1$，此时 $U\neq0,\delta\neq0$。由耦合模理论[128]可得，波导1和波导2中各点的传输光功率分别为

$$P_{10}(z) = \frac{P_0}{\delta^2+K^2}\{(\delta^2+K^2)\cos^2[(\delta^2+K^2)^{1/2}z]+\delta^2\sin^2[(\delta^2+K^2)^{1/2}z]\} \tag{4.1.6a}$$

$$P_{20}(z) = \frac{P_0}{\delta^2+K^2}K^2\sin^2[(\delta^2+K^2)^{1/2}z] \tag{4.1.6b}$$

式中 K 为耦合系数。

当不加工作电压时，两波导的模传播常数相等，$\beta_1=\beta_2\equiv\beta$，此时 $U=0,\delta=0$，由式(4.1.6a)、式(4.1.6b)可以得到波导1和波导2中各点的传输光功率分别为

$$P_{10}(z) = P_0\cos^2(Kz), \quad P_{20}(z) = P_0\sin^2(Kz) \tag{4.1.7}$$

欲使从波导1输入的光功率完全从波导2输出，即 $P_{10}(L)=0$，$P_{20}(L)=P_0$，由式(4.1.7)可以得到波导耦合区的长度 L 为

$$L = (2m+1)L_0 \quad (m=0,1,2,\cdots) \tag{4.1.8}$$

式中 $L_0=\pi/(2K)$ 为耦合长度。式(4.1.7)说明，如果耦合区长度取为耦合长度的奇数倍时，可在波导2中获得最大的输出功率，等于波导1的输入功率，此时波导1的输出功率为0，即在 $z=0$ 处从波导1输入的光功率全部在 $z=L$ 处从波导2输出。

在耦合长度 L_0 下，施加工作电压使 $\delta\neq0$，则从波导1输入的光功率仍然可以从波导1输出，即 $P_{10}(L_0)=P_0$，$P_{20}(L_0)=0$。由式(4.1.5)可以确定出开关电压应满足的条件：

$$\delta(U_s) = \sqrt{3}K = \sqrt{3}\pi/(2L_0) \tag{4.1.9}$$

由此可确定出开关电压 U_s。

当考虑波导的模式损耗时，模传播常数 β 变为复数 $\beta-j\alpha$，其中 α 为模振幅衰减系数，可根据第2章给出的介质吸收型脊形波导的模式分析方法

进行求解。此时，两波导的输出功率应修正为

$$P_1(z) = P_{10}(z)\exp(-2\alpha z), \quad P_2(z) = P_{20}(z)\exp(-2\alpha z) \tag{4.1.10}$$

式中 $P_{10}(z)$、$P_{20}(z)$ 由式(4.1.7)给出。

4.1.3 参数优化

1. 基本参数选取

计算中相关参数为：工作波长 $\lambda_0 = 1550$ nm，芯层聚合物电光材料的折射率 $n_1 = 1.643$，体振幅损耗系数 $\alpha_1 = 2.0$ dB/cm，电光系数 $\gamma_{33} = 138$ pm/V[92,152]；上、下缓冲层及脊两侧包层材料的折射率 $n_2 = 1.461$，体损耗系数 $\alpha_2 = 0.25$ dB/cm[153]；用金作为金属电极，折射率 $n_3 = 0.19$，体消光系数 $\kappa_3 = 6.1$[154]；电极上面的介质为空气，折射率 $n_4 = 1.0$，体损耗系数 $\alpha_4 = 0$。模拟中选取 E_{00}^y 主模。

2. 缓冲层厚度和电极厚度优化

根据第2章的分析，缓冲层厚度和电极厚度都将影响主模有效折射率 n_{eff} 和振幅衰减系数 α，进而影响开关工作的稳定性。假设电极厚度为足够厚，模拟中取 $b_3 = 100$ μm，图4.2示出了缓冲层厚度 b_2 对主模有效折射率 n_{eff} 和振幅衰减系数 α 的影响，其中 $U = 0$ V，$a = 4.0$ μm，$b_1 = 1.5$ μm，$h =$

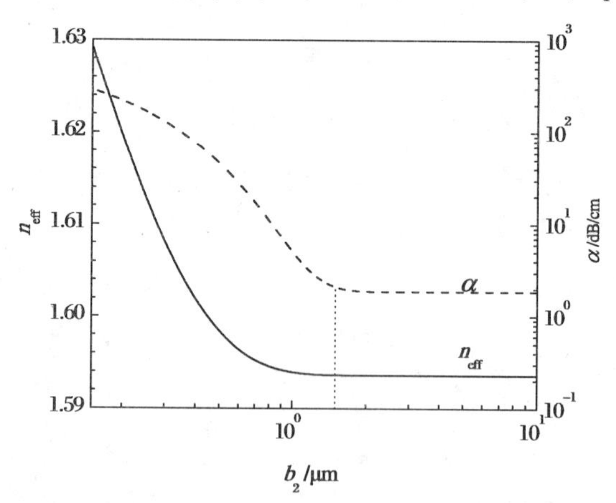

图4.2 缓冲层厚度 b_2 对主模有效折射率 n_{eff} 和振幅衰减系数 α 的影响

$U = 0$，$a = 4.0$ μm，$b_1 = 1.5$ μm，$h = 0.5$ μm，$b_3 = 100$ μm

0.5 μm,所用公式为式(2.7.3)、式(2.7.4)。图4.2中结果显示,当 $b_2 \geqslant$ 1.5 μm时,即可将上缓冲层看作半无限厚,且 n_{eff} 和 α 不再随 b_2 的增大而变化,模式的传输和损耗形成一个稳态,使得整个波导在有电极覆盖和没有电极覆盖的部分传播常数相同,进而可以大大降低光的耦合损耗。但为了增大芯层的电场强度,缓冲层厚度不能取得太大,否则会减小开关电压,因此可取 $b_2 = 1.5$ μm。

在器件的工艺制备中,电极厚度总是有限度的,因此要确定出电极所应具有的最小厚度。图4.3显示了电极厚度 b_3 对模式有效折射率 n_{eff} 和振幅衰减系数 α 的影响,取 $U=0$ V,$a=4.0$ μm,$b_1=1.5$ μm,$h=0.5$ μm,$b_2=1.5$ μm,所用公式为式(2.7.3)、式(2.7.4)。由图4.3可以看出,当电极厚度增大到一定数值时,n_{eff} 和 α 不再随着 b_3 的增大而改变,模式的传输和损耗也将形成稳态。若电极厚度 $b_3 \geqslant 0.10$ μm,即可把电极看作足够厚,此时才可得出图4.2的结论。因此综合考虑 b_2 和 b_3 对模式传输和损耗的影响,在本节以下的模拟中选取 $a=4.0$ μm,$b_1=1.5$ μm,$h=0.5$ μm,$b_2=1.5$ μm,$b_3=0.1$ μm,此时模有效折射率 $n_{eff}=1.59361933$,振幅衰减系数 $\alpha \approx 2.12$ dB/cm且不随外加电压而改变,并在以下的模拟中皆考虑了这一损耗。

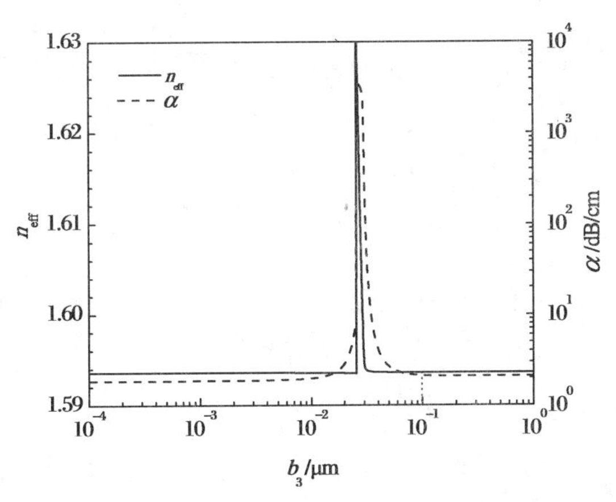

图4.3　电极厚度 b_3 对模式有效折射率 n_{eff} 和振幅衰减系数 α 的影响

$U=0$,$a=4.0$ μm,$b_1=1.5$ μm,$h=0.5$ μm,$b_3=1.5$ μm

3. 波导芯结构优化

图4.4显示了波导芯宽度 a,厚度 b_1,脊高 h 对开关电压 U_s 和耦合长度 L_0 的影响,所用公式为式(2.9.4)、式(4.1.9)。图示结果表明,当 a 或

b_1 或 h 增加时，L_0 增大，U_s 减小。综合考虑 a、b_1 及 h 对耦合长度和开关电压的影响，设计中选取 $a = 4.0\ \mu m$，$b_1 = 1.5\ \mu m$，$h = 0.5\ \mu m$，$d = 3.0\ \mu m$，$W = a$，$G = d$。在此情况下，耦合长度 $L_0 = 4139\ \mu m$，开关电压约为 $U_s = 7.961\ V$。

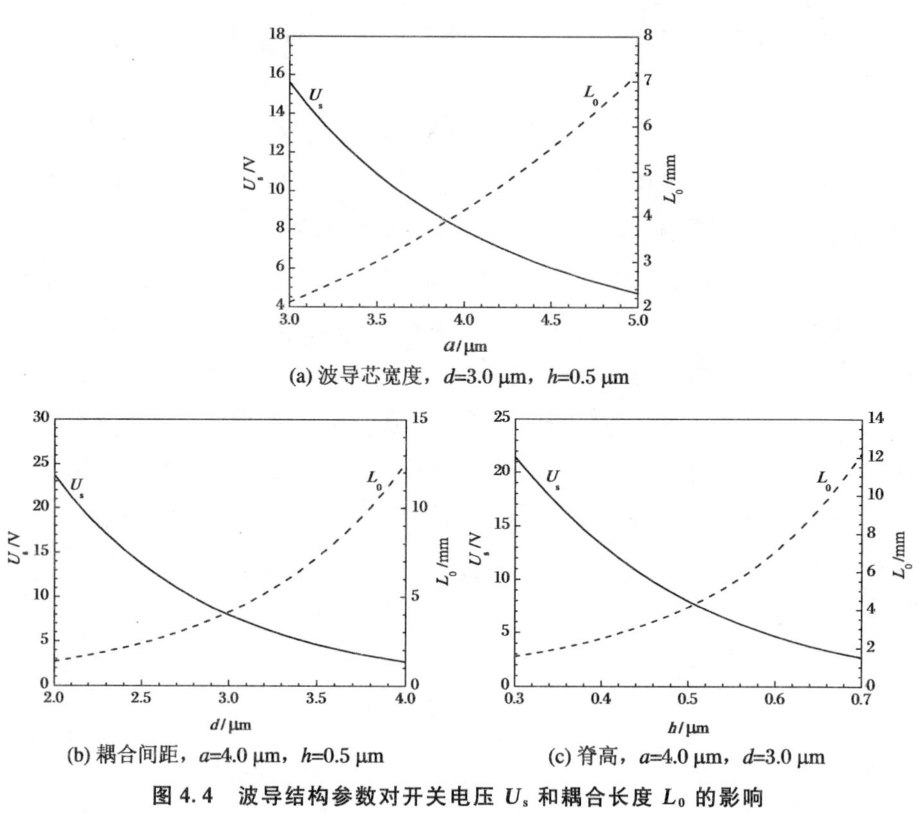

(a) 波导芯宽度，d=3.0 μm，h=0.5 μm

(b) 耦合间距，a=4.0 μm，h=0.5 μm

(c) 脊高，a=4.0 μm，d=3.0 μm

图 4.4　波导结构参数对开关电压 U_s 和耦合长度 L_0 的影响

$a = 4.0\ \mu m$，$b_1 = 1.5\ \mu m$，$W = a$，$G = d$

4. 电极宽度和电极间距的优化

根据式(4.1.2)，电极宽度 W 和电极间距 G 会影响芯层电场的大小，从而影响开关电压。利用式(4.1.9)，图 4.5 给出了开关电压 U_s 随 W 和 G 变化的曲线，取 $d = 2.5$、$3.0\ \mu m$，(a) $G = 2.0$、2.5、3.0、3.5、4.0、$4.5\ \mu m$，(b) $W = 2.5$、3.0、3.5、4.0、4.5、$5.0\ \mu m$。图中可见，在一定的耦合间距 d 下，当 G 或者 W 一定时，开关电压曲线存在极小值，记为 U_{smin}。不同的 G 或 W 对应的 U_{smin} 也不相同，当取得极小值时记对应的电极宽度和电极间距分别为 W_{opt} 和 G_{opt}。因此为了降低开关电压，耦合间距 d、电极宽度 W 及电极间距 G 要进行适当的优化。

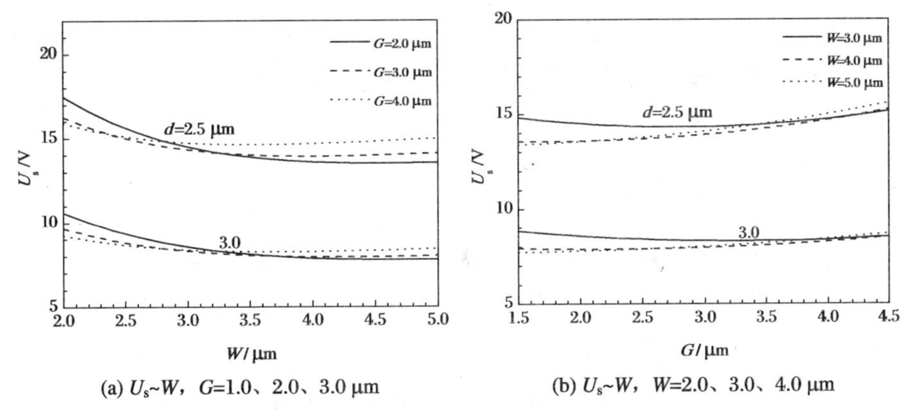

(a) U_s~W，G=1.0、2.0、3.0 μm　(b) U_s~W，W=2.0、3.0、4.0 μm

图 4.5　开关电压随电极结构参数的变化曲线

d = 2. 5、3. 0 μm

从图 4. 5 可以看到，开关电压受耦合间距 d 的影响最大，因此设计中必须首先优化 d。图 4. 6 示出了开关电压最小值 U_{smin} 与耦合间距 d 的关系曲线，其中：(a) G = 1. 0、2. 0、3. 0 μm，(b) W = 2. 0、3. 0、4. 0 μm。可以看出，U_{smin} 随 d 的增大而减小，但是当 d 增大到一定数值后，比如 d = 3. 0 μm，改变 W 和 G 对 U_{smin} 的影响很小，因此设计中取 d = 3. 0 μm。

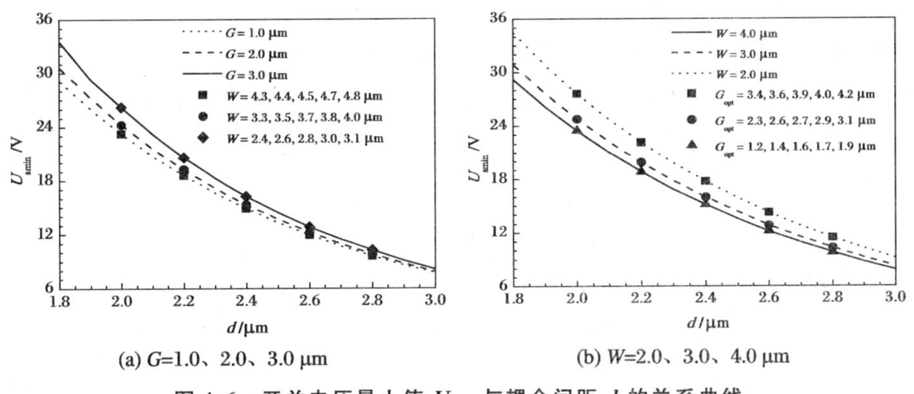

(a) G=1.0、2.0、3.0 μm　(b) W=2.0、3.0、4.0 μm

图 4.6　开关电压最小值 U_{smin} 与耦合间距 d 的关系曲线

图 4. 7 示出了开关电压最小值 U_{smin} 与电极宽度最优值 W_{opt} 和电极间距最优值 G_{opt} 的关系曲线，分别取 d = 2. 0、2. 5、3. 0 μm。可以看出，当取 W_{opt} = 4. 6 μm，G_{opt} = 1. 5 μm 时，对应的开关电压 U_s = 7. 749 V，它比 W = 4. 0 μm，G = 3. 0 μm 时的电压 U_s = 7. 961 V 略低。

综合图 4. 5、图 4. 6 和图 4. 7 的计算和分析结果，电极和耦合间距参数最终确定为 W = 4. 6 μm，G = 1. 5 μm，d = 3. 0 μm，开关电压约为 U_s = 7. 749 V。

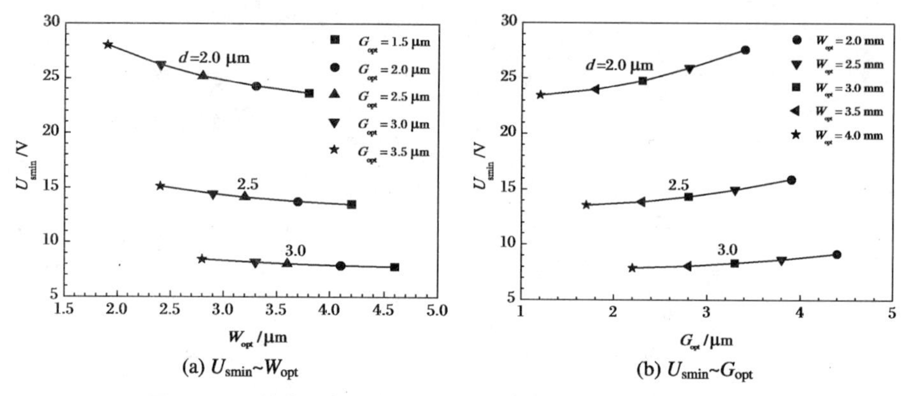

(a) U_{smin}~W_{opt}　　(b) U_{smin}~G_{opt}

图 4.7　开关电压极小值 U_{smin} 与电极参数最优值的关系曲线

d = 2.0、2.5、3.0 μm

4.1.4　性能模拟

1. 输出光功率

利用式(4.1.10),图 4.8 绘出了开关的输出光功率 P_1 和 P_2 与耦合区长度 L 的关系曲线,取(a) $U=0$ V,(b) $U=7.749$ V。可以看出,当 $U=0$ V 且耦合区长度取为 $L=L_0=4.139$ mm 时,P_2 输出最大值,开关实现交叉状态;当 $U=7.749$ V 且耦合区长度取为 $L=L_0=4.139$ mm 时,P_1 输出最大值,开关实现直通状态。

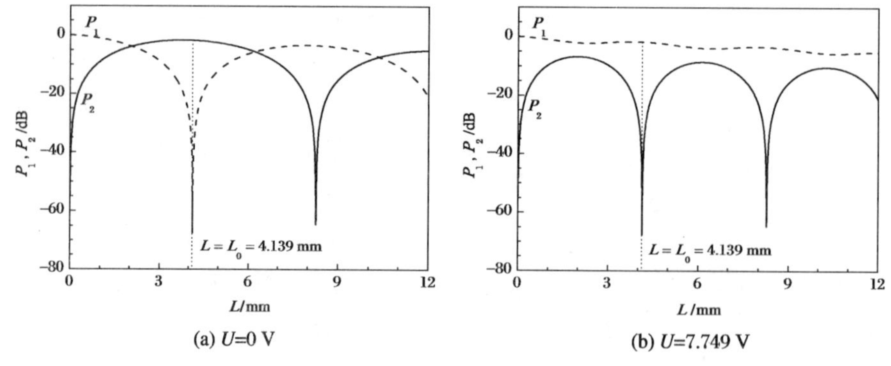

(a) U=0 V　　(b) U=7.749 V

图 4.8　输出光功率 P_1 和 P_2 与耦合区长度 L 的关系曲线

利用式(4.1.10),图 4.9 示出了开关的输出光功率随外加电压 U 的变化关系,分别取 $L=L_0$、$3L_0$。可以看出,当耦合区长度取为耦合长度的奇数倍时,开关能够实现很好的功率切换作用。且耦合区长度越大,所需要的开关电压越小。因此，设计中应在允许的器件尺寸下，尽可能地增大耦合区长度。

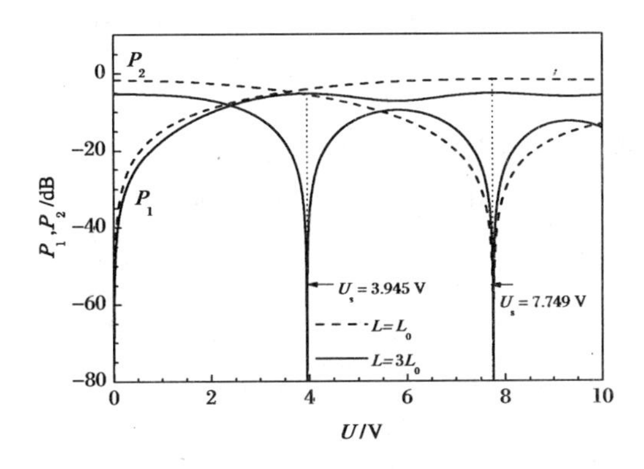

图 4.9　开关的输出光功率随外加电压 U 的变化关系

$L=L_0$、$3L_0$

2. 制作误差

根据 4.1.2 节的理论分析，器件要想获得较好的开关性能，耦合区长度必须严格等于耦合长度的奇数倍，然而在器件的实际制作中很难严格达到这一点，波导的制作误差将影响器件的输出光功率。利用式(4.1.10)，图 4.10 示出了耦合区长度制作误差 $\Delta L=L-L_0$ 对器件输出光功率 P_1 和 P_2 的影响，计算中分别取 $U=0$ V 和 $U=7.749$ V。图 4.10 中可以看出，当制作误差为 $-102\ \mu m \leqslant \Delta L \leqslant 102\ \mu m$（对应的耦合区长度为 $4037\ \mu m \leqslant L \leqslant 4241\ \mu m$）时，器件的插入损耗小于 1.80 dB，串扰小于 −30 dB。这表明在上述制作误差范围内，器件仍可具有较好的开关功能。

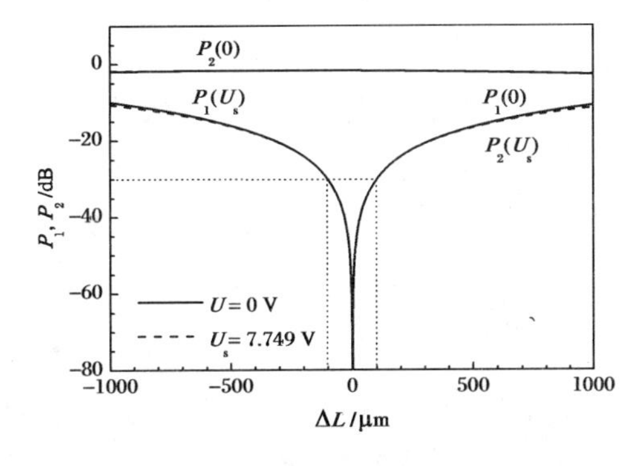

图 4.10　耦合区长度制作误差对器件输出光功率的影响

3. 输出光谱

在器件的工作过程中，很难严格地控制工作波长 λ 等于中心工作波长 λ_0，这也将影响器件的性能。图 4.11 显示了波长漂移 $\Delta\lambda$ 对输出光功率 P_1 和 P_2 的影响，分别取 $U=0$ V 和 $U=7.749$ V，所用公式为式(4.1.10)。图中可见，当波长漂移满足 $-11.5\ \text{nm}\leqslant\Delta\lambda\leqslant 11.5\ \text{nm}$(对应工作波长范围 $1538.5\ \text{nm}\leqslant\lambda\leqslant 1561.5\ \text{nm}$)时，器件的插入损耗和串扰分别小于 1.80 dB 和 −30 dB。这表明，在该波长漂移范围内，器件仍可实现较好的开关功能。

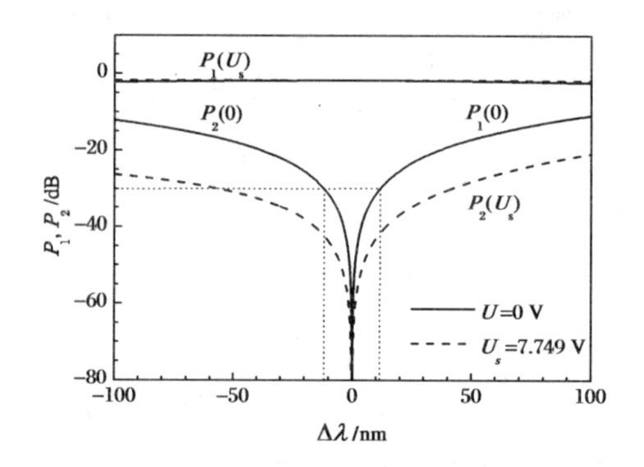

图 4.11 波长漂移对输出光功率的影响

取 $U=0$ V 和 $U=7.749$ V

4.1.5 小结

本节给出了共面双电极定向耦合电光开关的结构模型和设计方法。应用保角变换法和镜像法分析了电极的电场分布。为了获得较小的模式损耗和最小的开关电压，优化了芯宽度、芯厚度、缓冲层厚度、耦合间距、电极厚度、电极宽度和电极间距等参数。对输出光功率、插入损耗和串扰等特性进行了模拟。为了实现正常的开关功能，讨论了制作公差和波长漂移。模拟结果显示，耦合区的长度为 4139 μm，开关电压为 7.749 V，器件的插入损耗小于 0.60 dB，串扰小于 −30 dB。

4.2 推挽微带行波电极定向耦合电光开关

为了增大电光调制效率和重叠积分因子，本节将设计一种具有推挽微带电极结构的定向耦合电光开关。由于在工作机理方面与 4.1 节给出的器件相同，本节对器件原理和参数部分不做重述。

4.2.1 器件结构

聚合物定向耦合电光开关的俯视图仍由图 4.1(a)给出，但是器件的电极结构不同，该器件采用推挽微带四电极结构，且为了减小下电极对光波的吸收作用，引入了下缓冲层，如图 4.12(a)、(b)所示。令器件上、下缓冲层

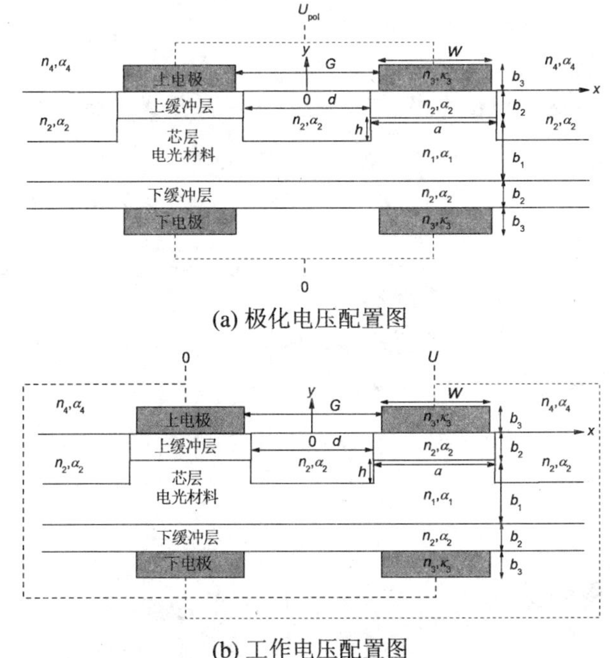

(a) 极化电压配置图

(b) 工作电压配置图

图 4.12 推挽微带电极定向耦合电光开关电光区截面图

厚度均为 b_2，上、下缓冲层及脊两侧的包层为同一种聚合物材料，折射率为 n_2，体振幅衰减系数为 α_2。电极宽度为 W、间距为 G，且上、下电极具有相同的厚度。器件的其他参数及含义见 4.1 节。器件采用同向接触方式进行极化，外加的极化电压如图 4.12(a)所示；当器件处于工作状态时，外加的工作电压如图 4.12(b)所示。

4.2.2 理论分析

由于该器件与 4.1 节所设计的器件在波导结构上相同，仅在电极结构上有所区别，因此仅就电极产生的电场分布进行分析，并且为了获得较大的电光调制效率和较低的开关电压，需要对该电极结构进行优化。

对图 4.12(b)所示的电极，考虑到对称性，每个聚合物芯层沿 y 方向的总电场可表示为三部分电场之和，即

$$E_y^{(1)}(x,y) = E_{1y}(x,y) + E_{2y}(x,y) + E_{3y}(x,y) \tag{4.2.1}$$

其中，$E_{1y}(x,y) = \dfrac{n_2^2 U}{2n_1^2 b_2 + n_2^2 b_1}$为上、下电极形成的均匀电场。$E_{2y}(x,y)$为两表面上电极形成的非均匀电场，且根据保角变换法和镜像法可得

$$E_{2y}(x,y) = (1-r)\sum_{i=0}^{\infty} r^i E_{20,y}(x, y-2ib_2) \tag{4.2.2}$$

式中 $r = \dfrac{n_1^2 - n_2^2}{n_1^2 + n_2^2}$，$E_{20,y}(x,y) = \dfrac{U}{2K'}\mathrm{Im}\dfrac{\mathrm{d}W}{\mathrm{d}z}$，$\dfrac{\mathrm{d}W}{\mathrm{d}z} = \dfrac{g}{\sqrt{(g^2-k^2z^2)(g^2-z^2)}}$，$z = x + \mathrm{j}y$，$g = G/2$，$k = \dfrac{G}{G+2W}$，$K' = F(\pi/2,k)$为第一类椭圆积分。$E_{3y}(x,y)$为由两下电极形成的非均匀电场，可表示为

$$E_{3y}(x,y) = E_{2y}(x, -b_1 - 2b_2 - y) \tag{4.2.3}$$

器件的工作原理见 4.1.2 节，输出光功率仍可由式(4.1.7)和式(4.1.10)表示。

4.2.3 参数优化

1. 基本参数

设计中，器件的基本参数数值见 4.1.3 节。

2. 缓冲层厚度和电极厚度

与 4.1 节设计的器件相比，由于下电极和下缓冲层的引入，波导模式的有效折射率和振幅损耗因子将有所不同。为了确定缓冲层和电极的最小厚度，图 4.13 显示了缓冲层厚度 b_2 和电极厚度 b_3 对 E_{00}^{y} 模式的有效折射率 n_{eff} 和振幅衰减系数 α 的影响，其中 $U=0$ V，$a=4.0$ μm，$b_1=1.5$ μm，$h=0.5$ μm，(a)图中 $b_3\to\infty$，(b)图中 $b_2=1.5$ μm。

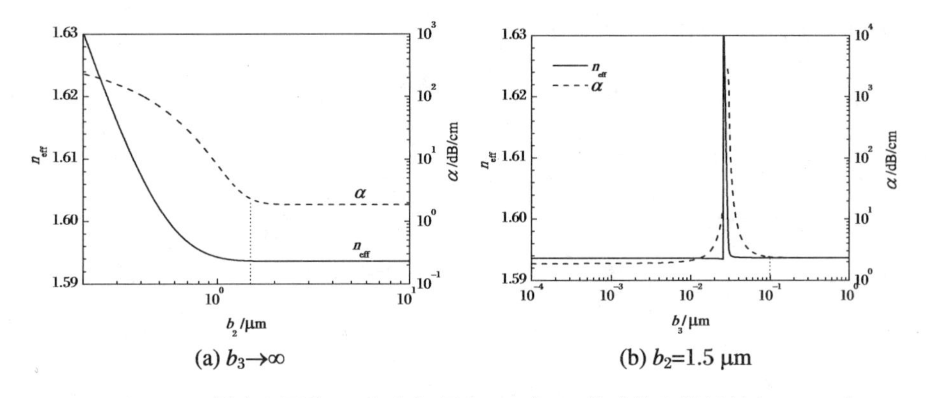

图 4.13　缓冲层厚度 b_2 和电极厚度 b_3 对 E_{00}^{y} 模式的有效折射率 n_{eff} 和振幅衰减系数 α 的影响

由图 4.13(a)可以看出，当 $b_2\geqslant 1.5$ μm 时，即可将缓冲层看作无限厚，且 n_{eff} 和 α 不再随 b_2 的增大而变化，模式的传输和损耗形成一个稳态，使得整个波导在有电极覆盖和没有电极覆盖的部分传播常数相同，进而可以大大降低光的耦合损耗。但为了增大芯层的电场强度，缓冲层厚度不能取得太大，否则会减小开关电压，因此可取 $b_2=1.5$ μm。

由图 4.13(b)可以看出，当电极厚度增大到一定数值时，n_{eff} 和 α 不再随着 b_3 的增大而改变，模式的传输和损耗也将形成稳态。若电极厚度 $b_3\geqslant 0.10$ μm，即可把电极看作足够厚，此时才可得出(a)图的结论。因此综合考虑 b_2 和 b_3 对模式传输和损耗的影响，在以下的模拟中选取 $a=4.0$ μm，$b_1=1.5$ μm，$h=0.5$ μm，$b_2=1.5$ μm，$b_3=0.1$ μm，此时模有效折射率 $n_{\mathrm{eff}}=1.593644$，振幅衰减系数 $\alpha\approx 2.38$ dB/cm，并在以下的模拟中皆考虑了这一损耗。

对比图 4.2、图 4.3 和图 4.13 的计算结果，可以发现，下电极的引入对波导的模式有效折射率和振幅衰减系数均有不同程度的影响，二者都将在缓冲层厚度取 1.5 μm 时趋于稳态值，进而我们可将缓冲层看作半无限厚，从而简化模式的分析。

3．波导芯结构优化

图 4.14 示出了波导芯宽度 a、厚度 b_1、脊高 h 对开关电压 U_s 和耦合长度 L_0 的影响。可以看出，当 a 或 b_1 或 h 增加时，L_0 增大，U_s 减小。综合考虑 a、b_1 及 h 对耦合长度和开关电压的影响，设计中选取 $a = 4.0\ \mu m$，$b_1 = 1.5\ \mu m$，$h = 0.5\ \mu m$。当 $d = 3.0\ \mu m$，$W = a$，$G = d$ 时，器件的耦合长度为 $L_0 = 4139\ \mu m$，开关电压约为 $U_s = 1.645$ V。

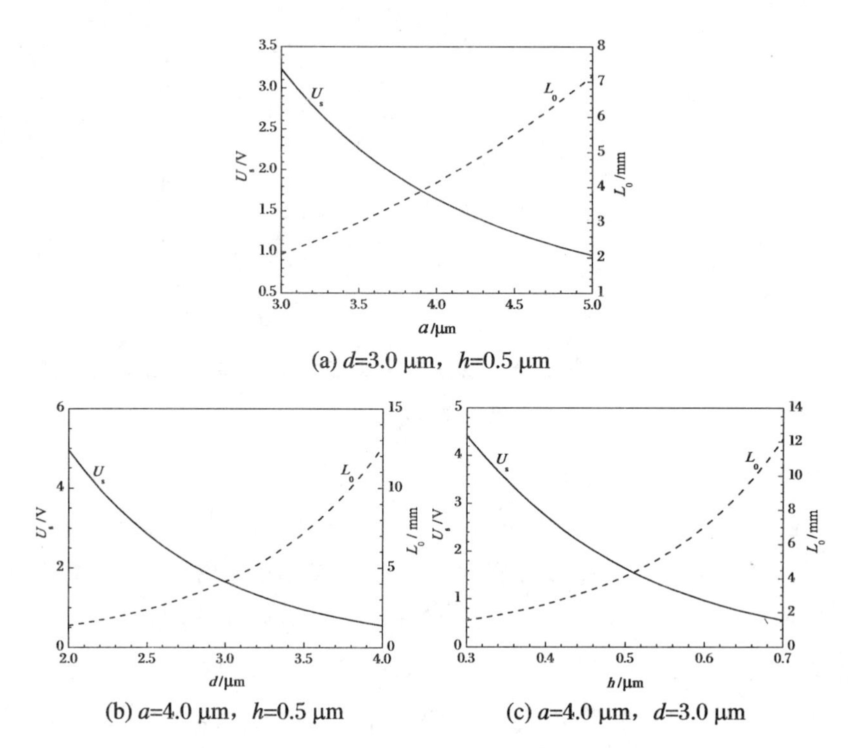

(a) d=3.0 μm，h=0.5 μm

(b) a=4.0 μm，h=0.5 μm　　(c) a=4.0 μm，d=3.0 μm

图 4.14　波导芯宽度 a、耦合间距 d 和脊高 h 对开关电压 U_s 和耦合长度 L_0 的影响

$a = 4.0\ \mu m, b_1 = 1.5\ \mu m, b_2 = 1.5\ \mu m, b_3 = 0.1\ \mu m$

4．电极结构优化

根据式(4.2.1)～式(4.2.3)，电极宽度 W 和电极间距 G 会影响芯层电场的大小，从而也将影响开关电压。图 4.15 给出了开关电压 U_s 随 W 和 G 的变化曲线，取 $d = 2.5$、$3.0\ \mu m$，(a) $G = 2.5$、3.0、$3.5\ \mu m$，(b) $W = 3.5$、4.0、$4.5\ \mu m$。图示结果表明，在一定的耦合间距 d 下，当 G 或者 W 一定时，开关电压曲线存在极小值，记为 U_{smin}。不同的 G 或 W 对应的 U_{smin} 也不相同，当取得极小值时，记对应的电极宽度和电极间距分别为 W_{opt} 和

G_{opt}。因此为了降低开关电压，d、W 及 G 均需要进行适当的优化。

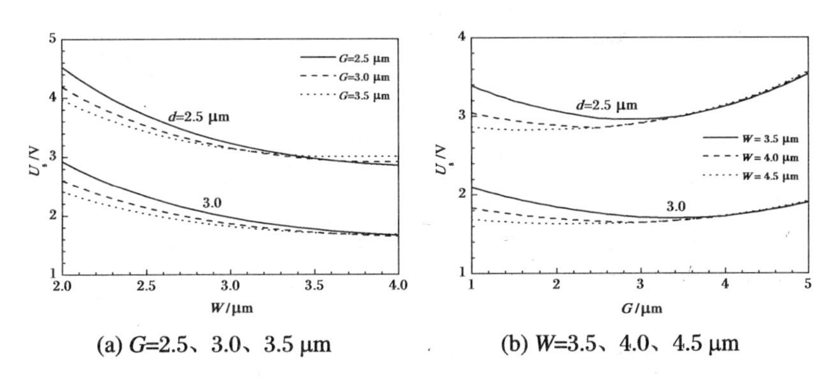

(a) G=2.5、3.0、3.5 μm　　(b) W=3.5、4.0、4.5 μm

图 4.15　开关电压 U_s 随电极宽度 W 和电极间距 G 的变化曲线

d = 2.5、3.0 μm

从图 4.15 可以发现，U_{smin}受 d 的影响最大，d = 3.0 μm 时对应的 U_{smin}要远小于 d = 2.5 μm 时的 U_{smin}，因此设计中需要首先优化 d。图 4.16 给出了 U_{smin}随耦合间距 d 的变化曲线，分别取(a) G = 2.0、3.0、4.0 μm，(b) W = 2.0、3.0、4.0 μm。可以看出，U_{smin}随 d 的增大而减小，但是当 d 增大到一定数值后，比如 d = 3.0 μm，改变 W 和 G 对 U_{smin}的影响很小，因此设计中取 d = 3.0 μm。

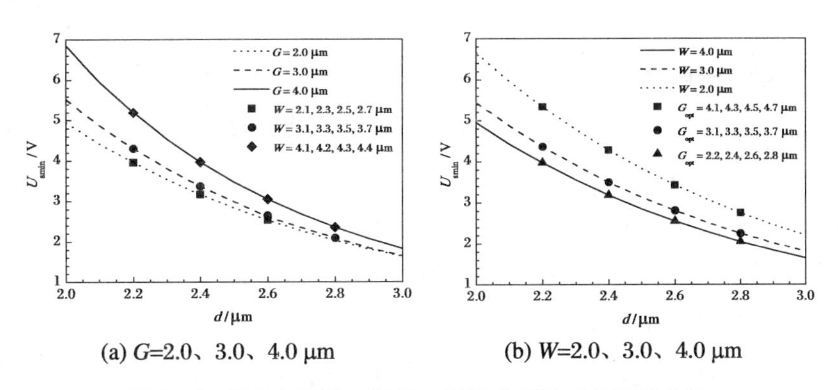

(a) G=2.0、3.0、4.0 μm　　(b) W=2.0、3.0、4.0 μm

图 4.16　开关电压极小值 U_{smin}随耦合间距 d 的变化曲线

根据对图 4.15 和图 4.16 的讨论，当给定一个 W 或者 G 时，存在最优的 G 值(记为 G_{opt}) 或者 W 值(记为 W_{opt})，使得对应的开关电压取得最小值，下面优化 W 和 G。图 4.17 分别示出了开关电压最小值 U_{smin}与电极宽度最优值 W_{opt}和电极间距最优值 G_{opt}的关系曲线，分别取 d = 2.0、2.5、3.0 μm。可以看出，当取 W_{opt} = 4.0 μm，G_{opt} = 3.0 μm 时，可获得较低的开关

电压为 $U_s = 1.645$ V。

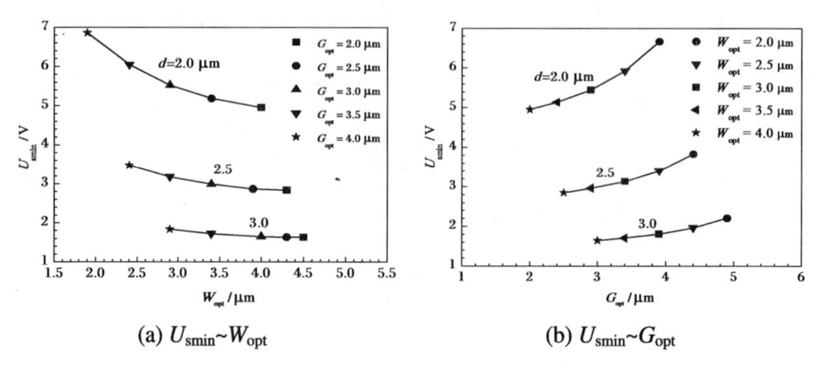

(a) U_{smin}~W_{opt} (b) U_{smin}~G_{opt}

图 4.17 开关电压最小值 U_{smin} 与电极宽度最优值 W_{opt} 和电极间距最优值 G_{opt} 的关系曲线

$d = 2.0$、2.5、3.0 μm

综合图 4.15、图 4.16 和图 4.17 的计算和分析结果，最终的电极和耦合间距参数取为：$d = 3.0$ μm，$W = a = 4.0$ μm，$G = d = 3.0$ μm，此时开关电压约为 $U_s = 1.645$ V。

4.2.4 性能模拟

1. 输出光功率

利用式(4.1.10)，图 4.18 示出了开关输出光功率 P_1 和 P_2 与耦合区长度 L 的关系曲线，取(a) $U = 0$ V，(b) $U = 1.645$ V。可以看出，当 $U = 0$ V 且耦合区长度取为 $L = L_0 = 4.139$ mm 时，P_2 输出最大值，开关实现交叉状态；当 $U = 1.645$ V 且耦合区长度取为 $L = L_0 = 4.139$ mm 时，P_1 输出最大值，开关实现直通状态。

图 4.19 示出了开关的输出光功率 P_1 和 P_2 随外加电压 U 的变化关系，取 $L = L_0$。可以看出，当耦合区长度取为耦合长度时，在所计算的开关电压下，开关能够实现很好的功率切换作用。

2. 制作误差

图 4.20 示出了耦合区长度制作误差 $\Delta L = L - L_0$ 对器件输出光功率 P_1 和 P_2 的影响。可以看出，当制作误差 -104 μm $\leqslant \Delta L \leqslant 104$ μm(对应的耦合区长度为 4035 μm $\leqslant L \leqslant 4243$ μm)时，器件的插入损耗小于 2.03 dB，

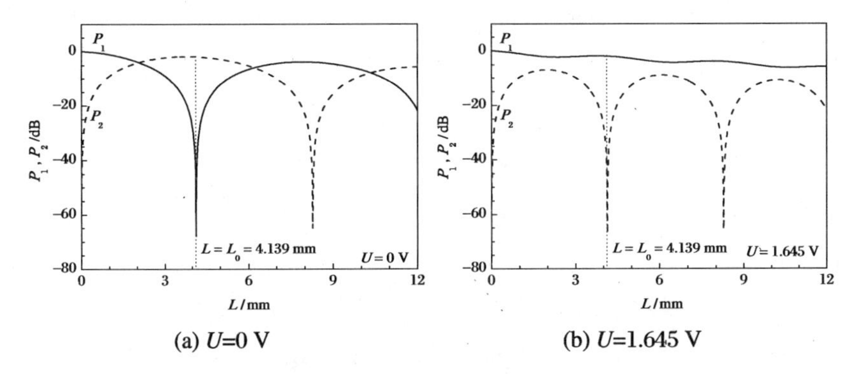

(a) U=0 V　　(b) U=1.645 V

图 4.18　开关输出光功率 P_1 和 P_2 与耦合区长度 L 的关系曲线

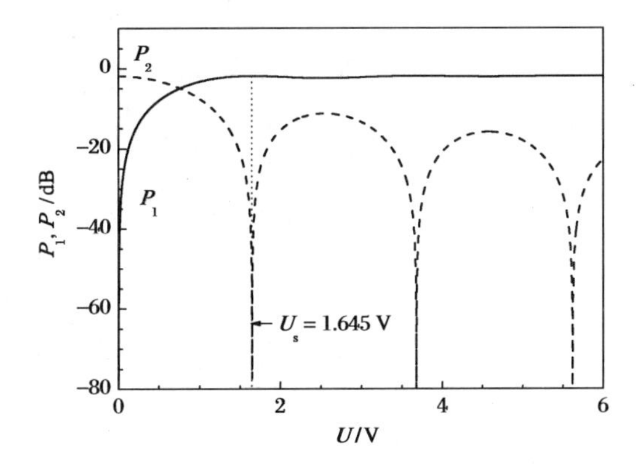

图 4.19　开关输出光功率 P_1 和 P_2 与外加电压 U 的关系曲线

取 $L = L_0$

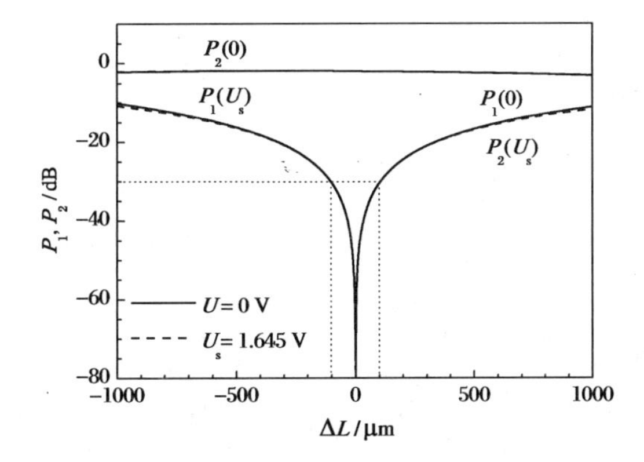

图 4.20　耦合区长度制作误差 $\Delta L = L - L_0$ 对器件输出光功率 P_1 和 P_2 的影响

$U = 0$ V 和 $U = 1.645$ V

串扰小于 -30 dB。这表明在上述制作误差范围内，器件仍具有较好的开关功能。

3. 输出光谱

在器件的工作过程中，很难严格控制其工作波长 λ 等于中心工作波长 λ_0，这将影响器件的性能，图 4.21 显示了波长漂移 $\Delta\lambda$ 对输出光功率 P_1 和 P_2 的影响，分别取 $U=0$ V 和 $U=1.645$ V。可以看出，当波长漂移 -12 nm$\leqslant\Delta\lambda\leqslant$12 nm（对应的工作波长范围为 1538 nm$\leqslant\lambda\leqslant$1562 nm）时，器件的插入损耗和串扰分别小于 1.98 dB 和 -30 dB。这表明在该波长漂移范围内，器件仍具有较好的开关功能。

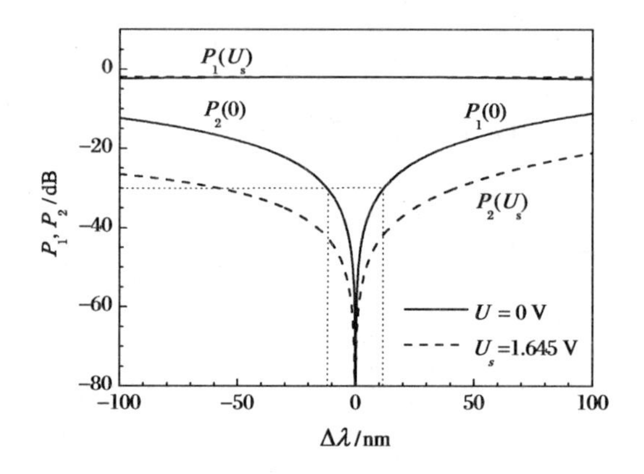

图 4.21 波长漂移 $\Delta\lambda$ 对输出光功率 P_1 和 P_2 的影响

$U=0$ V 和 $U=1.645$ V

4.2.5 小结

本节给出了一种推挽微带电极电光开关，由于特殊的交叉引线连接方式，该电极结构产生的电场在竖直方向上具有更强的分量，因此该器件具有更低的开关电压。模拟结果表明，所设计器件的开关电压约为 1.645 V，这比共面电极电光开关的开关电压 7.749 V 要小很多。

4.3　推挽电极 MZI 电光开关

除 DC 结构外，MZI 结构也是设计和制备电光开关或调制器的常见结构，它具有模型分析简单、易于制备等优点。本节将优化设计一种具有推挽微带电极的 MZI 电光开关，并模拟分析器件的开关特性。

4.3.1　器件结构

图 4.22(a)示出了所设计的推挽电极 MZI 电光开关的结构。器件包括一个 MZI 电光区和两个 3 dB 耦合器。这是由于 MZI 两臂之间的距离足够大，外加反相极化电压时不会发生击穿，因此对 MZI 的两臂采用反相

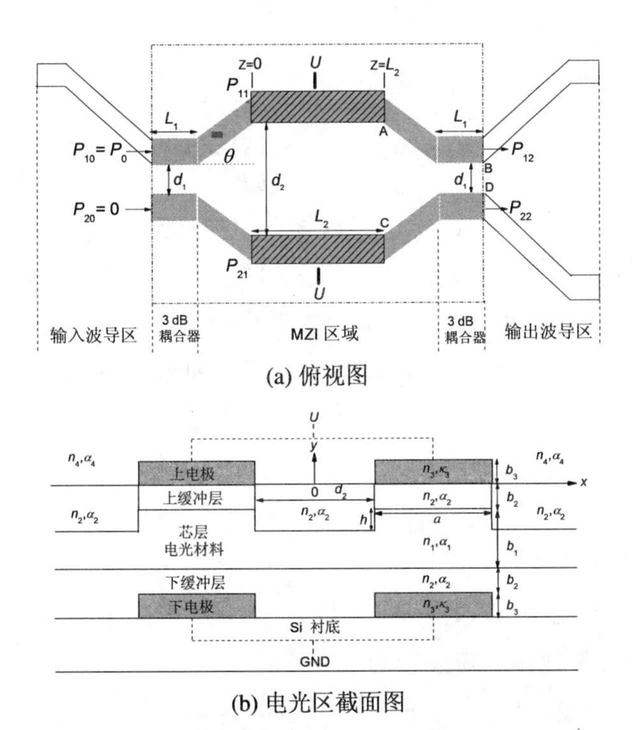

(a) 俯视图

(b) 电光区截面图

图 4.22　推挽电极 MZI 电光开关的结构图

极化方式。器件工作时的外加电压连接方式如图 4.22(b)所示。令 3 dB 耦合器的耦合间距为 d_1，耦合长度为 L_1；MZI 两臂的耦合间距为 d_2，电光区长度为 L_2。波导连接处的偏折角度为 θ。各介质层材料的折射率、体振幅衰减系数和各介质层尺寸参数的定义与 4.1 节相同。

4.3.2 理论分析

1. 电场分布与折射率变化

由于两臂上的外加电压相同，且结构对称，我们仅分析一个芯区的电场分布，此时芯区和缓冲层中的电场可近似为均匀电场，令其分别为 E_1 和 E_2。考虑到如下关系：

$$\begin{cases} E_1 n_1^2 = E_2 n_2^2 \\ E_1 b_1 + 2E_2 b_2 = U \end{cases} \tag{4.3.1}$$

从而可以计算得到

$$E_1 = \frac{n_2^2 U}{2n_1^2 b_2 + n_2^2 b_1} \tag{4.3.2}$$

因此芯区中电光材料的折射率变化为

$$\Delta n_1 = \frac{1}{2} n_1^3 \gamma_{33} E_1 = \frac{n_1^3 n_2^2 \gamma_{33} U}{2(2n_1^2 b_2 + n_2^2 b_1)} \tag{4.3.3}$$

于是在电压 U 的作用下，电光区两波导芯材料的折射率将分别变为 $n_1 - \Delta n_1$、$n_1 + \Delta n_1$。利用第 2 章给出的关于脊形波导模式特性的分析方法，可分别计算出两波导芯传输模式的有效折射率和传播常数。记两波导的模式传播常数分别为 β_{eff1} 和 β_{eff2}，则 MZI 各臂产生的相位变化为

$$\Delta\phi(U) = L_2 \Delta\beta \tag{4.3.4}$$

式中 $\Delta\beta(U) = \dfrac{(\beta_{\mathrm{eff2}} - \beta_{\mathrm{eff1}})}{2}$。

2. 功率传输矩阵与开关功能

令光仅从波导 1 输入，即 $P_{10} = P_0 = |R_0|^2$，$P_{20} = 0$。当忽略传输损耗时，器件的振幅传递矩阵可表示为

$$T = \begin{pmatrix} \cos\phi_{\mathrm{d2}} & -\mathrm{j}\sin\phi_{\mathrm{d2}} \\ -\mathrm{j}\sin\phi_{\mathrm{d2}} & \cos\phi_{\mathrm{d2}} \end{pmatrix} \begin{pmatrix} \exp(\mathrm{j}\Delta\phi) & 0 \\ 0 & \exp(-\mathrm{j}\Delta\phi) \end{pmatrix}$$

$$\cdot \begin{pmatrix} \cos\phi_{d1} & -j\sin\phi_{d1} \\ -j\sin\phi_{d1} & \cos\phi_{d1} \end{pmatrix} \quad (4.3.5)$$

式中 ϕ_{d1} 和 ϕ_{d2} 分别为 DC1 和 DC2 产生的相移，$\Delta\phi$ 由式(4.3.4)给出。

对于 3 dB 耦合器，定义耦合长度 $L_0 = \pi/(2K)$，其中 K 为两波导间的耦合系数，则其相移 $\phi_{d1} = \phi_{d2} \equiv \pi/4$，耦合区长度 $L_1 = L_0/2$。根据式(4.3.5)，器件的输出功率可表示为

$$\begin{pmatrix} P_{12,0} \\ P_{22,0} \end{pmatrix} = P_0 \begin{pmatrix} \sin^2(\Delta\phi) \\ \cos^2(\Delta\phi) \end{pmatrix} \quad (4.3.6)$$

当 $U = 0$ 时，可得：$\beta_{eff1} = \beta_{eff2} \equiv \beta_{eff0}$，$\Delta\beta = 0$，$\Delta\phi = 0$。因此输入光将仅从波导 2 输出，开关呈现交叉态。

当 $U \neq 0$ 时，$\beta_{eff1} \neq \beta_{eff2}$，$\Delta\beta \neq 0$。若取

$$\Delta\phi = (n + 0.5)\pi \quad (n = 0,1,2,\cdots) \quad (4.3.7)$$

输入光将仅从波导 1 输出，开关呈现直通态。由于 $n = 0$ 时的电压最小，令其为开关电压，记为 U_s，且 U_s 可由下式计算：

$$L_2 = \pi/[2\Delta\beta(U_s)] \quad (4.3.8)$$

3. 插入损耗

若不计器件输入、输出波导与光纤端面的耦合损耗，器件的插入损耗应包括传输损耗 α_p 和偏折损耗 α_{slant}。由于缓冲层取得足够厚，可近似认为有电极覆盖部分波导和没有电极覆盖部分波导的传输损耗近似相等。此时器件的输出光功率可表示为

$$\begin{aligned} P_{12} &= P_{12,0}\exp(-2\alpha_p L_{total} - 2\alpha_{slant} m_{total}) \\ P_{22} &= P_{22,0}\exp(-2\alpha_p L_{total} - 2\alpha_{slant} m_{total}) \end{aligned} \quad (4.3.9)$$

式中 $P_{12,0}$ 和 $P_{22,0}$ 由式(4.3.6)给出，L_{total} 为器件总的波导长度，m_{total} 为器件总的波导偏折点个数。

4.3.3　参数优化

1. 单模波导设计

首先各层材料的折射率和体消光系数或体振幅衰减系数与 4.1.3 节相同，缓冲层厚度和电极厚度的优化过程可参考 4.1 节和 4.2 节，这里仅给出结论。为了保证波导内的单模传输，设计中选取 $a = 3.0\ \mu m$，$b_1 = 1.5\ \mu m$，

$b_2 = 1.5\ \mu\text{m}$，$b_3 = 1.0\ \mu\text{m}$ 及 $h = 0.5\ \mu\text{m}$。计算得到模式的有效折射率和振幅衰减系数分别为 $n_{\text{eff}} = 1.5910$ 和 $\alpha_p = 2.286\ \text{dB/cm}$。

2．电光区长度

根据式(4.3.8)，图 4.23 绘出了开关电压 U_s 和电光区的传输损耗 α_{EO} 与电光区长度 L_2 的关系曲线。可以发现，当 L_2 增加时，U_s 随之减小但 α_{EO}随之增大。综合考虑 L_2 的影响，设计中选择 $L_2 = 3000\ \mu\text{m}$，此时开关电压 $U_s = 2.234\ \text{V}$。

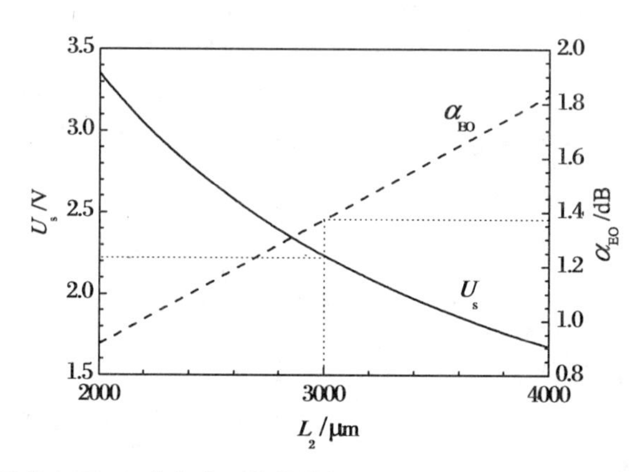

图 4.23 开关电压 U_s 和电光区的传输损耗 α_{EO}与电光区长度 L_2 的关系曲线

3．3 dB 耦合器的耦合间距和 MZI 两臂的耦合间距

为了增强 3 dB 耦合器的耦合作用并减小 MZI 两臂之间的耦合作用，必须适当选取二者的波导间距。图 4.24 显示了两相互平行的耦合波导间的耦合系数 K 和耦合长度 L_0 随耦合间距 d 的变化关系。可以发现，当 $d \geqslant 20\ \mu\text{m}$ 时，耦合系数 $K \leqslant 1.421 \times 10^{-5}\ \text{m}^{-1}$。因此 MZI 两臂的耦合间距

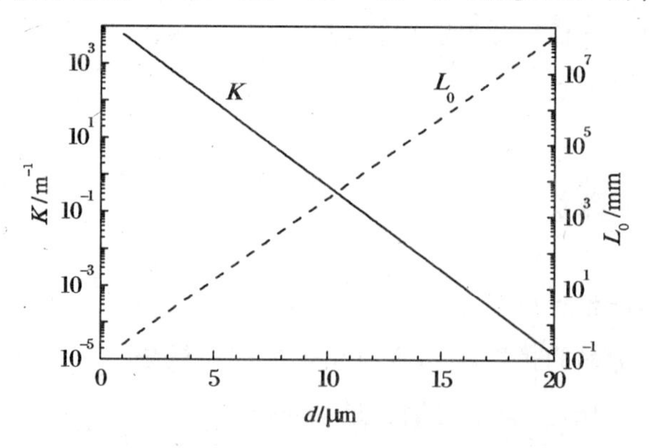

图 4.24 耦合系数 K 和耦合长度 L_0 随耦合间距 d 的变化关系

选为 $d_2 = 20\ \mu\text{m}$，此时可忽略 MZI 两臂之间的耦合作用；同时 3 dB 耦合器的耦合间距选为 $d_1 = 2.5\ \mu\text{m}$，对应的耦合长度为 $L_0 = 1247\ \mu\text{m}$，此时 3 dB 耦合器的耦合区长度为 $L_1 = 623.5\ \mu\text{m}$。

4. 偏折角度与偏折损耗

由式(4.3.9)可知，器件总的插入损耗与偏折损耗以及传输损耗有关。考虑到当偏折角度较小时，主模的耦合效率较高(即偏折损耗较小)，然而此时偏折波导的长度较长且引起的传输损耗也较大；当偏折角度较大时，主模的耦合效率较低(即偏折损耗较大)，然而此时偏折波导的长度较短及引起的传输损耗也较小，因此要适当选取偏折角度。图 4.25 显示了器件总的插入损耗 α_{loss}和 E_{00}^y主模耦合效率 η 随偏折角度 θ 的变化关系。鉴于上述考虑，设计中折中选择偏折角度为 $\theta = 1.25°$，对应的偏折损耗和总的插入损耗分别为 0.0839 dB 和 2.64 dB。

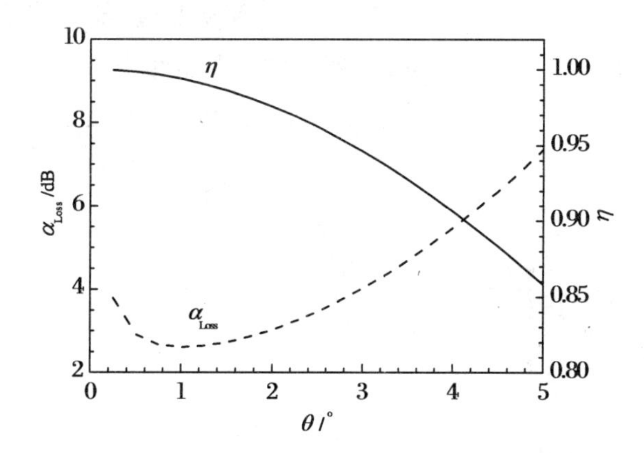

图 4.25　器件总的插入损耗 α_{loss}和 E_{00}^y主模耦合效率 η 随偏折角度 θ 的变化关系

4.3.4　性能模拟

1. 传输光功率

利用 4.3.2 节给出的功率传输矩阵，图 4.26 绘出了器件传输光功率 $P_1(x,z)$和 $P_2(x,z)$随坐标 x 及 z 的三维变化曲线，其中器件的总长度约为 5049 μm。可以看出，在电压 $U = 0$ V 和 $U = 2.234$ V 作用下，器件能实现很好的开关功能。

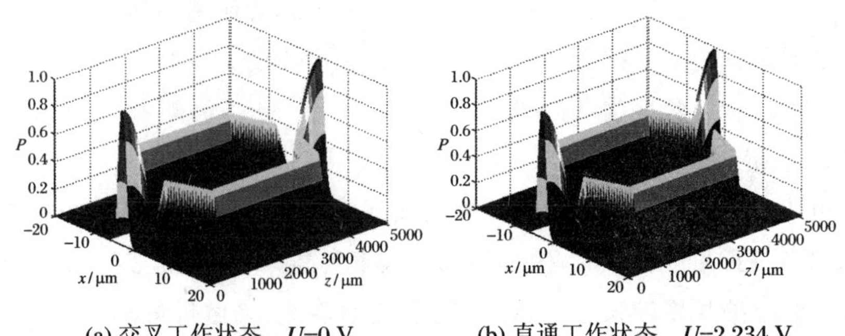

图 4.26 传输光功率 $P_1(x,z)$ 和 $P_2(x,z)$ 随 x 及 z 的三维变化曲线

2. 输出光功率

利用式(4.3.6)和式(4.3.9)，图 4.27 显示了器件输出光功率 P_{12} 和 P_{22} 与外加电压 U 的关系曲线。可以看出，当 $U=0$ V 时，P_{22} 达到最大值，器件呈交叉态；当 $U=2.234$ V 时，P_{12} 达到最大值，器件呈直通态。这表明，在所计算的开关电压作用下，器件可实现较好的开关功能。

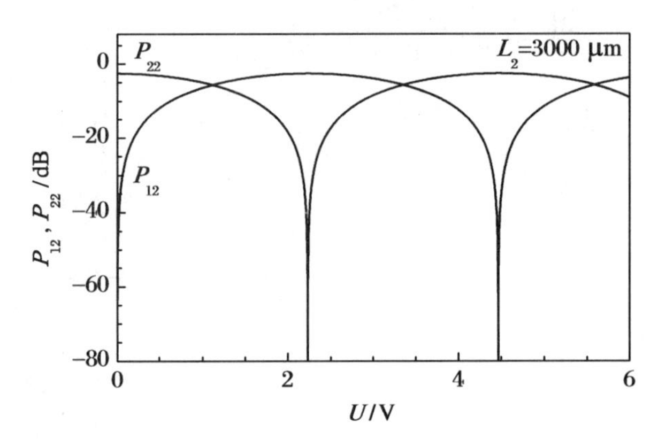

图 4.27 器件输出光功率 P_{12} 和 P_{22} 与外加电压 U 的关系曲线

3. 输出光谱、插入损耗及串扰

在器件的工作过程中，不可避免地会存在波长漂移，这将影响器件的插入损耗和串扰。图 4.28 显示了输出光功率 P_{12} 和 P_{22} 与波长漂移 $\Delta\lambda=\lambda-\lambda_0$ 的关系曲线。可以看出，当波长漂移 -16 nm$\leqslant\Delta\lambda\leqslant$16 nm(对应的工作波长范围为 1536 nm$\leqslant\lambda\leqslant$1566 nm)时，器件的插入损耗和串扰分别小于 2.64 dB 和 -30 dB。

4. 芯区折射率漂移对插入损耗和串扰的影响

在聚合物材料的合成以及器件的工艺加工过程中，芯区材料的实际折

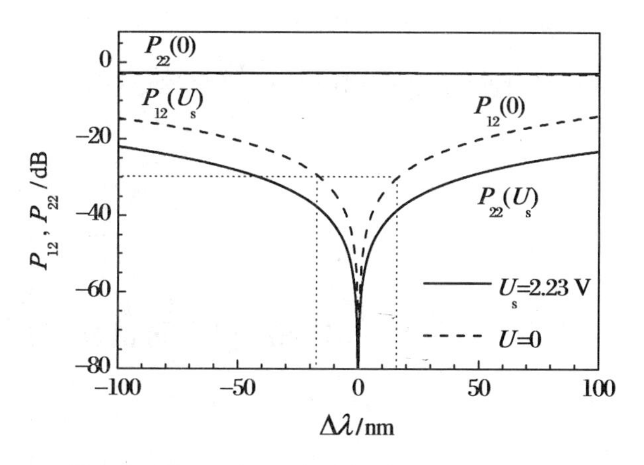

图 4.28 输出光功率 P_{12} 和 P_{22} 与波长漂移 $\Delta\lambda = \lambda - \lambda_0$ 的关系曲线

射率也将很难严格地等于设计值。当外加电压 $U = U_s$ 时，图 4.29 显示了芯区折射率漂移 $\delta n_1 = n_1^{real} - 1.643$ 对输出光功率 P_{12} 和 P_{22} 的影响。可以发现当芯区折射率漂移为 $-0.02864 \leqslant \delta n_1 \leqslant 0.02862$（对应的芯区折射率变化范围为 $1.61436 \leqslant n_1^{real} \leqslant 1.67162$）时，器件的插入损耗和串扰分别小于 2.65 dB 和 −30 dB。

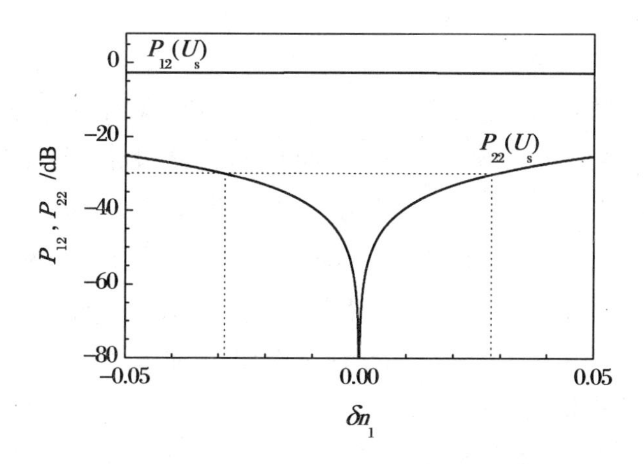

图 4.29 芯区折射率漂移 $\delta n_1 = n_1^{real} - 1.643$ 对输出光功率 P_{12} 和 P_{22} 的影响

4.3.5 小结

本节设计了一种推挽电极聚合物 MZI 电光开关，给出了器件结构及其分析理论和相关公式，优化了波导和电极参数，模拟分析了开关特性。结果表明，所设计器件核心单元的总长度约为 5049 μm，开关电压为 2.234 V。当工作波长在 1534～1566 nm 范围内时，器件的插入损耗和串扰分别小于 2.64 dB 和 −30 dB。

4.4 两节交替反相电极定向耦合电光开关

在 4.1 节和 4.2 节，我们已经分析了定向耦合器结构的电光开关，它们均采用单节电极结构。然而，这类器件的电光区长度必须严格等于一个耦合长度才能实现良好的开关功能，这无疑将提高器件的制作精度要求。为此，本节将设计具有两节交替反相电极的定向耦合电光开关，通过合理选择器件的状态工作点，最大化地降低器件对工艺加工精度的要求。

4.4.1 器件结构

图 4.30 显示了两节交替反相电极聚合物定向耦合电光开关的耦合区结构图和截面图。电光作用区由一对相互平行、结构对称的脊形波导组成，间距为 d，两节反相电极的长度均为 $L/2$，间距为 G'，且 $G' \ll L$，耦合区总长度为 $L+G'$。为降低开关电压并对芯层聚合物进行有效极化，器件采用双驱动推挽电极结构，由一个地电极和一对表面电极组成，如图 4.30(b)所示。脊形波导结构依次为：空气/表面电极/上缓冲层/波导芯/下缓冲层/地电极/衬底，其中仅波导芯为聚合物电光材料。当器件极化时，两个表面电极接在一起，连接极化电压正极，在竖直方向上形成对聚合物芯层的同向极化。当器件工作时，两个表面电极分开，分别接 $+U$、$-U$，此时在竖直方向上两个波导芯中形成反向电场。为了表征图示电极系统形成的电场，引入两个坐标系 $O-xyz$ 及 $O'-x'y'z'$，二者有如下关系：$x=x'$，$y=y'$，$z=z'+L/2+G'/2$。

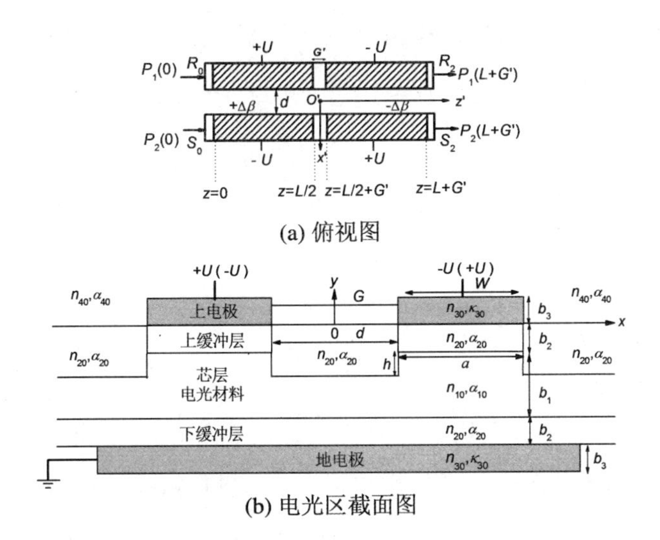

(a) 俯视图

(b) 电光区截面图

图 4.30　两节反相电极聚合物定向耦合电光开关的结构图

4.4.2　理论分析

1. 电场分布

图 4.30 所示的电极结构形成的电场 y 分量可分为三部分:表面电极和地电极形成的均匀电场 $E_{1y}(x,y)$,覆盖于两波导之上的两推挽电极形成的非均匀电场分布 $E_{2y}(x,y)$,以及覆盖于单一波导上的两共面交替反相电极形成的非均匀电场分布 $E_{3y}(z',y')$。按照电磁场理论,可得

$$E_{1y}(x,y) = \frac{Un_{20}^2}{2n_{10}^2 b_2 + n_{20}^2 b_1} \tag{4.4.1}$$

当存在缓冲层时,根据保角变换法和镜像法,可得由两共面电极形成的非均匀电场分布为

$$E_{2y}(x,y) = (1-r)\sum_{i=0}^{\infty} r^i E_{20,y}(x, y-2ib_2) \tag{4.4.2}$$

式中 $E_{20,y}(x,y) = U/K'\mathrm{Im}\dfrac{\mathrm{d}w}{\mathrm{d}t}$ 为缓冲层厚度等于 0 时的电场分布,其中

$\dfrac{\mathrm{d}w}{\mathrm{d}t} = \dfrac{g}{\sqrt{(g^2-k^2t^2)(g^2-t^2)}}$, $g = G/2$, $k = \dfrac{G}{G+2W}$, $t = x + \mathrm{j}y$, $K' =$

$F(\pi/2,k)$为第一类椭圆积分;$r = \dfrac{(n_{10}^2 - n_{20}^2)}{(n_{10}^2 + n_{20}^2)}$ 为反射因子。考虑到 $G' \ll$

$L/2$,对间距 G'而言,反相电极可视为无限长。根据保角变换法和镜像法可得

$$E_{3y}(z', y') = (1 - r)\sum_{i=0}^{\infty} r^i E_{30,y}(z', y' - 2ib_2) \tag{4.4.3}$$

式中 $E_{30,y}(z', y') = \dfrac{2U}{\pi}\mathrm{Re}\,\dfrac{\mathrm{d}w}{\mathrm{d}t}$ 为缓冲层厚度等于 0 时的电场分布,其中 $\dfrac{\mathrm{d}w}{\mathrm{d}z} = \dfrac{1}{\sqrt{t^2 - (G'/2)^2}}$, $t = z' + \mathrm{j}y'$。

2. 传播常数

考虑到上述三部分电场所在坐标系以及积分区域上的不同,为了表征电光调制的效率,引入电光重叠积分因子 Γ_{1y} 和 Γ_{2y},分别定义为

$$\Gamma_{1y} = G\frac{\iint \frac{1}{U}(E_{1y}(x, y) + E_{2y}(x, y))\,|E'(x, y)|^2 \mathrm{d}x\mathrm{d}y}{\iint |E'(x, y)|^2 \mathrm{d}x\mathrm{d}y} \tag{4.4.4}$$

$$\Gamma_{2y} = G\frac{\int\left(\iint \frac{1}{U}E_{3y}(z', y')\,|E'(x', y')|^2 \mathrm{d}x'\mathrm{d}y'\right)\mathrm{d}z'}{\iiint |E'(x', y')|^2 \mathrm{d}x'\mathrm{d}y'\mathrm{d}z'} \tag{4.4.5}$$

式中 $E'(x, y)$是光波电场沿波导截面的分布。最终 y 方向总的电光重叠积分因子为

$$\Gamma_y = \Gamma_{1y} + \Gamma_{2y} \tag{4.4.6}$$

根据电光调制理论,波导模式有效折射率的变化量为 $\Delta n_{10} = \dfrac{n_{10}^3}{2}\gamma_{33}\dfrac{U}{G}\Gamma_y$,式中 γ_{33}为聚合物芯层材料的电光系数。在外加电场作用下,各节电极所覆盖两波导的传播常数之差分别为 $+\Delta\beta$ 和 $-\Delta\beta$,如图 4.30(a)中标注所示。

3. 输出功率

在电光耦合区,定义 $L_0 = \pi/(2K)$为耦合长度,K 为耦合系数,引入状态变量 $u = L/L_0$,$v = \Delta\beta L/\pi$,并令

$$A(u, v) = \cos\left(\frac{\pi}{4}\sqrt{u^2 + v^2}\right) + \mathrm{j}\frac{v}{\sqrt{u^2 + v^2}}\sin\left(\frac{\pi}{4}\sqrt{u^2 + v^2}\right) \tag{4.4.7a}$$

$$B(u, v) = \frac{u}{\sqrt{u^2 + v^2}}\sin\left(\frac{\pi}{4}\sqrt{u^2 + v^2}\right) \tag{4.4.7b}$$

则传播常数差为 $+\Delta\beta$ 和 $-\Delta\beta$ 的两节电极对应的振幅传递矩阵可分别表示为

$$T^{+}(u,v)=\begin{pmatrix}A(u,v) & -\mathrm{j}B(u,v)\\ -\mathrm{j}B^{*}(u,v) & A^{*}(u,v)\end{pmatrix}\tag{4.4.8a}$$

$$T^{-}(u,v)=\begin{pmatrix}A^{*}(u,v) & -\mathrm{j}B(u,v)\\ -\mathrm{j}B^{*}(u,v) & A(u,v)\end{pmatrix}\tag{4.4.8b}$$

在间隔 G' 所对应的波导区，引入状态变量 $s=G'/L_0$，并令 $C(s)=\cos(\pi s/2)$，$D(s)=\sin(\pi s/2)$，则其振幅传递矩阵可表示为

$$T'(s)=\begin{pmatrix}C(s) & -\mathrm{j}D(s)\\ -\mathrm{j}D^{*}(s) & C^{*}(s)\end{pmatrix}\tag{4.4.9}$$

所以器件总的输出光振幅为

$$\begin{aligned}\begin{pmatrix}R_2\\ S_2\end{pmatrix}&=T^{-}(u,v)T'(s)T^{+}(u,v)\begin{pmatrix}R_0\\ S_0\end{pmatrix}\\ &=\begin{pmatrix}M(u,v,s) & -\mathrm{j}N(u,v,s)\\ -\mathrm{j}N^{*}(u,v,s) & M^{*}(u,v,s)\end{pmatrix}\begin{pmatrix}R_0\\ S_0\end{pmatrix}\end{aligned}\tag{4.4.10}$$

式中

$$\begin{aligned}M(u,v,s)=&\,|A(u,v)|^2C(s)-A(u,v)B(u,v)D^{*}(s)\\ &-A^{*}(u,v)B^{*}(u,v)D(s)-|B^{*}(u,v)|^2C^{*}(s)\end{aligned}\tag{4.4.11a}$$

$$\begin{aligned}N(u,v,s)=&\,A^{*}(u,v)B(u,v)C(s)+B^2(u,v)D^{*}(s)\\ &+(A^{*}(u,v))^2D(s)+A^{*}(u,v)B(u,v)C^{*}(s)\end{aligned}\tag{4.4.11b}$$

令光只从波导 1 输入，即 $R_0\neq0, S_0=0, P_0=|R_0|^2$，则器件的输出光功率为

$$P_{10}(u,v,s)=P_0|M(u,v,s)|^2,\quad P_{20}(u,v,s)=P_0|N^{*}(u,v,s)|^2\tag{4.4.12}$$

当考虑模式损耗时，输出光功率将变为

$$P_1(u,v,s)=P_{10}(u,v,s)\exp[-2\alpha_{\mathrm{p}}(L+G')]\tag{4.4.13a}$$

$$P_2(u,v,s)=P_{20}(u,v,s)\exp[-2\alpha_{\mathrm{p}}(L+G')]\tag{4.4.13b}$$

式中 α_{p} 为模式振幅损耗系数，$P_{10}(u,v,s)$ 及 $P_{20}(u,v,s)$ 由式(4.4.12)给出。

4. 状态曲线

根据式(4.4.12),当光仅从波导1输出时,需要满足$|N^*(u,v,s)|^2=0$,记为直通态;当光仅从波导2输出时,需要满足$|M(u,v,s)|^2=0$,记为交叉态。图4.31示出了直通态和交叉态情况下的$u-v$状态曲线。可以看出,直通态包含了纵轴上一系列的孤立点和$b_1,b_2,b_3,\cdots$曲线族,交叉态包含了$c_1,c_2,c_3,\cdots$曲线族。在一定的耦合区长度下,b_i曲线上的点对应的外加电压称为直通态电压,记为$U_=$;c_i曲线上点对应的外加电压称为交叉态电压,记为$U_\times$,对应的开关电压则为$U_s=|U_\times-U_=|$。为了降低状态电压并减小开关电压,应选取曲线b_1和c_1上的点作为状态点,并通过优化选择u $(1\leqslant u\leqslant3)$的值,获得较小的Δv,进而获得较小的开关电压。

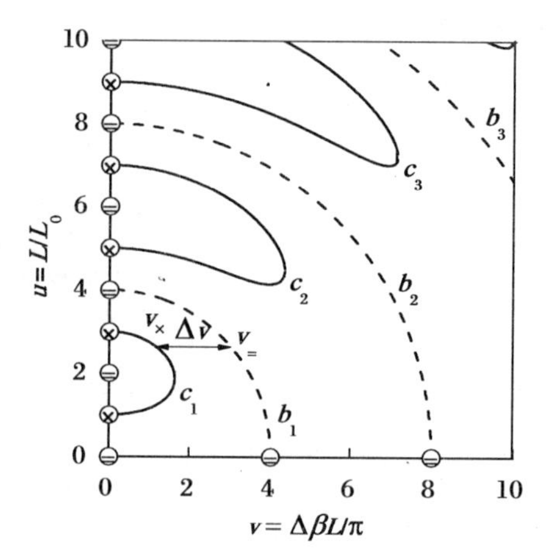

图4.31 器件的$u-v$状态曲线

$s\approx0$,“=”表示直通态,“×”表示交叉态

4.4.3 参数优化

为了保证波导的单模传输,选取的参数为$a=4.0\ \mu\text{m}$,$b_1=1.5\ \mu\text{m}$,$h=0.5\ \mu\text{m}$,$b_2=1.5\ \mu\text{m}$,$b_3=0.15\ \mu\text{m}$,此时由波导材料吸收引起的模式损耗系数为$\alpha_p=2.32\ \text{dB/cm}$。

根据图4.31,为了获得较小的状态电压及开关电压,需要在$1\leqslant u\leqslant3$区间内优化选择u值以获得较小的Δv。图4.32给出了直通态和交叉态电压$U_=$和$U_\times$、开关电压U_s以及耦合区长度L随u的变化曲线,计算中

取 $d=2.5\ \mu m$，$W=a$，$G=d$，$G'=d$。可以看出，当 u 增大即耦合区长度 L 增加时，在 $u=2.7$ 处，U_s 存在最小值，但此时器件尺寸太大，不利于集成。为了保证器件具有较小的耦合区长度、较低的状态电压和开关电压，取 $u=2.0$，此时有 $L=2L_0=4751\ \mu m$，$U_=\ =2.65\ V$，$U_\times=1.22\ V$，$U_s=1.43\ V$。

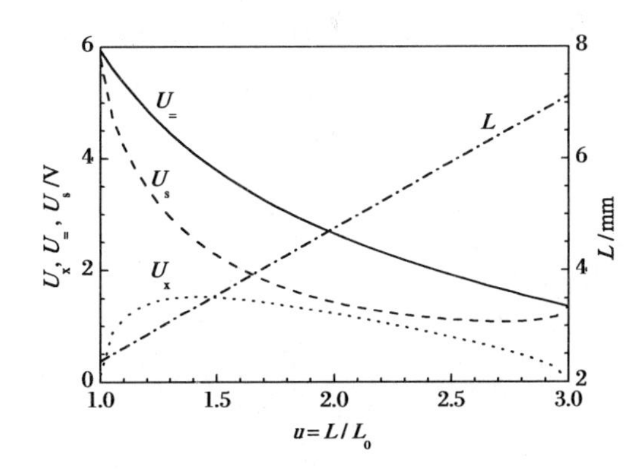

图 4.32　直通态电压 $U_=$、交叉态电压 $U_\times$、开关电压 U_s 及耦合区长度 L 随 u 的变化曲线

根据 4.4.2 节内容，电极宽度 W、间距 G 和两节反相电极间距 G' 都将影响电场分布，进而影响开关电压，为了获得较小的状态电压和开关电压，也必须优化这些参数。图 4.33 绘出了开关电压 U_s 随 W、G 及 G' 的变化曲线，取 $L=2L_0=4751\ \mu m$，(a) $G'=2.5\ \mu m$，(b) $W=a$，$G=d$。可以发现，当 $W=a$ 且 $G=d$ 时开关电压同时取得同一最小值，约为 1.43 V；由于 G' 的变化对 U_s 影响很小，设计中取 $G'=2.5\ \mu m$。

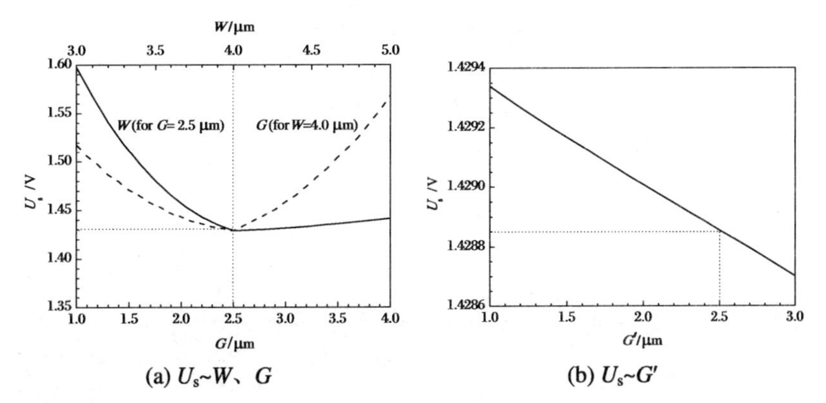

图 4.33　开关电压 U_s 随电极宽度 W、间距 G 及两节电极间距 G' 的变化曲线

4.4.4 性能模拟

1. 传输光功率

图 4.34 绘出了传输功率 $P_1(z)$ 和 $P_2(z)$ 随传输距离 z 的变化曲线，取 $L=2L_0=4751\ \mu\text{m}$，$G'=2.5\ \mu\text{m}$，(a) $U_{\times}=1.22\ \text{V}$，(b) $U_{=}=2.65\ \text{V}$。可以看出，在所计算的状态电压下，当传输距离为 $z=L+G'$ 时，器件实现了良好的功率切换。

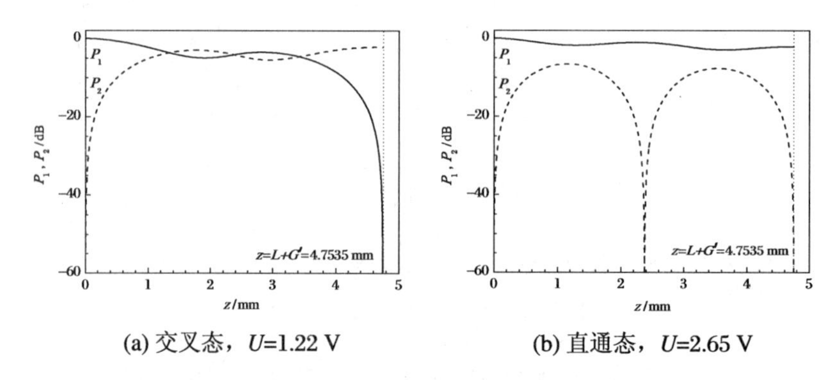

图 4.34 传输功率 $P_1(z)$ 和 $P_2(z)$ 随传输距离 z 的变化曲线

$L=2L_0=4751\ \mu\text{m}$，$G'=2.5\ \mu\text{m}$

2. 输出光功率

图 4.35 给出了输出光功率 $P_1(L+G')$ 和 $P_2(L+G')$ 与外加电压 U 的关系曲线，取 $L=2L_0=4751\ \mu\text{m}$，$G'=2.5\ \mu\text{m}$。可以看出，直通态和交

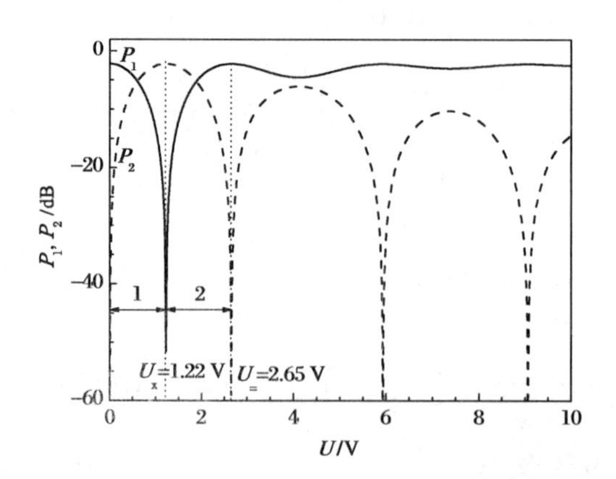

图 4.35 开关输出功率 $P_1(L+G')$ 和 $P_2(L+G')$ 与外加电压 U 的关系曲线

叉态的切换可通过图中所标注的1和2对应的电压转换过程来实现。对于转换过程1，$U_{=}=0$ V，$U_{\times}=1.22$ V；对于转换过程2，$U_{=}=2.65$ V，$U_{\times}=1.22$ V。但转换过程1要求L严格等于$2L_0$时，才能实现理想的直通态；当器件制作中出现工艺误差时，$L\neq 2L_0$，无法通过调整电压来实现理想的直通态，这将影响器件的正常工作。

3．制作误差

如上讨论，在器件制作中工艺误差是不可避免的，这将影响器件的工作性能。图4.36显示了波导长度的制作误差（$\Delta L=L-2L_0$），外加调整状态电压（$U_{a\times}$、$U_{a=}$）以及输出功率（$P_1(L+G')$、$P_2(L+G')$）的关系曲线，取(a) $U_{\times}=1.22$ V，(b) $U_{=}=2.65$ V。可以看出，当器件出现较大的工艺误差（$-100\sim100$ μm）时，仍可通过调整外加状态电压实现小于-60 dB的串扰。

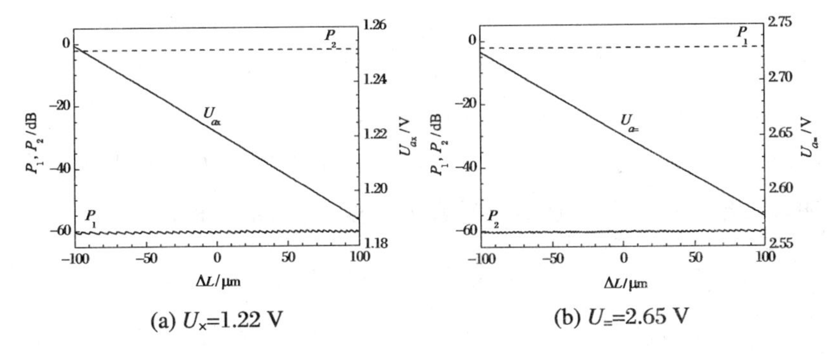

图4.36　制作误差ΔL，外加调整状态电压$U_{a\times}$、$U_{a=}$及输出功率$P_1(L+G')$、$P_2(L+G')$的关系曲线

4．输出光谱

在器件工作过程中，波长漂移也是不可避免的，这也将影响器件的性能。图4.37显示了器件的输出光功率$P_1(L+G')$、$P_2(L+G')$与波长漂移$\Delta\lambda=\lambda-\lambda_0$的关系曲线，取$L=2L_0=4751$ μm，$U_{\times}=1.22$ V，$U_{=}=2.65$ V，$\lambda_0=1550$ nm。可以看出，当波长漂移-27 nm$\leqslant\Delta\lambda\leqslant$27 nm（对应的工作波长为1523 nm$\leqslant\lambda\leqslant$1577 nm）时，器件的插入损耗小于2.21 dB，串扰小于-30 dB。

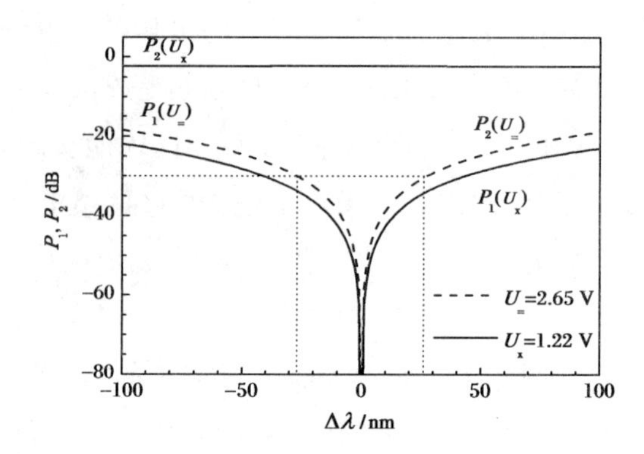

图 4.37 输出光功率 $P_1(L+G')$、$P_2(L+G')$随波长漂移 $\Delta\lambda=\lambda-\lambda_0$ 的变化曲线

4.4.5 方法验证

为了验证本节设计理论与方法的精度,在所优化的器件尺寸下,应用光束传播法(BPM)对所设计器件的传输功率 $P_1(z)$和 $P_2(z)$进行了模拟,结果如图 4.38 所示,取 $L=2L_0=4751$ μm,$G'=2.5$ μm,(a) $U_\times=1.22$ V,(b) $U_==2.65$ V。可以看出,该模拟结果与图 4.34 的模拟结果吻合很好,这表明本节给出的设计方法具有较高的精度,可满足工程设计需要。

4.4.6 小结

应用耦合模理论、电光调制理论、保角变换法和镜像法,本节给出了一种两节反相电极聚合物定向耦合电光开关。器件的中心波长为 1550 nm,电光区长度为 4751 μm。交叉态和直通态的电压分别为 1.22 V 和 2.65 V,器件的插入损耗和串扰分别小于 2.21 dB 和 −30 dB。通过微调状态电压,可以很容易消除由波导长度的制作误差引起的性能恶化。与 BPM 模拟结果的对比表明,本节所给出的设计方法和相关公式具有较好的精度,可满足工程设计需要。

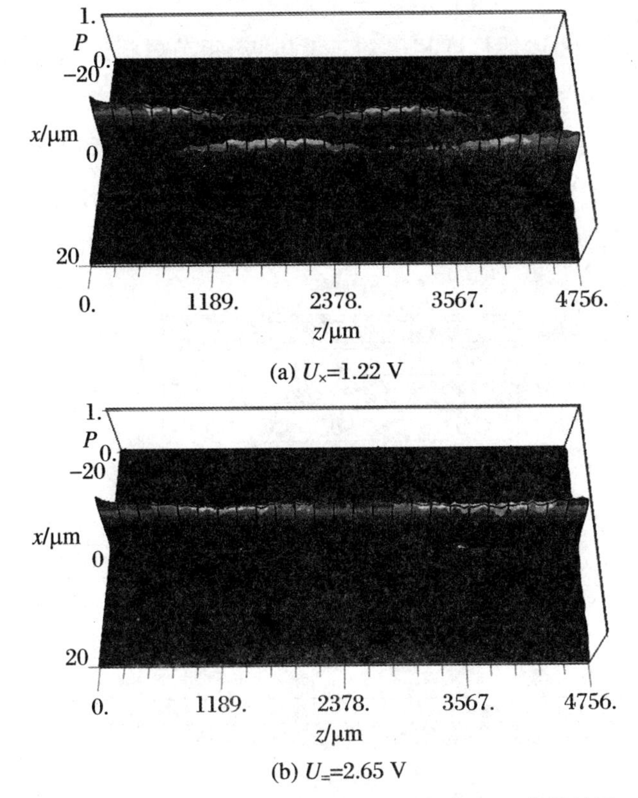

图 4.38　器件两条波导中各点传输功率的 BPM 模拟结果

4.5　三节交替反相电极定向耦合电光开关

在 4.4 节两节交替反相电极定向耦合电光开关基础上，本节将进一步优化设计具有三节交替反相电极结构的定向耦合电光开关，并模拟分析其开关特性。

4.5.1　器件结构

图 4.39(a)显示了三节交替反相电极定向耦合电光开关的结构。耦合

区由两个结构对称的单模脊形波导构成，其长度为 $L+2G'$，两波导的耦合间距为 d。耦合区包括长度相等的三节电极，每节电极的长度为 $L/3$，相邻两节电极的间隔为 G'。为降低开关电压并对芯层聚合物进行有效极化，器件采用推挽电极结构，如图 4.39(b)所示，它由地电极和两个共面电极构成。当器件处于极化状态时，两共面电极均连接极化电压正极。当器件处于工作状态时，两表面电极分别接工作电压 $+U$ 或 $-U$。

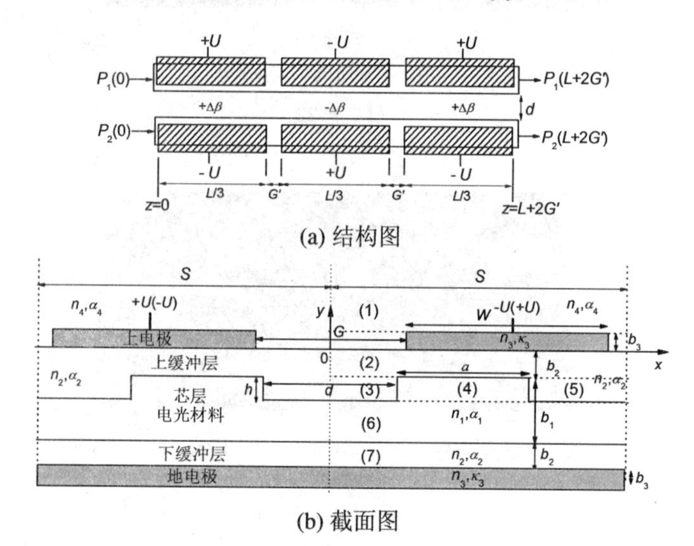

图 4.39　三节交替反相电极聚合物定向耦合电光开关的结构图

4.5.2　理论分析

1. 电场分布

当制作的电极厚度 b_3 较小(约为 100～200 nm)时，满足 $W/b_3 \geqslant 100$，此时电极可视为足够薄，我们可采用点匹配法来分析该电场的分布。将图 4.39(b)所示截面分为 7 个区，由于 $x=0$ 为电壁，各区的电势函数 $\phi_i(i=1\sim7)$可被展开为一个有限项正弦或者余弦的傅里叶级数，分别为

$$\phi_1=a_0+\sum_{k_1=1}^{N_1-1}\left[a_{k_1}\exp\left(\frac{-k_1\pi y}{S}\right)\sin\left(\frac{k_1\pi x}{S}\right)\right] \tag{4.5.1a}$$

$$\phi_v=b_{v,0}+c_{v,0}y+\sum_{k_v=1}^{N_v-1}\left\{\left[b_{v,k_v}\exp\left(-\frac{k_v\pi(y-y_v)}{L_v}\right)\right.\right.$$

$$+c_{v,k_v}\exp\left(\frac{k_v\pi(y-y_v)}{L_v}\right)\Bigg]\sin\left[\frac{k_v\pi(x-x_v)}{L_v}\right]\Bigg\}$$

$$(v=2,3,6) \tag{4.5.1b}$$

$$\phi_v=b_{v,0}+c_{v,0}y+\sum_{k_v=1}^{N_v-1}\Bigg\{\Bigg[b_{v,k_v}\exp\left(-\frac{k_v\pi(y-y_v)}{L_v}\right)$$

$$+c_{v,k_v}\exp\left(\frac{k_v\pi(y-y_v)}{L_v}\right)\Bigg]\cos\left[\frac{k_v\pi(x-x_v)}{L_v}\right]\Bigg\}$$

$$(v=4,5) \tag{4.5.1c}$$

$$\phi_7=d_0(y+b_1+2b_2)$$

$$+\sum_{k_7=1}^{N_7-1}\left\{d_{k_7}\sinh\left[\frac{k_7\pi(y+b_1+2b_2)}{S}\right]\sin\left(\frac{k_7\pi x}{S}\right)\right\} \tag{4.5.1d}$$

式中各展开系数的求解方法详见3.6节。最终,区域 v 内电场的 x 及 y 分量可表示为

$$E_{v,x}=-\partial\phi_v/\partial x,\quad E_{v,y}=-\partial\phi_v/\partial y \tag{4.5.2}$$

电光调制效率可由下述重叠积分表示:

$$\Gamma_y=\frac{\iint\left(\frac{E_y(x,y)}{U}\right)|E'(x,y)|^2\mathrm{d}x\mathrm{d}y}{\iint|E'(x,y)|^2\mathrm{d}x\mathrm{d}y} \tag{4.5.3}$$

式中 $E_y(x,y)$ 为外加的 y 方向电场,由式(4.5.2)给出;$E'(x,y)$ 为光波模式的 y 方向电场分量。在式(4.5.3)中令 $U=1$ 即可求得 Γ_y。在外加电压 $+U$ 和 $-U$ 作用下,各节电光区两波导的模式有效折射率将发生失配,且其变化量为 $\Delta n_{\text{eff}}=n_1^3\gamma_{33}U\Gamma_y/2$。令各节电极覆盖下的下分支波导和上分支波导的传播常数的失配分别为 $+\Delta\beta$、$-\Delta\beta$ 和 $+\Delta\beta$,如图4.39(a)标注所示。

2. 输出功率与开关条件

令 K 为耦合系数,$L_0=\pi/(2K)$ 为耦合长度。引入状态变量 $u=L/L_0$,$v=\Delta\beta L/\pi$,并令

$$A(u,v)=\cos\left(\frac{\pi}{6}\sqrt{u^2+v^2}\right)+\mathrm{j}\frac{v}{\sqrt{u^2+v^2}}\sin\left(\frac{\pi}{6}\sqrt{u^2+v^2}\right) \tag{4.5.4}$$

$$B(u,v)=\frac{u}{\sqrt{u^2+v^2}}\sin\left(\frac{\pi}{6}\sqrt{u^2+v^2}\right) \tag{4.5.5}$$

则有效传播常数失配为 $+\Delta\beta$ 和 $-\Delta\beta$ 的两节电极对应的振幅传递矩阵可分别写为

$$\begin{cases} T^{+}(u,v) = \begin{bmatrix} A(u,v) & -\mathrm{j}B(u,v) \\ -\mathrm{j}B^{*}(u,v) & A^{*}(u,v) \end{bmatrix} \\ T^{-}(u,v) = \begin{bmatrix} A^{*}(u,v) & -\mathrm{j}B(u,v) \\ -\mathrm{j}B^{*}(u,v) & A(u,v) \end{bmatrix} \end{cases} \tag{4.5.6}$$

在间隔 G' 所对应的波导区，引入状态变量 $s = G'/L_0$，并令 $C(s) = \cos(s\pi/2)$，$D(s) = \sin(s\pi/2)$，则其振幅传递矩阵可表示为

$$T'(s) = \begin{bmatrix} C(s) & -\mathrm{j}D(s) \\ -\mathrm{j}D^{*}(s) & C^{*}(s) \end{bmatrix} \tag{4.5.7}$$

令输入光幅度分别为 R_0 及 S_0，则输出光幅度可写成

$$\begin{aligned} \begin{pmatrix} R_2 \\ S_2 \end{pmatrix} &= T^{+}(u,v)T'(s)T^{-}(u,v)T'(s)T^{+}(u,v)\begin{pmatrix} R_0 \\ S_0 \end{pmatrix} \\ &= \begin{pmatrix} M(u,v,s) & -\mathrm{j}N(u,v,s) \\ -\mathrm{j}N^{*}(u,v,s) & M^{*}(u,v,s) \end{pmatrix}\begin{pmatrix} R_0 \\ S_0 \end{pmatrix} \end{aligned} \tag{4.5.8}$$

设 $R_0 \neq 0, S_0 = 0$，输入光功率 $P_0 = |R_0|^2$，则输出光功率为

$$P_{10}(u,v,s) = |M(u,v,s)|^2 P_0, \quad P_{20}(u,v,s) = |-\mathrm{j}N^{*}(u,v,s)|^2 P_0 \tag{4.5.9}$$

令基模的幅度传输损耗为 α_{p}，则输出光功率需修正为

$$P_1(u,v,s) = P_{10}(u,v,s)\exp[-2\alpha_P(L+2G')] \tag{4.5.10a}$$

$$P_2(u,v,s) = P_{20}(u,v,s)\exp[-2\alpha_P(L+2G')] \tag{4.5.10b}$$

由于 $s \to 0$，$C(s) \approx 1, D(s) \approx 0$，故 $M = (|A|^2 - 3|B|^2)A, N = (3|A|^2 - |B|^2)B$。当 $|M(u,v)| = 0$ 时，称为交叉态；当 $|-\mathrm{j}N^{*}(u,v)| = 0$ 时，称为直通态。图 4.40 所示为直通态和交叉态下的 $u-v$ 关系曲线，其中直通态曲线由 $l_{=}^{i}$ 表示，交叉态曲线由 $l_{\times}^{i}$ 表示。为了实现交叉态和直通态的切换并尽量降低器件尺寸（由 u 决定）、开关电压（由 Δv 决定）和状态电压（由 $v_{=}$ 和 $v_{\times}$ 决定），选取曲线 $l_{=}^{1}$ 及 $l_{\times}^{1}$ 作为状态转换曲线（如图 4.40 所示），并可通过在 $u = 2 \sim 4$ 区间优化选择 u 以获得较小的 $v_{=}$、$v_{\times}$ 及 Δv，进而可确定出状态电压 $U_{=}$、$U_{\times}$ 及开关电压 $U_{\mathrm{s}} = |U_{\times} - U_{=}|$。

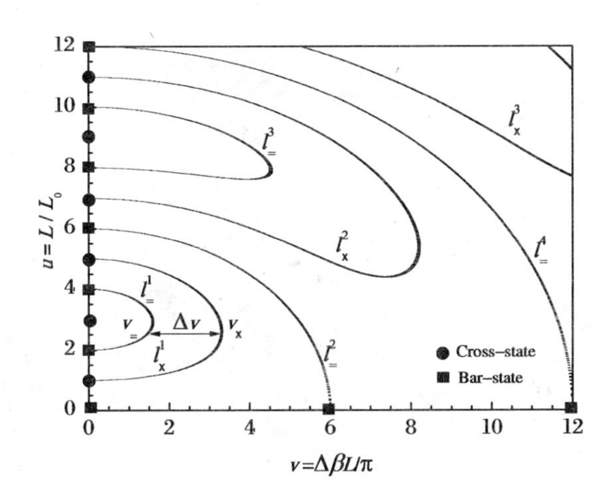

图 4.40　直通态和交叉态下的 $u-v$ 关系曲线

4.5.3　参数优化

为保证波导的单模传输和降低光波损耗，设计中参数选取为：中心工作波长取为 1550 nm，$a=4.0\ \mu m$，$b_1=1.5\ \mu m$，$h=0.5\ \mu m$，$b_2=1.5\ \mu m$，$b_3=0.15\ \mu m$，$d=2.6\ \mu m$，此时 $L_0=2654.3\ \mu m$，基模振幅损耗系数 $\alpha_p=2.32$ dB/cm。电极宽度应满足 $W\geqslant 100b_3=15\ \mu m$。

1. 电势分布

应用 4.5.2 节给出的相关公式，图 4.41 示出了沿图 4.39(b)所示截面的电势分布 $\phi(x,y)$，取 $W=15\ \mu m$，$G=d=2.6\ \mu m$，$S=25\ \mu m$，$U=1$ V。可以看出，该计算结果与电势的实际分布相符。

2. 电极宽度与电极间距

为了获得较低的开关电压和状态电压，必须通过合理优化电极结构以获得较大的电光调制效率。图 4.42 显示了电光重叠积分因子 Γ_y 与电极间距 G 及电极宽度 W 的关系曲线，取 $d=2.6\ \mu m$，$S=25\ \mu m$。由图示结果可知，当 G 一定且 W 大于 15 μm 时，Γ_y 基本不随 W 的变化而变化（$W=15\ \mu m$ 与 18 μm 对应的两条曲线基本重合）。当 W 一定时，Γ_y 随 G 的减小而增大，且当 $G<2.6\ \mu m$ 时，Γ_y 变化很小。因此设计中取 $W=15\ \mu m$，$G=2.6\ \mu m$，此时电光重叠积分因子 $\Gamma_y=0.18\ \mu m^{-1}$。

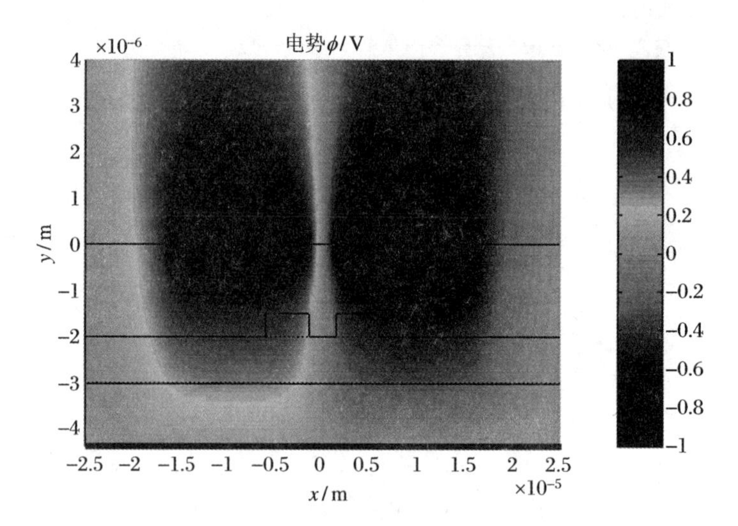

图 4.41 推挽电极沿截面的电势分布

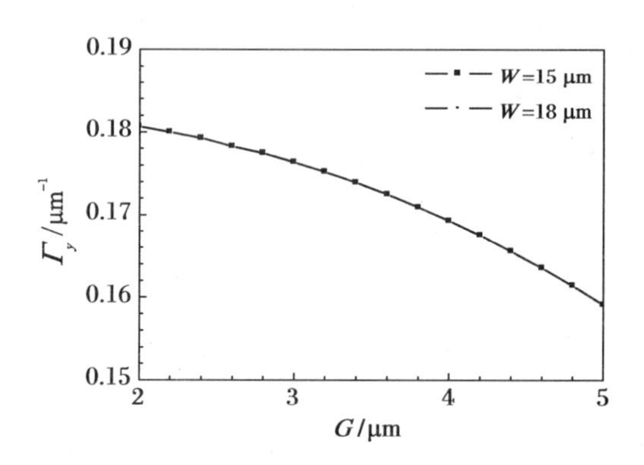

图 4.42 电光重叠积分因子 Γ_y 与电极间距 G 和电极宽度 W 的关系曲线

3．电光作用区长度和开关电压

根据对图 4.40 的分析，为获得较低的状态/开关电压，需在 $u=2\sim4$ 区间优化选择 u。图 4.43 示出了交叉态电压 $U_{\times}$、直通态电压 $U_{=}$、开关电压 U_s 及电光作用区长度 L 随 u 的变化曲线，取 $W=15\ \mu\text{m}$，$G=2.6\ \mu\text{m}$，$d=2.6\ \mu\text{m}$，$S=25\ \mu\text{m}$。由图示曲线可知，当 $u=3.7$ 时，开关电压存在最小值，且此时状态电压也较小，但是器件电光作用区长度很大，集成度低。为减小电光区长度，同时保证较低的驱动电压，折中选取 $u=3.0$，此时 $U_{=}=1.409\ \text{V}$，$U_{\times}=2.889\ \text{V}$，$U_s=1.480\ \text{V}$，$L=7.963\ \text{mm}$。

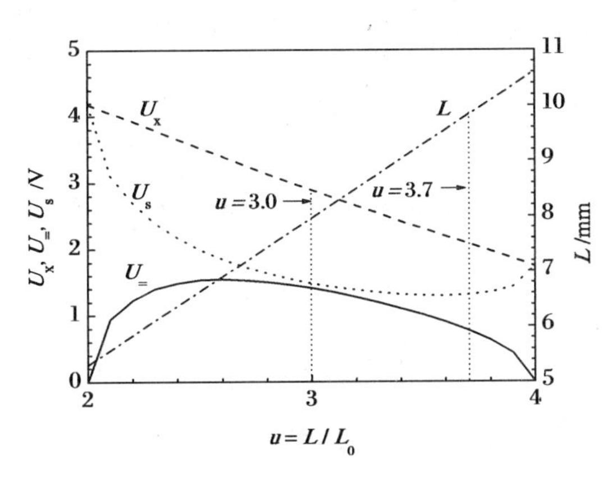

图 4.43 状态电压 $U_×$、$U_=$，开关电压 U_s 及电光作用区长度 L 随 u 的变化曲线

4.5.4 性能模拟

1. 输出光功率

图 4.44 绘出了中心波长下开关输出光功率 P_1、P_2 与外加电压 U 的关系曲线，取 $W=15$ μm，$G=2.6$ μm，$d=2.6$ μm，$S=25$ μm，$L=7.963$ mm，$G'=5.0$ μm。可以发现，直通态和交叉态的切换可以由图示的(1)、(2)、(3)三条路径实现，但是转换路径(1)（对应的状态电压为 $U_= =1.409$ V、$U_× =0$ V）的交叉态要求波导的长度必须严格等于耦合长度的3倍，对加工精度要求高，同时转换路径(3)（对应的状态电压为 $U_= =4.620$ V、$U_× =2.889$ V）的直通态电压较高，因此设计中不宜选取这两条转换路径。而转换路径(2)（对应的状态电压为 $U_= =1.409$ V、$U_× =2.889$ V）不仅能够

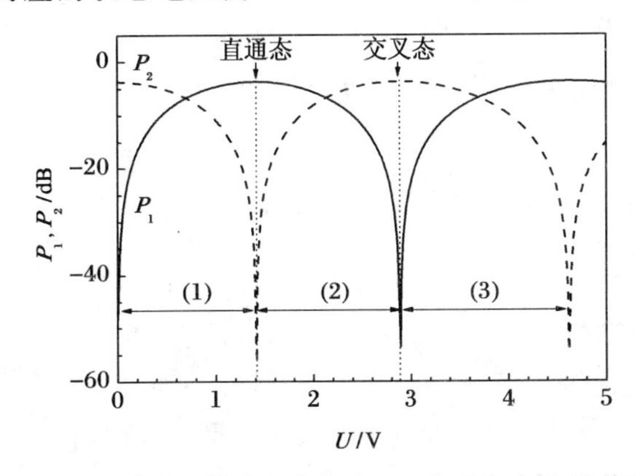

图 4.44 中心工作波长下输出光功率 P_1、P_2 与外加电压 U 的关系曲线

较好地完成功率的切换，而且当波导出现制作误差时，均可通过微调状态电压来实现理想的状态切换。

2. 传输光功率

图 4.45 显示了中心工作波长下，交叉态和直通态时两波导中传输光功率 $P_1(z)$ 和 $P_2(z)$ 与传输距离 z 的关系曲线，取 $L = 7.963$ mm，$G' = 5.0$ μm，器件总长度为 $L + 2G' = 7.973$ mm，(a) 交叉态：$U = U_{\times} = 2.889$ V，(b) 直通态：$U = U_{=} = 1.409$ V。可以发现，在所计算的交叉态和直通态工作电压下，器件能够实现正常的开关功能。

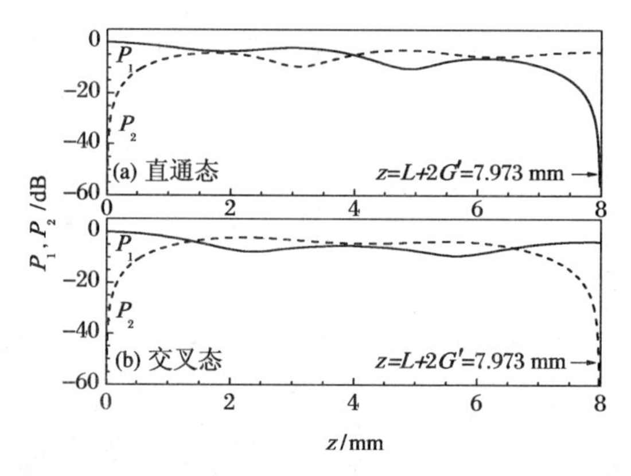

图 4.45 中心工作波长下波导中传输光功率 $P_1(z)$、$P_2(z)$ 与传输距离 z 的关系曲线

3. 制作误差

当器件加工过程中出现波导长度的制作误差时，其性能将受到影响。图 4.46 绘出了中心工作波长下，在不对外加电压进行微调和对外加电压进行微调两种情况下，器件的输出光功率 P_1、P_2，以及外加微调状态电压 $U_{=}^{adj}$、$U_{\times}^{adj}$ 随电光作用区波导长度制作误差 $\Delta L = L - 3L_0$ 的变化曲线，(a) 为交叉态，(b) 为直通态，取 $3L_0 = 7.963$ mm，$U_{\times} = 2.889$ V，$U_{=} = 1.409$ V。由图 4.46(a) 可知，在制作误差 -500 μm $\leqslant \Delta L \leqslant 500$ μm 范围内，若不对外加电压进行微调即维持外加电压为 $U_{\times} = 2.889$ V 不变，器件的串扰随 $|\Delta L|$ 的增大而增大，如图中曲线 $P_1(U_{\times})$ 所示；当对外加电压进行微调即 $3.08\ \text{V} \geqslant U_{\times}^{adj} \geqslant 2.72$ V（如图中曲线 $U_{\times}^{adj}$ 所示）时，对于任意的制作公差而言，器件的串扰都将下降至约 -50 dB，如图中曲线 $P_1(U_{\times}^{adj})$ 所示。由图 4.46 (b) 可知，在制作公差 -500 μm $\leqslant \Delta L \leqslant 500$ μm 范围内，若不对外加电压进行微调即维持外加电压为 $U_{=} = 1.409$ V 不变，器件的串扰也随

$|\Delta L|$的增大而增大，如图中曲线 $P_2(U_=)$所示；当对外加电压进行微调即 $1.50\ V \geqslant U_=^{adj} \geqslant 1.32\ V$（如图中曲线 $U_=^{adj}$所示）时，对于任意的制作误差而言，器件的串扰都将下降至约 -60 dB，如图中曲线 $P_2(U_=^{adj})$所示。这表明当出现制作误差时，通过微调状态电压，器件仍可实现极低的串扰，从而降低了对加工精度的要求。

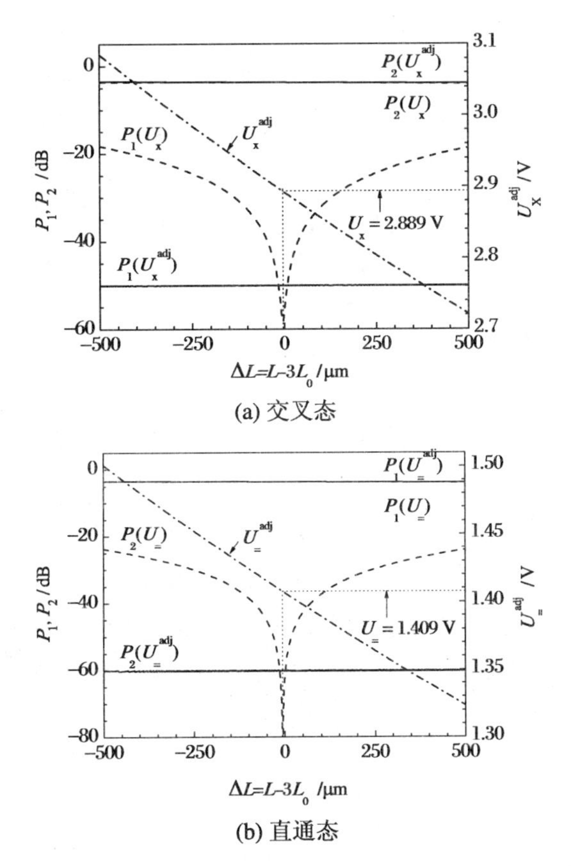

图 4.46　中心工作波长下，在不对电压进行微调和对电压进行微调两种情况下，输出光功率 P_1、P_2 及外加微调状态电压 $U_=^{adj}$、$U_\times^{adj}$ 随制作公差 $\Delta L = L - 3L_0$ 的变化曲线

4. 输出光谱

电光开关的输出光谱是器件的重要特性之一。图 4.47 绘出了交叉态和直通态下，开关输出光功率 P_1、P_2 随工作波长 λ 的变化曲线，取 $3L_0 = 7.963$ mm，$U_\times = 2.889$ V，$U_= = 1.409$ V。由图示结果可知，当 1526 nm $\leqslant \lambda \leqslant$ 1577 nm 时，器件串扰小于 -30 dB，插入损耗小于 3.71 dB。

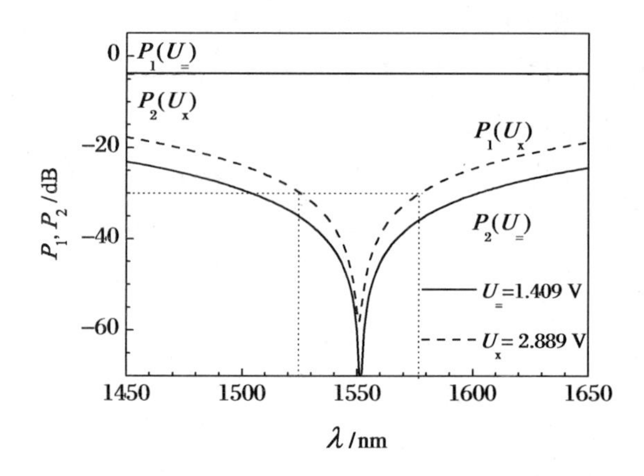

图 4.47 直通态和交叉态下，器件输出光功率 P_1、P_2 与工作波长 λ 的关系曲线

4.5.5 方法验证

为验证本节分析理论、设计方法和相关公式的精度，在所优化的参数下，应用 BPM 方法对所设计器件的传输光功率 $P_1(z)$ 和 $P_2(z)$ 进行了模拟，如图 4.48 所示，取 $L = 7.963$ mm，$G' = 5.0$ μm，器件总长度为 $L + 2G' = 7.973$ mm，(a) $U = U_{\times} = 2.889$ V 为交叉态，(b) $U = U_{=} = 1.409$ V 为直通态。可以看到，BPM 方法的模拟结果与本节方法的计算结果（图 4.45(a)、(b)所示）吻合很好。这表明本节的分析理论、设计方法及相关公式具有很好的精度，可满足工程设计需要。

4.5.6 小结

为降低制作公差对串扰的影响，应用点匹配法、耦合模理论和电光调制理论，本节优化设计了一种三节交替反相电极聚合物定向耦合电光开关。综合考虑电极覆盖区和非覆盖区波导的影响，导出了功率传输矩阵、输出光功率和传输光功率的新型表达式。分析了状态电压、开关电压、输出功率、传输功率、插入损耗、串扰、输出波谱及制作公差等特性。模拟结果表明，在中心工作波长 1550 nm 下，器件的状态电压分别为 1.409 V 和 2.889 V；当工作波长在 1526～1577 nm 范围内时，器件串扰小于 − 30 dB，插入损耗小于 3.71 dB。当波导长度的制作误差在 − 500～500 μm 范围内时，通过微调状态电压，在中心波长下两个输出端口仍可分别实现小于 - 50 dB 和 - 60 dB 的串扰。与 BPM 方法模拟结果的对比表明，本节给出的分析理论和设计方法具有较好的精度。

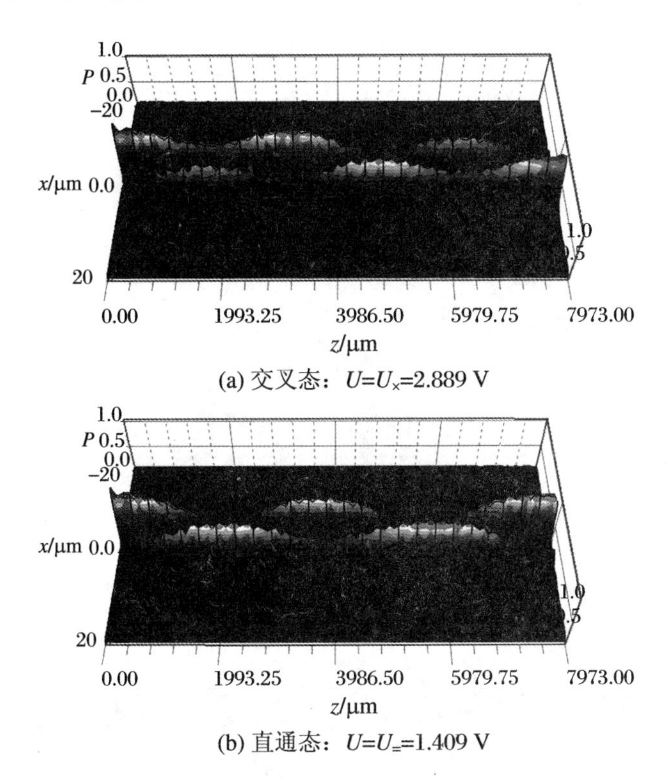

(a) 交叉态：$U=U_{\times}=2.889$ V

(b) 直通态：$U=U_{=}=1.409$ V

图 4.48　器件两条波导中传输光功率 $P_1(z)$ 和 $P_2(z)$ 的 BPM 模拟结果

4.6　单节电极 Y 型耦合器电光开关

对于一般结构的定向耦合电光开关而言，当两波导的耦合间距较小时，器件长度较小，然而对器件工艺加工精度要求较高，所以设计中一般会取较大的耦合间距，这显然又会增大器件尺寸进而降低其集成度。同时，对于两节和三节交替反相电极定向耦合电光开关而言，其器件尺寸会更大，一般为 $2L_0$ 和 $3L_0$。因此，本节将设计一种 Y 型耦合器电光开关，该器件既具有适合加工的耦合间距，同时又具有较小的耦合区长度。

4.6.1 器件结构

图 4.49 所示为 1×2 Y 型耦合器电光开关的俯视图及电光区截面图。它包括一个单模 Y 分支分束器和一个定向耦合器，采用脊形波导结构，电光区长度为 L，耦合间距为 d。两表面电极上的工作电压分别为 $+U$ 和 $-U$。当工作电压 $U=0$ V 时，输入光功率被均匀地分成两份，器件呈 3 dB 状态；当 $U\neq 0$ V 时，两分支波导由于折射率变化量相反，将导致输出功率的重新分配，当 U 取适当值时，可使输入光功率仅从上分支波导输出或仅从下分支波导输出，从而实现开关作用。

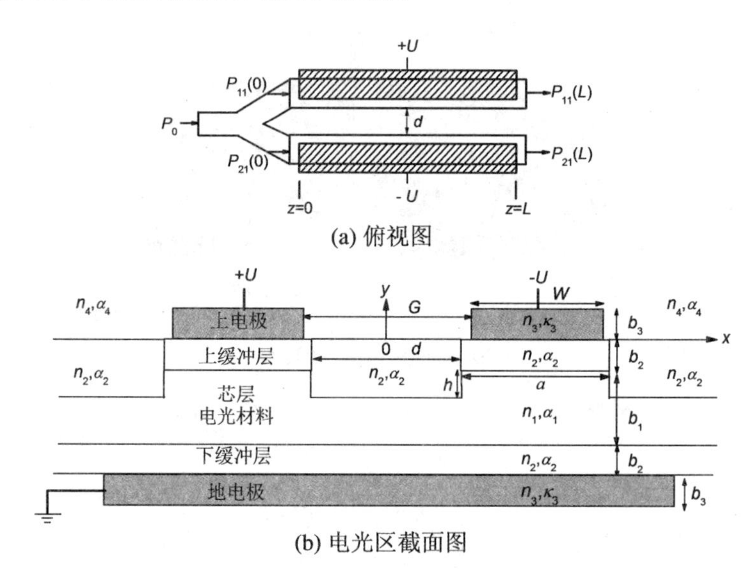

图 4.49 1×2 Y 型耦合器电光开关结构图

4.6.2 理论分析

脊形波导芯中的电场 y 分量 E_y 近似由两部分组成，一是由上、下电极产生的均匀电场 E_{1y}，二是由两表面电极产生的非均匀电场 E_{2y}。按照电磁场理论易得

$$E_{1y}(x,y) = \frac{Un_2^2}{2n_1^2 b_2 + n_2^2 b_1} \tag{4.6.1}$$

按照保角变换法和镜像法，可将 E_{2y} 表示为

$$E_{2y}(x,y) = (1-r)\sum_{i=0}^{\infty} r^i E_{20,y}(x, y-2ib_2) \tag{4.6.2}$$

式中 $E_{20,y}(x,y) = U/K' \mathrm{Im}\dfrac{\mathrm{d}w}{\mathrm{d}t}$ 为缓冲层厚度等于 0 时的电场分布，其中 $\dfrac{\mathrm{d}w}{\mathrm{d}t} = \dfrac{g}{\sqrt{(g^2-k^2t^2)(g^2-t^2)}}$，$g = G/2$，$k = \dfrac{G}{G+2W}$，$t = x + \mathrm{j}y$，$K' = F(\pi/2,k)$ 为第一类椭圆积分；$r = \dfrac{(n_1^2 - n_2^2)}{(n_1^2 + n_2^2)}$ 为反射因子。因此 y 方向总的电场分量可以写为

$$E_y(x,y) = E_{1y}(x,y) + E_{2y}(x,y) \tag{4.6.3}$$

在外加电压 U 的作用下，上、下两个波导中模式有效折射率的变化分别为 $-\Delta n_1$ 和 $+\Delta n_1$，且

$$\Delta n_1 = \frac{n_1^3}{2}\gamma_{33}\frac{U}{G}\Gamma_y \tag{4.6.4}$$

式中 $\Gamma_y = G\dfrac{\iint \frac{1}{U}E_y(x,y)\,|E'(x,y)|^2\mathrm{d}x\mathrm{d}y}{\iint |E'(x,y)|^2\mathrm{d}x\mathrm{d}y}$ 为电光重叠积分因子。令 β_1、β_2 分别为两波导中光波模式的传播常数，且令 $2\delta = \beta_2 - \beta_1$。

当忽略器件的损耗时，可近似认为 $P_{11}(0) = P_{21}(0) \equiv P_0/2$，按照耦合模理论[128]可得

$$P_{11}^0(L) = \frac{P_0}{2}\left(1 - \frac{2\delta K}{\delta^2 + K^2}\sin^2(\sqrt{\delta^2+K^2}L)\right) \tag{4.6.5a}$$

$$P_{21}^0(L) = \frac{P_0}{2}\left(1 + \frac{2\delta K}{\delta^2 + K^2}\sin^2(\sqrt{\delta^2+K^2}L)\right) \tag{4.6.5b}$$

式中 K 为两脊形波导的耦合系数。

令 $L_0 = \pi/(2\sqrt{2}K)$ 为 Y 型耦合器的耦合长度，且分别定义两个状态变量为 $s(U) = 2\delta L/\pi$ 和 $t = L/L_0$，可将式(4.6.5)改写为

$$P_{11}^0(s,t) = \frac{P_0}{2}\left[1 - \frac{\sqrt{2}st}{s^2+\frac{t^2}{2}}\sin^2\left(\sqrt{s^2+\frac{t^2}{2}}\cdot\frac{\pi}{2}\right)\right] \tag{4.6.6a}$$

$$P_{21}^0(s,t)=\frac{P_0}{2}\left[1+\frac{\sqrt{2}st}{s^2+\frac{t^2}{2}}\sin^2\left(\sqrt{s^2+\frac{t^2}{2}}\cdot\frac{\pi}{2}\right)\right] \tag{4.6.6b}$$

定义两种开关状态：当光功率仅从上分支输出时，定义为上分支状态；当光功率仅从下分支输出时，定义为下分支状态。根据式(4.6.5)和式(4.6.6)可得：

(1) 上分支状态：$P_{11}^0(s,t)=P_0$，$P_{21}^0(s,t)=0$；$\delta=-K$，$L=(2n+1)L_0$ 或者 $s=-t/\sqrt{2}$，$t=2n+1(n=0,1,2,\cdots)$。

(2) 下分支状态：$P_{11}^0(s,t)=0$，$P_{21}^0(s,t)=P_0$；$\delta=K$，$L=(2n+1)L_0$ 或者 $s=\dfrac{t}{\sqrt{2}}$，$t=2n+1(n=0,1,2,\cdots)$。

图 4.50 显示了上分支的归一化输出光功率 P_{11}^0/P_0 与变量 s 的关系，以及上分支状态点和下分支状态点与对应的 s 与 t 的关系。

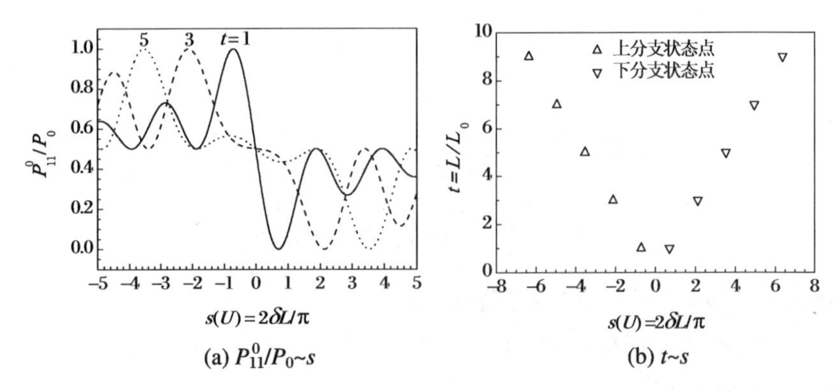

图 4.50 (a) 上分支的归一化输出光功率 P_{11}^0/P_0 与变量 s 的关系；(b) 上分支状态点和下分支状态点与对应的 s 与 t 的关系

为了减小器件尺寸，可取 $L=L_0$。由于 δ 为 U 的函数，记 $\delta=K$ 和 $\delta=-K$ 对应的工作电压分别为 $+U_s/2$ 和 $-U_s/2$，其中 U_s 为开关电压。当考虑光波的功率损耗时，输出光功率可以表示为

$$P_{11}(L)=P_{11}^0\exp(-2\alpha L-\alpha_{\text{splitter}}),\quad P_{21}(L)=P_{21}^0\exp(-2\alpha L-\alpha_{\text{splitter}}) \tag{4.6.7}$$

式中 α_{splitter} 为 Y 型分束器的功率损耗，P_{11}^0 和 P_{21}^0 由式(4.6.6)给出。

4.6.3 参数优化

为了保证波导中E_{00}^y模式的单模传输，选取 $a=4.0\ \mu m$，$b_1=1.5\ \mu m$，$h=0.5\ \mu m$，$b_2=1.5\ \mu m$，$b_3=0.1\ \mu m$，此时模式振幅衰减系数为 $\alpha=2.32\ dB/cm$。

由理论分析可知，当电极宽度 W 和电极间距 G 变化时，电场分布和开关电压降随之改变。当取 $d=3.0\ \mu m$ 时，器件耦合长度为 $L=L_0=2926\ \mu m$。图4.51显示了电极宽度 W 和电极间距 G 对开关电压 U_s 的影响。可以看出，当取 $W=a=4.0\ \mu m$，$G=d=3.0\ \mu m$ 时，开关电压可达到最小值，其值为 $U_s=1.7826\ V$。对应的上分支和下分支状态电压分别为 $U=-0.8913\ V$和 $U=+0.8913\ V$。

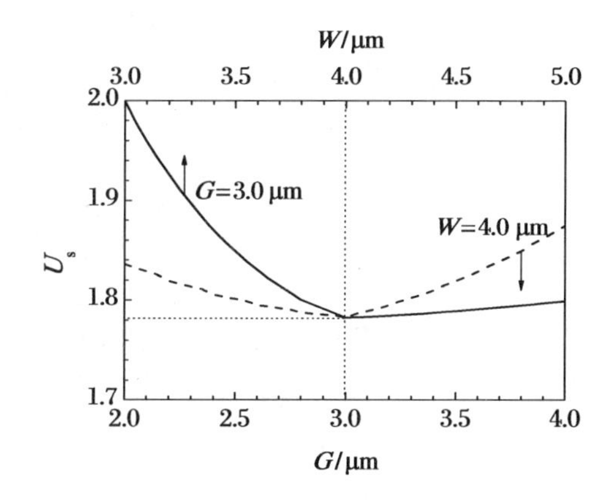

图4.51 电极宽度 W 和电极间距 G 对开关电压 U_s 的影响

4.6.4 性能模拟

图4.52显示了开关输出光功率 P_{11} 和 P_{21} 随外加电压 U 的变化曲线，取Y分支的偏折角度为1.25°。可以看出，当 $U=0.891\ V$ 时，输入光功率将仅从波导2输出，开关呈下分支状态；当 $U=-0.891\ V$ 时，输入光功率将仅从波导1输出，开关呈上分支状态。在开关的工作过程中，工作电压的漂移是不可避免的，这会影响器件的工作性能。由图4.52我们看出，当工作电压范围在 $0.85\ V\leqslant U\leqslant 0.94\ V$ 或者 $-0.94\ V\leqslant U\leqslant -0.85\ V$ 时，器

件的串扰将小于 -30 dB，插入损耗小于 1.36 dB。

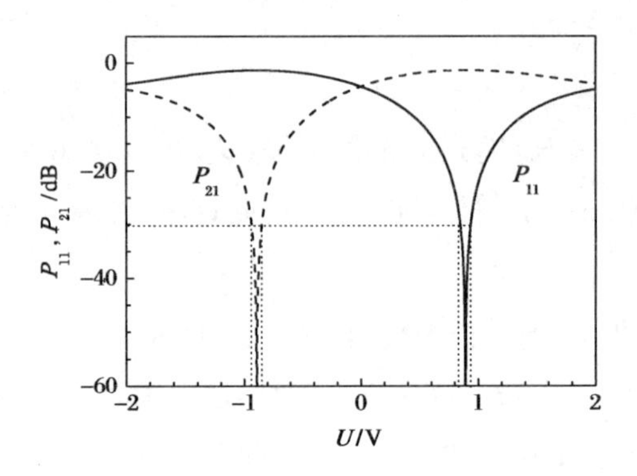

图 4.52 开关输出光功率 P_{11} 和 P_{21} 随外加电压 U 的变化曲线

为了确定器件的输出光谱，图 4.53 显示了波长漂移 $\Delta\lambda=\lambda-\lambda_0$ 对开关输出光功率 P_{11} 和 P_{21} 的影响，分别取 $U=0.891$ V 和 $U=-0.891$ V。可以看出，当工作波长处于 1527～1575 nm 范围时，器件的插入损耗和串扰分别小于 1.42 dB 和 -30 dB。这表明，在上述波长漂移范围内，器件仍具有较好的开关功能。

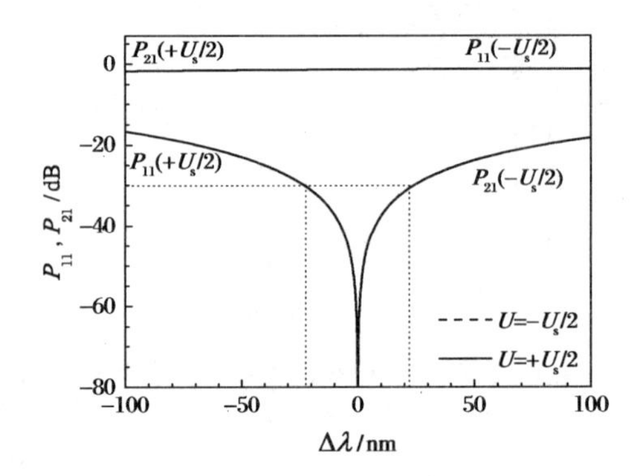

图 4.53 波长漂移 $\Delta\lambda=\lambda-\lambda_0$ 对开关输出光功率 P_{11} 和 P_{21} 的影响

4.6.5 方法验证

应用 BPM 方法，图 4.54 显示了波导中的传输光功率的模拟结果，取 Y 型分束器的长度为 200 μm，器件总长度为 3126 μm。图中结果可见，在所计算的驱动电压下，输入光功率可分别从上分支波导和下分支波导输出。这表明，本节给出的计算方法可满足工程设计需要。

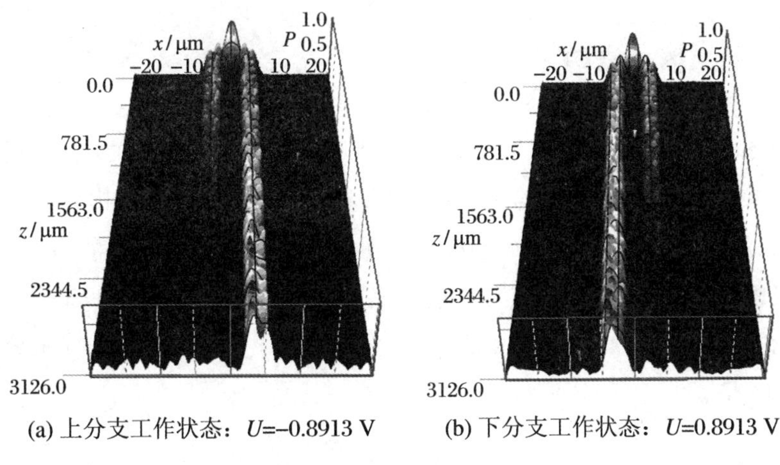

(a) 上分支工作状态：U=-0.8913 V　　(b) 下分支工作状态：U=0.8913 V

图 4.54 波导中各点传输光功率的 BPM 模拟结果

4.6.6 小结

与 4.1 节和 4.2 节设计的传统定向耦合电光开关相比，本节所设计的 Y 型耦合器电光开关具有一些不同点。首先，当 Y 型耦合器和定向耦合器具有相同的波导参数时，前者的电光区波导长度仅为后者的 $1/\sqrt{2}$，这表明，该器件具有更高的集成度。其次，在相同的波导参数下，若设两波导之间的耦合系数为 K，则 Y 型耦合器电光开关的开关条件为 $\delta=2K$，而定向耦合器电光开关的开关条件为 $\delta=\sqrt{3}K$，二者差异较小。这表明，该器件同时也具有较低的开关电压。

4.7 两节反相电极 Y 型耦合器电光开关

针对 4.6 节给出的单节电极 Y 型耦合器电光开关，通过将单节电极变为两节反相电极，本节优化设计了一种两节反相电极 Y 型耦合器电光开关，并模拟分析了该器件的开关特性。

4.7.1 器件结构

图 4.55 为所设计的两节反相电极 Y 型耦合器电光开关，它包括一个 Y 型分束器和一个定向耦合器，定向耦合器由两条平行且结构对称的脊形波导组成，总长度为 $L_{\text{total}} = L + G'$，$G'$为两节电极之间的间隔，$G' \ll L$，两节电极的长度均为 $L/2$。波导的耦合间距为 d，Y 型分束器的偏折角度为 θ。器件的两波导芯采用同相极化，工作时两节电极上施加的电压分别为 $+U$ 和 $-U$。

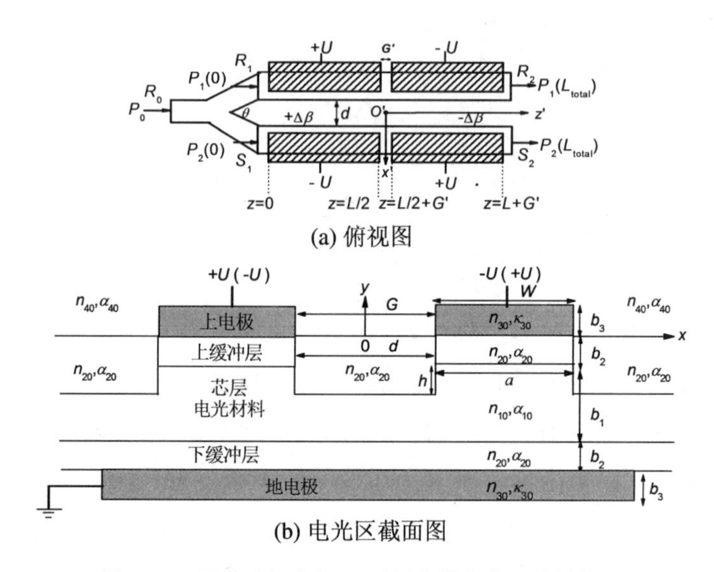

(a) 俯视图

(b) 电光区截面图

图 4.55 两节反相电极 Y 型耦合器电光开关结构图

4.7.2 理论分析

1. 电场分布和传播常数失配

为了有效描述截面内推挽电极和两节反相电极之间的电场分布，这里我们引入坐标系 $O-xyz$ 和 $O'-x'y'z'$，且两坐标系之间的关系为 $x = x'$，$y = y'$，$z = z' + L/2 + G'/2$。两波导芯中 y 方向的电场分量可以近似表示为

$$E_y(x, y) = E_{1y}(x, y) + E_{2y}(x, y) + E_{3y}(z', y') \qquad (4.7.1)$$

式中 $E_{1y}(x, y) = \dfrac{Un_{20}^2}{2n_{10}^2 b_2 + n_{20}^2 b_1}$ 为截面内两上下电极之间的电场；

$E_{2y}(x,y)=(1-r)\sum_{i=0}^{\infty}r^{i}E_{20,y}(x,y+2ib_2)$ 为截面内两表面工作电极之间形成的电场，$r=\dfrac{n_{10}^2-n_{20}^2}{n_{10}^2+n_{20}^2}$ 为反射系数，$E_{20,y}(x,y)=U/K'\mathrm{Im}\dfrac{\mathrm{d}w}{\mathrm{d}t}$，$\dfrac{\mathrm{d}w}{\mathrm{d}t}=\dfrac{g}{\sqrt{(g^2-k^2t^2)(g^2-t^2)}}$，$g=G/2$，$k=\dfrac{G}{G+2W}$，$t=x+\mathrm{j}y$，$K'=F(\pi/2,k)$；$E_{3y}(z',y')=(1-r)\sum_{i=0}^{\infty}r^{i}E_{30,y}(z',y'+2ib_2)$ 为两节电极之间形成的电场，$E_{30,y}(z',y')=\dfrac{2U}{\pi}\mathrm{Re}\dfrac{\mathrm{d}w}{\mathrm{d}t}$，$\dfrac{\mathrm{d}w}{\mathrm{d}t}=\dfrac{1}{\sqrt{t^2-(G'/2)^2}}$，$t=z'+\mathrm{j}y'$。在不同的坐标系中，定义如下两个电光重叠积分因子，分别为

$$\Gamma_{1y}=G\frac{\iint\frac{1}{U}(E_{1y}(x,y)+E_{2y}(x,y))\left|E'(x,y)\right|^2\mathrm{d}x\mathrm{d}y}{\iint\left|E'(x,y)\right|^2\mathrm{d}x\mathrm{d}y}\tag{4.7.2}$$

$$\Gamma_{2y}=G\frac{\int\left(\iint\frac{1}{U}E_{3y}(z',y')\left|E'(x',y')\right|^2\mathrm{d}x'\mathrm{d}y'\right)\mathrm{d}z'}{\iiint\left|E'(x',y')\right|^2\mathrm{d}x'\mathrm{d}y'\mathrm{d}z'}\tag{4.7.3}$$

式中 $E'(x,y)$为光波模式的电场分布。因此，y 方向总的电光重叠积分因子为

$$\Gamma_y=\Gamma_{1y}+\Gamma_{2y}\tag{4.7.4}$$

在外加电压 $+U$ 和 $-U$ 下，两波导中光波模式的有效折射率变化为

$$\Delta n_{\mathrm{eff}}=\frac{n_{10}^3}{2}\gamma_{33}\frac{U}{G}\Gamma_y\tag{4.7.5}$$

由于两节电极上的外加电压方向相反，两电光区两个波导的模式传播常数失配分别为 $+\Delta\beta$ 和 $-\Delta\beta$，如图 4.55(a)中标注所示。

2. 振幅传输矩阵

令 K 为两脊形波导之间的耦合系数，则耦合长度可表示为 $L_0=\pi/(2K)$。为了便于下文的分析，定义传播常数失配量为 $+\Delta\beta$ 的传输矩阵为 $T^+(u,v)$，间隔 G'内波导的传输矩阵为 $T'(s)$，传播常数失配量为 $-\Delta\beta$ 的传输矩阵为 $T^-(u,v)$，可分别表示为

$$T^+(u,v)=\begin{pmatrix}A(u,v) & -\mathrm{j}B(u,v)\\ -\mathrm{j}B^*(u,v) & A^*(u,v)\end{pmatrix}\tag{4.7.6}$$

$$T'(s) = \begin{pmatrix} C(s) & -jD(s) \\ -jD^*(s) & C^*(s) \end{pmatrix} \tag{4.7.7}$$

$$T^-(u,v) = \begin{pmatrix} A^*(u,v) & -jB(u,v) \\ -jB^*(u,v) & A(u,v) \end{pmatrix} \tag{4.7.8}$$

式中

$$A(u,v) = \cos\left(\frac{\pi}{4}\sqrt{u^2+v^2}\right) + j\frac{v}{\sqrt{u^2+v^2}}\sin\left(\frac{\pi}{4}\sqrt{u^2+v^2}\right)$$

$$B(u,v) = \frac{u}{\sqrt{u^2+v^2}} \times \sin\left(\frac{\pi}{4}\sqrt{u^2+v^2}\right)$$

$$C(s) = \cos(\pi/2s)$$

$$D(s) = \sin(\pi/2s)$$

3. 传输功率

令Y型耦合器的初始输入光功率为 $P_0 = |R_0|^2$，R_0 为初始输入光幅度。若忽略光波的模式损耗，在Y型分束器作用下，输入到定向耦合器两波导的光波幅值和功率分别为 $R_1(0) = S_1(0) \equiv R_0/\sqrt{2}$ 和 $P_1(0) = P_2(0) \equiv P_0/2$。按照耦合模理论，波导中传输的光波模式振幅 $R_1(z)$ 和 $R_2(z)$ 可表示为：

① 当 $0 \leqslant z \leqslant L/2$ 时，有 $\begin{pmatrix} R_1(z) \\ S_1(z) \end{pmatrix} = T^+(u,v)\begin{pmatrix} R_0/\sqrt{2} \\ S_0/\sqrt{2} \end{pmatrix}$，式中 $u = 2z/L_0$，$v = 2\Delta\beta z/\pi$。

② 当 $L/2 < z \leqslant L/2 + G'$ 时，有 $\begin{pmatrix} R_1(z) \\ S_1(z) \end{pmatrix} = T'(s)\begin{pmatrix} R_1(L/2) \\ S_1(L/2) \end{pmatrix}$，式中 $s = (z - L/2)/L_0$，$R_1(L/2)$ 和 $S_1(L/2)$ 可由①得到。

③ 当 $L/2 + G' < z \leqslant L + G'$ 时，有

$$\begin{pmatrix} R_1(z) \\ S_1(z) \end{pmatrix} = T^-(u,v)\begin{pmatrix} R_1(L/2+G') \\ S_1(L/2+G') \end{pmatrix}$$

式中 $u = 2(z - L/2 - G')/L_0$，$v = 2\Delta\beta(z - L/2 - G')/\pi$，且 $R_1(L/2 + G')$ 和 $S_1(L/2 + G')$ 可由②得到。

当考虑光波的模式损耗时，传输光功率应该修正为

$$P_1(z) = |R_1(z)|^2\exp(-2\alpha z - \alpha_{splitter}) \tag{4.7.9a}$$

$$P_2(z) = |S_1(z)|^2\exp(-2\alpha z - \alpha_{splitter}) \tag{4.7.9b}$$

式中 α_{splitter} 为Y型分束器的功率损耗，α 为模式振幅传输损耗。

4. 输出光功率

当忽略光波模式损耗时，应用式(4.7.6)～式(4.7.8)给出的振幅传输矩阵，器件的输出光波模式振幅为

$$\begin{pmatrix} R_2(L+G') \\ S_2(L+G') \end{pmatrix} = T^-(u,v)T'(s)T^+(u,v)\begin{pmatrix} R_0/\sqrt{2} \\ R_0/\sqrt{2} \end{pmatrix}$$

$$\equiv \begin{pmatrix} M(u,v,s) & -\mathrm{j}N(u,v,s) \\ -\mathrm{j}N^*(u,v,s) & M^*(u,v,s) \end{pmatrix}\begin{pmatrix} R_0/\sqrt{2} \\ R_0/\sqrt{2} \end{pmatrix} \tag{4.7.10}$$

式中

$$M(u,v,s) = |A(u,v)|^2 C(s) - A(u,v)B(u,v)D^*(s) - A^*(u,v)B^*(u,v)D(s) - |B^*(u,v)|^2 C^*(s)$$

$$N(u,v,s) = A^*(u,v)B(u,v)C(s) + B^2(u,v)D^*(s) + (A^*(u,v))^2 D(s) + A^*(u,v)B(u,v)C^*(s)$$

$$u = L/L_0, \quad v = \Delta\beta L/\pi, \quad s = G'/L_0$$

器件的输出光功率可表示为

$$P_{10}^{L_{\text{total}}}(u,v,s) = \frac{P_0}{2}|M(u,v,s) - \mathrm{j}N(u,v,s)|^2 \tag{4.7.11a}$$

$$P_{20}^{L_{\text{total}}}(u,v,s) = \frac{P_0}{2}|-\mathrm{j}N^*(u,v,s) + M^*(u,v,s)|^2 \tag{4.7.11b}$$

当考虑光波的模式损耗时，输出光功率应修正为

$$P_1^{L_{\text{total}}}(u,v,s) = P_{10}^{L_{\text{total}}}(u,v,s)\exp[-2\alpha(L+G') - \alpha_{\text{splitter}}] \tag{4.7.12a}$$

$$P_2^{L_{\text{total}}}(u,v,s) = P_{20}^{L_{\text{total}}}(u,v,s)\exp[-2\alpha(L+G') - \alpha_{\text{splitter}}] \tag{4.7.12b}$$

5. 开关条件和开关电压

由式(4.7.11)和式(4.7.12)我们知道，为了使输入光仅从上分支波导输出，需要满足 $|-\mathrm{j}N^*(u,v,s)+M^*(u,v,s)|^2=0$，称为上分支状态；为了使输入光仅从下分支波导输出，需要满足 $|M(u,v,s)-\mathrm{j}N(u,v,s)|^2=0$，称为下分支状态。进而我们可得如下结论：

① 下分支状态：

$$\begin{cases} u = \sqrt{2+\sqrt{2}}\,m \\ v = -\sqrt{2+\sqrt{2}}(\sqrt{2}-1)\,m \end{cases}$$

或

$$\begin{cases} u = \sqrt{2-\sqrt{2}}\,m \\ v = \sqrt{2-\sqrt{2}}(\sqrt{2}+1)\,m \end{cases} \quad (m = 1, 3, 5, \cdots) \qquad (4.7.13a)$$

② 上分支状态：

$$\begin{cases} u = \sqrt{2+\sqrt{2}}\,m \\ v = \sqrt{2+\sqrt{2}}(\sqrt{2}-1)\,m \end{cases}$$

或

$$\begin{cases} u = \sqrt{2-\sqrt{2}}\,m \\ v = -\sqrt{2-\sqrt{2}}(\sqrt{2}+1)\,m \end{cases} \quad (m = 1, 3, 5, \cdots) \qquad (4.7.13b)$$

当在式(4.7.13)中分别取 $m = 1,3,5,7$ 时，图 4.56 显示了上、下分支状态点与 $u-v$ 的关系曲线。图 4.57 显示了归一化输出光功率 $P_{1,0}^{L_{\text{total}}}/P_0$ 与变量 v 的关系曲线，取 $m = 1$，对于曲线(1)，$u = \sqrt{2+\sqrt{2}}$；对于曲线(2)，$u = \sqrt{2-\sqrt{2}}$。可以发现，为了降低开关电压，可以选择 $u = \sqrt{2+\sqrt{2}}$，对应的 $v = \mp\sqrt{2+\sqrt{2}}(\sqrt{2}-1)$，此时的外加电压分别为 $-U_s/2$ 和 $+U_s/2$，分别为

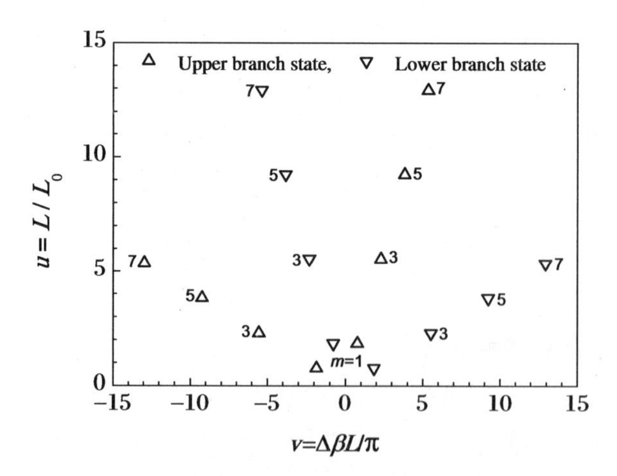

图 4.56　上、下分支状态点与 $u-v$ 的关系曲线

下分支状态电压和上分支状态电压。同时需要注意，当 $u=\sqrt{2-\sqrt{2}}$ 时，器件的开关电压要比 $u=\sqrt{2+\sqrt{2}}$ 的电压要大，然而此时波导长度较小，器件将具有较大的集成度。

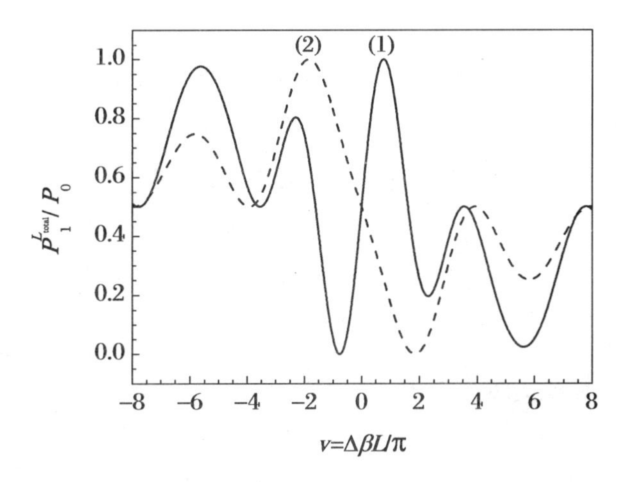

图 4.57 归一化输出光功率 $P_{1,0}^{L_{total}}/P_0$ 与变量 v 的关系曲线

4.7.3 参数优化

由于器件结构与4.6节类似，这里仅给出波导结构的参数优化结果。为了保证波导内 E_{00}^y 模式的单模传输，选取 $a=4.0\ \mu m$，$b_1=1.5\ \mu m$，$h=0.5\ \mu m$，$b_2=1.5\ \mu m$，$b_3=0.15\ \mu m$，此时模式振幅衰减系数为 $\alpha=2.32$ dB/cm。选取耦合间距 $d=2.5\ \mu m$，对应的耦合长度为 $L_0=2375\ \mu m$，电光区长度为 $L=\sqrt{2+\sqrt{2}}L_0=4389\ \mu m$。

为了增大电光调制效率，选取 $W=a=4.0\ \mu m$，$G=d=2.5\ \mu m$。图4.58显示了开关电压 U_s 和两节间距 G' 的关系曲线。可以看到，由于 $G'\ll L$，当 G' 变化时，U_s 的变化很小，且在 $G'=2.9\ \mu m$ 处 U_s 取得最小值。因此设计中取 $G'=2.9\ \mu m$。对应的开关电压为 $U_s=1.266$ V，上分支的状态电压为 $U=+U_s/2=+0.633$ V，下分支的状态电压为 $U=-U_s/2=-0.633$ V。

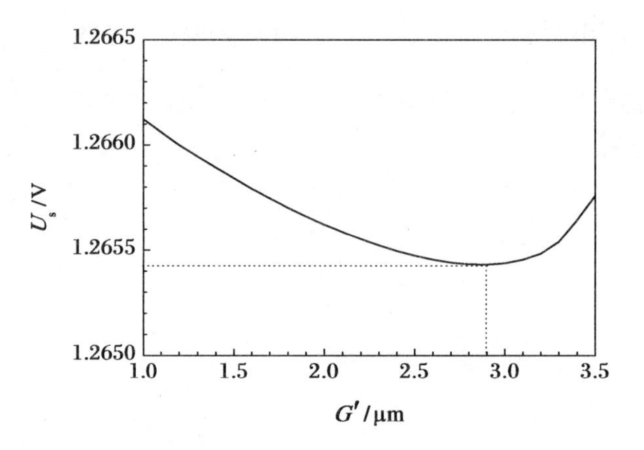

图 4.58 开关电压 U_s 和两节间距 G'的关系曲线

4.7.4 性能模拟

1. 传输功率

运用式(4.7.9),图 4.59 绘制了器件传输光功率 $P_1(z)$和 $P_2(z)$随传输距离 z 的变化曲线。图中可见,当工作电压 $U = +U_s/2 = +0.633$ V 时,在 $z = L + G' = 4.3919$ 处,$P_1(z)$达到最大,$P_2(z)$达到最小;当工作电压 $U = -U_s/2 = -0.633$ V 时,在 $z = L + G' = 4.3919$ 处,$P_2(z)$达到最大,$P_1(z)$达到最小。这表明,在所计算的开关电压下,器件具有较好的开关功能。

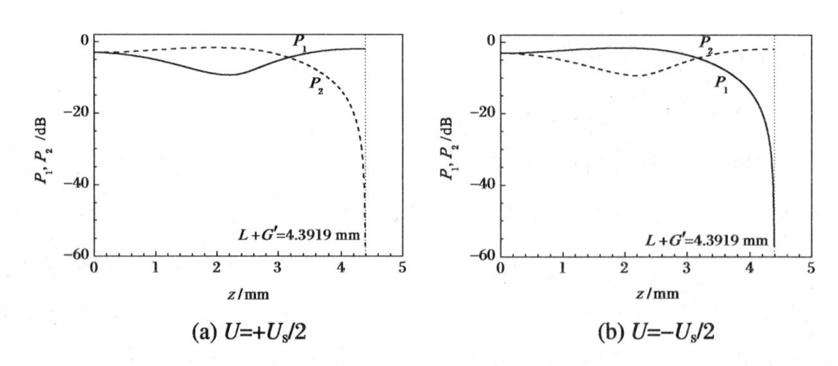

图 4.59 器件传输光功率 $P_1(z)$和 $P_2(z)$与传输距离 z 的关系曲线

2. 输出功率

运用式(4.7.11)和式(4.7.12),图 4.60 显示了输出光功率 $P_1(L_{total})$、

$P_2(L_{total})$与工作电压 U 的关系曲线。可以看出,当工作电压为 +0.633 V 时,输入光功率将全部从上分支输出;当工作电压为 −0.633 V 时,输入光功率将全部从下分支输出。这也表明,所设计的器件在上述驱动电压下具有较好的开关功能。

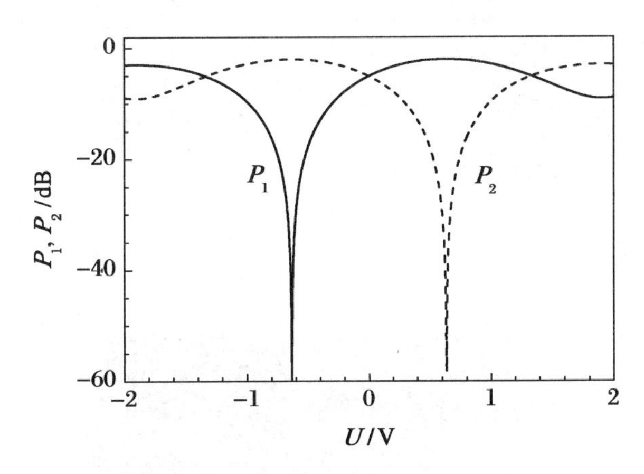

图 4.60　输出光功率 $P_1(L_{total})$、$P_2(L_{total})$与工作电压 U 的关系曲线

3. 制作误差和输出光谱

器件的制作误差和波长漂移将不可避免地影响器件的插入损耗和串扰。模拟结果显示,在工作电压为 $U=\pm U_s/2$ 时,电光区波导长度的制作误差范围为 $-80\ \mu m \leqslant \Delta L \leqslant 80\ \mu m$(对应的电光区长度范围为 $4311.5\ \mu m \leqslant L \leqslant 4471.5\ \mu m$)时,器件的串扰和插入损耗分别小于 −30 dB 和 2.04 dB。当波长漂移的范围为 $-11\ nm \leqslant \Delta\lambda \leqslant 11\ nm$(对应的工作波长范围为 $1539\ nm \leqslant \lambda \leqslant 1561\ nm$)时,器件的串扰和插入损耗分别小于 −30 dB 和 2.04 dB。这意味着,在上述波长漂移和制作误差范围内,器件仍具有较好的开关功能。

4.7.5　方法验证

为了验证本节给出的理论和设计方法的精度,应用 BPM 方法对本节所设计的器件进行了模拟。图 4.61 显示了器件波导内传输光功率 $P_1(z)$、$P_2(z)$与传输距离 z 的关系,其中包括 Y 型分束器和电光区波导在内的器件总长度为 4697.8 μm。可以看到,该模拟结果与本节的模拟结果(如图 4.59 所示)吻合较好。这表明本节所给出的理论和设计方法具有较好的精度，可满足工程设计需要。

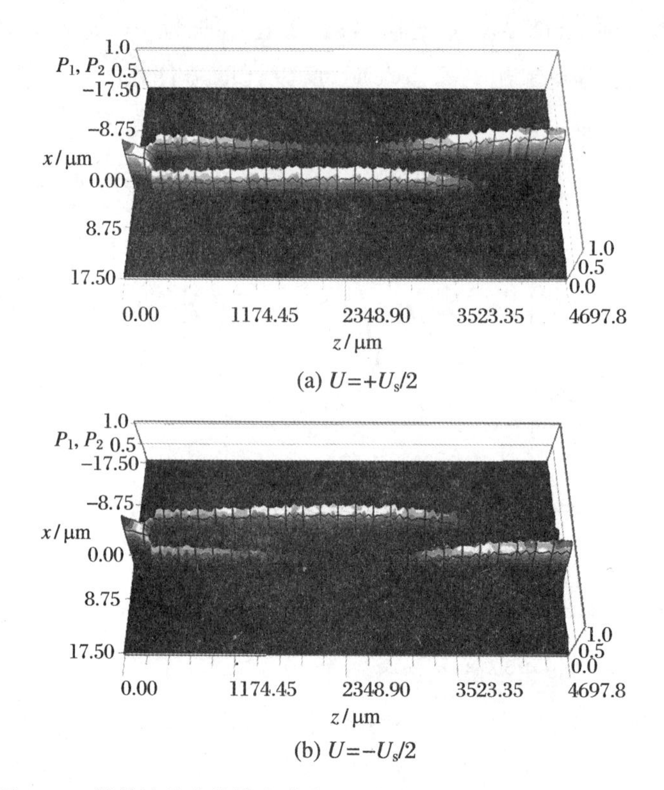

(a) $U=+U_s/2$

(b) $U=-U_s/2$

图 4.61　器件波导中传输光功率 $P_1(z)$和 $P_2(z)$的 BPM 模拟结果

4.7.6　小结

与 4.1 节、4.2 节所设计的传统结构定向耦合电光开关和 4.6 节所设计的单节电极 Y 型耦合器电光开关相比，本节设计的两节反相电极 Y 型耦合器电光开关在电光区长度和传播常数失配量方面有所不同，对比结果如表 4.1 所示，这里假设所讨论的器件具有相同的波导结构和电极结构，且令 K 为耦合系数，L_0 为耦合长度。基于本节给出的材料参数和尺寸参数，三种器件的开关电压和电光区长度的计算结果在表 4.1 中示出。表中可见，当取较大的耦合区长度时，本节所设计电光开关的开关电压比其他两种器件都要低。

表 4.1　三种电光开关的对比结果

结构	$L/\mu m$	δ	U_s/V
单节电极定向耦合开关	$L_0 = 2375$	$0, \sqrt{3}K$	2.647
单节电极 Y 型耦合器开关	$L_0/\sqrt{2} = 1680$	$\pm K$	3.057
反相电极 Y 型耦合器开关	$\sqrt{2+\sqrt{2}}L_0 = 4389$	$\pm(\sqrt{2}-1)K$	1.266
	$\sqrt{2-\sqrt{2}}L_0 = 1818$	$\pm(\sqrt{2}+1)K$	7.380

$W = a = 4.0\ \mu m, b_1 = 1.5\ \mu m, h = 0.5\ \mu m, b_2 = 1.5\ \mu m, b_3 = 0.15\ \mu m, G = d = 2.5\ \mu m$

4.8　本章小结

应用耦合模理论、电光调制理论、保角变换法、镜像法等分析理论和方法，本章优化设计了具有不同电极结构和不同波导结构的聚合物电光开关。为了最大限度地降低各器件的插入损耗和开关电压，优化了器件的波导结构和电极结构。针对优化后的电光开关，模拟分析了器件的传输光功率、输出光功率、工艺误差、输出光谱等基本特性。另外，我们也应用 BPM 对本章所设计器件的传输光功率做了模拟，通过对比，在一定程度上证实了所给出的理论和方法的精度及可行性。

第5章　聚合物宽光谱电光开关

在下一代光片上网络(ONoC)中,所使用的光开关器件应该具备在不同的处理器核或存储器间建立可重组通信链路的能力[155,156],从而满足不同的业务需求。然而,由于不同信道的中心波长不同,基于DWDM技术的ONoC一般采取两种实现方案:一是波长选择性架构[157,158],二是非波长选择性架构[154]。在非波长选择性ONoC架构中,宽光谱电光开关是关键器件,利用它可完成对包含众多信道波长的宽光谱数据流进行路由或开关操作的功能。

目前,人们已经广泛报道了基于MRR的Si或SOI电光开关、热光开关或全光开关。然而,由于微环的谐振作用,器件的工作波长仅可取为微环的谐振波长,而在其他非谐振波长处无法实现开关作用。因此,这类器件一般呈现梳状响应[159~161],并不具备平坦化的宽光谱特性。MZI是一种常见的波导结构,它可以和其他光学单元相互集成并构成新型器件以实现特殊的功能。例如,人们将MRR与MZI相结合(也称为RMZI),报道了如下器件:单环耦合MZI器件[162~164],多环串联耦合MZI器件[165],集成MMI、相位延迟线和MRR于一体的MZI器件[166],具有电光效应的RMZI器件[167]等。然而,由于微环仅在特定波长处的谐振特性,这类器件一般仅具有窄带光谱或周期光谱,也不具有平坦化的宽光谱特性。

为了拓宽电光开关的输出光谱,使之能应用于非波长选择性ONoC架构,本章将主要针对MZI结构,通过分析波长变化时MZI电光区相移的色散特性,设计新型相移补偿单元,并利用其产生的非线性相位对MZI电光区的相移漂移进行补偿,有效消除波长变化导致的功率变化,从而拓宽该类器件的输出光谱范围。具体而言,本章将以相位发生器(PGC)为相移补偿单元并以MZI为基本器件结构,优化设计并模拟多种硅基聚合物宽光谱MZI电光开关,分别给出各器件的结构和光谱拓展原理,应用非线性最小均方优化算法对器件结构进行优化，对其光谱性能进行模拟、分析和讨论。

5.1　MZI 电光开关的一般光谱拓展原理

图 5.1 显示了包含两个 3 dB DCs 的传统 MZI 电光开关的结构图。MZI 电光区两个波导芯的极化方向相同，长度为 L_{EO}，MZI 两臂上施加的电压分别为 $+U$ 和 $-U$。当 $U=0$ V 时，输出光功率 P_{out} 达到最大，且在任何波长下两臂的模式相位差为 0；当 $U=U_s$ 时，P_{out} 达到最小，此时两臂的模式相位差与波长有关。当 $U=U_s$ 时，定义 n_{eff1} 和 n_{eff2} 为电光区两波导中光波模式的有效折射率，且定义二者之差为 $\Delta n_{eff}(\lambda)=n_{eff2}-n_{eff1}$，此时两臂中光波模式的相位差可表示为（单位为 2π）

$$\zeta(\lambda)=\frac{L_{EO}}{\lambda/n_{eff2}}-\frac{L_{EO}}{\lambda/n_{eff1}}=L_{EO}\Delta n_{eff}(\lambda)/\lambda \tag{5.1.1}$$

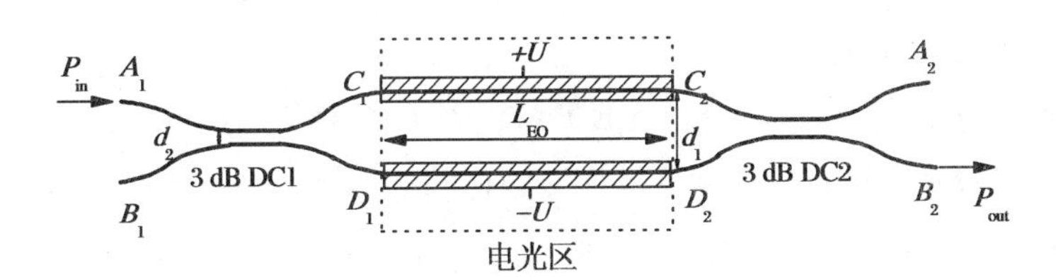

图 5.1　传统 MZI 电光开关的结构图

当 $U=U_s$ 时，MZI 电光开关的频域响应 $X(\omega)$ 可表示为

$$X(\omega)=\sum_{n=0}^{N}x(nT_s)\exp(-jn\omega T_s) \tag{5.1.2}$$

式中 ω 为光波角频率，T_s 为采样周期，N 为展开项个数。取

$$T_s=\frac{L_{EO}}{c/n_{eff2}}-\frac{L_{EO}}{c/n_{eff1}}=L_{EO}\Delta n_{eff}/c \tag{5.1.3}$$

式中 c 为真空中的光速，则式(5.1.2)可进一步改写为

$$X(\omega)=\sum_{n=0}^{N}x_n\exp[-jn\omega(L_{EO}/c)\Delta n_{eff}] \tag{5.1.4}$$

式中 $x_n=x(nT_s)$。注意到 $c=\omega\lambda/(2\pi)$，并结合式(5.1.1)，可将式

(5.1.4)修改为

$$X(\lambda) = \sum_{n=0}^{N} x_n \exp[-\mathrm{j}2\pi n\zeta(\lambda)] \tag{5.1.5}$$

令 λ_c 为中心工作波长，当 $\lambda \neq \lambda_c$ 时，$\zeta(\lambda) \neq \zeta(\lambda_c)$ 且 $X(\lambda) \neq X(\lambda_c)$，从而导致器件不具有平坦化的输出光谱。如果在原相位 $\zeta(\lambda)$ 基础上，添加一个附加相位 $\phi(\lambda)$，即令

$$X(\lambda) = \sum_{n=0}^{N} x_n \exp\{-\mathrm{j}2\pi n[\zeta(\lambda) + \phi(\lambda)]\} \tag{5.1.6}$$

则器件的光谱响应将发生变化。合理设计和选择 $\phi(\lambda)$，可在任意工作波长下得到

$$\zeta(\lambda) + \phi(\lambda) = \zeta(\lambda_c) + \phi(\lambda_c) \tag{5.1.7}$$

此时，在中心工作波长 λ_c 附近，$X(\lambda)$ 将变得平坦，从而得到较宽的光谱。为了方便，我们定义由波长变化导致的相位误差 $\delta\zeta$ 为

$$\delta\zeta(\lambda) = \zeta(\lambda) - \zeta(\lambda_c) \tag{5.1.8}$$

因此，为了消除相位误差，需要使

$$\delta\zeta(\lambda) = \phi(\lambda_c) - \phi(\lambda) \tag{5.1.9}$$

式(5.1.9)即为一般意义上的相位补偿条件，利用它即可完成对传统 MZI 电光开关的光谱展宽。

需要注意的是，由于 2 个 3 dB DC 的相移是固定的，即 $\pi/2$，难以对偏移误差进行补偿，当波长偏移太大时，器件将不能实现正常的开关功能，进而造成其输出光谱较窄，一般小于 60 nm，这将限制该类器件在非波长选择性 WDM 系统中的应用。详见 4.3 节。

5.2 基于一阶相位发生器的宽光谱非对称 MZI 电光开关

针对传统 MZI 电光开关，本节将使用一个 PGC 取代一个 3 dB 耦合器，并利用其产生的与波长相关的相移有效补偿 MZI 电光区的相移漂移，从而获得较宽的光谱范围。

5.2.1 器件结构

本节设计的非对称 MZI 电光开关的结构如图 5.2(a)所示，它由一个 MZI 电光区、一个 3 dB DC 和一个 PGC 构成。如图 5.2(b)所示，器件采用脊形波导结构，从上至下依次为空气/上电极/上缓冲层/芯层/下缓冲层/下电极/衬底，其中仅芯层材料为聚合物电光材料；器件采用推挽驱动双电极结构，包含一对上表面电极和一个下(地)电极。器件极化时，在两上表面电

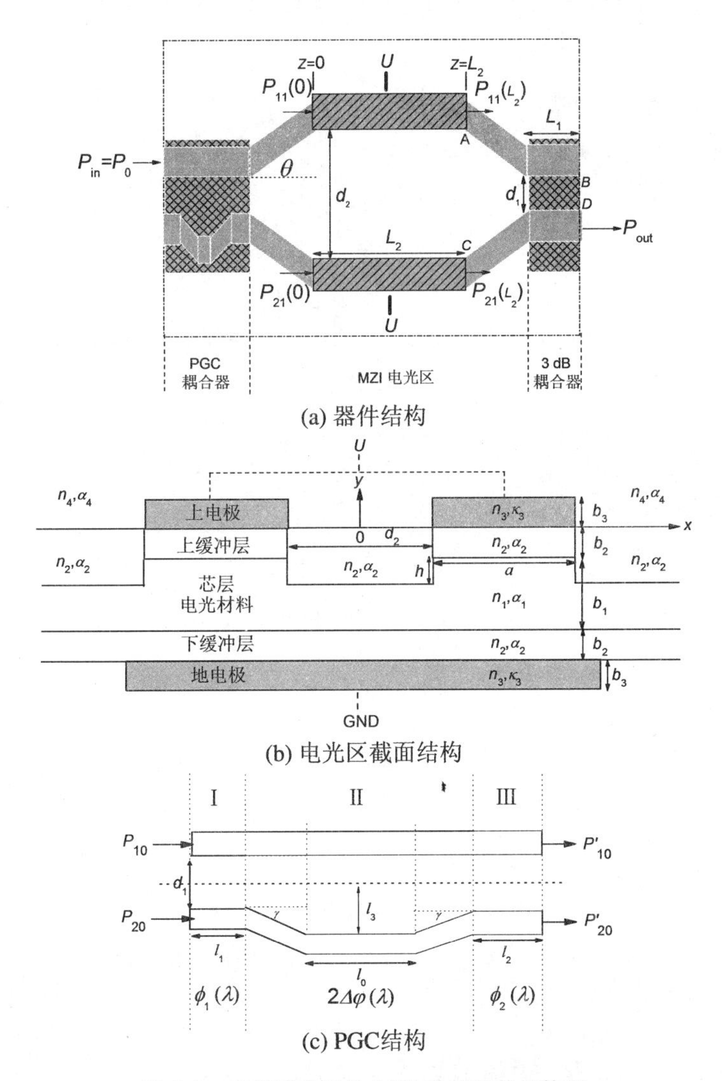

图 5.2　宽光谱非对称 MZI 电光开关结构图

极上施加极性相反的极化电压，进而形成反向极化；器件工作时，在两上表面电极上施加极性相同的工作电压 U。图 5.2(c)为 PGC 的结构图，它包含 3 个区：Ⅰ、Ⅲ区为两个 DC，二者的耦合区长度分别为 l_1 和 l_2，Ⅱ区为光延时线(ODL)；令三个区的相移分别为 $\phi_1(\lambda)$、$2\Delta\phi(\lambda)$ 及 $\phi_2(\lambda)$；PGC 下分支波导的偏折角度为 γ；Ⅱ区水平波导的上边沿距耦合器中心的距离为 l_3。

如图 5.2(a)所示，MZI 电光区长度为 L_2，两臂间距为 d_2，3 dB DC 的耦合区长度为 L_1，耦合间距为 d_1。MZI 波导的偏折角度为 θ。令 λ_c 为器件的中心工作波长，输入光功率 $P_{in} = P_0$，输出光功率为 P_{out}。

5.2.2 理论分析

1. PGC 传递矩阵

应用传输矩阵法，PGC 的振幅传递矩阵可表示为

$$T_{PGC} = \begin{pmatrix} \cos(\phi_2) & -j\sin(\phi_2) \\ -j\sin(\phi_2) & \cos(\phi_2) \end{pmatrix} \begin{pmatrix} \exp(-j\Delta\phi) & 0 \\ 0 & \exp(j\Delta\phi) \end{pmatrix} \cdot \begin{pmatrix} \cos(\phi_1) & -j\sin(\phi_1) \\ -j\sin(\phi_1) & \cos(\phi_1) \end{pmatrix} \tag{5.2.1}$$

式中 $\phi_1(\lambda) = \dfrac{\pi l_1}{2L_0(\lambda)}$，$\Delta\phi(\lambda) = \dfrac{\pi\Delta l}{\lambda/n_{eff}(\lambda)}$，$\phi_2(\lambda) = \dfrac{\pi l_2}{2L_0(\lambda)}$，$L_0(\lambda)$为波长 λ 下 DC 的耦合长度，$n_{eff}(\lambda)$为模式有效折射率，且根据几何关系，路径差 $\Delta l = -2(l_3 - \mathrm{d}_1/2)/\sin\gamma$。式(5.2.1)可最终简化为

$$T_{PGC}(\lambda) = \begin{pmatrix} A & -B^* \\ B & A^* \end{pmatrix} \tag{5.2.2}$$

式中 $A(\lambda)$和 $B(\lambda)$定义为 PGC 的振幅耦合系数，可分别表示为

$$\begin{aligned} A(\lambda) &= \cos[\Delta\phi(\lambda)]\cos[\phi_1(\lambda) + \phi_2(\lambda)] \\ &\quad - j\sin[\Delta\phi(\lambda)]\cos[\phi_1(\lambda) - \phi_2(\lambda)] \end{aligned} \tag{5.2.3}$$

$$\begin{aligned} B(\lambda) &= \sin[\Delta\phi(\lambda)]\sin[\phi_1(\lambda) - \phi_2(\lambda)] \\ &\quad - j\cos[\Delta\phi(\lambda)]\sin[\phi_1(\lambda) + \phi_2(\lambda)] \end{aligned} \tag{5.2.4}$$

2. MZI 相移

图 5.2(b)所示芯层中的电场可近似表示为 $E(x,y) = \dfrac{n_2^2 U}{2n_1^2 b_2 + n_2^2 b_1}$。

根据电光调制理论，芯层折射率的变化为 $\Delta n_1=\dfrac{n_1^3 n_2^2 U\gamma_{33}}{2(2n_1^2 b_2+n_2^2 b_1)}$，其中 γ_{33} 为波导芯层材料的电光系数，因此 MZI 两臂的芯层电光材料的折射率将分别变化为 $n_1-\Delta n_1$ 和 $n_1+\Delta n_1$。令 β_{eff1} 和 β_{eff2} 分别为两臂中模式传播常数，则当光传输距离 L_2 后由单臂引起的模式相移为

$$\Delta\psi(\lambda)=L_2\Delta\beta(\lambda) \tag{5.2.5}$$

式中 $\Delta\beta(\lambda)=(\beta_{\text{eff2}}-\beta_{\text{eff1}})/2$。

3. 输出功率

利用传输矩阵法，图 5.1(a)中非对称 MZI 电光开关的振幅传输矩阵可写为

$$\begin{aligned}T_{\text{total}}(\lambda)=&\begin{pmatrix}\cos[\phi_{\text{d}}(\lambda)] & -\text{j}\sin[\phi_{\text{d}}(\lambda)]\\ -\text{j}\sin[\phi_{\text{d}}(\lambda)] & \cos[\phi_{\text{d}}(\lambda)]\end{pmatrix}\\ &\cdot\begin{pmatrix}\exp[-\text{j}\Delta\psi(\lambda)] & 0\\ 0 & \exp[\text{j}\Delta\psi(\lambda)]\end{pmatrix}\\ &\cdot\begin{pmatrix}A(\lambda) & -B^*(\lambda)\\ B(\lambda) & A^*(\lambda)\end{pmatrix}\end{aligned} \tag{5.2.6}$$

式中 $\phi_{\text{d}}(\lambda)=\dfrac{\pi L_1}{2L_0(\lambda)}$ 和 $L_1=L_0(\lambda_{\text{c}})/2$ 分别为 3 dB DC 的角度耦合系数和耦合区长度。利用式(5.2.6)，输出光功率 P_{out} 可表示为

$$P_{\text{out}}(\lambda)=P_0[|-\text{j}A\sin(\phi_{\text{d}})\exp(-\text{j}\Delta\psi)+B(\lambda)\cos(\phi_{\text{d}})\exp(\text{j}\Delta\psi)|^2] \tag{5.2.7}$$

将式(5.2.3)、式(5.2.4)代入式(5.2.7)，P_{out} 可进一步改写为

$$\begin{aligned}P_{\text{out}}(\lambda)=P_0\{&|A|^2|\sin(\phi_{\text{d}})|^2+|B|^2|\cos(\phi_{\text{d}})|^2\\ &-2|A||B|\sin(\phi_{\text{d}})\cos(\phi_{\text{d}})\sin[2\Delta\psi-(\phi_{\text{A}}-\phi_{\text{B}})]\}\end{aligned} \tag{5.2.8}$$

式中 $\phi_{\text{A}}(\lambda)=\arg(A)$ 和 $\phi_{\text{B}}(\lambda)=\arg(B)$ 分别为 A 和 B 的幅角主值，并称 $\phi_{\text{A}}-\phi_{\text{B}}$ 为 PGC 的实际产生相移。

4. 相移补偿和开关条件

由式(5.1.5)及式(5.1.8)，在中心波长 λ_{c} 下，当 $U=0$ 时，$\Delta\psi=0$，若再令 $\phi_{\text{A}}-\phi_{\text{B}}=\pi/2$，则 P_{out} 可达最大值，称为"ON"状态；当 $U\neq 0$ 时，$\Delta\psi\neq 0$，若令 $\Delta\psi(\lambda_{\text{c}})=\pi/2$，则 $2\Delta\psi-(\phi_{\text{A}}-\phi_{\text{B}})=\pi/2$，此时 P_{out} 可达最小值，称

为“OFF”状态，对应的外加电压称为开关电压，记为 U_s。

当工作波长 $\lambda \neq \lambda_c$ 时，为了实现正常的开关功能，下式必须成立：

$$2\Delta\psi(\lambda) - [\phi_A(\lambda) - \phi_B(\lambda)] = \pi/2 \tag{5.2.9}$$

令 $\delta\psi(\lambda) = 2[\Delta\psi(\lambda) - \Delta\psi(\lambda_c)]$ 为 MZI 两臂产生的模式相移漂移，则式(5.2.9)可进一步表示为

$$\phi_A(\lambda) - \phi_B(\lambda) = \delta\psi + \pi/2 \tag{5.2.10}$$

且称 $\delta\psi + \pi/2$ 为 PGC 的理论需求相移。式(5.2.10)表明，若要使器件实现正常的开关功能，需要使 PGC 的实际发生相移等于理论需求相移。

为了获得较低的串扰，当 $2\Delta\psi - (\phi_A - \phi_B) = \pi/2$ 时，应有 $P_{out} = 0$，因此可得

$$|A(\lambda)| = |\cos[\phi_d(\lambda)]|, \quad |B(\lambda)| = |\sin[\phi_d(\lambda)]| \tag{5.2.11}$$

式中 $|\cos[\phi_d(\lambda)]|$ 和 $|\sin[\phi_d(\lambda)]|$ 为 3 dB DC 的耦合系数，且称式(5.2.10)、式(5.2.11)分别为器件的相移补偿条件和串扰补偿条件。根据式(5.2.5)，MZI 两臂电光区的长度可表示为

$$L_2 = \frac{\Delta\psi(\lambda_c)}{\Delta\beta(\lambda_c)} \tag{5.2.12}$$

5.2.3 参数优化

芯层电光材料、上/下缓冲层材料和电极材料的参数定义及具体数值见 4.1 节。为了保证波导的单模传输，并使得波导中有电极覆盖部分和没有电极覆盖部分具有相同的模式传播常数，进而降低模式耦合损耗和开关电压，选取 $a = 3.0\ \mu m$，$b_1 = 1.5\ \mu m$，$h = 0.5\ \mu m$，$b_2 = 1.5\ \mu m$，$b_3 = 1.0\ \mu m$，此时 E_{00}^y 模式的振幅衰减系数 $\alpha_p = 2.286$ dB/cm，模式有效折射率 $n_{eff} = 1.5910$。

对电光区长度、耦合间距以及偏折角度的详细优化过程可参考 4.3.3 节，这里仅给出优化设计结果。

根据 5.1.2 节，中心工作波长下满足 $\Delta\psi(\lambda_c) = \pi/2$。由式(5.2.5)可知，随着 L_2 的增加，开关电压将随之降低，但传输损耗增加且器件的集成度降低，因此我们折中选取 $L_2 = 3000\ \mu m$，此时 $U_s = 2.4451$ V。

选取 $d_2 = 20\ \mu m$，此时 MZI 两臂之间的耦合作用很小，可以被忽略，这

也将消除耦合作用对 MZI 相移的影响。选取 $d_1 = 2.5\ \mu m$，对应的耦合长度 $L_0(\lambda_c) = 1247\ \mu m$，3 dB 耦合器的耦合区长度 $L_1 = L_0/2 = 623.5\ \mu m$。选取偏折角度 $\theta = 1.25°$，对应的偏折损耗 $\alpha_{slant} \approx 0.0839$ dB[128]。

PGC 的优化是该 MZI 电光开关设计中的关键环节。首先，根据式(5.1.10)，为了补偿由波长变化造成的 MZI 两波导间的相移漂移，PGC 的实际发生相移 $\phi_A(\lambda) - \phi_B(\lambda)$ 必须严格等于其理论需求相移 $\delta\psi + \pi/2$。我们应用非线性最小均方优化方法对 PGC 的结构做了优化，优化后的 PGC 参数为：$\Delta l = -0.63\lambda_c$，$l_1 = 0.16L_0(\lambda_c)$，$l_2 = 0.34L_0(\lambda_c)$，$L_0(\lambda_c) = 1247\ \mu m$。图 5.3 显示了 PGC 的实际发生相移 $\phi_A - \phi_B$ 和理论需求相移 $\delta\psi + \pi/2$ 随波长 λ 的变化曲线。图中发现，$\phi_A - \phi_B$ 与 $\delta\psi + \pi/2$ 基本一致，这将有效地补偿波长变化引起的相移偏差，从而拓展器件的输出频谱。另外，取 $l_3 = 31.05\ \mu m$，$\gamma = 1.75°$，$l_0 = 10\ \mu m$，可使得 ODL 的路径差等于优化值 $\Delta l = -0.63\lambda_c$。

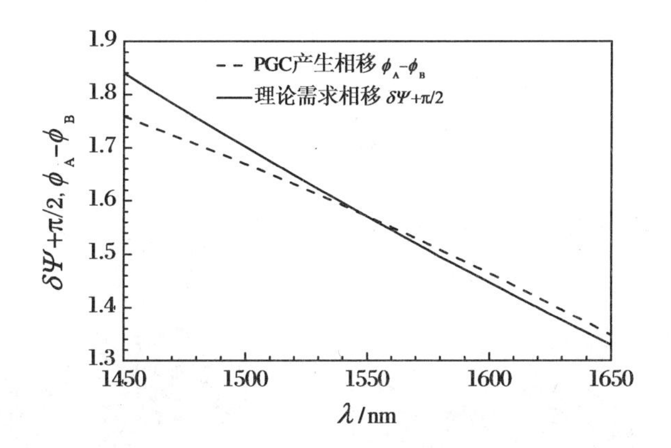

图 5.3　PGC 的实际发生相移 $\phi_A - \phi_B$，理论需求相移 $\delta\psi + \pi/2$ 随波长 λ 的变化曲线

为了减小器件的串扰，$A(\lambda)$ 和 $B(\lambda)$ 必须满足式(5.1.11)。图 5.4 示出了优化后 PGC 的 $|A|$、$|B|$ 以及 3 dB DC 的 $|\cos(\phi_d)|$、$|\sin(\phi_d)|$ 随 λ 的变化曲线。计算结果显示，$|A|$ 和 $|B|$ 与 $|\cos(\phi_d)|$ 和 $|\sin(\phi_d)|$ 分别拟合得很好。图 5.3 和图 5.4 联合表明，经优化后，PGC 的作用不仅可等效为一个 3 dB 耦合器，而且由于 PGC 的引入，器件可以获得较低的串扰和较宽的光谱。

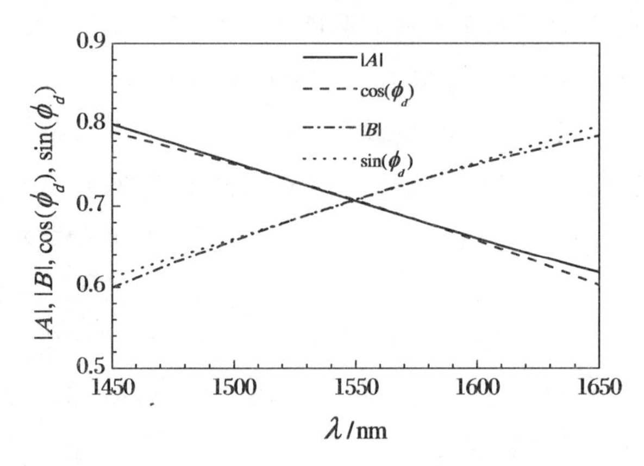

图 5.4 优化后 PGC 的耦合系数 $|A|$、$|B|$ 和 3 dB DC 的耦合系数 $|\cos(\phi_d)|$、$|\sin(\phi_d)|$ 随波长 λ 的变化曲线

5.2.4 性能模拟

利用 5.2.2 节给出的振幅传递矩阵，图 5.5 绘出了中心波长下波导中归一化传输功率 P 随波导截面坐标 x 和传输位移 z 的变化曲线，(a) $U=0$ V 为 ON 状态，(b) $U=2.445$ V 为 OFF 状态。计算结果显示，在所计算的开关电压下，器件实现了良好的开关功能。

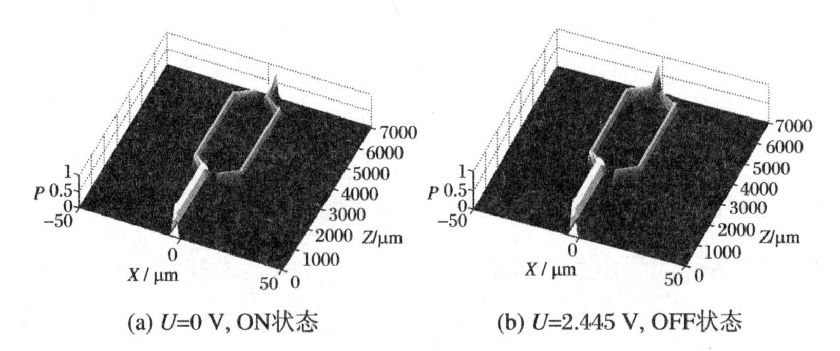

图 5.5 波导中各点的归一化传输功率 P 随波导截面坐标 x 和传输位移 z 的 3D 曲线

利用式(5.2.8)，图 5.6 显示了中心波长下开关输出功率 P_{out} 随外加电压 U 的变化曲线。结果表明，当 $U=0$ V 时，输出功率达到最大，实现了 ON 状态；当 $U=2.445$ V 时，输出功率达到最小，实现了 OFF 状态。因此，本节所设计的电光开关具有良好的开关功能。

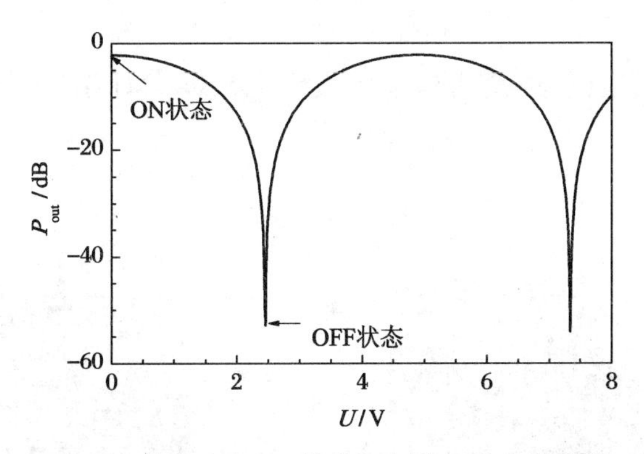

图 5.6　输出功率 P_{out} 随外加电压 U 的变化曲线

$\lambda_c = 1550$ nm

图 5.7 示出了输出功率 P_{out} 随波长 λ 的变化曲线。根据图示结果，与传统结构 MZI 电光开关相比，改进结构的 MZI 电光开关的输出光谱可由 60 nm 被拓展为 110 nm，且在 1492 nm $\leqslant \lambda \leqslant$ 1602 nm 范围内，器件的插入损耗小于 2.24 dB，串扰小于 -30 dB。这说明优化后的器件具有更宽的光谱范围和更低的串扰。

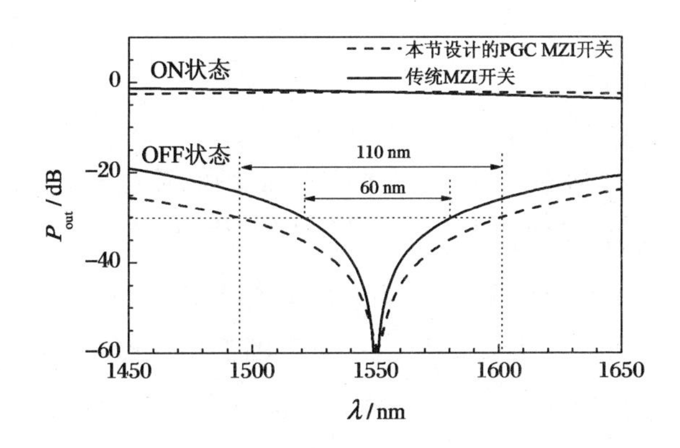

图 5.7　器件 ON 与 OFF 状态的输出功率 P_{out} 随波长 λ 的变化曲线

5.2.5　方法验证

为了验证本节提出的分析理论、设计方法和设计结果的精度，在上述优化的器件尺寸下，应用 Optiwave 软件及 BPM 方法，模拟了所设计器件两条波导中的传输光功率，如图 5.8 所示，其中(a) $U = 0$ V 为 ON 状态，(b)

$U=2.445$ V 为 OFF 状态。由图 5.8 可见,该模拟结果与本节的计算结果(图 5.5)吻合得很好,这说明本节的设计方法和设计结果具有较高的精度和可行性,可满足工程设计的需要。

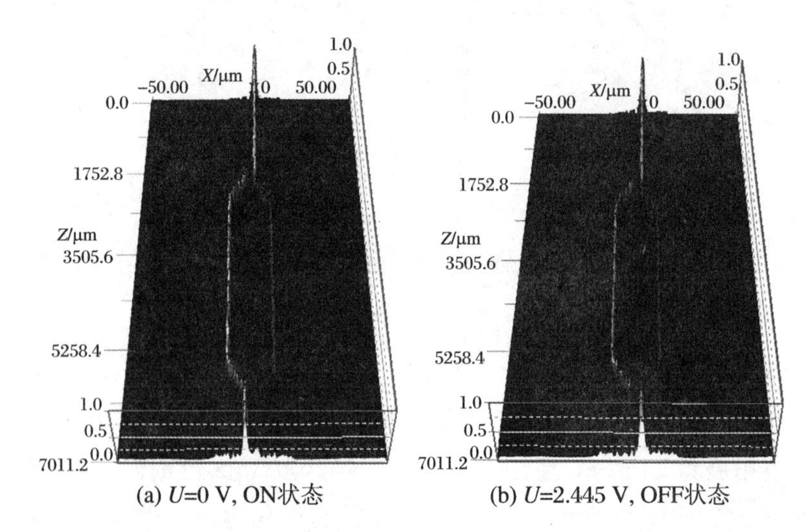

图 5.8 宽光谱非对称 MZI 电光开关两条波导中传输光功率的 BPM 模拟结果

5.2.6 小结

鉴于传统结构 MZI 电光开关波长依赖性强、输出频谱窄的缺点,提出了一种新型改进结构,即使用一个 PGC 代替了其中的一个 3 dB 耦合器,且通过优化 PGC 参数,有效降低了波长依赖性,拓展了频谱。计算结果表明,所设计器件的开关电压为 2.445 V,展宽后的输出光谱为 110 nm,在此光谱范围内,器件的传输损耗小于 2.24 dB,串扰小于 −30 dB。这些特性将有效消除工作波长变化带来的不良影响。

5.3 基于一阶相位发生器的宽光谱对称 MZI 电光开关

在传统 MZI 电光开关中,本节将使用两个结构对称的一阶 PGC 同时取代两个 3 dB 耦合器，从而有效补偿相移漂移并达到更宽的输出光谱。首先，本节将给出器件结构和工作原理，推导耦合系数、实际产生相移、相移补偿条件和器件的输出光功率等公式。其次，为了获得较小的开关电压和补偿 MZI 电光区相移漂移，优化器件的波导结构、电极结构和 PGC 结构。最后，计算并模拟器件的光谱特性，并对三种 MZI 器件的光谱进行对比分析。

5.3.1　器件结构

图 5.9(a)显示了所设计宽光谱对称 MZI 电光开关的结构图。器件包含一个 MZI 电光区和两个结构对称的 PGC，各 PGC 包含两个定向耦合器 DC_1、DC_2 和一个相位延迟线单元 ODL。DC_1 和 DC_2 的波导耦合间距均为 d_1，耦合区长度分别为 l_1 和 l_2。ODL 中，弯曲波导采用 sine 型弯曲形式，上、下分支波导间的长度差为 δl，$\delta l>0$ 和 $\delta l<0$ 分别表示上分支波导长度大于和小于下分支波导长度。MZI 两臂间距为 d_2，电光作用区长度为 L_{EO}。令 $A1$ 端口的输入光功率为 P_{in}，$B2$ 端口的输出光功率为 P_{out}。

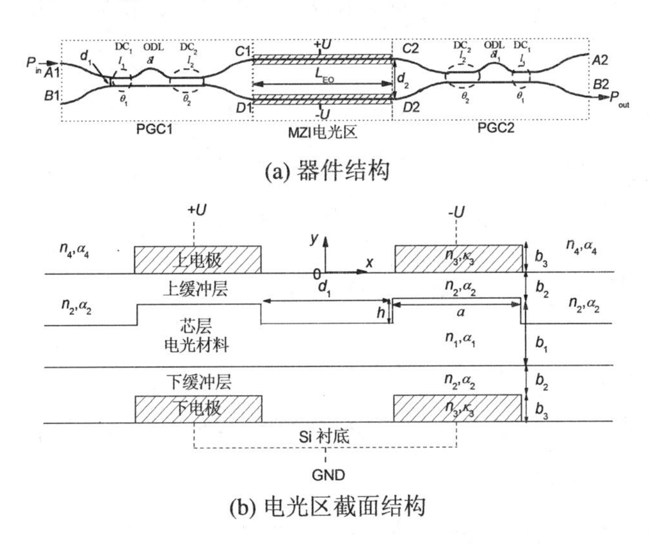

(a) 器件结构

(b) 电光区截面结构

图 5.9　宽光谱对称 MZI 电光开关的结构图

电光作用区的截面结构如图 5.9(b)所示，波导和电极的结构参数、波导的各层材料参数定义见 4.1 节。器件的中心工作波长选为 $\lambda_0=1550$ nm。图 5.9(a)所示器件的工作原理可简述为：优化 PGC 的结构参数后，其产生相移可有效补偿 MZI 电光区的相移漂移。从而在一定的波长范围内，使器件总相移(定义为 PGC 的产生相移与 MZI 电光区的相移之和)恒定，即与波长无关。由于输出光功率取决于总相移，故优化后的器件可获得较宽的输出光谱。

5.3.2 理论分析

1. PGC 传递矩阵

参考图 5.9(a)，令 DC_1 和 DC_2 的角度耦合系数分别为 θ_1 和 θ_2，二者可表示为

$$\theta_1(\lambda) = \frac{\pi l_1}{2L_0(\lambda)},\quad \theta_2(\lambda) = \frac{\pi l_2}{2L_0(\lambda)} \tag{5.3.1}$$

式中 $L_0(\lambda)$为波长 λ 下定向耦合器的耦合长度。利用传输矩阵法，PGC1 的振幅传递矩阵可写为

$$\begin{aligned} T_{\mathrm{PGC1}}(\lambda) = &\begin{bmatrix} \cos(\theta_2) & -\mathrm{j}\sin(\theta_2) \\ -\mathrm{j}\sin(\theta_2) & \cos(\theta_2) \end{bmatrix} \\ &\cdot \begin{bmatrix} \exp[-\mathrm{j}\Delta\phi(\lambda)] & 0 \\ 0 & \exp[\mathrm{j}\Delta\phi(\lambda)] \end{bmatrix} \\ &\cdot \begin{bmatrix} \cos(\theta_1) & -\mathrm{j}\sin(\theta_1) \\ -\mathrm{j}\sin(\theta_1) & \cos(\theta_1) \end{bmatrix} \end{aligned} \tag{5.3.2}$$

式中 $\Delta\phi(\lambda) = \dfrac{\pi \delta l}{\lambda / n_{\mathrm{eff0}}(\lambda)}$为 PGC 中 ODL 上、下两分支波导的模式相位差，$n_{\mathrm{eff0}}(\lambda)$为波长 λ 下波导中基模有效折射率。式(5.3.2)可最终简化为

$$T_{\mathrm{PGC1}}(\lambda) = \begin{pmatrix} A & -B^* \\ B & A^* \end{pmatrix} \tag{5.3.3}$$

式中 $A(\lambda)$和 $B(\lambda)$为波长 λ 时 PGC 的耦合系数，由式(5.3.2)可得

$$\begin{aligned} A(\lambda) = &\cos[\Delta\phi(\lambda)]\cos[\theta_1(\lambda) + \theta_2(\lambda)] \\ &- \mathrm{j}\sin[\Delta\phi(\lambda)]\cos[\theta_1(\lambda) - \theta_2(\lambda)] \end{aligned} \tag{5.3.4a}$$

$$\begin{aligned} B(\lambda) = &\sin[\Delta\phi(\lambda)]\sin[\theta_1(\lambda) - \theta_2(\lambda)] \\ &- \mathrm{j}\cos[\Delta\phi(\lambda)]\sin[\theta_1(\lambda) + \theta_2(\lambda)] \end{aligned} \tag{5.3.4b}$$

考虑到 PGC1 和 PGC2 的对称性，同理可得 PGC2 的振幅传递矩阵为

$$T_{\mathrm{PGC2}}(\lambda) = \begin{pmatrix} A & B \\ -B^* & A^* \end{pmatrix} \tag{5.3.5}$$

2. PGC 产生相移

① PGC1 的产生相移：

假设光只从 $A1$ 端口输入，则在 PGC1 的作用下，$C1$ 和 $D1$ 处光波模式的相位差为

$$\psi_{\mathrm{PGC1}}(\lambda) = \phi_{\mathrm{A}} - \phi_{\mathrm{B}} = \arg(A) - \arg(B) \tag{5.3.6}$$

式中 $\phi_{\mathrm{A}} = \arg(A)$ 与 $\phi_{\mathrm{B}} = \arg(B)$ 分别为 A 和 B 的幅角主值，范围为$[0,2\pi)$。

② PGC2 的产生相移：

在 PGC2 的作用下，假设光仅从端口 $A2$ 输出，此时 $C2$ 和 $D2$ 处光波模式的相位差为 $\arg(A^*) - \arg(B^*)$，则 PGC2 产生的相移为

$$\psi_{\mathrm{PGC2}}(\lambda) = -\arg(A^*) + \arg(B^*) = \arg(A) - \arg(B) \tag{5.3.7}$$

③ 综合考虑上面两种情况，PGC1 和 PGC2 引入的总相移为

$$\psi_{\mathrm{PGC}}(\lambda) = \psi_{\mathrm{PGC1}} + \psi_{\mathrm{PGC2}} = 2(\phi_{\mathrm{A}} - \phi_{\mathrm{B}}) \tag{5.3.8}$$

3. 相位补偿原理

当外加电压为 U 时，电光区两波导芯的折射率将分别由 n_1 变化为 $n_1 - \Delta n_1$ 和 $n_1 + \Delta n_1$。令上、下分支波导中的模式有效折射率分别为 n_{eff1} 和 n_{eff2}，并定义 $\Delta n_{\mathrm{eff}}(\lambda) = n_{\mathrm{eff2}} - n_{\mathrm{eff1}}$。因此 MZI 电光区两上、下分支波导中光波模式间的相位差为

$$\zeta(\lambda) = 2\pi\left[\left(-\frac{L_{\mathrm{EO}}}{\lambda/n_{\mathrm{eff1}}}\right) - \left(-\frac{L_{\mathrm{EO}}}{\lambda/n_{\mathrm{eff2}}}\right)\right] = 2\pi\left(\frac{L_{\mathrm{EO}}}{\lambda}\Delta n_{\mathrm{eff}}\right) \tag{5.3.9}$$

令初始输入光的幅值和功率分别为 R_0 和 $P_{\mathrm{in}} = P_0 = |R_0|^2$，则端口 $A2$ 和 $B2$ 的输出光振幅 R_2 和 S_2 可表示为

$$\begin{pmatrix} R_2 \\ S_2 \end{pmatrix} = T_{\mathrm{PGC2}} \begin{bmatrix} \exp(\mathrm{j}\zeta) & 0 \\ 0 & \exp(-\mathrm{j}\zeta) \end{bmatrix} T_{\mathrm{PGC1}} = \begin{pmatrix} R_0 \\ 0 \end{pmatrix} \tag{5.3.10}$$

根据式(5.3.10)可得器件输出光功率 P_{out}的 dB 形式为

$$P_{\mathrm{out}}(\lambda) = 10\lg\{4|A|^2|B|^2\sin^2[(\phi_{\mathrm{A}} - \phi_{\mathrm{B}}) + \zeta]\} \tag{5.3.11}$$

下面分析开关条件和相位补偿条件。

① 当 $\lambda = \lambda_0$ 且 $U = 0$ 时，$\zeta = 0$。要使输出光功率 P_{out}达到最大，需满足

$$\phi_{\mathrm{A}}(\lambda_0) - \phi_{\mathrm{B}}(\lambda_0) = \pi/2 \tag{5.3.12}$$

② 当 $\lambda = \lambda_0$ 且 $U \neq 0$ 时，$\zeta \neq 0$。要使输出光功率 P_{out}达到最小，需满足 $\phi_{\mathrm{A}}(\lambda_0) - \phi_{\mathrm{B}}(\lambda_0) + \zeta = \pi$，对应的外加电压为开关电压记为 U_{s}，由下式

确定：

$$\zeta(U_s)\big|_{\lambda=\lambda_0}=\pi \tag{5.3.13}$$

③ 当 $\lambda\neq\lambda_0$ 且 $U=U_s$ 时，由于 $\zeta(\lambda,U_s)\neq\zeta(\lambda_0,U_s)$，定义 MZI 电光区的相位误差为

$$\delta\zeta=\zeta(\lambda)\big|_{U=U_{off}}-\zeta(\lambda_0)\big|_{U=U_{off}} \tag{5.3.14}$$

在任意波长下，为了获得良好的 OFF 状态，可得

$$[\phi_A(\lambda)-\phi_B(\lambda)]+\zeta(\lambda)/2=[\phi_A(\lambda_0)-\phi_B(\lambda_0)]+\zeta(\lambda_0)/2=\pi \tag{5.3.15}$$

进一步整理得到

$$\phi_A(\lambda)-\phi_B(\lambda)=\Phi_{PGC}/2=\pi-\delta\zeta(\lambda) \tag{5.3.16}$$

称式(5.3.16)为相位补偿条件。

5.3.3 设计与优化

为了保证波导的单模传输，降低电极对模式的吸收损耗并增大芯层中电场，波导和电极的相关参数选为 $a=3.0\ \mu m$，$b_1=1.5\ \mu m$，$h=0.5\ \mu m$，$b_2=1.5\ \mu m$，$b_3=0.15\ \mu m$。当 $U=0$ V 时，中心波长下的模式有效折射率 $n_{eff0}=1.5910$，模式传输损耗 $\alpha_p=2.286$ dB/cm。为了加强 DC_1 和 DC_2 两波导间的耦合作用并降低 MZI 电光区两波导间的耦合作用，选取 $d_1=2.5$ μm，$d_2=20\ \mu m$，此时 MZI 两臂的耦合系数很小，约为 $K_{MZI}(\lambda_0)\leqslant1.4212$ m^{-1}，耦合长度 $L_0(\lambda_0)=1247\ \mu m$。

1. 电极设计与优化

为了增大电光调制效率并降低开关电压，需要对电极结构进行优化。首先，对于图 5.9(b)所示的电极结构，利用保角变换法和镜像法，可以得到芯层中的电场分布

$$E_y(x,y)=\frac{Un_2^2}{2n_1^2b_2+n_2^2b_1}+(1-r)\sum_{i=0}^{\infty}r^iE_{20,y}(x,y-2ib_2) \tag{5.3.17}$$

式中 $E_{20,y}(x,y)=(U/K')\mathrm{Im}\dfrac{\mathrm{d}W}{\mathrm{d}z}$，$\dfrac{\mathrm{d}W}{\mathrm{d}z}=g/\sqrt{(g^2-k^2z^2)(g^2-z^2)}$，$z=x+\mathrm{j}y$，$g=G/2$，$k=G/(G+2W)$，$K'=F(\pi/2,k)$为第一类完全椭圆积

分。电光调制效率可由如下重叠积分表示：

$$\Gamma_y = \frac{\iint \left[\frac{E_y(x,y)}{U} \right] |E'_y(x,y)|^2 \mathrm{d}x\mathrm{d}y}{\iint |E'_y(x,y)|^2 \mathrm{d}x\mathrm{d}y} \tag{5.3.18}$$

式中 $E'_y(x,y)$为光波电场 y 分量沿波导截面的分布。芯层材料的折射率变化可表示为 $\Delta n_1 = \frac{n_1^3}{2}\gamma_{33} U\Gamma_y$。

利用式(5.3.18)，图5.10显示了电光重叠积分因子 Γ_y 随 W 和 G 的变化曲线。图中可见，当 W 一定时，Γ_y 可在某个 G 值处取得最大值，并且该最大值随着 W 的增大而增大。然而，当 W 超过某数值如 $W = a = 3.0$ μm时，曲线的最大值变化很小。因此设计中选取 $W = a = 3.0$ μm，$G = d_2 = 20$ μm，对应的 $\Gamma_y = 0.30\ \mu\mathrm{m}^{-1}$。

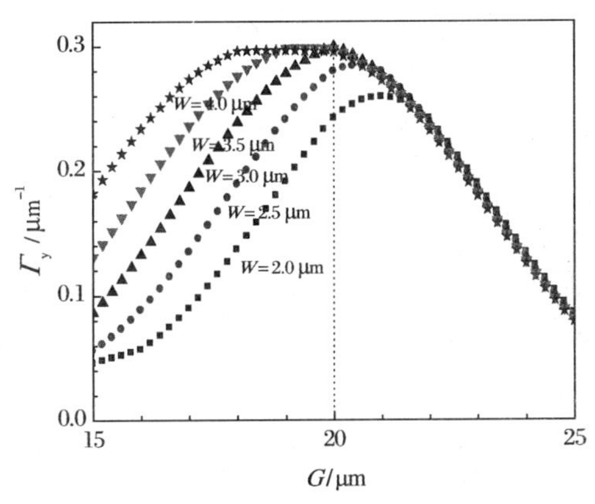

图5.10　电光重叠积分因子 Γ_y 随电极宽度 W 和电极间距 G 的变化曲线

2. MZI电光区设计与优化

为了确定开关电压，在中心波长下，图5.11绘出了MZI电光区的相移 $[\zeta(U)|_{\lambda=\lambda_0}]/\pi$ 随电光区长度 L_{EO} 及外加电压 U 的变化曲线。按照式(5.2.13)，开关电压满足 $\zeta(U_s)|_{\lambda=\lambda_0} = \pi$。因此，根据图5.11可知，当 $L_{EO} = 3000$、4000、5000 μm时，相应可得 $U_s = 1.542$、1.156、0.925 V。考虑到器件的插入损耗随电光区长度的增大而增大，折中选取 $L_{EO} = 5000$ μm，对应的 $U_s = 0.925$ V。

3. PGC结构优化

根据式(5.3.13)，当两工作电极上的电压分别为 +0.925 V 和 −0.925

V 时,MZI 电光区的相移 $\zeta(\lambda)$ 和相移漂移 $\delta\zeta$ 随波长 λ 的变化曲线如图 5.12 所示。图中可见,当 $\lambda\neq1550$ nm, $\zeta\neq\pi$ 且 $\delta\zeta\neq0$,这将影响器件的输出光功率,造成串扰和插入损耗的增大,进而导致输出光谱较窄。因此,必须适当补偿相移漂移 $\delta\zeta$ 才可拓宽器件的输出光谱。

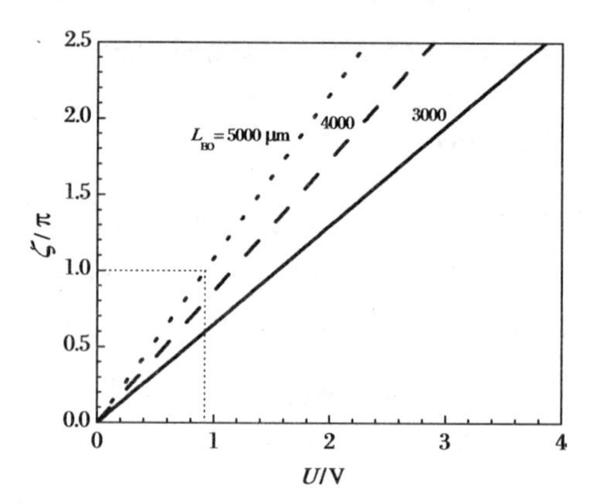

图 5.11 不同电光区长度下,MZI 电光区的相移漂移 $\zeta(\pi)$ 随外加电压 U 的变化曲线

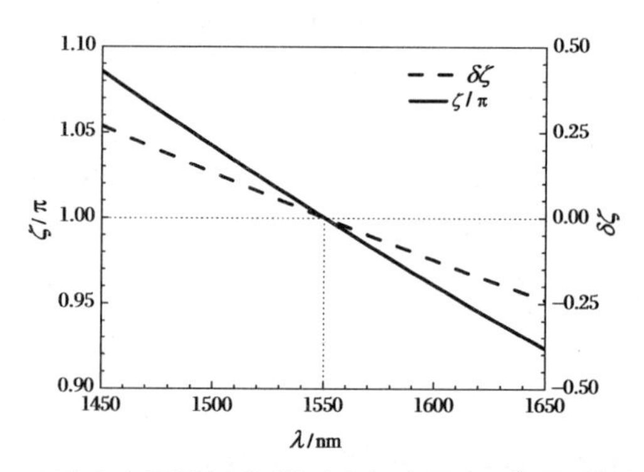

图 5.12 MZI 电光区的相移 $\zeta(\lambda)$ 和相移漂移 $\delta\zeta$ 随 λ 的变化曲线

为了实现相位补偿,PGC 的产生相移和 MZI 电光区的相移漂移必须满足相位补偿条件即式(5.3.16)。图 5.13 显示了 PGC 的理论需求相移 $\pi-\delta\zeta(\lambda)$随波长 λ 的变化曲线。同时利用 MATLAB 提供的非线性最小均方优化函数,我们优化了 PGC 的结构参数以使 $\phi_A-\phi_B$ 较好地逼近 $\pi-\delta\zeta(\lambda)$。最终 PGC 的优化参数数值为 $\Delta l=0.6295\lambda_0$,$l_1=0.0958L_0(\lambda_0)$,$l_2=0.3985L_0(\lambda_0)$,其中 $L_0(\lambda_0)=1247$ μm 为中心波长 λ_0 下定向耦合器的耦合长度。优化后 PGC 的实际发生相移 $\phi_A(\lambda)-\phi_B(\lambda)$随 λ 的变化关系也在图 5.13 中绘出。可以看到,通过优化设计,两 PGC 的实际发生相移 $\phi_A(\lambda)-\phi_B(\lambda)$可较好地吻合理论需求相移 $\pi-\delta\zeta(\lambda)$,这将拓宽器件的输

出光谱。

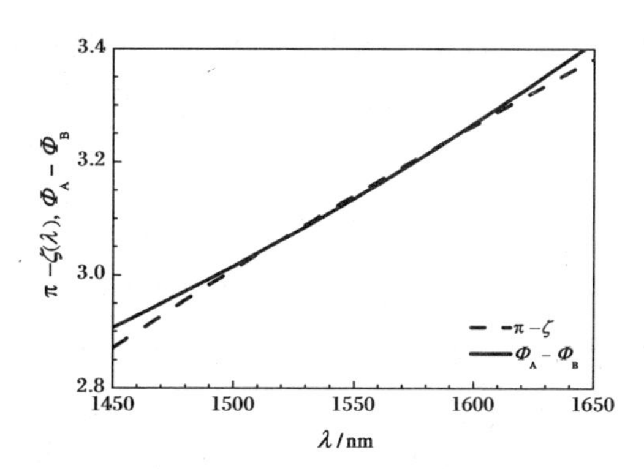

图 5.13　PGC 的理论需求相移 $\pi-\delta\zeta(\lambda)$和实际发生相移 $\phi_A(\lambda)-\phi_B(\lambda)$与 λ 的关系

5.3.4　光谱特性及对比分析

1. 输出功率与光谱特性

针对 5.3.3 节优化的宽光谱 MZI 电光开关，当器件分别处于 ON 和 OFF 状态时，图 5.14(a)显示了输出光功率 P_{out}随工作波长 λ 的变化曲线，其中，ON 状态下，$U=0$ V；OFF 状态下，$U=0.925$ V。可以看出，在 1300～1800 nm 范围内，器件在 ON 状态时的插入损耗为 −4.68～−7.35 dB，OFF 状态的输出功率小于 −24.5 dB。图 5.14(b)显示了器件输出端口在 ON 和 OFF 状态间的消光比随波长的变化曲线。当要求器件的消光比大于 30 dB 时，所允许的器件工作波长范围为 1430 nm≤λ≤1680 nm，对应的

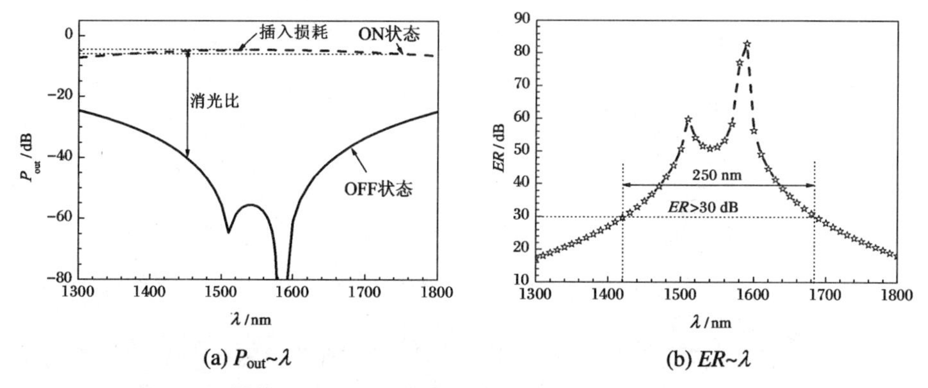

(a) P_{out}~λ　　(b) ER~λ

图 5.14　器件 ON 和 OFF 状态的输出光功率 P_{out}以及 ON 和 OFF 状态间的消光比随工作波长 λ 的变化曲线

输出光谱宽度可达 250 nm，且在此光谱范围内，器件的插入损耗小于 5.91 dB。该光谱范围覆盖了 WDM 系统的全部 S、C 和 L 通信波段(约为 1460～1625 nm)，因此该器件可用于 WDM 系统中任意波长信道的路由和切换。

2. 对比分析

为了显示该器件在输出光谱方面的优越性，我们对本节给出的基于两个 PGC 的对称 MZI 电光开关的输出光谱，4.3 节给出的基于两个 3 dB DC 的传统 MZI 器件的输出光谱，以及 5.2 节给出的基于一个 PGC 的非对称 MZI 电光开关的输出光谱做了对比，如图 5.15 所示。模拟计算中，三种器件的波导参数和材料参数完全相同。从图 5.15(a)可以看出，在 OFF 状态下，当输出功率小于 -30 dB 时，本节所设计器件的光谱范围可达 350 nm，这一数值约为我们报道的传统结构 MZI 电光开关光谱范围(约为 60 nm)的 6 倍，同时大于非对称 MZI 电光开关(约为 110 nm)的 3 倍。从图 5.15(b)可以看出，当要求 ON 与 OFF 状态间的消光比大于 30 dB 时，本节所设计器件的光谱范围可达 250 nm，这一数值约为传统结构 MZI 电光开关(约为 50 nm)的 5 倍，同时近似为非对称 MZI 电光开关(约为 85 nm)的 3 倍。这说明通过优化 PGC 结构，大大降低了串扰，并提高了消光比，进而展宽了输出光谱。但从图 5.15(a)也应注意到，与其他两种器件相比，该器件的插入损耗较大(可观察图 5.15(a)中的三条 ON 状态曲线看出)。这主要是因为，为了实现相位补偿，所引入的 PGC 一般具有较传统 3 dB 耦合器更长的波导长度，造成器件的传输损耗和插入损耗变大。然而，通过选用传输损耗较小的包、覆层材料或者优化器件制作工艺尤其是波导侧壁平滑工艺来降低插入损耗，可在一定程度上克服引入 PGC 带来的不良影响。

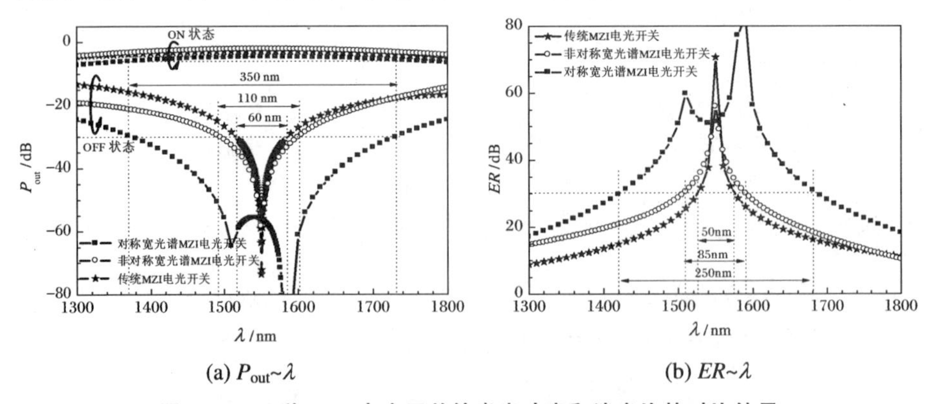

(a) P_{out}~λ　　(b) ER~λ

图 5.15　三种 MZI 电光开关输出光功率和消光比的对比结果

5.3.5 小结

在传统 MZI 结构的电光开关中,通过采用两个一阶 PGC 同时取代两个 3 dB 耦合器,设计了一种新型改进结构的宽光谱 MZI 电光开关。理论分析表明,由于 MZI 电光区的相移漂移与波长有关且 PGC 的发生相移也与波长有关,当合理优化 PGC 的结构参数时,PGC 的实际发生相移可有效补偿 MZI 电光区的相移漂移,进而可大大拓宽器件的输出光谱。在所选择的材料参数下,对所设计的器件进行了优化设计和模拟。结果显示,在 1550 nm 中心波长下,器件的电光区长度为 5000 μm,ON 和 OFF 状态下的外加驱动电压分别为 0 V 和 ±0.925 V。通过对 PGC 结构参数的优化,器件的输出光谱可达 250 nm,且在此光谱范围内,器件的消光比大于 30 dB,插入损耗小于 5.91 dB。本节提出的基于两个相位发生器的宽光谱 MZI 电光开关在 DWDM 系统中任意波长链路的切换方面具有潜在的应用价值。

5.4 基于 *N* 阶相位发生器的宽光谱对称 MZI 电光开关

在传统 MZI 电光开关中,通过使用两个结构对称的 N 阶 PGC 同时取代两个 3 dB 耦合器,本节将设计一种通用结构的宽光谱 MZI 电光开关,简称为 N 阶 PGC - MZI 电光开关。本节首先给出 N 阶 PGC 和 N 阶 PGC - MZI 电光开关的一般结构,推导其传递矩阵、输出功率和相位补偿条件;其次,以 $N=2$、3、4 为例,对器件结构进行优化,对器件的光谱性能进行分析模拟和讨论。

5.4.1 器件结构和理论分析

图 5.16(a)显示了所设计的 N 阶 PGC 的一般结构,它包含 $N+1$ 个

DC 和 N 个 ODL。θ_i 为各 DC 的角度耦合系数，l_i 为耦合区长度，其关系为 $\theta_i(\lambda)=\pi l_i/[2L_0(\lambda)]$，其中 $L_0(\lambda)$为定向耦合器在波长 λ 下的耦合长度。δl_i 为各 ODL 的路径差，定义为上分支的波导长度与下分支波导长度的差。当 $\delta l_i>0$ 时，对应光延时线的结构如图 5.16(b)所示；当 $\delta l_i<0$ 时，对应光延时线的结构如图 5.16(c)所示。弯曲波导为 sine 型弯曲形式。δl_i 可由下式计算：

$$\delta l_i = \pm\left[2\int_0^{s_0}\sqrt{1+\left(\frac{\pi h_i}{2s_0}\right)^2\sin^2\left(\frac{\pi x'}{s_0}\right)}\mathrm{d}x' - 2s_0\right] \tag{5.4.1}$$

式中，$2s_0$ 为直波导长度。当 $\delta l_i>0$ 时，上式取“+”；当 $\delta l_i<0$ 时，上式取“-”。

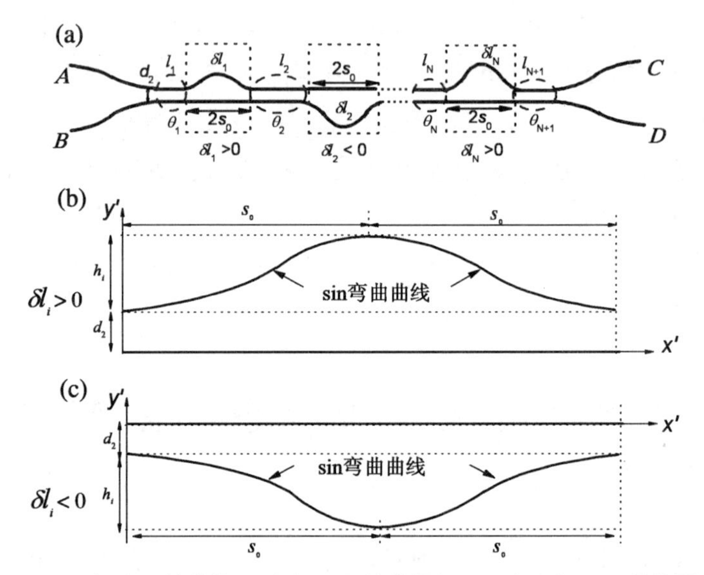

图 5.16 (a) N 阶 PGC 的结构图；(b) ODL 结构图($\delta l_i>0$)；(c) ODL 结构图($\delta l_i<0$)

第 i 个 DC 和 ODL 的传递矩阵可写为

$$T_{\mathrm{DC}}^i(\lambda) = \begin{pmatrix} \cos\theta_i & -\mathrm{j}\sin\theta_i \\ -\mathrm{j}\sin\theta_i & \cos\theta_i \end{pmatrix} \tag{5.4.2a}$$

$$T_{\mathrm{ODL}}^i(\lambda) = \begin{pmatrix} \exp[-\mathrm{j}\pi\delta l_i n_{\mathrm{eff0}}(\lambda)/\lambda] & 0 \\ 0 & \exp[\mathrm{j}\pi\delta l_i n_{\mathrm{eff0}}(\lambda)/\lambda] \end{pmatrix} \tag{5.4.2b}$$

式中 n_{eff0}为与波长有关的非电光区波导的基模有效折射率。

利用式(5.4.2)和传输矩阵法，可得到 N 阶 PGC 的传递矩阵为

$$T_{\mathrm{PGC}}^{N}(\lambda) = T_{\mathrm{DC}}^{N+1}\prod_{i=N}^{1}T_{\mathrm{ODL}}^{i}\,T_{\mathrm{DC}}^{i} \tag{5.4.3}$$

式(5.4.3)可最终写为如下形式：

$$T_{\mathrm{PGC}}^{N}(\lambda) = \begin{pmatrix} A_N & -B_N^* \\ B_N & A_N^* \end{pmatrix} \tag{5.4.4}$$

式中 A_N 和 B_N 可通过式(5.4.2)和式(5.4.3)获得，$*$ 表示取复共轭。N 阶 PGC 产生的相位 $\phi(\lambda)$ 定义为上分支波导与下分支波导中模式的相位差，可由如下两种情况分析得到：

① 假设光只从端口 A 输入，则端口 C 输出光相位和端口 D 输出光相位之间的失配为 $\dfrac{[\arg(A_N)-\arg(B_N)]}{(2\pi)}$，此时 PGC 产生的相位可由下式计算：

$$\phi(\lambda) = [\arg(A_N)-\arg(B_N)]/(2\pi) \tag{5.4.5}$$

式中 $\arg(A_N)$ 和 $\arg(B_N)$ 分别为 A_N 和 B_N 的相角，范围为$[0,2\pi)$。

② 假设光只从端口 C 输出，则输入到端口 A 和端口 B 的光的相位失配为 $\dfrac{[\arg(A_N^*)-\arg(-B_N)]}{(2\pi)}$，此时 PGC 产生的相位为

$$\phi(\lambda) = [-\arg(A_N^*)+\arg(-B_N)]/(2\pi) \tag{5.4.6}$$

式中 $\arg(A_N^*)$ 和 $\arg(-B_N)$ 分别为 A_N^* 和 $-B_N$ 的相角，范围为$[0,2\pi)$。

因此，PGC 与传统 3 dB 耦合器的不同在于：前者产生的相位是与波长有关的，而后者产生的相位为定值。

利用两个对称 N 阶 PGC，设计了一种通用的宽光谱 MZI 电光开关，其结构如图 5.17 所示。定义输入到端口 $A1$ 的功率为 P_{in}，从端口 $B2$ 的输出功率为 P_{out}，d_1 和 d_2 分别为 MZI 和定向耦合器的两波导间距。按照式(5.4.4)，PGC1 和 PGC2 的振幅传递矩阵可分别写为

$$T_{\mathrm{PGC1}}^{N}(\lambda) = \begin{pmatrix} A_{1,N} & -B_{1,N}^* \\ B_{1,N} & A_{1,N}^* \end{pmatrix},\quad T_{\mathrm{PGC2}}^{N}(\lambda) = \begin{pmatrix} A_{2,N} & -B_{2,N}^* \\ B_{2,N} & A_{2,N}^* \end{pmatrix} \tag{5.4.7}$$

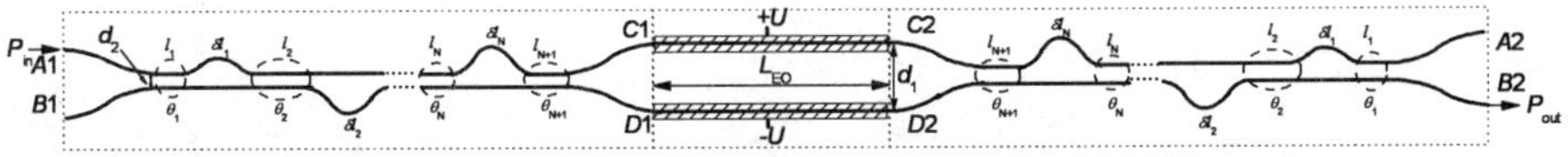

N阶PGC1　电光区　N阶PGC2

图 5.17　基于两个对称 N 阶相位发生器的宽光谱 MZI 电光开关的结构图

考虑到 PGC1 和 PGC2 的对称性,得到

$$A_{2,N}=A_{1,N}\equiv A_N,\quad B_{2,N}=-B_{1,N}^*\equiv -B_N^* \tag{5.4.8}$$

式(5.4.7)可进一步写为

$$T_{\mathrm{PGC1}}^N(\lambda)=\begin{pmatrix}A_N & -B_N^*\\ B_N & A_N^*\end{pmatrix},\quad T_{\mathrm{PGC2}}^N(\lambda)=\begin{pmatrix}A_N & B_N\\ -B_N^* & A_N^*\end{pmatrix} \tag{5.4.9}$$

令输入到端口 $A1$ 的初始光振幅 $R_1\neq 0$,则从端口 $A2$ 和 $B2$ 输出的光振幅分别为

$$\begin{pmatrix}R_2\\ S_2\end{pmatrix}=R_1\begin{pmatrix}A_N^2\exp[\mathrm{j}\pi\zeta(\lambda)]+B_N^2\exp[-\mathrm{j}\pi\zeta(\lambda)]\\ -A_NB_N^*\exp[\mathrm{j}\pi\zeta(\lambda)]+A_N^*B_N\exp[-\mathrm{j}\pi\zeta(\lambda)]\end{pmatrix} \tag{5.4.10}$$

式中 $\zeta(\lambda)=L_{\mathrm{EO}}\Delta n_{\mathrm{eff}}(\lambda)/\lambda$。假设 $\phi_{A_N}=\arg(A_N)$,$\phi_{B_N}=\arg(B_N)$,$P_0=|R_1|^2$,则器件的输出光功率可表示为

$$P_{\mathrm{out}}(\lambda)=P_0\{4|A_N|^2|B_N|^2\sin^2[(\phi_{A_N}-\phi_{B_N})+\pi\zeta]\} \tag{5.4.11}$$

式中 $|A_N|$ 和 $|B_N|$ 为 N 阶 PGC 的耦合系数。考虑如下两种情况:

① 当 $U=0$ 时,中心波长 λ_c 处,MZI 电光区的相位差 $\zeta(\lambda_c)=0$。为了实现 ON 状态,P_{out} 应该达到最大值,从而可得

$$\phi_{A_N}(\lambda_c)-\phi_{B_N}(\lambda_c)=\pi/2 \tag{5.4.12}$$

② 为了实现 OFF 状态,即 $P_{B2}=0$,我们得到 $[(\phi_{A_N}-\phi_{B_N})+\pi\zeta]|_{\lambda=\lambda_c,U=U_s}=m\pi(m=0,1,2,\cdots)$。取 $m=1$ 时,对应的开关电压达到最小,由下式确定:

$$\zeta(U_s)|_{\lambda=\lambda_c}=\{\pi-[\phi_{A_N}(\lambda_c)-\phi_{B_N}(\lambda_c)]\}/\pi=1/2 \tag{5.4.13}$$

根据式(5.4.5)和式(5.4.6),相位发生器产生的总的相移为

$$\begin{aligned}\phi(\lambda)&=[\arg(A_{1,N})-\arg(B_{1,N})-\arg(A_{2,N}^*)+\arg(-B_{2,N})]/(2\pi)\\ &=(\phi_{A_N}-\phi_{B_N})/\pi\end{aligned} \tag{5.4.14}$$

在式(5.4.14)中,取 $\lambda=\lambda_c$,则可得到 $\phi(\lambda_c)=1/2$。为了获得较宽的光谱,根据式(5.4.11),必须使 $(\phi_{A_N}-\phi_{B_N})+\pi\zeta=\pi$,$(\phi_{A_N}-\phi_{B_N})/\pi+\zeta(U_s,\lambda_c)=\zeta(U_s,\lambda)+[\phi_{A_N}(\lambda_c)-\phi_{B_N}(\lambda_c)]/\pi$,进而我们可得到相位补偿条件:

$$\delta\zeta(\lambda)=\phi(\lambda_c)-\phi(\lambda)=1/2-[\phi_{A_N}(\lambda)-\phi_{B_N}(\lambda)]/\pi \tag{5.4.15}$$

式中,$\delta\zeta$ 为相移误差,$1/2-[\phi_{A_N}(\lambda)-\phi_{B_N}(\lambda)]/\pi$ 为 PGC 的补偿相位,并由 PGC 的结构决定。

5.4.2 参数优化

器件的波导结构如图5.18所示，所选取的材料参数与4.1节所设计器件的参数一致。对器件的优化设计过程如下：

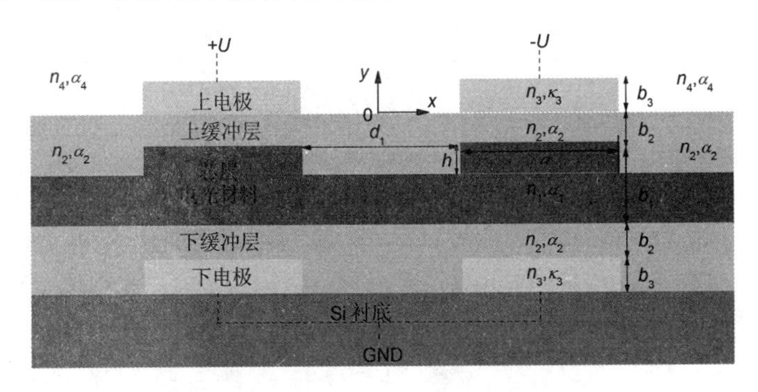

图5.18 器件电光区的截面结构图

1. 波导和电极的设计

为了保证波导的单模传输并降低模式损耗，取 $a=3.0\ \mu m$，$b_1=1.5\ \mu m$，$h=0.5\ \mu m$，$b_2=1.5\ \mu m$ 和 $b_3=0.15\ \mu m$。此时模式有效折射率 $n_{eff0}=1.5910$，振幅传输损耗 $\alpha_p=2.286$ dB/cm。另一方面，为了增大定向耦合器的耦合作用并减弱MZI两臂之间的耦合，二者的耦合间距分别取为 $d_2=2.5\ \mu m$ 和 $d_1=20\ \mu m$。此时，定向耦合器的耦合长度 $L_0(\lambda_c)=1247\ \mu m$，MZI两臂间的耦合系数 $K_{MZI}(\lambda_c)\leqslant 1.4212\ m^{-1}$。第三，为了增大电光区的电光调制效率，电极宽度和电极间距分别取为波导宽度和波导间距，即 $W=a=3.0\ \mu m$ 和 $G=d_1=20\ \mu m$。

2. 电光区长度和开关电压

图5.18所示电极结构产生的总的电场分布可表示为

$$E_y(x,y)=E_{1y}(x,y)+E_{2y}(x,y) \tag{5.4.16}$$

式中 $E_{1y}(x,y)=\dfrac{U\varepsilon_2}{2\varepsilon_1 b_2+\varepsilon_2 b_1}$ 为上电极和下电极产生的电场；ε_1 和 ε_2 分别为芯层材料和缓冲层材料的介电常数；$E_{2y}(x,y)$为两共面电极产生的电场，可以表示为

$$E_{2y}(x,y)=(1-r)\sum_{i=0}^{\infty}r^iE_{20,y}(x,y-2ib_2) \tag{5.4.17}$$

式中 $E_{20,y}(x,y)=U/K'\mathrm{Im}\left(\dfrac{\mathrm{d}w}{\mathrm{d}z}\right)$，$\dfrac{\mathrm{d}w}{\mathrm{d}z}=\dfrac{g}{\sqrt{(g^2-k^2z^2)(g^2-z^2)}}$，$z=x+\mathrm{j}y$，$g=G/2$，$k=\dfrac{G}{(G+2W)}$，$K'=F(\pi/2,k)$ 为第一类完全椭圆积分。此时电光区一个波导中的模式有效折射率将变为 $n_{\mathrm{eff1}}=n_{\mathrm{eff0}}-\Delta n_1$，而另一个波导中的模式折射率将变为 $n_{\mathrm{eff2}}=n_{\mathrm{eff0}}+\Delta n_1$，且

$$\Delta n_1=\frac{n_1^3}{2}\gamma_{33}U\Gamma_y \tag{5.4.18}$$

式中 $\Gamma_y=\dfrac{\iint\left[\dfrac{E_y(x,y)}{U}\right]|E'_y(x,y)|^2\mathrm{d}x\mathrm{d}y}{\iint|E'_y(x,y)|^2\mathrm{d}x\mathrm{d}y}$ 为电光重叠积分因子，$|E'_y(x,y)|$ 为光波电场分布。特别的，当 $U=0$ 时，$n_{\mathrm{eff1}}=n_{\mathrm{eff2}}=n_{\mathrm{eff0}}$ 且 $\Delta n_{\mathrm{eff}}=0$。

为了确定开关电压，图 5.19 显示了 MZI 两臂相移 $\zeta(\lambda_c)=L_{\mathrm{EO}}\Delta n_{\mathrm{eff}}/\lambda_c$ 随外加电压的变化曲线，取 $L_{\mathrm{EO}}=3000$、4000、5000 μm，$\lambda_c=1550$ nm。按照式(5.4.13)，开关电压满足 $\zeta(U_s)|_{\lambda=\lambda_c}=1/2$，因此，从图 5.19 可以看出，$L_{\mathrm{EO}}$ 越大，U_s 越小，但器件尺寸越大，损耗也增大。折中起见，取 $L_{\mathrm{EO}}=4000$ μm，对应的开关电压 $U_s=1.156$ V。

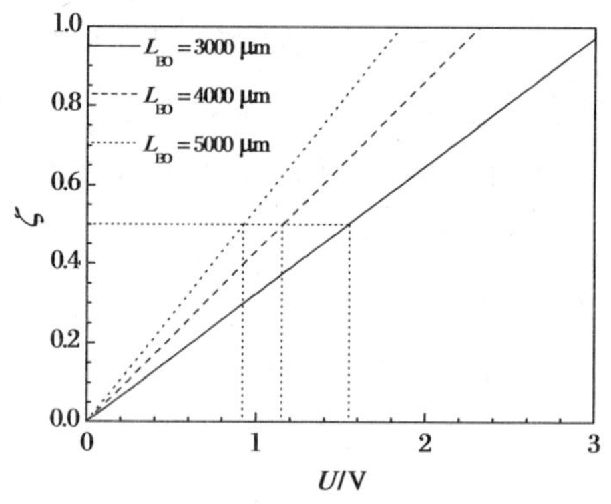

图 5.19 中心波长下，MZI 两臂相移 $\zeta(\lambda_c)=L_{\mathrm{EO}}\Delta n_{\mathrm{eff}}/\lambda_c$ 随外加电压 U 的变化曲线

3. 光延时线的设计

在图 5.16(b)和图 5.16(c)中，设 $s_0=1000$ μm。图 5.20 显示了 δl_i 随 ODL 参数 h_i 的变化曲线，取中心波长为 $\lambda_c=1.55$ μm。因此，通过合理选

择高度 h_i，即可实现所需的路径差 δl_i。

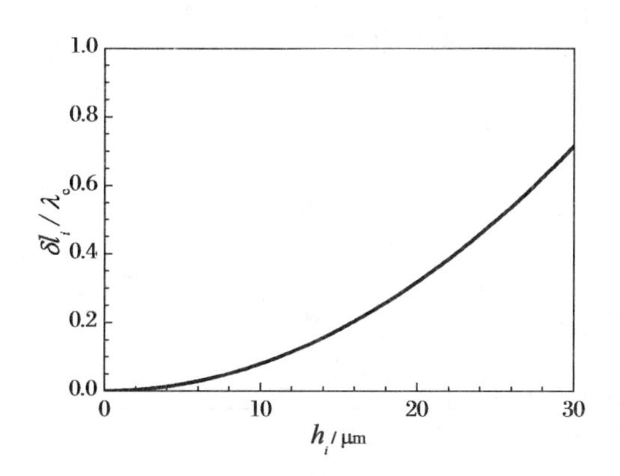

图 5.20　ODL 两波导路径差 δl_i 随参数 h_i 的变化曲线

5.4.3　光谱特性模拟

1. PGC 的参数优化方法

由于 ϕ_{A_N} 和 ϕ_{B_N} 均与 $\theta_i(\lambda)=\dfrac{\pi l_i}{2}[1/L_0(\lambda)]$ 和 $\pm j\pi\delta l_i[n_{\mathrm{eff0}}(\lambda)/\lambda]$ 有关，为了优化 l_i 和 δl_i，我们采用二阶线性拟合方法拟合了 $1/L_0(\lambda)$ 和 $n_{\mathrm{eff0}}(\lambda)/\lambda$ 随波长的变化关系，如图 5.21 所示，并得如下关系式：

$$f(\lambda)=1/L_0(\lambda)$$
$$=6.1934\times10^{14}\lambda^2-5.6558\times10^{8}\lambda+190.47 \tag{5.4.19a}$$
$$g(\lambda)=n_{\mathrm{eff0}}(\lambda)/\lambda$$
$$=4.4868\times10^{17}\lambda^2-2.0858\times10^{12}\lambda+3.1814\times10^{6} \tag{5.4.19b}$$

最终，N 阶 PGC 的产生相位 $\phi_{A_N}-\phi_{B_N}$ 可表示为 l_i、δl_i 和 λ 的函数。对 l_i 和 δl_i 的优化包含如下步骤：

- 步骤 1：给定中心波长 λ_c 和光谱范围 $\lambda_{\min}\sim\lambda_{\max}$。
- 步骤 2：在 $\lambda_{\min}\sim\lambda_{\max}$ 内计算相移误差 $\delta\zeta=\zeta(\lambda)-\zeta(\lambda_c)$。
- 步骤 3：给定各待优化参数的初始值 l_i 和 δl_i，以及迭代步长。
- 步骤 4：利用 MATLAB 的非线性拟合工具找到最优的 l_i 和 δl_i，在 $\lambda_{\min}\sim\lambda_{\max}$ 范围内使 $1/2-[\phi_{A_N}(\lambda)-\phi_{B_N}(\lambda)]/\pi$ 逼近于 $\delta\zeta$。

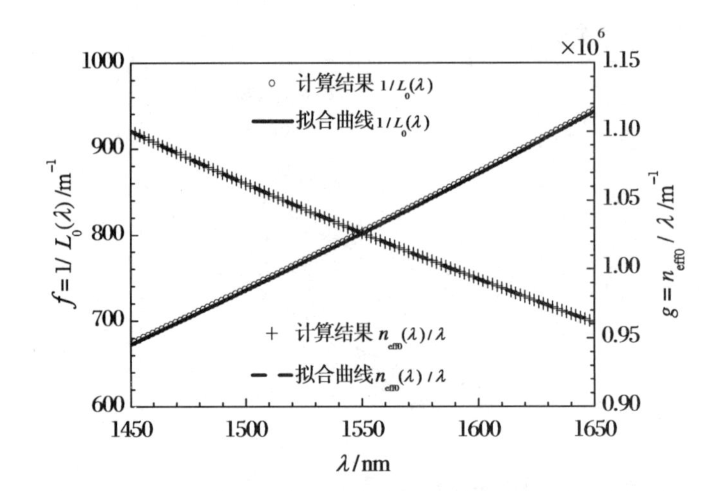

图 5.21 $1/L_0(\lambda)$和 $n_{\mathrm{eff0}}(\lambda)/\lambda$ 的计算结果及其随波长的拟合曲线

· 步骤 5:如果步骤 4 得到的逼近效果不理想,则继续修改迭代初值,并重复步骤 4。否则退出循环。

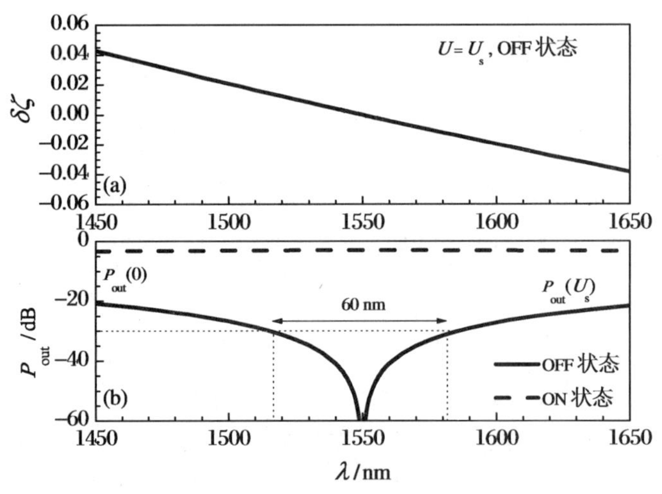

图 5.22 针对传统 MZI 电光开关,(a) $U = U_s$ 时相移误差 $\delta\zeta = \zeta(\lambda) - \zeta(\lambda_c)$ 以及(b) ON 与 OFF 状态下器件的输出光功率随工作波长的变化曲线

2. 传统 MZI 电光开关:零阶 PGC - MZI 电光开关

器件结构如图 5.1 所示。3 dB DC 的振幅传递矩阵为

$$T_{3\text{-dB}} = \begin{pmatrix} A & -B^* \\ B & A^* \end{pmatrix} = \begin{pmatrix} \cos\theta_{\mathrm{DC}} & -\mathrm{j}\sin\theta_{\mathrm{DC}} \\ -\mathrm{j}\sin\theta_{\mathrm{DC}} & \cos\theta_{\mathrm{DC}} \end{pmatrix}$$

则 $A = \cos(\theta_{\mathrm{DC}})$, $B = -\mathrm{j}\sin(\theta_{\mathrm{DC}})$,其中 $\theta_{\mathrm{DC}} = \dfrac{\pi}{4}\dfrac{L_0(\lambda_c)}{L_0(\lambda)}$。因此 $\phi_A =$

$\arg(A)=0$，$\phi_{\mathrm{B}}=\arg(B)=-\pi/2$，进而 $\phi_{\mathrm{A}}-\phi_{\mathrm{B}}=\pi/2$ 为常数，不能补偿相移误差。利用式(5.4.11)，器件的输出光功率可表示为

$$P_{\mathrm{out}}(\mathrm{dB}) = 10\lg\{4|\cos(\theta_{\mathrm{DC}})|^2|\sin(\theta_{\mathrm{DC}})|^2\sin^2(\pi/2+\pi\zeta)\}-2\alpha_{\mathrm{p}}L_{\mathrm{total}} \tag{5.4.20}$$

式中 L_{total} 为器件的波导总长度。

图 5.22 显示了(a) $U=U_{\mathrm{s}}$ 时相移误差 $\delta\zeta=\zeta(\lambda)-\zeta(\lambda_{\mathrm{c}})$ 和(b) ON 与 OFF 状态下器件的输出光功率随工作波长的变化曲线。可以看到，当 λ 变化时，相移漂移随之变化，进而影响输出光功率。从图 5.22(b)可以看到，当 λ 远离中心波长 λ_{c} 时，器件串扰随之增大，为了使串扰降至 −30 dB 以下，器件的输出光谱约为 60 nm，对应的插入损耗小于 3.0 dB。

3．一阶 PGC－MZI 电光开关

当 $N=1$ 时，可得到一阶 PGC 的振幅耦合系数为

$$A_1 = \cos(\pi\delta l_1 g)\cos[(l_1+l_2)f\pi/2]-\mathrm{j}\sin(\pi\delta l_1 g)\cos[(l_1-l_2)f\pi/2] \tag{5.4.21a}$$

$$B_1 = \sin(\pi\delta l_1 g)\sin[(l_1-l_2)f\pi/2]-\mathrm{j}\cos(\pi\delta l_1 g)\sin[(l_1+l_2)f\pi/2] \tag{5.4.21b}$$

利用式(5.4.11)，器件的输出光功率可写为

$$P_{\mathrm{out}}(\mathrm{dB}) = 10\lg\{4|A_1|^2|B_1|^2\sin^2[(\phi_{A_1}-\phi_{B_1})+\pi\zeta]\}-2\alpha_{\mathrm{p}}L_{\mathrm{total}} \tag{5.4.22}$$

为满足式(5.4.15)，我们应用非线性最小均方优化方法对一阶 PGC 的结构参数做了优化，优化结果为 $l_1=0.0968L_0(\lambda_{\mathrm{c}})$，$l_2=0.4030L_0(\lambda_{\mathrm{c}})$，$\delta l_1=0.63\lambda_{\mathrm{c}}$，且从图 5.20 可确定出 $h_1=28.1\ \mu\mathrm{m}$。图 5.23(a)显示了 $U=U_{\mathrm{s}}$ 时一阶 PGC 的产生相移 $1/2-[\phi_{A_1}(\lambda)-\phi_{B_1}(\lambda)]/\pi$ 和相移误差 $\delta\zeta$ 的变化曲线，图 5.23(b)显示了 ON 与 OFF 状态下 P_{out} 随波长 λ 的变化曲线。从图 5.23(a)可以看出，在所优化的参数下，PGC 的产生相移可以很好地补偿 MZI 电光区的相移误差。从图 5.23(b)可以看出，器件的输出光谱范围可被扩展至 320 nm，这一数值比零阶 PGC－MZI 电光开关的 60 nm 光谱大 5 倍以上。在该光谱范围内，器件的串扰小于 −30 dB，插入损耗小于 5.57 dB。

4．二阶 PGC－MZI 电光开关

令 $l_1=l_2=l_3\equiv l_0$，则 $\theta_1=\theta_2=\theta_3\equiv\theta_0$，对应的振幅耦合系数为

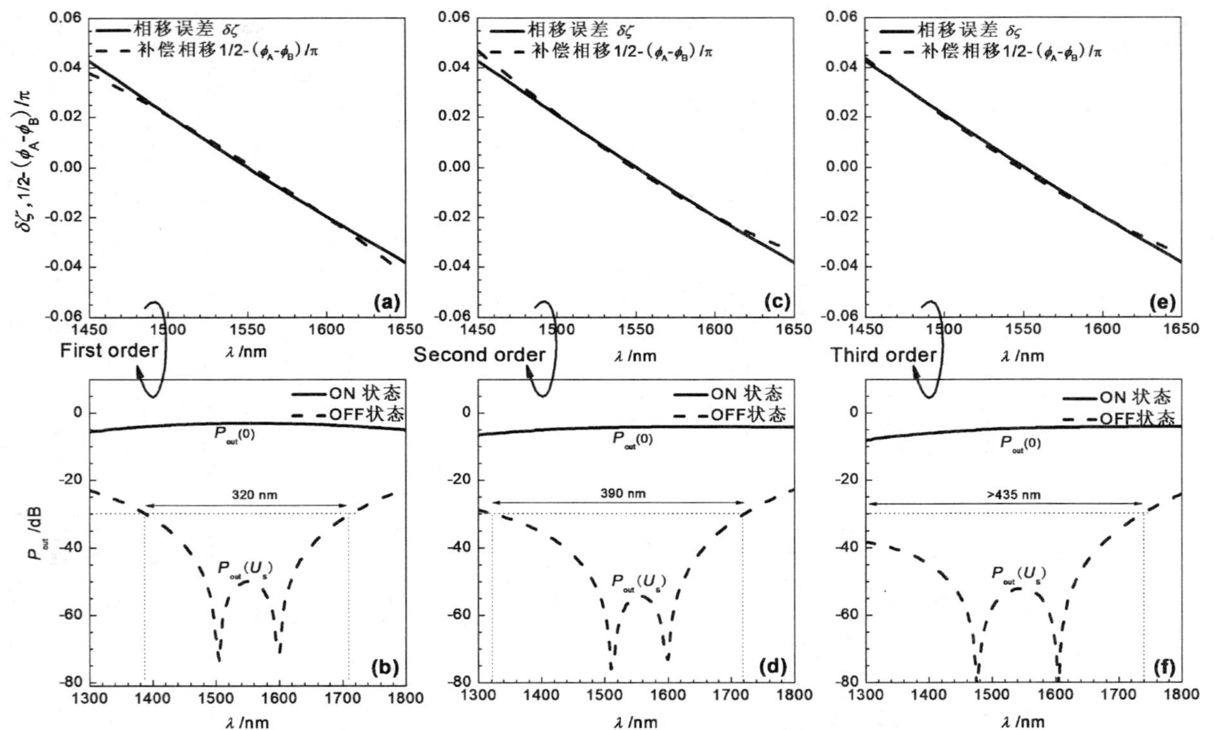

图 5.23 (a) $U=U_s$ 时一阶 PGC 的产生相移 $1/2-[\phi_{A_1}(\lambda)-\phi_{B_1}(\lambda)]/\pi$ 和相移误差 $\delta\zeta$ 随波长 λ 的变化曲线;(b) ON 与 OFF 状态下一阶 PGC－MZI 电光开关的输出光功率 P_{out} 随波长 λ 的变化曲线;(c) $U=U_s$ 时二阶 PGC 的产生相移 $1/2-[\phi_{A_2}(\lambda)-\phi_{B_2}(\lambda)]/\pi$ 和相移误差 $\delta\zeta$ 随波长 λ 的变化曲线;(d) ON 与 OFF 状态下二阶 PGC－MZI 电光开关的输出光功率 P_{out} 随波长 λ 的变化曲线;(e) $U=U_s$ 时三阶 PGC 的产生相移 $1/2-[\phi_{A_3}(\lambda)-\phi_{B_3}(\lambda)]/\pi$ 和相移误差 $\delta\zeta$ 随波长 λ 的变化曲线;(f) ON 与 OFF 状态下三阶 PGC－MZI 电光开关的输出光功率 P_{out} 随波长 λ 的变化曲线

$$A_2 = \cos[\pi(\delta l_1 + \delta l_2)g]\cos(l_0 f\pi/2)\cos(l_0 f\pi) - \cos[\pi(\delta l_1 - \delta l_2)g]\sin(l_0 f\pi/2)\sin(l_0 f\pi) - j\{\sin[\pi(\delta l_1 + \delta l_2)g]\cos(l_0 f\pi/2)\} \quad (5.4.23a)$$

$$B_2 = -\sin[\pi(\delta l_1 - \delta l_2)g]\sin(l_0 f\pi/2) - j\{\cos[\pi(\delta l_1 + \delta l_2)g]\cos(l_0 f\pi/2)\sin((\pi l_0 f)) + \cos[\pi(\delta l_1 - \delta l_2)g]\sin(l_0 f\pi/2)\cos(\pi l_0 f)\} \quad (5.4.23b)$$

利用式(5.4.11),器件的输出光功率为

$$P_{out}(dB) = 10\lg\{4|A_2|^2|B_2|^2\sin^2[(\phi_{A_2} - \phi_{B_2}) + \pi\zeta]\} - 2\alpha_p L_{total} \quad (5.4.24)$$

同理,二阶 PGC 的参数优化结果为 $l_0 = 0.17L_0(\lambda_c)$, $\delta l_1 = 0.42\lambda_c$, $\delta l_2 = 0.11\lambda_c$, $h_1 = 23.0\ \mu m$ 及 $h_2 = 11.8\ \mu m$。图 5.23(c)显示了 $U = U_s$时二阶 PGC 的产生相移 $1/2 - [\phi_{A_1}(\lambda) - \phi_{B_1}(\lambda)]/\pi$ 和相移误差 $\delta\zeta$ 随波长λ的变化曲线,图 5.23(d)显示了 ON 与 OFF 状态下 P_{out}随波长 λ 的变化曲线。可以看到,器件的输出光谱可达 390 nm,且在此光谱范围内,其串扰小于 −30 dB,插入损耗小于 5.98 dB。

5. 三阶 PGC-MZI 电光开关

令 $l_1 = l_2 = l_3 = l_4 \equiv l_0$,则 $\theta_1 = \theta_2 = \theta_3 = \theta_4 \equiv \theta_0$,三阶 PGC 的振幅耦合系数为

$$A_3 = A_2\cos(l_0 f\pi/2)\exp(-j\pi\delta l_3 g) - jB_2\sin(l_0 f\pi/2)\exp(j\pi\delta l_3 g) \quad (5.4.25a)$$

$$B_3 = -jA_2\sin(l_0 f\pi/2)\exp(-j\pi\delta l_3 g) + B_2\cos(l_0 f\pi/2)\exp(j\pi\delta l_3 g) \quad (5.4.25b)$$

式中 A_2和 B_2由式(5.4.23)给出。利用式(5.4.11),器件的输出光功率为

$$P_{out}(dB) = 10\lg\{4|A_3|^2|B_3|^2\sin^2[(\phi_{A_3} - \phi_{B_3}) + \pi\zeta]\} - 2\alpha_p L_{total} \quad (5.4.26)$$

三阶 PGC 的参数优化结果为 $l_0 = 0.251L_0(\lambda_c)$, $\delta l_1 = 0.571\lambda_c$, $\delta l_2 = -0.191\lambda_c$, $\delta l_3 = 0.175\lambda_c$, $h_1 = 26.8\ \mu m$, $h_2 = 15.5\ \mu m$ 和 $h_3 = 14.8\ \mu m$。图 5.23(e)显示了 $U = U_s$ 时三阶 PGC 的产生相移 $1/2 - [\phi_{A_1}(\lambda) - \phi_{B_1}(\lambda)]/\pi$ 和相移误差 $\delta\zeta$ 随波长λ 的变化曲线,图 5.23(f)显示了 ON 与 OFF 状态下 P_{out}随波长 λ 的变化曲线。图中可见,器件的输出光谱大于 435 nm,且在此光谱范围内,其串扰小于 −30 dB,插入损耗小于 7.90 dB。

6. N 阶 PGC-MZI 电光开关的递推设计

当 $N>2$ 时，可以得到 A_N、B_N 与 A_{N-1}、B_{N-1} 间的递推关系为

$$\begin{aligned}A_N &= A_{N-1}\cos(l_{N+1}f\pi/2)\exp(-\mathrm{j}\pi\delta l_N g)\\&\quad -\mathrm{j}B_{N-1}\sin(l_{N+1}f\pi/2)\exp(\mathrm{j}\pi\delta l_N g)\end{aligned} \tag{5.4.27a}$$

$$\begin{aligned}B_N &= -\mathrm{j}A_{N-1}\sin(l_{N+1}f\pi/2)\exp(-\mathrm{j}\pi\delta l_N g)\\&\quad +B_{N-1}\cos(l_{N+1}f\pi/2)\exp(\mathrm{j}\pi\delta l_N g)\end{aligned} \tag{5.4.27b}$$

为了简化设计，可令 $l_1=l_2=\cdots=l_{N+1}\equiv l_0$，则 $\theta_1=\theta_2=\cdots=\theta_{N+1}\equiv\theta_0$。此时，器件的输出光功率为

$$P_{\text{out}}(\text{dB}) = 10\lg\{4|A_N|^2|B_N|^2\sin^2[(\phi_{A_N}-\phi_{B_N})+\pi\zeta]\}-2\alpha_{\text{p}}L_{\text{total}} \tag{5.4.28}$$

再结合非线性最小均方优化算法即可对 N 阶 PGC 的参数进行优化，以实现相位误差的补偿。

5.4.4 对比分析

我们将几种不同结构或不同阶次的 PGC-MZI 电光开关的性能做了对比，如表 5.1 所示。从表中数据可以看到，通过使用相位发生器补偿相移误差，可以扩展器件的输出光谱，并且相位发生器的阶次越高，光谱越宽。然而，随着相位发生器阶次的增大，插入损耗也随之增大，同时由于参数个数的增多，器件的优化过程变得复杂，因此，设计中应该合理选取相位发生器的阶数以满足工程设计的需要。

表 5.1 基于相同材料的五种 MZI 电光开关的性能对比结果

器件结构	输出光谱 /nm	串扰 /dB	插入损耗 /dB	电光区长度 /mm
传统结构(4.3 节)	60	<-30	<2.64	3
使用 1 个 PGC(5.2 节)	110	<-30	<2.24	3
使用 2 个一阶 PGC(本节)	320	<-30	<5.57	4
使用 2 个二阶 PGC(本节)	390	<-30	<5.98	4
使用 2 个三阶 PGC(本节)	>435	<-30	<7.90	4

5.4.5 小结

鉴于基于两个3 dB DC的传统MZI电光开关光谱范围窄的问题，本节给出了一种基于两个对称 N 阶PGC的宽光谱MZI电光开关。利用给出的理论和分析方法，对 $N=1$、2、3时的一阶、二阶及三阶PGC-MZI电光开关做了优化和模拟。在1550 nm中心工作波长下，电光区的长度为4 mm，对应的开关电压为1.156 V。通过对各阶PGC的参数优化，对应器件的输出光谱可由传统MZI电光开关的60 nm被延拓至320 nm、390 nm和435 nm。在上述光谱范围内，器件的串扰均可降至-30 dB以下。因此，该类器件在非波长选择性光通信网络中信号路由与开关控制方面具有潜在的应用前景。

5.5 基于一阶相位发生器和双对称MZI的宽光谱电光开关

与5.2节～5.4节给出的宽光谱器件结构不同，本节将采用两个对称电光MZI、一个中央定向耦合器(M-DC)以及两个对称PGC优化设计一种ON/OFF型宽光谱电光开关。在充分考虑所使用材料光学参数以及波导模式参数的波长色散特性的条件下，对器件OFF状态下的消光比以及ON状态的插入损耗进行补偿，从而使得该器件的光谱范围可覆盖全部S-C-L波段。

5.5.1 结构和分析

1. 器件结构

图5.24(a)显示了ON/OFF型聚合物宽光谱电光开关的结构图。它由两个长度相同的MZI电光区、一个非电光M-DC和两个非电光PGC构

成。各 PGC 包含 DC1、DC2 和一个 ODL；DC1 和 DC2 的耦合间距均为 d_1，耦合区长度分别为 l_1 和 l_2；ODL 的上、下波导间的路径差为 δl。M-DC 的耦合间距也为 d_1，耦合区长度为 L_1。两个 MZI 的波导间距均为 d_2，电光区长度均为 L_2。施加在 MZI 电光区上电极和下电极的电压分别为 $+U$ 和 $-U$。端口 $A1$ 的输入功率为 P_{in}，端口 $B2$ 的输出功率为 P_{out}。

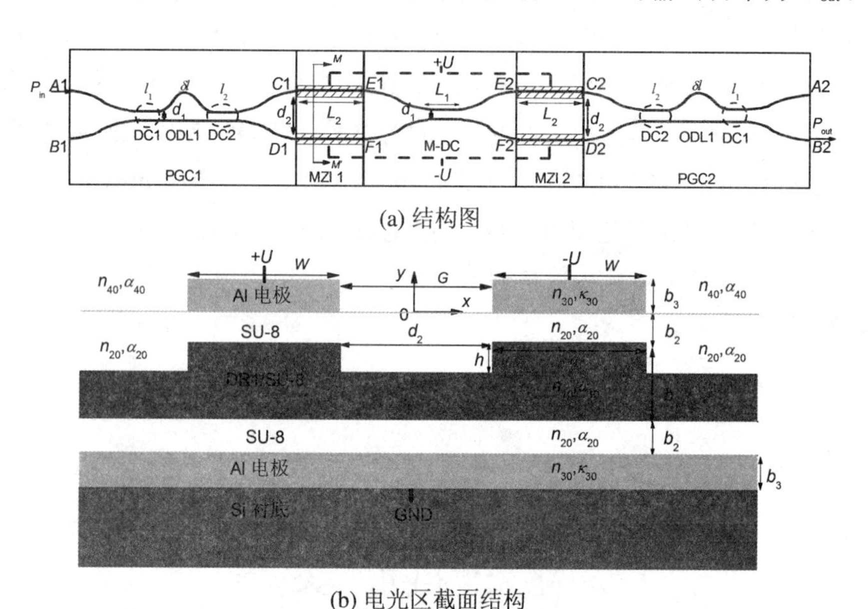

(a) 结构图

(b) 电光区截面结构

图 5.24 ON/OFF 型聚合物宽光谱电光开关的结构图

图 5.24(b)显示了 MZI 电光区的脊型波导结构，各层介质依次为空气/上电极/上缓冲层/芯层/下缓冲层/下电极/Si 衬底。电光芯层材料为 DR1/SU-8，缓冲层材料为 SU-8，电极材料为铝。除上、下电极外，PGC1、PGC2 和 M-DC 的脊型波导结构与电光区的结构相同。芯宽度、脊高和芯厚度分别为 a、h 和 b_1，缓冲层和电极的厚度分别为 b_2 和 b_3。芯层、缓冲层、电极和上限制层材料的折射率分别为 n_{10}、n_{20}、n_{30} 和 n_{40}，它们的振幅衰减系数或体消光系数分别为 α_{10}、α_{20}、κ_{30} 和 α_{40}。两波导芯层的极化方向相同，极化后芯层材料的电光系数为 γ_{33}。选择中心波长为 λ_c，波导模式为 E_{00}^y 基模。

在 S-C-L 通讯波段(1460～1625 nm)，我们使用椭偏仪测试了 SU-8 和 DR1/SU-8 的光学参数，分别如图 5.25(a)和图 5.25(b)所示。同时，根据文献[187]，金属 Al 的光学参数的色散特性如图 5.25(c)所示。从图示结果可以发现,上述波长范围内,n_{10}从1.6150减小至1.6140,n_{20}从1.5691减小至1.5682,n_{30}从1.3300增加至1.6000。利用图5.25(a)和图5.25(b)中各层材料的消光系数,DR1/SU-8和SU-8的振幅衰减系数可分别表示为

$$\alpha_{10}(\lambda)=(2\pi/\lambda)\kappa_{10},\quad \alpha_{20}(\lambda)=(2\pi/\lambda)\kappa_{20} \tag{5.5.1}$$

上限制层材料为空气,其振幅衰减系数为$\alpha_{40}=0$。根据图5.25,我们也注意到,当波长大于1590 nm时,DR1/SU-8和SU-8的损耗系数急剧增大,这将使得所制备的器件在大于1590 nm的波段具有较大的插入损耗。

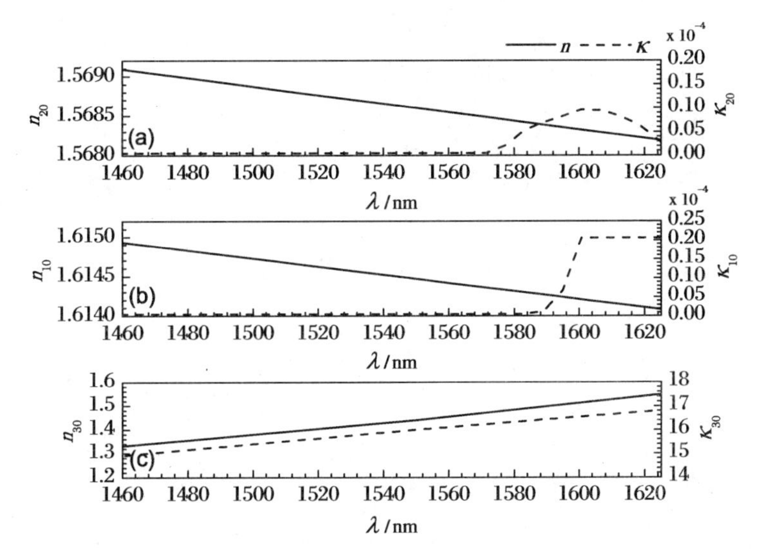

图5.25　在S-C-L通讯波段,(a) SU-8、(b) DR1/SU-8和(c) Al的光学参数的波长色散特性

2. PGC的产生相移

采用与5.2节～5.4节的类似分析方法,对于图5.24(a)所示的PGC1,在耦合间距d_1下,与波长有关的DC_1和DC_2的角度耦合系数θ_1和θ_2可表示为

$$\theta_1(\lambda)=\theta^0(\lambda)l_1,\quad \theta_2(\lambda)=\theta^0(\lambda)l_2 \tag{5.5.2}$$

式中,$\theta^0(\lambda)=\dfrac{\pi}{2L_0(\lambda)}$,$L_0(\lambda)$为定向耦合器的耦合长度。ODL上分支波导和下分支波导的相位差为

$$\Delta\phi(\lambda)=\Delta\phi^0(\lambda)\delta l \tag{5.5.3}$$

式中 $\Delta\phi^0(\lambda)=2\pi/\lambda n_{\text{eff0}}(\lambda)$。PGC1 的振幅传递矩阵 $\boldsymbol{T}_{\text{PGC1}}$ 由下式给出：

$$\boldsymbol{T}_{\text{PGC1}}(\lambda)=\begin{pmatrix} A & -B^* \\ B & A^* \end{pmatrix} \tag{5.5.4}$$

式中 $A(\lambda)=|A(\lambda)|e^{j\phi_A(\lambda)}$ 和 $B(\lambda)=|B(\lambda)|e^{j\phi_B(\lambda)}$ 为 PGC1 在波长 λ 下的耦合系数，可表示为

$$\begin{aligned} A(\lambda) &= \cos[\Delta\phi^0(\lambda)\delta l]\cos[\theta^0(\lambda)(l_1+l_2)] \\ &\quad - j\sin[\Delta\phi^0(\lambda)\delta l]\cos[\theta^0(\lambda)(l_1-l_2)] \end{aligned} \tag{5.5.5a}$$

$$\begin{aligned} B(\lambda) &= \sin[\Delta\phi^0(\lambda)\delta l]\sin[\theta^0(\lambda)(l_1-l_2)] \\ &\quad - j\cos[\Delta\phi^0(\lambda)\delta l]\sin[\theta^0(\lambda)(l_1+l_2)] \end{aligned} \tag{5.5.5b}$$

考虑到 PGC1 和 PGC2 的对称性，PGC2 的振幅传递矩阵可表示为

$$\boldsymbol{T}_{\text{PGC2}}(\lambda)=\begin{pmatrix} A & B \\ -B^* & A^* \end{pmatrix} \tag{5.5.6}$$

3. 输出功率

针对图 5.24(b)所示的电极结构，利用保角变换法和镜像法，单个脊形波导芯的电场分布可表示为

$$E_y(x,y)=\frac{Un_2^2}{2n_1^2b_2+n_2^2b_1}+(1-r)\sum_{i=0}^{\infty}r^iE_{20,y}(x,y-2ib_2) \tag{5.5.7}$$

式中 $E_{20,y}(x,y)=(U/K')\text{Im}\,\dfrac{\mathrm{d}w}{\mathrm{d}z}$，$\dfrac{\mathrm{d}w}{\mathrm{d}z}=g/\sqrt{(g^2-k^2z^2)(g^2-z^2)}$，$z=x+\mathrm{j}y$，$g=G/2$，$k=G/(G+2W)$，$K'=F(\pi/2,k)$ 为第一类椭圆积分。定义电光重叠积分因子为

$$\varGamma_y=\frac{\iint\left[\dfrac{E_y(x,y)}{U}\right]|E'_y(x,y)|^2\mathrm{d}x\mathrm{d}y}{\iint|E'_y(x,y)|^2\mathrm{d}x\mathrm{d}y} \tag{5.5.8}$$

则波导中传输模式有效折射率的改变量可表示为 $\Delta n_{\text{eff}}=\dfrac{n_1^3}{2}\gamma_{33}U\varGamma_y$，其中 γ_{33} 为 DR1/SU-8 的电光系数，其值取为 40 pm/V。进而，上分支波导中的模式有效折射率将由 n_{eff0} 变为 $n_{\text{eff1}}=n_{\text{eff0}}-\Delta n_{\text{eff}}$，下分支波导中的模式有效折射率将由 n_{eff0} 变为 $n_{\text{eff2}}=n_{\text{eff0}}+\Delta n_{\text{eff}}$。当光波传输距离 L_2 后，MZI 两臂的相位差 $\zeta(\lambda)$ 可表示为

$$\zeta(\lambda, U) = 2\pi\left(\frac{L_2}{\lambda / n_{\mathrm{eff2}}} - \frac{L_2}{\lambda / n_{\mathrm{eff1}}}\right) = 4\pi L_2 \Delta n_{\mathrm{eff}} / \lambda \tag{5.5.9}$$

MZI 电光区的振幅传递矩阵为

$$\boldsymbol{T}_{\mathrm{MZI}} = \begin{bmatrix} \exp(\mathrm{j}\zeta/2) & 0 \\ 0 & \exp(-\mathrm{j}\zeta/2) \end{bmatrix} \tag{5.5.10}$$

M-DC 的振幅传递矩阵为

$$\boldsymbol{T}_{\text{M-DC}}(\lambda) = \begin{bmatrix} \cos[\theta^0(\lambda)L_1] & -\mathrm{j}\sin[\theta^0(\lambda)L_1] \\ -\mathrm{j}\sin[\theta^0(\lambda)L_1] & \cos[\theta^0(\lambda)L_1] \end{bmatrix} \tag{5.5.11}$$

定义端口 $A1$ 的输入光振幅和功率分别为 R_0 和 $P_0 = |R_0|^2$，则端口 $A2$ 和 $B2$ 的输出光振幅可表示为

$$\begin{pmatrix} R_2(\lambda) \\ S_2(\lambda) \end{pmatrix} = \boldsymbol{T}_{\mathrm{PGC2}} \boldsymbol{T}_{\mathrm{MZI}} \boldsymbol{T}_{\text{M-DC}} \boldsymbol{T}_{\mathrm{MZI}} \boldsymbol{T}_{\mathrm{PGC1}} = \begin{pmatrix} M & -N^* \\ N & M^* \end{pmatrix} \begin{pmatrix} R_0 \\ 0 \end{pmatrix} \tag{5.5.12}$$

式中 M 和 N 可通过将式(5.5.4)、式(5.5.6)、式(5.5.10)和式(5.5.11)代入式(5.5.12)得到。忽略光学损耗，器件的输出光功率可表示为

$$P_{\mathrm{out}}^0(\lambda) = 20\lg|N(\lambda)| \tag{5.5.13}$$

若考虑模式损耗 α_{eff0}，则输出功率需修改为

$$P_{\mathrm{out}}(\lambda) = P_{\mathrm{out}}^0(\lambda) - 2\alpha_{\mathrm{eff0}}(\lambda) L_{\mathrm{total}} \tag{5.5.14}$$

式中 L_{total} 为器件总的波导长度。

4. 开关功能和光谱拓展

(1) 当 $U = 0$ V 时，设置器件为 OFF 状态。此时，在任意波长下，两 MZI 电光区的相移 $\zeta(\lambda) = 0$。利用式(5.5.12)，传递系数 M 和 N 可展开为

$$M_{\mathrm{off}}(\lambda) = (A^2 + B^2)\cos(\theta^0 L_1) - \mathrm{j}2AB\sin(\theta^0 L_1) \tag{5.5.15a}$$

$$N_{\mathrm{off}}(\lambda) = (A^* B - AB^*)\cos(\theta^0 L_1) - \mathrm{j}(|A|^2 - |B|^2)\sin(\theta^0 L_1) \tag{5.5.15b}$$

在 OFF 状态下，要求 $|N_{\mathrm{off}}(\lambda)| = 0$，即

$$\frac{|A(\lambda)||B(\lambda)|\sin[\phi_{\mathrm{A}}(\lambda) - \phi_{\mathrm{B}}(\lambda)]}{|A(\lambda)|^2 - |B(\lambda)|^2} = -\frac{\tan(\theta^0 L_1)}{2} \tag{5.5.16}$$

式(5.5.16)称为 OFF 状态的消光比补偿(ERC)条件，可通过优化 PGCs 和 M-DC 使该条件在较宽的波长范围内得以满足以扩展光谱范围。

(2) 当 $U\neq 0$ 且 $\zeta(\lambda)\neq 0$ 时，在开关电压 U_s 作用下，器件将呈 ON 状态。根据式(5.5.12)，传递系数 M 和 N 可展开为

$$
\begin{aligned}
& M_{on}(\lambda, U) \\
& \quad = \cos(\theta^0 L_1)[A^2 \exp[j\zeta(\lambda, U)] + B^2 \exp[-j\zeta(\lambda, U)]] \\
& \qquad - j2AB\sin(\theta^0 L_1)
\end{aligned} \tag{5.5.17a}
$$

$$
\begin{aligned}
& N_{on}(\lambda, U) \\
& \quad = \cos(\theta^0 L_1)[A^* B\exp[-j\zeta(\lambda, U)] - AB^* \exp[j\zeta(\lambda, U)]] \\
& \qquad - j(|A|^2 - |B|^2)\sin(\theta^0 L_1)
\end{aligned} \tag{5.5.17b}
$$

在 ON 状态且 $\lambda=\lambda_c$ 时，开关电压 U_s 由 $|N_{on}(\lambda_c, U_s)|=1$ 确定，可展开为

$$
\begin{aligned}
& |2|A(\lambda_c)||B(\lambda_c)|\cos(\theta^0 L_1)\sin[\zeta(\lambda_c, U) + \phi_A(\lambda_c) - \phi_B(\lambda_c)] \\
& \quad + [|A(\lambda_c)|^2 - |B(\lambda_c)|^2]\sin(\theta^0 L_1)| = 1
\end{aligned} \tag{5.5.18}
$$

利用式(5.5.16)，在 λ_c 下，我们得到

$$
\begin{aligned}
& [|A(\lambda_c)|^2 - |B(\lambda_c)|^2]\sin(\theta^0 L_1) \\
& \quad = -2|A(\lambda_c)||B(\lambda_c)|\sin[\phi_A(\lambda_c) - \phi_B(\lambda_c)]\cos(\theta^0 L_1)
\end{aligned} \tag{5.5.19}
$$

从而式(5.5.18)可进一步改写为

$$
\begin{aligned}
& |\sin[\zeta(\lambda_c, U_s) + \phi_A(\lambda_c) - \phi_B(\lambda_c)] - \sin[\phi_A(\lambda_c) - \phi_B(\lambda_c)]| \\
& \quad = \frac{1}{2|A(\lambda_c)||B(\lambda_c)||\cos(\theta^0 L_1)|}
\end{aligned} \tag{5.5.20}
$$

为了确保 $\zeta(\lambda_c, U_s)$ 存在，要求 $|\sin[\zeta(\lambda_c, U_s) + \phi_A(\lambda_c) - \phi_B(\lambda_c)]| \leqslant 1$，从而得到

$$
\left| \pm \frac{1}{2|A(\lambda_c)||B(\lambda_c)||\cos(\theta^0 L_1)|} + \sin[\phi_A(\lambda_c) - \phi_B(\lambda_c)] \right| \leqslant 1 \tag{5.5.21}
$$

式(5.5.21)称为 ON 状态的插入损耗补偿(ILC)条件。因此，在对 PGCs 和 M-DC 的优化中，式(5.5.16)和式(5.5.21)都应该考虑。

M-DC 的波导长度和 PGC 参数均与 OFF 状态的消光比补偿条件式(5.5.16)和 ON 状态的插入损耗补偿条件式(5.5.18)或式(5.5.21)有关。此时，共有四个独立的待优化参数，包括 l_1、l_2、δl_1 和 L_1。对于式(5.5.16)给出的优化模型，其主要目的是在 1460～1625 nm 范围内使 OFF 状态的输出功率为 0；对于式(5.5.18)给出的优化模型，其主要目的是在中心波长处

使 ON 状态的输出功率达到最大。我们必须合理选择上面四个参数，以同时满足式(5.5.16)和式(5.5.21)。

对于输出端口，ON 状态的插入损耗以及 ON 状态及 OFF 状态间的消光比定义为

$$IL(\lambda) = 20\lg|N_{\text{on}}(\lambda)| - 2\alpha_{\text{eff0}}(\lambda)L_{\text{total}} \tag{5.5.22}$$

$$ER(\lambda) = 20\lg\left|\frac{N_{\text{on}}(\lambda)}{N_{\text{off}}(\lambda)}\right| \tag{5.5.23}$$

令器件所能允许的最小消光比为 40 dB，则在此水平要求下器件的输出光谱可表示为

$$OS = \{\lambda \mid ER(\lambda) \geqslant 40\ \text{dB}\} \tag{5.5.24}$$

5.5.2　优化设计

1. 单模波导设计

在优化中，应该适当选取上/下缓冲层的厚度 b_2 以降低电极材料对光波的吸收损耗并保证非电光区和电光区波导模式的有效折射率相互匹配。另外，也应合理选择电极厚度 b_3 以避免产生模式的共振吸收。在 1550 nm 工作波长下，图 5.26 显示了 E_{00}^y 和 E_{10}^y 模式的有效折射率和衰减系数随波导芯宽度 a 的变化关系，计算中取 $b_1 = 2.5\ \mu\text{m}$，$h = 0.5\ \mu\text{m}$，$b_2 = 2.5\ \mu\text{m}$，

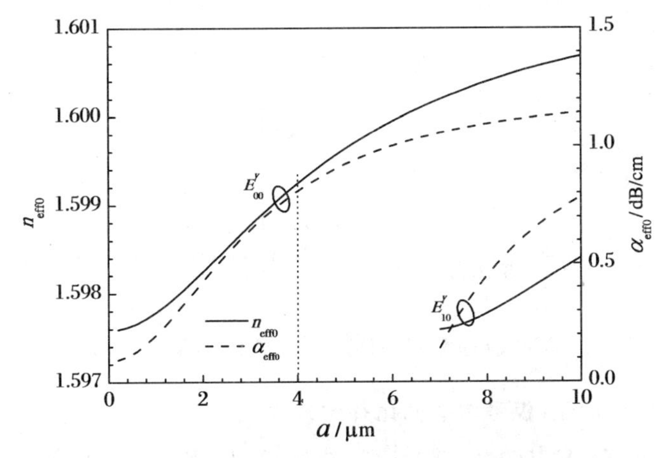

图 5.26　在 1550 nm 工作波长下，E_{00}^y 和 E_{10}^y 模式的有效折射率 n_{eff0} 和振幅衰减系数 α_{eff0} 随脊形波导芯宽度 a 的变化曲线

$b_1 = 2.5\ \mu\text{m}$，$h = 0.5\ \mu\text{m}$，$b_2 = 2.5\ \mu\text{m}$，$b_3 = 0.15\ \mu\text{m}$，$d_2 = 30.0\ \mu\text{m}$

$b_3 = 0.15\ \mu m$。为了保证单模传输，取波导芯宽度为 $a = 4.0\ \mu m$，对应的基模模式有效折射率和振幅衰减系数分别为 n_{eff0}(1550 nm) = 1.5993 和 α_{eff0}(1550 nm) = 0.81 dB/cm。上述尺寸也可在 1460～1625 nm 波长范围内保证波导的单模传输。DC1、DC2 和 M－DC 的耦合间距和 MZI 两臂的耦合间距分别取为 $d_1 = 3.0\ \mu m$ 和 $d_2 = 30\ \mu m$。此时，在中心波长 λ_c 下，MZI 两臂的耦合系数满足 $K_{MZI}(\lambda_c) \leqslant 0.6828\ m^{-1}$，定向耦合器的耦合长度约为 $L_0(\lambda_c) = 872\ \mu m$。

2. 电极优化

为了增大电光调制效率并减小开关电压，必须优化电极宽度 W 和间距 G。在中心波长 λ_c 下，图 5.27(a)显示了 Γ_y 随电极参数 W 和 G 的变化关系。图中可见，当 W 一定时，在某个 G 处，记为 G_{opt}，Γ_y 将达到极大值，记为 Γ_{ymax}。比如，当 $W = 2.0\ \mu m$ 时，在 $G_{opt} = 32\ \mu m$ 处，$\Gamma_{ymax} = 0.1316\ \mu m^{-1}$。当 W 从 1.0 μm 连续变化至 5.0 μm 时，Γ_{ymax} 和 G_{opt} 的关系如图 5.27(b)所示。当 W 增大时，Γ_{ymax} 随之增大。然而，当 W 超过一定值后，如 $W = a = 4.0\ \mu m$，Γ_{ymax} 几乎达到最大值。因此，设计中选取 $W = a = 4.0\ \mu m$ 和 $G = G_{opt} = 30\ \mu m$，对应的电光重叠积分因子为 $\Gamma_y = 0.194\ \mu m^{-1}$。

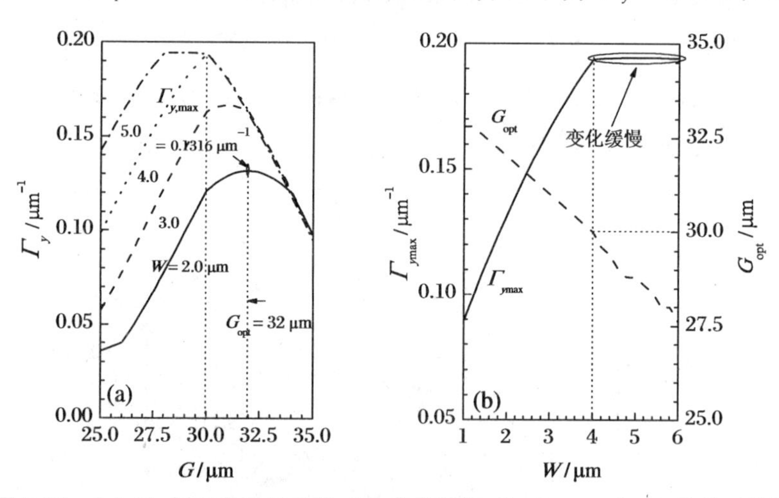

图 5.27 (a) Γ_y 与 G 的关系曲线；(b) 优化数值 G_{opt} 和 Γ_{ymax} 与 W 的关系曲线

3. M－DC 优化(仅考虑消光比补偿条件)

在仅考虑 OFF 状态的消光比补偿条件时，当 L_1 从 0 变化至 $L_0(\lambda_c)$ 时，我们首先优化 PGC 的参数，然后优化选取 L_1 使得器件在 ON 状态下具有最大的输出功率，即当外加电压 U 变化时，$|N_{on}(\lambda_c, U_s)|$ 曲线的峰值达

到最大。

定义

$$f^*(\lambda) = -\frac{\tan(\theta^0 L_1)}{2},\quad f(\lambda) = \frac{|A(\lambda)||B(\lambda)|\sin[\phi_A(\lambda) - \phi_B(\lambda)]}{|A(\lambda)|^2 - |B(\lambda)|^2} \tag{5.5.25}$$

则 PGC 的参数应使得

$$f(\lambda) \to f^*(\lambda) \tag{5.5.26}$$

图 5.28(a)显示了 1460～1625 nm 范围内 $f^*(\lambda)$随波长 λ 的变化曲线，M－DC 的波导长度分别取为 $L_1 = L_0(\lambda_c)/4$、$L_0(\lambda_c)/3$、$L_0(\lambda_c)/2$ 和 $3L_0(\lambda_c)/4$。参数优化结果如下：

① 当 $L_1 = L_0(\lambda_c)/4$ 时，$\Delta l = -0.2005\lambda_c$，$l_1 = 0.1523L_0(\lambda_c)$，$l_2 = 0.9756L_0(\lambda_c)$。

② 当 $L_1 = L_0(\lambda_c)/3$ 时，$\Delta l = -0.2005\lambda_c$，$l_1 = 0.1523L_0(\lambda_c)$，$l_2 = 0.9339L_0(\lambda_c)$。

③ 当 $L_1 = L_0(\lambda_c)/2$ 时，$\Delta l = -0.2006\lambda_c$，$l_1 = 0.1522L_0(\lambda_c)$，$l_2 = 0.8505L_0(\lambda_c)$。

④ 当 $L_1 = 3L_0(\lambda_c)/4$ 时，$\Delta l = -0.2006\lambda_c$，$l_1 = 0.1521L_0(\lambda_c)$，$l_2 = 0.7254L_0(\lambda_c)$。

上述各情况下，PGC 产生的参数值 $f(\lambda)$亦如图 5.28(a)所示。图中可见，PGC 产生的曲线能够与理论曲线相吻合。

在不同的 M－DC 长度下，图 5.28(b)显示了 ON 状态下输出光幅度 $|N_{on}(\lambda_c, U)|$随外加电压 U 的变化曲线，取 MZI 电光区的长度为 $L_2 = 4000\ \mu m$。可以看到，当 L_1 一定时，$|N_{on}|_{max}$在某驱动电压处(记为 U_{on})取得极大值，并且 L_1 不同时，$|N_{on}|_{max}$也不相同。因此，为了增大$|N_{on}|_{max}$，必须优化 L_1。

当 L_1 从 $0.1L_0(\lambda_c)$连续变化至 $0.9L_0(\lambda_c)$时，我们逐次优化了 PGC 的参数，使其满足式(5.5.26)，优化结果见图 5.28(c)中表格。对应的$|N_{on}|_{max}$和 U_{on}随 L_1 的关系曲线也如图 5.28(c)所示。图中发现，随着 L_1 的增加，$|N_{on}|_{max}$将在 $L_1 = L_0(\lambda_c)/2$ 处达到最大值，并且 U_{on}随 L_1 的增大持续减小。因此，为了降低开关电压并增大消光比，M－DC 的波导长度优化为 $L_1 = L_0(\lambda_c)/2$。

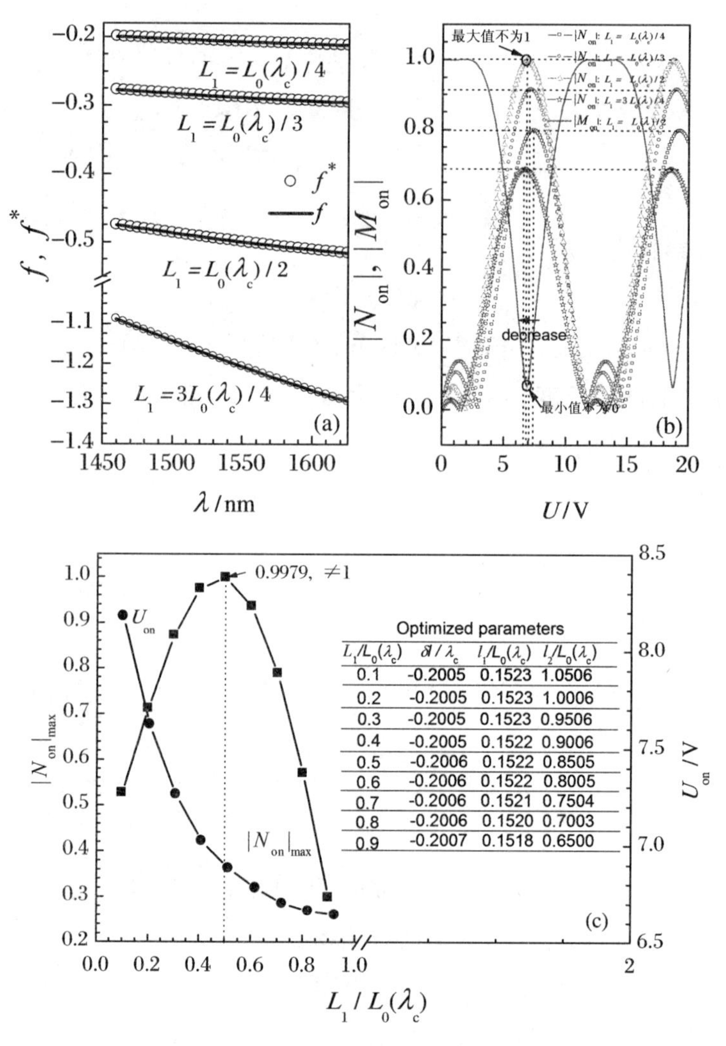

$L_1/L_0(\lambda_c)$	$\delta l/\lambda_c$	$l_1/L_0(\lambda_c)$	$l_2/L_0(\lambda_c)$
0.1	-0.2005	0.1523	1.0506
0.2	-0.2005	0.1523	1.0006
0.3	-0.2005	0.1523	0.9506
0.4	-0.2005	0.1522	0.9006
0.5	-0.2006	0.1522	0.8505
0.6	-0.2006	0.1522	0.8005
0.7	-0.2006	0.1521	0.7504
0.8	-0.2006	0.1520	0.7003
0.9	-0.2007	0.1518	0.6500

图 5.28 仅考虑 OFF 状态的消光比补偿条件，当 M-DC 的波导长度分别取为 $L_1=L_0(\lambda_c)/4$、$L_0(\lambda_c)/3$、$L_0(\lambda_c)/2$ 和 $3L_0(\lambda_c)/4$ 时，(a) $f^*(\lambda)$ 和 $f(\lambda)$ 随波长 λ 的变化曲线；(b) 不同的 M-DC 长度下，$|M_{on}(\lambda_c, U)|$ 和 $|N_{on}(\lambda_c, U)|$ 随外加电压 U 的变化曲线；(c) $|N_{on}|_{max}$ 和 U_{on} 随 M-DC 长度 $L_1/L_0(\lambda_c)$ 的变化曲线，取 $\lambda_c=1550$ nm，$L_2=4000$ μm

然而，从图 5.28(b)也可以看到，当 $L_1=L_0(\lambda_c)/2$ 时，端口 $A2$ 输出光振幅的最小值达不到 0，端口 $B2$ 输出光振幅的最大值也达不到 1，这表明 ON 状态的插入损耗补偿条件并未满足。因此，在 $L_1=L_0(\lambda_c)/2$ 处，PGC 的结构参数仍需做进一步优化。

4. PGC优化(同时考虑消光比补偿条件和插入损耗补偿条件)

当 $L_1 = L_0(\lambda_c)/2$ 时,本节将优化PGC的结构参数并使其同时满足消光比补偿条件和插入损耗补偿条件,此时PGC的参数进一步被优化为 $\Delta l = -0.8458\lambda_c$, $l_1 = 0.0326L_0(\lambda_c)$ 和 $l_2 = 0.7589L_0(\lambda_c)$。如图5.29(a)所示,当同时考虑两个补偿条件时,f 和 f^* 的拟合效果并不如只满足消光比补偿条件时好。尽管如此,从图5.29(b)中可以看到,$|M_{on}(\lambda_c, U)|$ 的最小值几乎达到了0,这将有助于提高消光比并降低插入损耗。因此,针对上述两个优化条件,必须折中选取待优化的参数,既在S-C-L频带内使OFF状态下的输出功率尽可能为0,又使在ON状态下、中心波长 λ_c 处的输出功率达到最大。

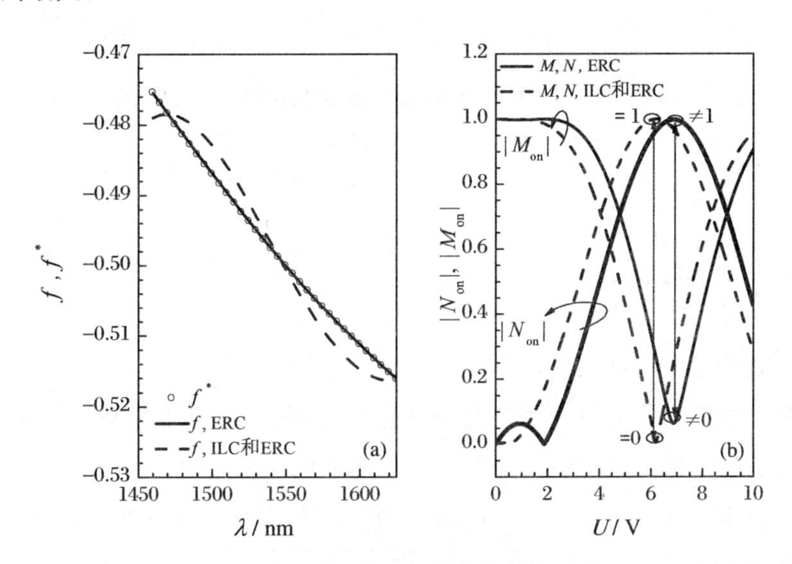

图5.29 在同时考虑消光比补偿条件和插入损耗补偿条件下,当 $L_1 = L_0(\lambda_c)/2$ 时,(a) $f^*(\lambda)$ 和 $f(\lambda)$ 随波长 λ 的变化曲线;(b) 仅考虑消光比补偿条件以及同时考虑消光比补偿和插入损耗补偿条件两种情况下,$|M_{on}(\lambda_c, U)|$ 和 $|N_{on}(\lambda_c, U)|$ 随外加电压 U 的变化曲线,取 $\lambda_c = 1550$ nm, $L_2 = 4000$ μm

5. MZI电光区长度优化

在同时考虑两种补偿条件所优化的PGC和M-DC参数下,图5.30(a)显示了 $|N_{on}(\lambda_c, U)|$ 随外加电压 U 的变化曲线,取 L_2 = 4000、5000、6000 μm,进而我们得到三种情况下对应的开关电压分别为6.200 V、4.960 V和4.133 V。图5.30(b)显示了 U_s 随 L_2 的变化曲线。考虑到传输损耗随 L_2 的增加而增大,折中选择 $L_2 = 5000$ μm,对应的开关电压为 $U_s = 4.960$ V。

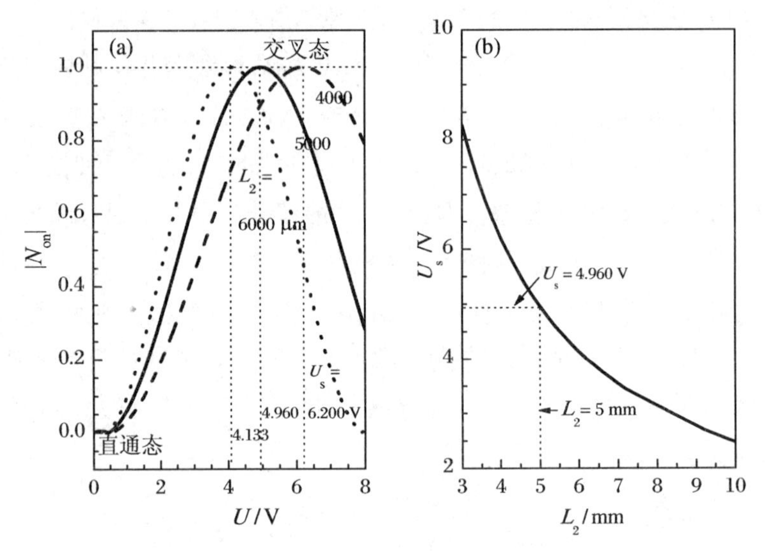

图 5.30 (a) $|N_{on}(\lambda_c, U)|$ 随外加电压 U 的关系曲线，取 L_2 = 4000、5000、6000 μm；(b) 开关电压 U_s 随电光区长度 L_2 的变化曲线

5.5.3 光谱特性

1. 输出功率和插入损耗

针对本节优化的聚合物宽光谱电光开关，图 5.31 绘出了输出光功率随工作波长的变化关系，其中 OFF 状态的驱动电压为 $U = 0$ V，ON 状态的驱动电压为 $U = 4.960$ V。一方面，根据图 5.25，当波长大于 1590 nm 时，材

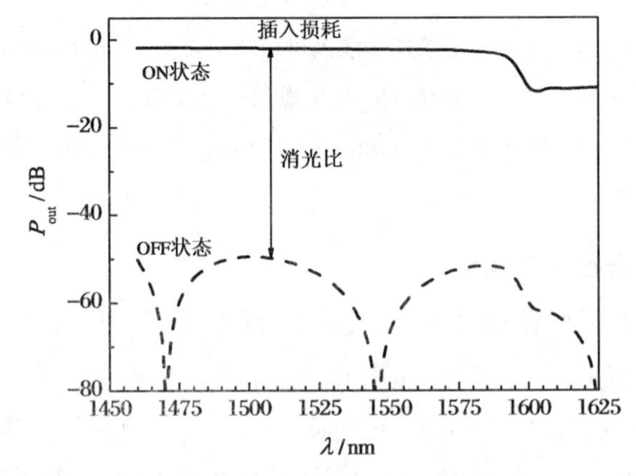

图 5.31 在 1460～1625 nm 范围内，输出光功率 P_{out} 随 λ 的变化曲线，取 OFF 状态的驱动电压为 $U = 0$ V，ON 状态的驱动电压为 $U = 4.960$ V

料损耗骤然增加，这导致器件的插入损耗也随之增大。另一方面，对 PGC 和 M－DC 的参数优化过程仅用来补偿材料折射率的色散效应并不能补偿材料的非均匀损耗特性。因此，在 ON 状态下，器件在 1590～1625 nm 范围内的插入损耗较大，最大值可达 11.9 dB。

2. 消光比和输出光谱

图 5.32 显示了器件的 ON 状态与 OFF 状态间的消光比。图中可见，由于通过参数优化较好地实现了消光比补偿条件和插入损耗补偿条件，在整个 S－C－L 波段内器件具有较大的消光比，其值大于 40 dB。再根据图 5.31，在 S－C－L 波段内，器件的插入损耗范围为 1.8～11.9 dB。

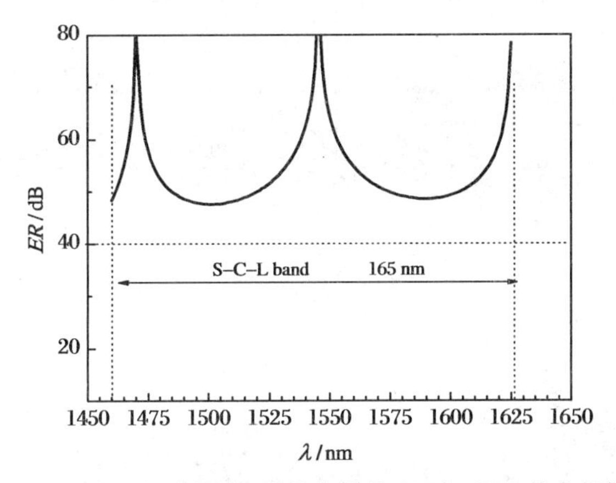

图 5.32　在 1460～1625 nm 范围内，所优化器件 ON 与 OFF 状态间的消光比特性

3. 工艺误差对输出光谱的影响

在器件的工艺制作中，PGC 和 M－DC 的工艺误差将影响其光谱性能。图 5.33 显示了参数误差(a) $\Delta\delta l$、(b) Δl_1、(c) Δl_2 以及(d) ΔL_1 对器件输出光谱的影响。从计算结果可以看到，Δl_1 对输出光谱几乎没有影响，ΔL_1 的影响也相对较小，当要求消光比大于 20 dB 时，其最大的允许误差为 10%。对器件性能较为敏感的参数是 δl 和 l_2，当要求消光比大于 20 dB 时，其允许的误差小于 5%。这里，我们也考虑了一个极限情况，即四个参数同时出现工艺误差，如图 5.33(e)所示。当共同误差为 －5% 和 5% 时，S－C－L 波段内的消光比大于 12 dB，此时各参数允许的工艺加工尺寸范围分别为 δl：1.25～1.38 μm，l_1：27.0～29.8 μm，l_2：628.7～694.8 μm，L_1：414.2～457.8 μm。依据现有的工艺水平，后三者的工艺误差可得到较好的控制；δl 的尺寸也可通过精确控制直波导和弯曲波导的长度差来达到。

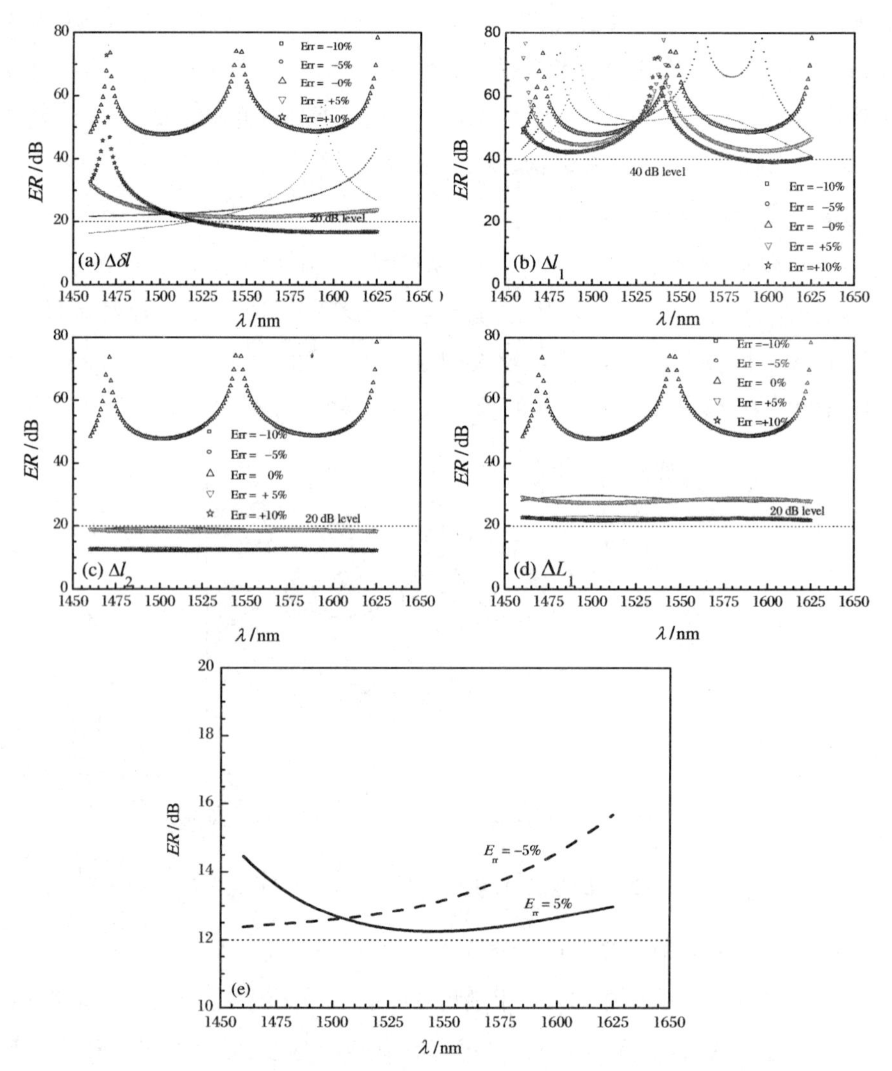

图 5.33 (a) $\Delta\delta l$、(b) Δl_1、(c) Δl_2 和(d) ΔL_1 的工艺误差对器件输出光谱的影响；(e) 当四个参数均出现相同的工艺误差(－5%和 5%)时，器件的消光比随波长 λ 的变化曲线

4．与传统 MZI 器件输出光谱的对比

在 4.3 节，我们利用 PFS－GMA 作为包层、AJ309 作为芯层、金作为电极，给出了一种基于两个 3 dB DC 的传统结构 MZI 电光开关。为了清晰展示本节所设计的 ON/OFF 型宽光谱电光开关的优势，利用与本节器件相同的材料和波导结构，我们设计了一种传统结构的 MZI 电光开关，其结构如图 5.34（a）所示。3 dB DC 的振幅传递矩阵为 $T_{3\text{-dB}}$ =

$\begin{pmatrix} \cos[\theta_{DC}(\lambda)] & -j\sin[\theta_{DC}(\lambda)] \\ -j\sin[\theta_{DC}(\lambda)] & \cos[\theta_{DC}(\lambda)] \end{pmatrix}$，其中 $\theta_{DC}(\lambda)=\theta^0(\lambda)L_0(\lambda_c)/2$。器件的输出光功率为

$$P_{out}(dB)=10\lg\{4|\cos[\theta_{DC}(\lambda)]|^2|\sin[\theta_{DC}(\lambda)]|^2\cos^2(\zeta/2)\}-2\alpha_{eff0}L_{total} \tag{5.5.27}$$

式中 $\zeta(\lambda,U)$ 由式(5.5.9)给出。当 $U=0$ V 时，对于任意波长 $\zeta(\lambda,U)=0$，开关处于 ON 状态；当 $U=U_s$ 时，使 $\zeta(\lambda_c,U)=\pi$，开关处于 OFF 状态。利用上述优化的波导参数和电极参数，当取 MZI 电光区的长度为 5000 μm 时，开关电压为 $U_s=4.751$ V。

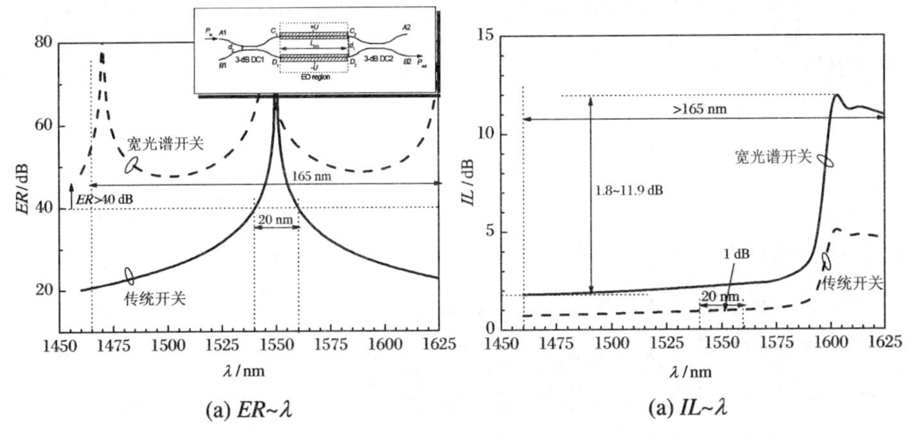

图 5.34　本节宽光谱电光开关和传统 MZI 电光开关的性能对比结果

传统结构 MZI 电光开关和本节设计的宽光谱 MZI 电光开关输出光谱的对比结果如图 5.34(a)所示。可以看出，借助于两个 PGC 以及两个电光 MZI，同时实现了消光比补偿和插入损耗补偿，进而在 40 dB 消光比水平要求下，器件的输出光谱可被拓展至 165 nm，这一数值为传统 MZI 器件的 8 倍以上(同等消光比水平下，后者的输出光谱仅为 20 nm)。

另外，从图 5.34(b)可以看到，本节所设计器件的插入损耗(1.8～11.9 dB)比传统器件的插入损耗(仅为 1 dB)要大。这是由于使用了两个 PGC 和两个电光 MZI，器件总的波导长度要更长，这也是该器件的不足。该不足可通过采取某些措施来改善，比如，可采用具有更低传输损耗的材料来制备器件。

5. 器件的拓展设计

利用其他材料，我们可以设计具有相同结构的电光开关。同时，利用本

节给出的参数优化方法，通过补偿材料参数和波导参数的色散效应，亦可获得较好的宽光谱特性。器件的优化设计过程如下：

① 在S－C－L波段，测量材料参数及其色散特性曲线。

② 优化波导参数来保证单模传输。在S－C－L波段内，计算模式有效折射率的变化特性，拟合出$\theta^0(\lambda)$和$\Delta\phi^0(\lambda)$的表达式。

③ 在给定的M－DC波导长度L_1下，优化PGC参数值以满足OFF状态的消光比补偿条件；并合理选取L_1，使器件在ON状态下具有最大输出光功率。

④ 在优化的L_1下，二次优化PGC的参数值以同时实现消光比补偿和插入损耗补偿。

⑤ 优化MZI电光区长度和开关电压以实现ON状态与OFF状态的相互切换。

5.5.4 小结

通过使用两个电光MZI、一个非电光M－DC和一对非电光PGC，模拟设计了一种ON/OFF型聚合物宽光谱电光开关。在充分考虑材料和波导色散特性的情况下，为了拓展器件的输出光谱并降低开关电压，对其结构参数做了优化。优化后器件的MZI电光区长度为5000 μm，开关电压为4.960 V。器件的输出光谱大于165 nm（1460 nm≤λ≤1625 nm），且在该光谱范围内，消光比大于40 dB，插入损耗为1.8～11.9 dB。在同等消光比水平下，该器件的输出光谱约为传统MZI电光开关的8倍。

5.6 基于一阶相位发生器和双非对称MZI的宽光谱电光开关

在本章前述几节中，我们对几种规模为1×1的电光开关的光谱进行了展宽，但它们仅具有简单的ON/OFF功能。为此，利用两个反相电光

MZI、一个 M-DC 和两个对称 PGC，本节将给出一种具有交叉/直通功能的 2×2 宽光谱电光开关。通过直通态和交叉态的两次串扰补偿，最终实现了两个状态下器件光谱的同时展宽。

5.6.1　材料和波导的波长色散特性

1. 材料的波长色散特性

在该器件的设计中，上/下缓冲层材料为 SU-8、电光芯层材料为 DR1/SU-8、电极材料为 Al，三者的折射率和消光系数随波长的关系曲线分别见图 5.25(a)、图 5.25 (b)、图 5.25 (c)。

2. S+C+L 波段波导的单模设计

器件采用脊形波导结构，仍由图 5.24(b)给出，波导结构参数、材料参数均与之相同。为了保证在 S+C+L 波段波导具有单模特性，设计中取如下参数：$a=4.0\ \mu\text{m}$，$b_1=2.5\ \mu\text{m}$，$h=0.5\ \mu\text{m}$，$b_2=2.5\ \mu\text{m}$，$b_3=0.15\ \mu\text{m}$，此时 E_{00}^{y} 模式有效折射率和振幅衰减系数分别为 $n_{\text{eff0}}(1550\ \text{nm})=1.5993$，$\alpha_{\text{eff0}}(1550\ \text{nm})=0.81\ \text{dB/cm}$。

3. 波导的波长色散特性

作为该宽光谱器件的基本单元，非电光干涉波导和耦合波导的结构如图 5.35 所示。定向耦合波导的耦合区长度为 l，耦合间距为 d_1，则其角度耦合系数可表示为

$$\theta(l,d_1,\lambda)=\frac{\pi l}{2L_0(d_1,\lambda)}=\theta^0(d_1,\lambda)l \tag{5.6.1}$$

式中 $L_0(d_1,\lambda)$为耦合长度，$\theta^0(d_1,\lambda)=\dfrac{\pi}{2L_0(d_1,\lambda)}$为单位长度定向耦合器的角度耦合系数。取 $d_1=3.0\ \mu\text{m}$，$\theta^0(\lambda)$在 1460～1625 nm 波段的拟合表达式为

$$\theta^0(\lambda)=-9.5308\times10^{-4}\lambda^2+3.5110\times\lambda-1351.1\quad(\lambda:\text{nm}) \tag{5.6.2}$$

图 5.35(b)中，两个非电光干涉波导的长度分别为 l_{upper} 和 l_{lower}，记二者之差为 $\delta l=l_{\text{upper}}-l_{\text{lower}}$。因此二波导输出模式的相位差为

$$\Delta\phi(\lambda,\delta l)=[(2\pi/\lambda)n_{\text{eff0}}]\delta l=\Delta\phi^0(\lambda)\delta l \tag{5.6.3}$$

式中，$\Delta\phi^0(\lambda)=(2\pi/\lambda)n_{\text{eff0}}$为具有单位长度路径差的干涉波导的相移，且其在 1460～1625 nm 波段可拟合为

$$\Delta\phi^0(\lambda)=2.8242\lambda^2-13.0150\lambda+19.8706\quad(\lambda: \text{nm})\tag{5.6.4}$$

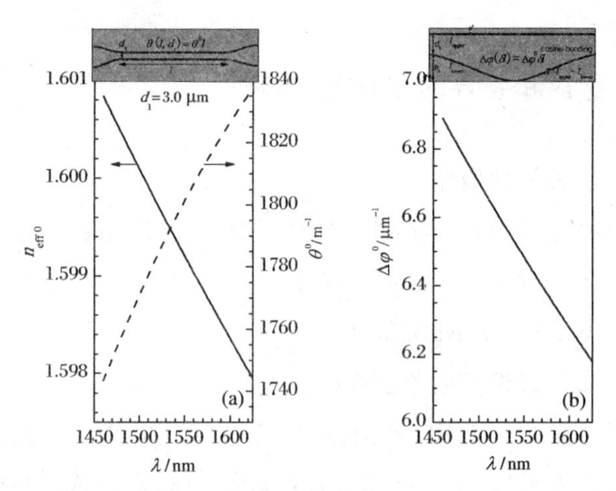

图 5.35 (a) 非电光定向耦合波导的结构图，以及 n_{eff0} 和 θ^0 随 λ 的拟合曲线，取 $d_1=3.0$ μm；(b) 非电光干涉波导的结构图，以及 $\Delta\phi^0$ 与 λ 的关系曲线

5.6.2 器件结构和理论分析

1. 器件结构

图 5.36 显示了所设计宽光谱交叉/直通聚合物电光开关的结构，它包含两个反相电光 MZI、一个非电光 M－DC 和两个用作输入耦合器和输出耦合器的 PGC。各 PGC 包含 DC1、DC2 和一个 ODL。ODL 上、下波导的路径差为 δl；DC1 和 DC2 的两波导间距 $d_1=3.0$ μm，二者的耦合区长度

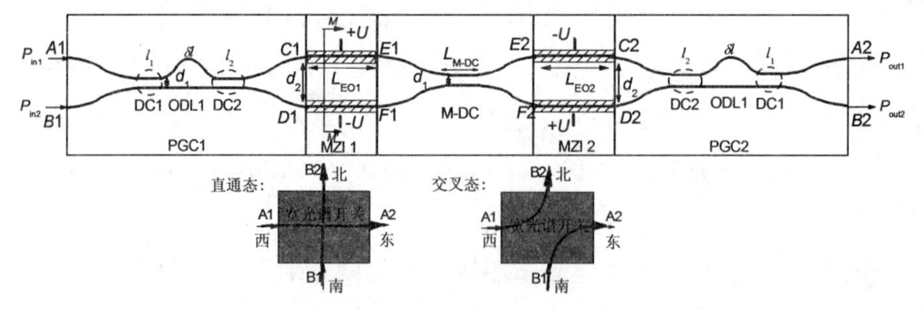

图 5.36 聚合物 2×2 宽光谱 MZI 电光开光的结构图

（两个子图分别显示了直通态和交叉态的路由操作）

分别为 l_1 和 l_2;M-DC 的耦合区长度和耦合间距分别为 $L_{M\text{-}DC}$ 和 d_1;两个电光 MZI 的波导间距为 $d_2=30\ \mu m$,电光区长度分别为 L_{EO1} 和 L_{EO2}。在 1550 nm 工作波长下,MZI 两臂间的耦合系数 $K_{MZI}(\lambda_c)\leqslant 0.6828\ m^{-1}$,定向耦合器的耦合长度为 $L_0(\lambda_c)=872\ \mu m$,M-DC 的波导长度取为 $L_{M\text{-}DC}=L_0(\lambda_c)/2=436\ \mu m$。

器件电光区的截面结构仍由图 5.24(b)给出。需要注意的是两个电光区由于互为反相,因此所施加的电压为:MZI1 的上电极为 $+U$、下电极为 $-U$;MZI2 的上电极为 $-U$、下电极为 $+U$。计算中取 DR1/SU-8 的电光系数为 $\gamma_{33}=40\ pm/V$。

2. 相位发生器的耦合系数

PGC1 和 PGC2 的振幅传递矩阵的详细推导过程见 5.4.1 节,这里仅给出结论:

$$T_{PGC1}(\lambda)=\begin{pmatrix} A & -B^* \\ B & A^* \end{pmatrix} \tag{5.6.5}$$

$$T_{PGC2}(\lambda)=\begin{pmatrix} A & B \\ -B^* & A^* \end{pmatrix} \tag{5.6.6}$$

式中

$$A(\lambda)=\cos[\Delta\phi^0(\lambda)\delta l]\cos[\theta^0(\lambda)(l_1+l_2)] - \mathrm{j}\sin[\Delta\phi^0(\lambda)\delta l]\cos[\theta^0(\lambda)(l_1-l_2)] \tag{5.6.7}$$

$$B(\lambda)=\sin[\Delta\phi^0(\lambda)\delta l]\sin[\theta^0(\lambda)(l_1-l_2)] - \mathrm{j}\cos[\Delta\phi^0(\lambda)\delta l]\sin[\theta^0(\lambda)(l_1+l_2)] \tag{5.6.8}$$

3. 直通和交叉态下的输出功率表征

针对第一个电光 MZI,其所施加的电压为 $+U$ 和 $-U$。它所产生的电场可利用保角变换法和镜像法求得,脊形波导芯中的电场分布可以表示为

$$E_y(x,y)=\frac{Un_2^2}{2n_1^2b_2+n_2^2b_1}+(1-r)\sum_{i=0}^{\infty}r^iE_{20,y}(x,y-2ib_2) \tag{5.6.9}$$

式中 $E_{20,y}(x,y)=(U/K')\mathrm{Im}\dfrac{\mathrm{d}w}{\mathrm{d}z}$, $\dfrac{\mathrm{d}w}{\mathrm{d}z}=g/\sqrt{(g^2-k^2z^2)(g^2-z^2)}$, $z=x+\mathrm{j}y$, $g=G/2$, $k=G/(G+2W)$, $K'=F(\pi/2,k)$为第一类椭圆积分。电光调制效率可以表示为如下重叠积分形式:

$$\Gamma_y = \frac{\iint\limits_{EO_{core}} \left[\frac{E_y(x,y)}{U}\right] |E_y^{optic}(x,y)|^2 \mathrm{d}x\mathrm{d}y}{\iint\limits_{-\infty\to+\infty} |E_y^{optic}(x,y)|^2 \mathrm{d}x\mathrm{d}y} \tag{5.6.10}$$

式中 $E_y^{optic}(x,y)$为 y 方向的光波电场分布。此时,单个波导中模式有效折射率的变化量为 $\Delta n_{eff} = \frac{n_1^3}{2}\gamma_{33} U\Gamma_y$,进而上分支波导的模式有效折射率将由 n_{eff0}变为 $n_{eff1} = n_{eff0} - \Delta n_{eff}$,下分支波导的模式有效折射率将由 n_{eff0}变为 $n_{eff2} = n_{eff0} + \Delta n_{eff}$。当光传输距离 L_{EO1}后,上、下波导中的模式相位差可表示为

$$\zeta_1(\lambda, U, L_{EO1}) = 2\pi\left(\frac{L_2}{\lambda/n_{eff2}} - \frac{L_2}{\lambda/n_{eff1}}\right) = 4\pi L_{EO1}\Delta n_{eff}/\lambda \tag{5.6.11}$$

式(5.6.11)可进一步改写为

$$\zeta_1(\lambda, U, L_{EO1}) = 2\pi n_1^3\gamma_{33}\Gamma_y/\lambda UL_{EO1} = \zeta^0(\lambda)UL_{EO1} \tag{5.6.12}$$

式中 $\zeta^0(\lambda) = 2\pi n_1^3\gamma_{33}\Gamma_y/\lambda$。类似的,MZI2 上、下两波导的相位差可表示为

$$\zeta_2(\lambda, U, L_{EO2}) = -2\pi n_1^3\gamma_{33}\Gamma_y/\lambda UL_{EO2} = -\zeta^0(\lambda)UL_{EO2} \tag{5.6.13}$$

最终,MZI1 和 MZI2 的振幅传递矩阵由下式给出:

$$\begin{cases} T_{MZI1} = \begin{bmatrix} \exp\left(j\frac{\zeta_1}{2}\right) & 0 \\ 0 & \exp\left(-j\frac{\zeta_1}{2}\right) \end{bmatrix} \\ T_{MZI2} = \begin{bmatrix} \exp\left(j\frac{\zeta_2}{2}\right) & 0 \\ 0 & \exp\left(-j\frac{\zeta_2}{2}\right) \end{bmatrix} \end{cases} \tag{5.6.14}$$

M-DC 的振幅传递矩阵为

$$T_{M\text{-}DC}(\lambda) = \begin{bmatrix} \cos[\theta^0(\lambda)L_1] & -j\sin[\theta^0(\lambda)L_1] \\ -j\sin[\theta^0(\lambda)L_1] & \cos[\theta^0(\lambda)L_1] \end{bmatrix} \tag{5.6.15}$$

对该器件输出光功率的分析如下:

① 令输入到端口 $A1$ 的光振幅和功率分别为 R_0 和 $P_{in1}=|R_0|^2$，从而端口 $A2$ 和 $B2$ 的输出光振幅可表示如下：

$$\begin{pmatrix} R_2(\lambda) \\ S_2(\lambda) \end{pmatrix} = T_{PGC2} T_{MZI2} T_{M\text{-}DC} T_{MZI1} T_{PGC1} = \begin{pmatrix} M & -N^* \\ N & M^* \end{pmatrix} \begin{pmatrix} R_0 \\ 0 \end{pmatrix} \tag{5.6.16}$$

式中 M 和 N 可通过将相关传递矩阵代入式(5.6.16)得到。当忽略波导损耗时，两个端口的输出功率可表示为如下 dB 形式：

$$P_{out1}^0(\lambda) = 20\lg|M(\lambda)|, \quad P_{out2}^0(\lambda) = 20\lg|N(\lambda)| \tag{5.6.17}$$

② 令输入到端口 $B1$ 的光振幅和功率分别为 S_0 和 $P_{in2}=|S_0|^2$，当忽略光损耗时，端口 $A2$ 和 $B2$ 的输出功率可表示为如下 dB 形式：

$$\begin{cases} P_{out1}^0(\lambda) = 20\lg|-N^*(\lambda)| = 20\lg|N(\lambda)| \\ P_{out2}^0(\lambda) = 20\lg|M^*(\lambda)| = 20\lg|M(\lambda)| \end{cases} \tag{5.6.18}$$

对比式(5.6.17)和式(5.6.18)，我们定义器件的如下两种工作状态：

① 直通态(图5.36左侧子图所示)。输入到端口 $A1$ 的光将全部从端口 $A2$ 输出，并且(或)输入到端口 $B1$ 的光将全部从端口 $B2$ 输出。此时，我们得到

$$|N(\lambda)|_{\text{bar-state}} = 0 \tag{5.6.19}$$

② 交叉态(图5.36右侧子图所示)。输入到端口 $A1$ 的光将全部从端口 $B2$ 输出，并且(或)输入到端口 $B1$ 的光将全部从端口 $A2$ 输出。此时，我们得到

$$|M(\lambda)|_{\text{cross-state}} = 0 \tag{5.6.20}$$

当考虑模式损耗 α_{eff0} 时，各端口的输出功率应修改为

$$P_{outi}(\lambda) = P_{outi}^0(\lambda) - 2\alpha_{eff0}(\lambda)L_{total} \quad (i=1,2) \tag{5.6.21}$$

式中 L_{total} 为器件总的波导长度。

4. 开关/路由操作和串扰补偿

为了展宽器件的输出光谱，我们将分别得到直通态和交叉态下的串扰补偿条件，结果如下：

(1) 当 $U=0$ V 时，器件工作于直通态，任意波长下 MZI 电光区相位差 $\zeta_i(\lambda)=0(i=1,2)$。利用式(5.6.16)，器件的振幅传递矩阵 M 和 N 可表示为

$$M_{\text{bar}}(\lambda) = (A^2 + B^2)\cos(\theta^0 L_1) - \text{j}2AB\sin(\theta^0 L_1) \tag{5.6.22a}$$

$$N_{\text{bar}}(\lambda) = (A^* B - AB^*)\cos(\theta^0 L_1) - \text{j}(|A|^2 - |B|^2)\sin(\theta^0 L_1) \tag{5.6.22b}$$

式(5.6.22)表明输出功率仅与两个 PGC 和 M－DC 有关。按照式(5.6.19)，为了实现直通态，要求$|N_{\text{bar}}(\lambda)| = 0$，即

$$\frac{|A(\lambda)||B(\lambda)|\sin[\phi_{\text{A}}(\lambda) - \phi_{\text{B}}(\lambda)]}{|A(\lambda)|^2 - |B(\lambda)|^2} = -\frac{\tan(\theta^0 L_1)}{2} \tag{5.6.23}$$

式(5.6.23)被称为直通态下的串扰补偿条件，该式应在较宽的波长范围内成立，以展宽器件的光谱，它将用来优化 PGC 的结构参数。

(2) 当 $U \neq 0$ 时，MZI 电光区两波导的模式相位差 $\zeta_i(\lambda) \neq 0 (i = 1, 2)$。器件将在一个合适的电压下工作于交叉状态（该电压被定义为开关电压，记为 U_{s}）。利用式(5.6.16)，此时振幅传递矩阵 M 和 N 应写为

$$\begin{aligned} M_{\text{cross}}(\lambda, U) = {} & \cos(\theta^0 L_{\text{M-DC}}) \\ & \cdot \{A^2\exp[\text{j}(\zeta_1 + \zeta_2)/2] + B^2[-\text{j}(\zeta_1 + \zeta_2)/2]\} \\ & - \text{j}2AB\sin(\theta^0 L_{\text{M-DC}})\cos[(\zeta_1 - \zeta_2)/2] \end{aligned} \tag{5.6.24a}$$

$$\begin{aligned} N_{\text{cross}}(\lambda, U) = {} & \cos(\theta^0 L_{\text{M-DC}}) \\ & \cdot \{A^* B\exp[-\text{j}(\zeta_1 + \zeta_2)/2] - AB^* \exp[\text{j}(\zeta_1 + \zeta_2)/2]\} \\ & - \text{j}\sin(\theta^0 L_{\text{M-DC}}) \\ & \cdot \{|A|^2\exp[\text{j}(\zeta_1 - \zeta_2)/2] - |B|^2\exp[-\text{j}(\zeta_1 - \zeta_2)/2]\} \end{aligned} \tag{5.6.24b}$$

由于 ζ_1 和 ζ_2 均与波长有关，我们应该优化二者的值以在该状态下展宽光谱。注意，在对二者进行优化时，耦合系数 A 和 B 以及 M－DC 的波导长度 $L_{\text{M-DC}}$ 均已通过直通态下的串扰补偿条件予以优化。进而，我们仅需优化两 MZI 电光区长度和交叉态电压来保证在较宽的光谱范围内$|M_{\text{cross}}(\lambda)| = 0$，即

$$\begin{aligned} & |\cos(\theta^0 L_{\text{M-DC}})\{A^2\exp[\text{j}\zeta^0(\lambda)U_{\text{s}}(L_{\text{EO1}} - L_{\text{EO2}})/2] \\ & \quad + B^2[-\text{j}\zeta^0(\lambda)U_{\text{s}}(L_{\text{EO1}} - L_{\text{EO2}})/2]\} \\ & \quad - \text{j}2AB\sin(\theta^0 L_{\text{M-DC}})\cos[\zeta^0(\lambda)U_{\text{s}}(L_{\text{EO1}} + L_{\text{EO2}})/2]| = 0 \end{aligned} \tag{5.6.25}$$

式(5.6.25)也称为交叉态的串扰补偿条件。

5. 特性表征

在直通态下，当光仅从端口 $A1$ 或 $B1$ 输入时，定义插入损耗（IL_{bar}）和串扰（CT_{bar}）为

$$IL_{\text{bar}}(\lambda) = 20\lg|M_{\text{bar}}(\lambda)| - 2\alpha_{\text{eff0}}(\lambda)L_{\text{total}} \tag{5.6.26}$$

$$CT_{\text{bar}}(\lambda) = 20\lg\left|\frac{N_{\text{bar}}(\lambda)}{M_{\text{bar}}(\lambda)}\right| \tag{5.6.27}$$

在 -30 dB 串扰水平要求下，器件的输出光谱 OS_{bar} 由下式决定：

$$OS_{\text{bar}} = \{\lambda \,|\, CT_{\text{bar}}(\lambda) < -30\ \text{dB}\} \tag{5.6.28}$$

类似的，在交叉态下，当光仅从端口 $A1$ 或 $B1$ 输入时，IL_{cross}、CT_{cross} 和 OS_{cross} 的定义如下：

$$IL_{\text{cross}}(\lambda) = 20\lg|N_{\text{cross}}(\lambda)| - 2\alpha_{\text{eff0}}(\lambda)L_{\text{total}} \tag{5.6.29}$$

$$CT_{\text{cross}}(\lambda) = 20\lg\left|\frac{M_{\text{cross}}(\lambda)}{N_{\text{cross}}(\lambda)}\right| \tag{5.6.30}$$

$$OS_{\text{cross}} = \{\lambda \,|\, CT_{\text{cross}}(\lambda) < -30\ \text{dB}\} \tag{5.6.31}$$

5.6.3 设计和优化

1. 电极优化

在中心波长 λ_c 下，图 5.37 显示了 Γ_y 随 W 和 G 的关系曲线。图中可见，当 W 一定时，Γ_y 在某个 G 处取得最大值。当 W 增大时，对应曲线的极大值也增加，然而当 $W > 4.0\ \mu\text{m}$ 时，曲线的极大值几乎不再增加。因此，我们取 $W = a = 3.0\ \mu\text{m}$ 和 $G = d_2 = 30\ \mu\text{m}$，对应的电光重叠积分因子为 $\Gamma_y(\lambda_c) = 0.194\ \mu\text{m}^{-1}$。我们也研究了 $\zeta^0(\lambda) = 2\pi n_1^3 \gamma_{33}[\Gamma_y(\lambda)/\lambda]$ 的波长依赖性，如图 5.37(b) 所示，得到的拟合曲线为

$$\zeta^0(\lambda) = 57.7340 \times \lambda^2 - 265.8237 \times \lambda + 405.5774 \quad (\lambda: \mu\text{m}) \tag{5.6.32}$$

2. 直通态下的串扰补偿和 PGC 优化

在直通态下（$U = 0$ V），M－DC 和 PGC 的结构参数应该满足式(5.6.23)。定义

$$f^*(\lambda) = -\frac{\tan(\theta^0 L_1)}{2} \tag{5.6.33a}$$

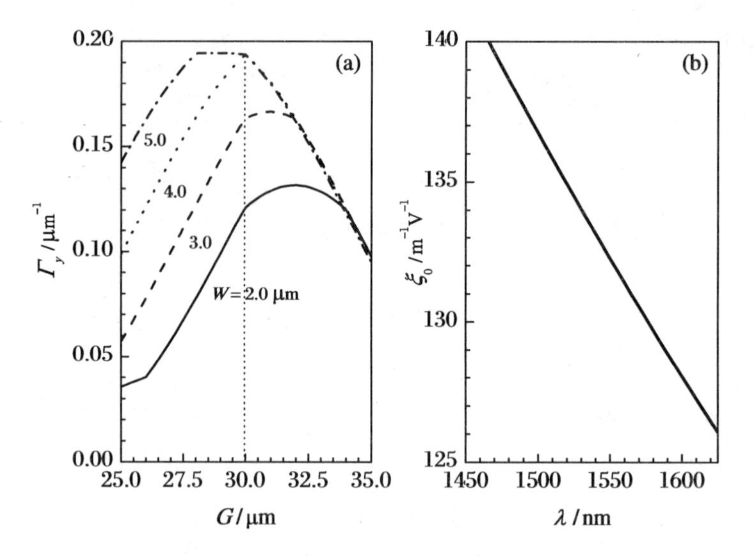

图 5.37 (a) 在 1550 nm 波长下，Γ_y 随 G 的变化曲线，取 $W=2.0$、3.0、4.0、5.0 μm；(b) $\zeta^0(\lambda)=2\pi n_1^3\gamma_{33}[\Gamma_y(\lambda)/\lambda]$的波长依赖性曲线

$$f(\lambda)=\frac{|A(\lambda)||B(\lambda)|\sin[\phi_A(\lambda)-\phi_B(\lambda)]}{|A(\lambda)|^2-|B(\lambda)|^2} \tag{5.6.33b}$$

进而优化后 PGC 的参数应该满足下式：

$$f(\lambda)\to f^*(\lambda) \tag{5.6.34}$$

图 5.38 显示了理论数值 $f^*(\lambda)$随 λ 的关系曲线。根据直通态下的串扰补偿条件，利用非线性最小均方方法，优化后得到的 PGC 结构参数为

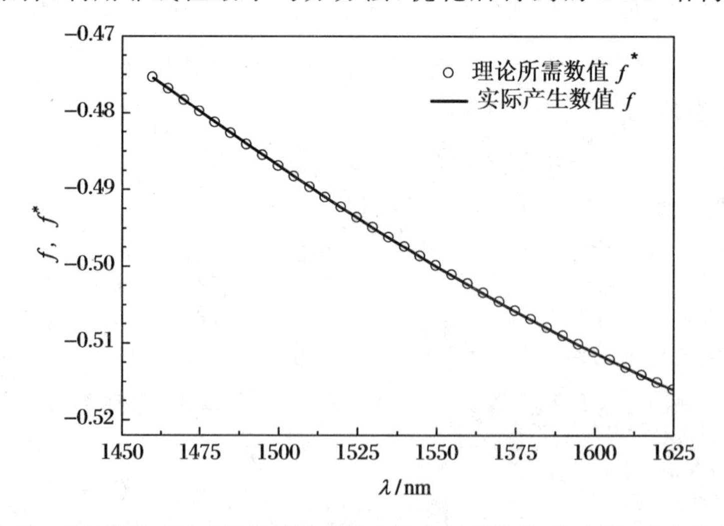

图 5.38 理论数值 $f^*(\lambda)$以及优化后的 PGC 产生的数值 $f(\lambda)$随 λ 的变化曲线

$\Delta l=-0.2006\lambda_c$，$l_1=0.1522L_0(\lambda_c)$，$l_2=0.8505L_0(\lambda_c)$。图5.38示出了优化后的PGC产生的数值$f(\lambda)$随$\lambda$的变化曲线。图中可见，在整个S+C+L波段内两条曲线吻合很好，这保证了直通态的宽光谱特性。

同时，PGC的一个关键构成单元是ODL，其参数应该满足$\Delta l=-0.2006\lambda_c$。这一点可通过合理选择图5.35(b)中的$h_0$来实现。注意，由于$\Delta l<0$，上分支波导应为直波导，其长度为$l_{\text{upper}}=1000\ \mu\text{m}$，下分支波导应为sine型弯曲波导，其长度由下式给出：

$$l_{\text{lower}}=2\int_0^{l_1/2}\sqrt{1+(\mathrm{d}y'/\mathrm{d}x')^2}\,\mathrm{d}x' \tag{5.6.35}$$

式中，$y'=\dfrac{h_0}{2}[1-\cos(2\pi x'/l_{\text{upper}})]+d_1$，$0\leqslant x'\leqslant l_{\text{upper}}/2$。在式(5.6.35)中，当$l_{\text{upper}}=1000\ \mu\text{m}$，$d_1=3.0\ \mu\text{m}$时，选择ODL的垂直高度为$h_0=11.3\ \mu\text{m}$，即可实现$\Delta l=-0.2006\lambda_c$。

3. 交叉态下的串扰补偿和电光MZI优化

当$U\neq0$时，开关处于交叉态，MZI的结构参数应该满足交叉态下的串扰补偿条件(由式(5.6.25)给出)。定义

$$g^*(\lambda)=0 \tag{5.6.36a}$$

$$\begin{aligned}g(\lambda)=|&\cos(\theta^0L_{\text{M-DC}})\{A^2\exp[\mathrm{j}\zeta^0(\lambda)U_s(L_{\text{EO1}}-L_{\text{EO2}})/2]\\&+B^2[-\mathrm{j}\zeta^0(\lambda)U_s(L_{\text{EO1}}-L_{\text{EO2}})/2]\}\\&-\mathrm{j}2AB\sin(\theta^0L_{\text{M-DC}})\cos[\zeta^0(\lambda)U_s(L_{\text{EO1}}+L_{\text{EO2}})/2]|\end{aligned} \tag{5.6.36b}$$

进而需要优化MZI的电光区长度以使得

$$g(\lambda)\rightarrow g^*(\lambda) \tag{5.6.37}$$

图5.39显示了1460～1625 nm波段理论数值$g^*(\lambda)$随λ的变化曲线。类似的，利用非线性最小均方方法，为了使得$g(\lambda)$最佳逼近$g^*(\lambda)$，优化了L_{EO1}、L_{EO2}和U_s的数值，且优化后的参数为$U_s=-4$ V，$L_{\text{EO1}}=4068\ \mu\text{m}$，$L_{\text{EO2}}=5941\ \mu\text{m}$。这里，“$U_s=-4$ V”表示的意义是：对于第一个MZI，其上电极和下电极的外加电压分别为-4 V和$+4$ V；对于第二个MZI，其上电极和下电极的外加电压分别为$+4$ V和-4 V。优化后，两个MZI产生的数值$g(\lambda)$随λ的变化曲线仍如图5.39所示。图中可见，尽管在波长两侧区域拟合不是很好，但g和g^*仍然能在较宽的范围内保持一致，这也

将展宽器件的输出光谱范围。

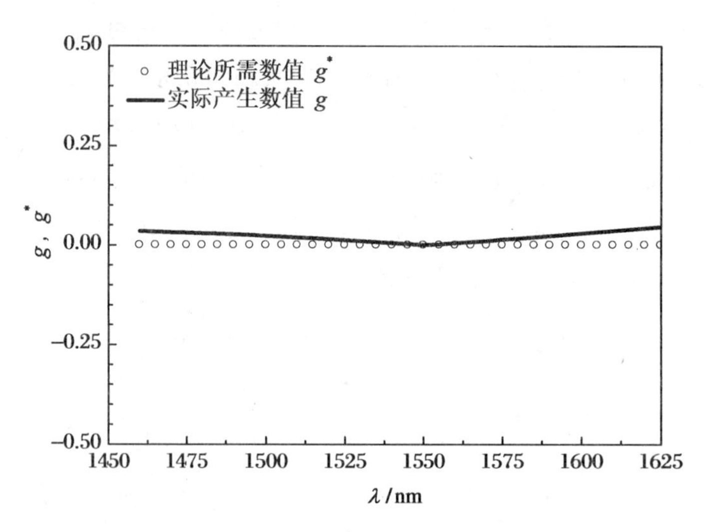

图 5.39 理论数值 $g^*(\lambda)$和两个优化的电光 MZI 产生的数值 $g(\lambda)$随 λ 的变化曲线

最终，优化后的器件沿 z 方向的总长度为 2.0193 cm，包括两个 PGC 的长度(3.874 mm×2)、两个电光 MZI 的长度(4.068 mm、5.941 mm)和一个 M－DC 的长度(2.436 mm)。另外，PGC 以及 M－DC 两侧区域的过渡波导长度均取为 1000 μm。

5.6.4 光谱特性和对比

1．光谱特性

根据 5.6.3 节的描述，当光仅从 $A1$ 输入或者光仅从 $B1$ 输入时，器件将呈现相同的直通和交叉状态，因此，我们仅分析光仅从端口 $A1$ 输入的情况。

图 5.40 显示了输出光功率 P_{out1} 和 P_{out2} 随 λ 的变化曲线。图中可见，当 λ 大于 1590 nm 时，由于材料消光系数的增大，波导损耗也随之增加，器件总的插入损耗也随之增大，其最大值约为 12.3 dB。

图 5.40(b)显示了器件两个工作状态的串扰。由图可见，一方面，通过直通态的串扰补偿，在整个波长范围内，器件的串扰均小于－80 dB。另一方面，在波长范围的两侧区域，尽管交叉态下的串扰补偿条件并未得到很好的满足(图 5.39)，然而器件的串扰仍得到较大程度的降低。为了使得两种

工作状态下的串扰均小于 -30 dB，可以确定出允许的波长范围为 1473 nm $\leqslant\lambda\leqslant$1603 nm，即对应的输出光谱范围可被延展至 130 nm，且在此范围内器件的插入损耗为 1.8～12.3 dB。

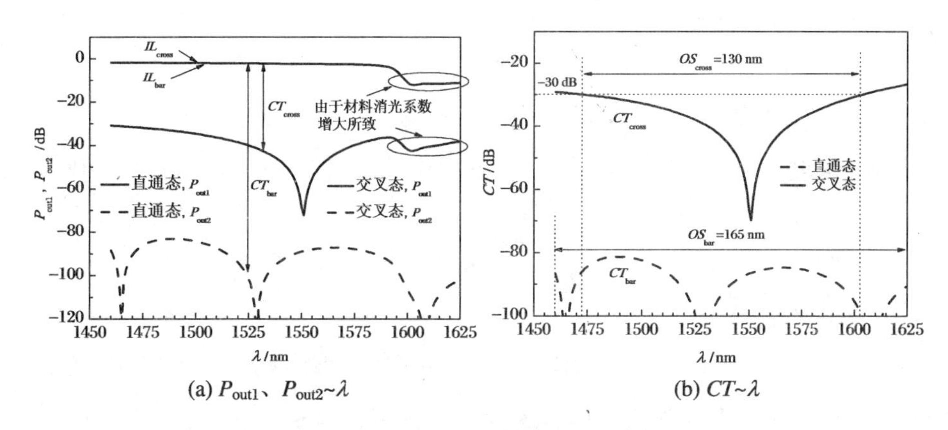

(a) P_{out1}、P_{out2}~λ　　(b) CT~λ

图 5.40 (a) 1460～1625 nm 范围内，输出功率 P_{out1} 和 P_{out2} 随 λ 的变化曲线；(b) 串扰 CT_{bar} 和 CT_{cross} 随 λ 的变化曲线

2. 工艺容差

在器件制备过程中，工艺误差不可避免。由于波导长度可以通过利用精确的光刻板和合适的处理工艺得以控制，因此这里仅分析 DC1、DC2 和 M-DC 的耦合间距的制备误差对输出光谱的影响，分析结果如图 5.41 (a)、(b)所示。从图 5.41(a)可以发现，在直通态下，当耦合间距的工艺误差为 ±50 nm 时，器件的串扰呈现出相同的变化趋势，即从 -27.2 dB 变化至 -27.6 dB。在交叉态下，当存在 ±50 nm 的工艺误差时，器件的串扰仍

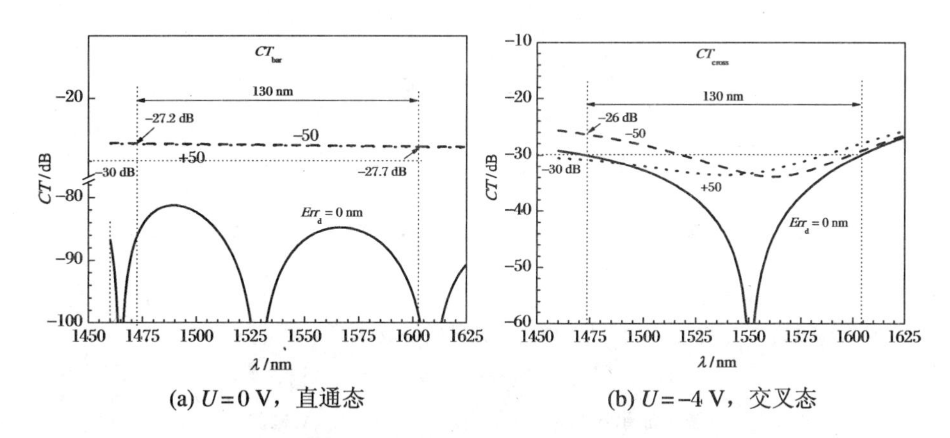

(a) U=0 V，直通态　　(b) U=-4 V，交叉态

图 5.41 定向耦合器耦合间距的工艺误差对器件输出光谱的影响

小于 - 26 dB。这些表明,当耦合间距发生 50 nm 的偏移时,器件的宽光谱特性并未发生明显恶化。

3．与传统交叉/直通开关的性能对比

为了更清晰地显示本节给出的 2×2 宽光谱电光开关的光谱优势,利用相同的材料和波导结构,我们设计并模拟分析了传统结构的 2×2 MZI 电光开关,其结构如图 5.42 所示。该器件的输出功率可表示为

$$P_{\text{out1}}=10\lg\{\sin^2(\zeta/2)+\cos^2(\zeta/2)\times(\cos^2[\theta_{\text{DC}}(\lambda)]-\sin^2[\theta_{\text{DC}}(\lambda)])^2\}-2\alpha_{\text{eff0}}L_{\text{total}} \tag{5.6.38a}$$

$$P_{\text{out2}}=10\lg\{4|\cos[\theta_{\text{DC}}(\lambda)]|^2|\sin[\theta_{\text{DC}}(\lambda)]|^2\cos^2(\zeta/2)\}-2\alpha_{\text{eff0}}L_{\text{total}} \tag{5.6.38b}$$

式中 $\theta_{\text{DC}}(\lambda)=\theta^0(\lambda)L_0(\lambda_c)/2$,$\zeta(\lambda,U)=\zeta^0(\lambda)UL_{\text{EO}}$。当 $U=0$ 时,任意波长下 $\zeta(\lambda,U)=0$,器件呈现交叉态;当 $U=U_s$ 时,令 $\zeta(\lambda_c,U_s)=\pi$,器件被置为直通态。当器件的电光区长度为 5000 μm 时,利用式(5.6.38),我们可确定器件的开关电压为 $U_s=4.751$ V。图 5.42 显示了传统结构 2×2 MZI 电光开关和本节给出的宽光谱 2×2 MZI 电光开关的串扰性能的对比结果。图中可见,通过利用两个 PGC 补偿直通态的串扰以及利用两个电光

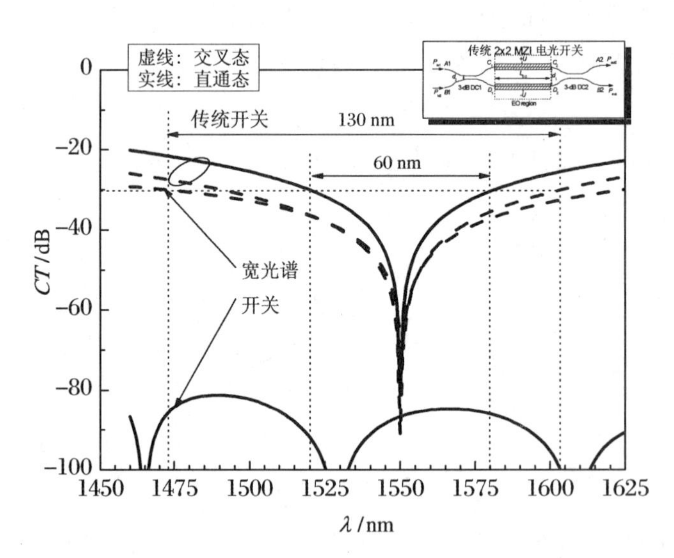

图 5.42　传统结构 2×2 MZI 电光开关以及本节给出的宽光谱 2×2 电光开关在直通和交叉态下的串扰对比

(子图显示了传统 2×2 MZI 电光开关的结构图)

MZI 补偿交叉态的串扰，本节器件的输出光谱可被延拓至 130 nm，该光谱范围约为传统结构 MZI 电光开关的 2 倍以上，后者仅为 60 nm。

5.6.5　小结

通过使用一对反相电光 MZI、一个非电光 M-DC 和两个非电光对称 PGC，本节给出了一种聚合物 2×2 宽光谱电光开关。在直通态下，通过优化两个 PGC 的结构，实现了第一次串扰补偿，从而拓宽了该状态下的光谱；在交叉态下，通过优化两个电光 MZI 的结构，实现了第二次串扰补偿，进一步展宽了该状态下的光谱。利用所选择的材料参数，在充分考虑材料和波导色散特性的基础上，对器件开展了优化设计和模拟。器件的开关电压为 -4 V，优化后的两个 MZI 电光区的长度分别为 4068 μm 和 5941 μm。借助于对 PGC 和电光 MZI 的双重优化，大大降低了两个工作状态的串扰，获得了超过 130 nm 的光谱范围，且在此范围内，器件的串扰小于 -30 dB，插入损耗为 1.8～12.3 dB。在相同的串扰水平下，本节给出器件的光谱范围为传统结构 MZI 电光开关光谱范围的 2 倍以上，后者仅为 60 nm。另外，与 5.2 节～5.5 节给出的 1×1 宽光谱电光开关相比，该 2×2 宽光谱器件以其交叉/直通路由功能，可成为非波长选择性 ONoC 系统中有效的路由单元。

5.7　本章小结

本章首先分析了造成传统结构 MZI 电光开关光谱范围窄的主要原因，并给出了对其光谱进行展宽的一般理论和方法，其主要思想是：根据波长变化时 MZI 电光区相移的色散特性，设计相移补偿单元，并利用其产生的非线性相位对 MZI 电光区的相移漂移进行补偿，有效消除波长变化导致的器件输出功率变化，从而拓宽器件的输出光谱范围。

依据上述方法，本章以 PGC 为相移补偿单元并以 MZI 为基本器件结构，先后优化设计了四种 1×1 和一种 2×2 的宽光谱电光开关，分别给出了各器件的结构和光谱拓展原理，并应用非线性最小均方优化算法对各器件的结构进行了优化。计算结果表明，在 − 30 dB 串扰或消光比水平要求下，与传统结构 MZI 电光开关不足 60 nm 的输出光谱相比，本章所述各器件的输出光谱范围均可达到 100 nm 以上。

第6章　周期化波长选择性光开关

在光通信局域网中，人们一般采用可容纳几十条信道的CWDM技术方案，若取两相邻信道的波长间隔为一个自由光谱区，则该值约为几十纳米。这就要求所使用波长选择性开关（也可视为滤波器）的输出光谱具有严格的周期性，并且覆盖1400～1600 nm的S-C-L通信波段。然而，基于微环谐振器（MRR）和阵列波导光栅（AWG）的波长选择性开关[168～171]，仅在某个波长附近具有周期性频率响应，且波长间隔较小，因此，它们一般只用于DWDM网络。

相比MRR和AWG，非对称MZI（AMZI）虽然结构简单，但却是设计和制备光波导器件的常用结构[172～175]，也可用来设计应用于CWDM网络的波长选择性开关。然而，由于AMZI的相位差随波长不呈周期性变化，该结构的波长选择性开关并不具有周期性的输出光谱。第5章给出的MZI电光开关采用了PGC（包括DC和ODL）单元，它所产生的非线性相位可以补偿波长变化造成的MZI相移偏差。本章亦将使用串行级联的PGC补偿MZI区域的相移偏差，并且通过对PGC结构的优化，实现相位补偿和消光比补偿，从而使器件的输出光谱呈现周期性。

本章将首先阐述一般AMZI的光谱周期化理论并给出相关公式。接着，设计两种光谱周期化的AMZI波长选择性开关，对其开关性能和光谱性能做数值模拟和分析讨论。

6.1 AMZI的光谱周期化理论

考虑通用的AMZI结构，如图6.1所示，令ΔL为上波导和下波导之间的路径差。当脉冲光信号作用于输入端口时，定义其与时间相关的输出信号（也称为时域冲激响应）为$x(t)$，采样后的离散信号为$x(nT_s)$，T_s为采样周期，则AMZI的频域响应$X(\omega)$可表示为

$$X(\omega)=\sum_{n=0}^{N}x(nT_s)\exp(-\mathrm{j}n\omega T_s) \tag{6.1.1}$$

式中ω为光波角频率。我们取

$$T_s=\Delta L n_{\mathrm{eff0}}/c \tag{6.1.2}$$

式中n_{eff0}为与波长相关的基模有效折射率，c为真空中光速。则式(6.1.1)可进一步写为

$$X(\omega)=\sum_{n=0}^{N}x_n\exp[-\mathrm{j}n\omega\Delta L n_{\mathrm{eff0}}/c] \tag{6.1.3}$$

式中$x_n=x(nT_s)$为离散采样信号。注意到$c=\omega\lambda/(2\pi)$，式(6.1.3)可最终表示为

$$X(\lambda)=\sum_{n=0}^{N}x_n\exp\left\{-\mathrm{j}n2\pi\left[\frac{\Delta L n_{\mathrm{eff0}}(\lambda)}{\lambda}\right]\right\} \tag{6.1.4}$$

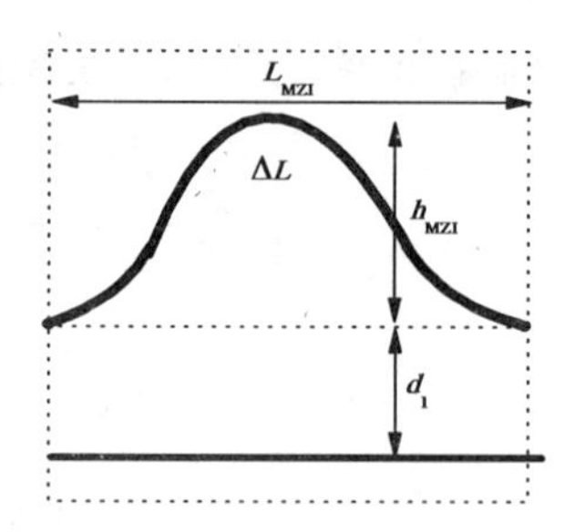

图6.1 一般结构的AMZI

为方便如下分析，定义$f(\lambda)$为

$$f(\lambda)=n_{\mathrm{eff0}}(\lambda)/\lambda \tag{6.1.5}$$

此时式(6.1.4)给出的频率响应应修改为

$$X(\lambda) = \sum_{n=0}^{N} x_n \exp\{-\mathrm{j}n2\pi[\Delta Lf(\lambda)]\} \tag{6.1.6}$$

如果将一个与波长有关的额外的相位差 $\varphi(\lambda)$添加到式(6.1.6)中,我们将得到

$$X(\lambda) = \sum_{n=0}^{N} x_n \exp\{-\mathrm{j}n2\pi[\Delta Lf(\lambda) - \varphi(\lambda)]\} \tag{6.1.7}$$

为了使 $X(\lambda)$具有周期性,$\varphi(\lambda)$可取为

$$\varphi^*(\lambda) = \Delta Lf(\lambda) + \frac{\lambda}{\Delta\lambda} - \left(m + \frac{\lambda_0}{\Delta\lambda}\right) \tag{6.1.8}$$

式中 λ_0 是设计中选取的中心工作波长,m 为任意整数,$\Delta\lambda$ 为波长间隔。最终,$X(\lambda)$可写为

$$X(\lambda) = \sum_{n=0}^{N} x_n \exp\left(\mathrm{j}n2\pi\frac{\lambda - \lambda_0}{\Delta\lambda}\right) \tag{6.1.9}$$

对于任意整数 p,易证得 $X(\lambda + p\Delta\lambda) = X(\lambda)$。由于 m 可为任意整数,我们取 $m = 0$。因此,式(6.1.8)中给出的附加相位 $\varphi^*(\lambda)$可转化为

$$\varphi^*(\lambda) = \Delta Lf(\lambda) + (\lambda - \lambda_0)/\Delta\lambda \tag{6.1.10}$$

式(6.1.10)表明,要实现周期频率响应,应该添加额外的非线性相位$\varphi^*(\lambda)$对 AMZI 产生的初始相位进行补偿。本章所给出的两种光谱周期化器件均是以式(6.1.10)为理论依据进行优化设计的。

6.2　周期化弧形 MZI 波长选择性光开关

本节将首先测量所采用聚合物材料光学参数的色散效应,并分析脊形波导的模式色散特性。接着,设计基于两个 N 阶 PGC 和一个弧形 MZI 的波长选择性无源光开关的结构,并得到器件的光谱响应。为了获得严格的周期性滤波性能,将分析周期性相位补偿条件和插入损耗补偿条件。然后,优化器件结构,并对 N 分别为 0、1、2、3、4 的五种弧形 MZI 波长选择性开关的滤波特性进行模拟和分析。最后,对所设计的不同阶次的波长选择性

开关的性能进行比较，讨论 PGC 阶数 N 对滤波性能和器件设计复杂度的影响，同时，也将给出设计具有其他波长周期的波长选择性开关的一般方法。

6.2.1 材料及其波长色散特性

在波导的设计中，采用负型光刻胶 SU－8 和聚合物 P(MMA－GMA) 分别作为芯层和上/下缓冲层材料。定义 SU－8 和 P(MMA－GMA)的折射率分别为 n_1 和 n_2，二者的消光系数分别为 κ_1 和 κ_2。我们利用椭偏仪测量了两种材料光学参数的色散特性，如图 6.2 所示。对测量结果进行拟合，该图也给出了两种材料的折射率和消光系数随工作波长的拟合曲线。图 6.3 显示了 E_{00}^y 模式有效折射率和振幅衰减系数随工作波长的变化曲线。图中可见，由于材料特性随波长的变化而变化，因而波导的模式参数也将具有色散效应。

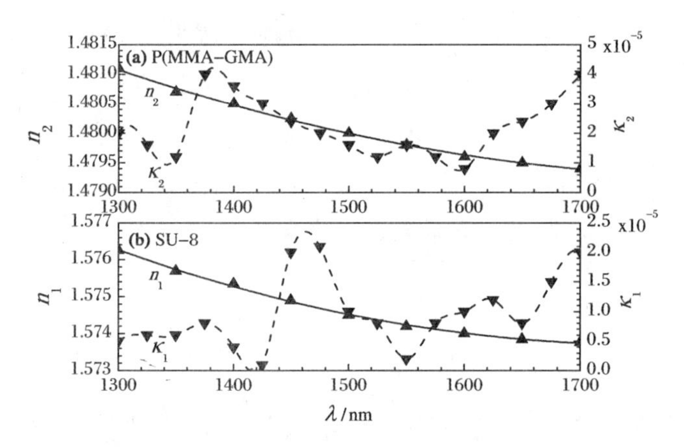

图 6.2 聚合物材料(a) P(MMA－GMA)和(b) SU－8 的折射率和体消光系数的测量结果及拟合曲线

基于 SU－8 和 P(MMA－GMA)的脊形波导结构如图 6.3 子图所示，二者的体振幅衰减系数（分别为 α_1 和 α_2）可由式(6.2.1)计算：

$$\alpha_i = (2\pi/\lambda)\kappa_i \quad (i = 1,2) \tag{6.2.1}$$

上限制层为空气，其折射率为 $n_3 = 1.0$，振幅衰减系数为 $\alpha_3 = 0$。

选择器件的中心工作波长为 $\lambda_c = 1550$ nm。优化后的波导参数为 $a = 4.0\ \mu\text{m}$，$b_1 = 2.0\ \mu\text{m}$，$h = 1.0\ \mu\text{m}$，$b_2 = 3.0\ \mu\text{m}$。图 6.3 显示了 E_{00}^y 模式有

效折射率 n_{eff0} 和振幅损耗系数 α 随工作波长 λ 的变化曲线。图中可见，二者均随波长而变化，且在中心波长下，$n_{eff0}(\lambda_c)=1.5450$，$\alpha(\lambda_c)=0.5930$ dB/cm。

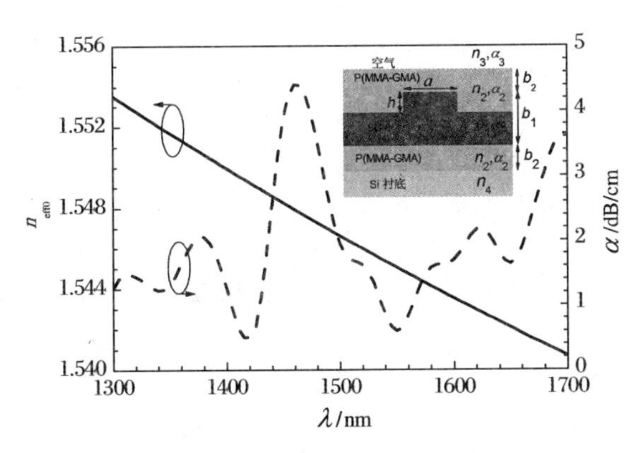

图6.3　脊形波导的截面结构以及 E_{00}^y 模式有效折射率和振幅衰减系数随工作波长 λ 的变化曲线

6.2.2　器件结构及分析

1. 器件结构

图6.4(a)显示了基于两个平行级联PGC的弧形MZI波长选择性开关的结构图。由于PGC通常具有两个相对较长的波导，相比基于两个串行级联PGC的非弯曲MZI器件，该器件在一定程度上将具有更小的尺寸。设计中，一般要求弧形波导的弯曲损耗为

$$\alpha_{bend}(R_1)\big|_{\lambda_c},\alpha_{bend}(R_2)\big|_{\lambda_c}<0.01(\mathrm{dB/cm})\tag{6.2.2}$$

此时，与传输损耗相比，该弯曲损耗可以被忽略。为了减弱弧形MZI两个波导间的耦合作用，二者的耦合系数 K 需满足

$$K(\Delta R)\big|_{\lambda_c}<10^{-4}\ \mathrm{m}^{-1}\tag{6.2.3}$$

式中 K 为 ΔR 的函数。利用Marcatili法[128]，我们计算了两弯曲波导的弯曲损耗和弯曲半径的关系曲线以及二者之间的耦合系数随半径差的关系曲线，如图6.4(b)所示。为了满足式(6.2.2)和式(6.2.3)，应使 $R_1>R_2\geqslant 800\ \mu\mathrm{m}$ 且 $R_1-R_2\geqslant 20\ \mu\mathrm{m}$。

设PGC1的端口 $A1$、$B1$ 和 $C1$、$D1$ 间的振幅传递系数为 R_1 和 S_1，

PGC2 的端口 $C2$、$D2$ 和 $A2$、$B2$ 间的振幅传递系数为 R_2和 S_2。图 6.4(a)中所示器件的端口 $A1$、$B1$ 和 $A2$、$B2$ 间的传输矩阵可表示为

$$T_0 = \begin{pmatrix} R_2 & -S_2^* \\ S_2 & R_2^* \end{pmatrix} \begin{bmatrix} \exp\left(-\mathrm{j}\pi n_{\mathrm{eff0}} \dfrac{\Delta L}{\lambda}\right) & 0 \\ 0 & \exp\left(+\mathrm{j}\pi n_{\mathrm{eff0}} \dfrac{\Delta L}{\lambda}\right) \end{bmatrix} \cdot \begin{pmatrix} R_1 & -S_1^* \\ S_1 & R_1^* \end{pmatrix} \tag{6.2.4}$$

式中 $\Delta L = \pi(R_1 - R_2)$为两个弧形波导的长度差,$n_{\mathrm{eff0}}$ 为 λ 的函数,$|R_i|^2 + |S_i|^2 = 1$。因此,端口 $A1$、$B1$ 和 $A2$、$B2$ 间与波长相关的功率传输系数为

$$\begin{aligned} |T_{A1A2}|^2 &= |T_{B1B2}|^2 \\ &= \left| |R_1 R_2| \exp\{\mathrm{j}[(\varphi_{R_1} - \varphi_{S_1}) + (\varphi_{R_2} + \varphi_{S_2}) \right. \\ &\quad \left. - \left(2\pi n_{\mathrm{eff0}} \frac{\Delta L}{\lambda}\right)]\} - |S_1 S_2| \right|^2 \end{aligned} \tag{6.2.5a}$$

$$\begin{aligned} |T_{A1B2}|^2 &= |T_{B1A2}|^2 \\ &= \left| |R_1 S_2| \exp\{\mathrm{j}[(\varphi_{R_1} - \varphi_{S_1}) + (\varphi_{R_2} + \varphi_{S_2}) \right. \\ &\quad \left. - \left(2\pi n_{\mathrm{eff0}} \frac{\Delta L}{\lambda}\right)]\} + |S_1 R_2| \right|^2 \end{aligned} \tag{6.2.5b}$$

式中 φ_{R_1}、φ_{S_1}、φ_{R_2}和 φ_{S_2}分别为 R_1、S_1、R_2和 S_2 的相角。在式(6.2.5)中,由于函数 $f(x) = \exp(\mathrm{j}x)$的周期为 2π,所以当满足

$$(\varphi_{R_1} - \varphi_{S_1}) + (\varphi_{R_2} + \varphi_{S_2}) - \left(2\pi n_{\mathrm{eff0}} \frac{\Delta L}{\lambda}\right) = 2\pi(\lambda - \lambda_c)/\Delta\lambda \tag{6.2.6}$$

时,我们就能得到一个周期化的频谱响应,其中 $\Delta\lambda$ 为设计的波长周期。该结论与式(6.1.10)的结论一致。

2. PGC 结构

N 阶 PGC 的结构仍由图 5.16 示出。它包含 $N+1$ 个 DC(耦合间距 $d_2 = 3.0\ \mu\mathrm{m}$)和 N 个 ODL(沿 z 方向的长度为$s_0 = 1000\ \mu\mathrm{m}$)。当工作波长为 λ 时,定义定向耦合器的耦合长度为 $L_0(\lambda)$。对于第 i 个 DC,令 θ_i 为与波长相关的角度耦合系数,l_i 为耦合区的长度,且

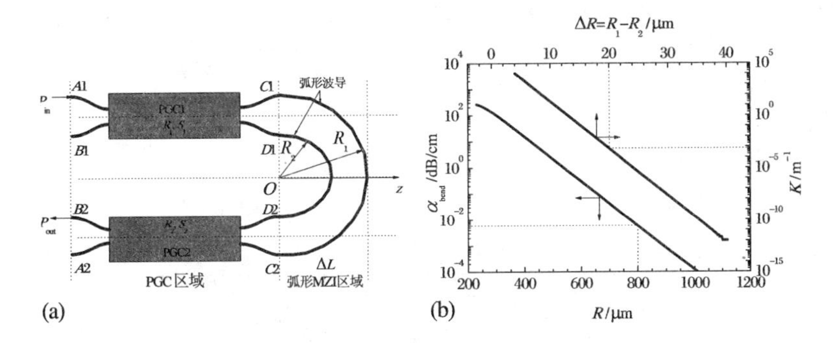

图 6.4　(a) 基于两平行级联 PGC 的弧形 MZI 波长选择性开关的结构；(b) 弯曲损耗 α_{bend} 随弯曲半径 R 的变化曲线，以及弧形 MZI 两波导间的耦合系数 K 随半径差 $\Delta R = R_1 - R_2$ 的变化曲线

$$\theta_i(\lambda) = \pi l_i / [2L_0(\lambda)] \tag{6.2.7}$$

对于第 i 个 ODL，为了产生相位差，设计中使用一个 sine 型弯曲波导和一个直波导构成 ODL，令 δl_i 为上分支波导和下分支波导的长度差。当 $\delta l_i >0$ 和 $\delta l_i<0$ 时，ODL 的结构图分别如图 5.16(b)、图 5.16(c)所示。以 $\delta l_i>0$ 为例，sine 型曲线的方程为

$$y' = \frac{h_i}{2}[1 - \cos(2\pi x'/s_0)] + d_2 \quad (0 \leqslant x' \leqslant s_0) \tag{6.2.8}$$

进而 δl_i 可由下式计算：

$$\delta l_i = \pm \left[\int_0^{s_0} \sqrt{1 + (\pi h_i / s_0)^2 \sin^2(2\pi x'/s_0)}\, dx' - s_0 \right] \tag{6.2.9}$$

当 $\delta l_i>0$ 时，取“+”；当 $\delta l_i<0$ 时，取“−”。δl_i 和 h_i 之间的关系曲线如图 6.5 所示。通过合理选择 h_i，我们即可得到所需的 δl_i。

第 i 个 DC 和第 i 个 ODL 的传输矩阵分别为

$$T_{DC}^i(\lambda) = \begin{pmatrix} \cos\theta_i & -j\sin\theta_i \\ -j\sin\theta_i & \cos\theta_i \end{pmatrix} \tag{6.2.10}$$

$$T_{ODL}^i(\lambda) = \begin{pmatrix} \exp[-j\pi\delta l_i n_{eff0}(\lambda)/\lambda] & 0 \\ 0 & \exp[j\pi\delta l_i n_{eff0}(\lambda)/\lambda] \end{pmatrix} \tag{6.2.11}$$

则 N 阶 PGC 的传输矩阵为

$$T_{PGC}^N(\lambda) = T_{DC}^{N+1} \prod_{i=N}^{1} T_{ODL}^i T_{DC}^i \tag{6.2.12}$$

该矩阵可最终被表示成如下标准形式：

$$T_{\text{PGC}}^{N}(\lambda) = \begin{pmatrix} A_N & -B_N^* \\ B_N & A_N^* \end{pmatrix} \tag{6.2.13}$$

式中 A_N 和 B_N 为 PGC 的耦合系数，可将式(6.2.10)、式(6.2.11)代入式(6.2.12)得到，“ * ”表示复共轭。

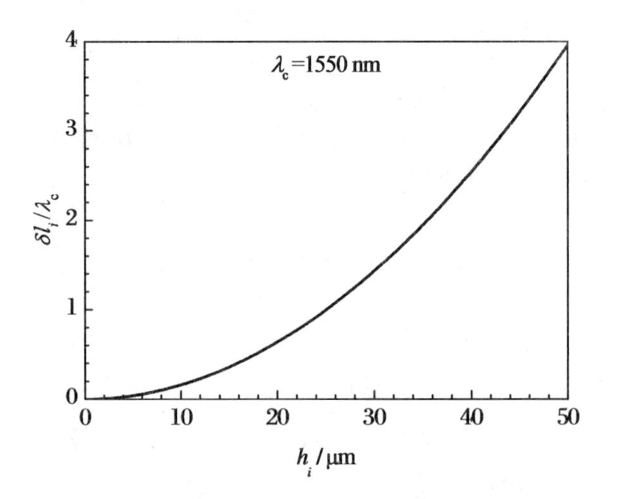

图 6.5 ODL 的路径差 δl_i 与 h_i 的关系曲线

3. 周期化补偿条件、插入损耗补偿条件和性能表征

利用结构上的对称关系，PGC1 和 PGC2 的耦合系数可分别表示为

$$R_1 = A_N,\quad S_1 = B_N,\quad R_2 = A_N,\quad S_2 = -B_N^* \tag{6.2.14}$$

则该器件的输入端口 $A1$ 和输出端口 $B2$ 间的光谱响应为

$$\begin{aligned} T_{A1B2}(\lambda) &= 10\lg\left|\frac{P_{\text{out}}}{P_{\text{in}}}\right|^2 \\ &= 10\lg\big|\,|A_N B_N| \\ &\quad \cdot \exp\{\text{j}[2(\varphi_{A_N} - \varphi_{B_N}) - (2\pi n_{\text{eff0}}\Delta L/\lambda)]\} + |A_N B_N|\,\big|^2 \end{aligned} \tag{6.2.15}$$

利用式(6.2.6)，为了实现周期性的光谱响应，应满足的相位补偿条件为

$$(\varphi_{A_N} - \varphi_{B_N}) = \pi(\lambda - \lambda_c)/\Delta\lambda + \pi^2 n_{\text{eff0}}(\lambda)\Delta R/\lambda \tag{6.2.16}$$

同时，为了降低插入损耗，需要满足如下插入损耗补偿条件：

$$|A_N B_N| = 1/2 \tag{6.2.17}$$

在满足式(6.2.16)和式(6.2.17)的条件下，利用式(6.2.15)，可得如下与中心波长、插入损耗及 3 dB 带宽有关的结论。当波长为 $\lambda = \lambda_c + q(\Delta\lambda/2)$ 的光只从端口 $A1$ 输入时，端口 $B2$ 的输出功率达到最大。对于端口 $B2$ 的通道 q，定义其中心波长为

$$\lambda_q^c = \lambda_c + q\Delta\lambda \tag{6.2.18}$$

该中心波长处的插入损耗为

$$IL_q = T_{A1B2}(\lambda_q^c) \tag{6.2.19}$$

每个通道的 3 dB 光波带宽为

$$W_q^{3dB} = \{\lambda \mid T_{A1B2}(\lambda) - T_{A1B2}(\lambda_q^c) \leqslant -3\} \tag{6.2.20}$$

4. 优化设计方法

设计该器件的主要任务是：通过求解式(6.2.16)和式(6.2.17)表征的周期性相位补偿条件和插入损耗补偿条件来优化 N 阶 PGC 的 $2N+1$ 个参数。为了得到最优的 l_i 和 δl_i，求解步骤如下：

① 给定中心波长 λ_c、工作波长范围 $\lambda_{min} \sim \lambda_{max}$、波长周期 $\Delta\lambda$。

② 计算工作波长范围内的理论相位 $\zeta(\lambda) = \pi(\lambda - \lambda_c)/\Delta\lambda + \pi n_{eff0}\Delta L/\lambda$。

③ 给出每个参数（l_i 与 δl_i）合适的迭代范围以及迭代步长（Δl_i 与 $\Delta\delta l_i$）。

④ 在给定的各参数的初始值下，使用非线性优化方法寻找 l_i 与 δl_i 的最佳值，使得非线性函数 $\varphi_{A_N} - \varphi_{B_N}$ 在工作波长范围内能够最佳地拟合理论相位 $\zeta(\lambda)$，然后计算出 $\varphi_{A_N} - \varphi_{B_N}$ 和 $\zeta(\lambda)$ 间的最小均方误差。

⑤ 利用步骤④得到的 l_i 和 δl_i 的最佳值，计算工作波长范围内的乘积 $|A_N B_N|$，并计算乘积 $|A_N B_N|$ 和 1/2 之间的最小均方误差。

⑥ 根据迭代步长，调整迭代值 l_i 和 δl_i，重复步骤④和步骤⑤。

⑦ 迭代结束后，优化选择最合适的参数，使得该参数在所有可能值的情况下同时具有较小的相位均方误差和较小的乘积均方误差。

6.2.3　器件优化设计和性能模拟

如下设计中，取波长周期 $\Delta\lambda$ 为 24 nm。

1. 基于零阶 PGC 的弧形 MZI 光开关（$N=0$）

该器件采用两个 DC（即两个零阶 PGC，$N=0$），因此其仅具有一个参

数 l_1。为实现 3 dB 功能，令 $l_1 = L_0(\lambda_c)/2$ 为波长 λ_c 下 3 dB DC 的耦合区长度，且 $L_0(\lambda_c) = 3274\ \mu m$。此时，DC 的耦合系数 $A_0(\lambda) = \cos\theta_1$，$B_0(\lambda) = -j\sin\theta_1$，式中 $\theta_1(\lambda) = (\pi/4)[l_1/L_0(\lambda)]$，进而，$\varphi_{A_0} = \arg(A_0) = 0$，$\varphi_{B_0} = \arg(B_0) = -\pi/2$。图 6.6(a)显示了用于实现周期性相位补偿和插入损耗补偿的理论相位和耦合系数模的乘积及 3 dB DC 产生的相位 $\varphi_{A_0} - \varphi_{B_0}$ 与其耦合系数模的乘积 $|A_0B_0|$ 随波长 λ 的变化曲线。图 6.6(b)显示了该器件的输出光谱，计算中取 $R_1 = 820\ \mu m$，$R_2 = 800\ \mu m$，$\Delta R = 20\ \mu m$，所用公式为式(6.2.15)。可以发现，3 dB DC 耦合系数模的乘积可以很好地逼近理论值，因此，各通道的插入损耗都很小。然而，由于 3 dB DC 产生的相位为常数($\pi/2$)，这并不能满足周期性相位补偿条件，因而不能得到均匀的波长周期。根据图示结果，该器件的波长周期在 21.2～27.0 nm 范围内呈逐渐增大趋势。

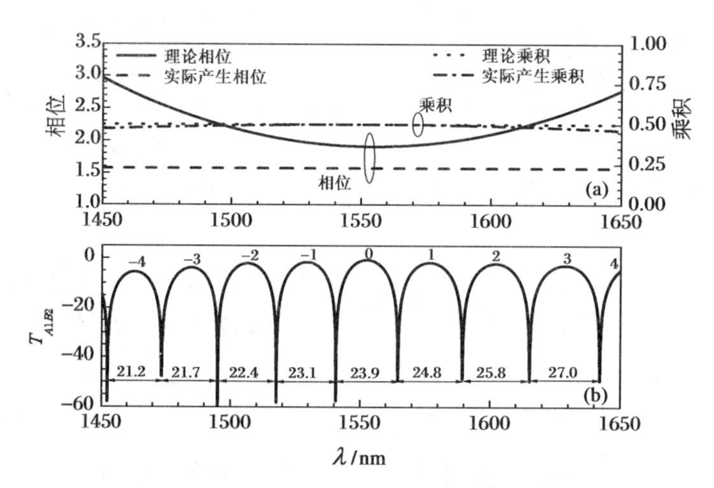

图 6.6 (a) 理论相位和理论耦合系数模的乘积，以及 3 dB DC 的实际产生相位 $\varphi_{A_0} - \varphi_{B_0}$ 与耦合系数模的乘积 $|A_0B_0|$ 随波长 λ 的变化曲线；(b) 1450～1650 nm 范围内零阶弧形 MZI 波长选择性开关的光谱响应

2. 基于一阶 PGC 的弧形 MZI 光开关($N = 1$)

该器件共有三个待优化的参数，包括 l_1、l_2 和 δl_1。采用 MATLAB 提供的非线性拟合函数并通过 6.2.2 节给出的迭代过程，最终优化的参数为：$l_1 = 0.1459L_0(\lambda_c)$，$l_2 = 2.4957L_0(\lambda_c)$，$\delta l_1 = 1.1059\lambda_c$(取 ODL1 的高度为 $h_1 = 25.8\ \mu m$)。优化后的一阶 PGC 产生的相位及耦合系数模的乘积曲线如图 6.7(a)所示。图中发现，在某种程度上，实际产生相位接近了理想相位，因此，图6.7(b)示出的输出光谱呈现了一定的周期性，波长周期的最小值为23.1 nm，最大值为24.9 nm，二者的差值为1.9 nm。该值比零阶弧形MZI波长选择性开关的5.8 nm小了很多。但是，优化后的一阶PGC生成的耦合系数模的乘积曲线与设计值相差较大，尤其是在波长范围的两端，差异更大。因此，在波长范围两端处器件的插入损耗很大，如通道4的插入损耗达到了20 dB。

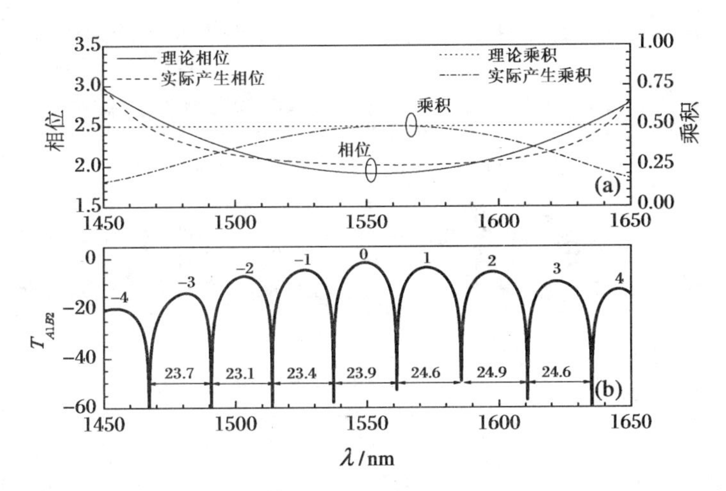

图6.7 (a)理论相位和理论耦合系数模的乘积，以及优化后的一阶PGC产生的相位 $\varphi_{A_1}-\varphi_{B_1}$ 与其耦合系数模的乘积 $|A_1B_1|$ 随波长 λ 的变化曲线；(b) 1450～1650 nm范围内一阶弧形MZI波长选择性开关的光谱响应

3. 二、三、四阶弧形MZI波长选择性开关($N=2, 3, 4$)

采用同样的方法，我们对二阶弧形MZI波长选择性开关的PGC结构做了优化，优化后的参数为 $l_1=2.0439L_0(\lambda_c)$，$l_2=2.0439L_0(\lambda_c)$，$l_3=0.3081L_0(\lambda_c)$，$\delta l_1=-0.2350\lambda_c$(取ODL1的高度为 $h_1=12.2\ \mu$m)和 $\delta l_2=-1.9662\lambda_c$(取ODL2的高度为 $h_2=35.2\ \mu$m)。对器件性能的模拟结果如图6.8(a)、图6.8(b)所示。图中可见，由于实际产生的相位和理论相位拟合很好，除波长范围两端外，该器件均展现出均匀的波长周期。然而，由于耦合系数模的乘积 $|A_1B_1|$ 没有达到理想的数值，波长范围左端处的插入损耗相对较高，如通道4中心波长处达到了17 dB。显然，基于一阶和二阶器件的插入损耗均较高，这是由于二者分别仅具有3个和5个参数，很难同时满足周期性相位补偿条件和插入损耗补偿条件。

我们对三阶弧形MZI波长选择性开关的PGC结构做了优化，参数为：

$l_1 = l_2 = l_3 = l_4 = 0.6008L_0(\lambda_c)$，$\delta l_1 = 0.5452\lambda_c$（取 ODL1 的高度为 $h_1 = 18.5\ \mu m$），$\delta l_2 = 0.5076\lambda_c$（取 ODL2 的高度为 $h_2 = 17.9\ \mu m$），$\delta l_3 = -1.6731\lambda_c$（取 ODL3 的高度为 $h_3 = 32.5\ \mu m$）。对器件性能的模拟结果如图 6.8(c)、图 6.8(d)所示。可以看出，由于 PGC 实际产生的相位和理论值很相近，该器件呈现出均匀的波长周期（各通道的周期偏移小于 0.3 nm）。同时，器件的耦合系数模的乘积 $|A_1B_1|$ 也可很好地逼近理论值，因此相比一阶和二阶器件，三阶器件的插入损耗得到了一定程度的改善。

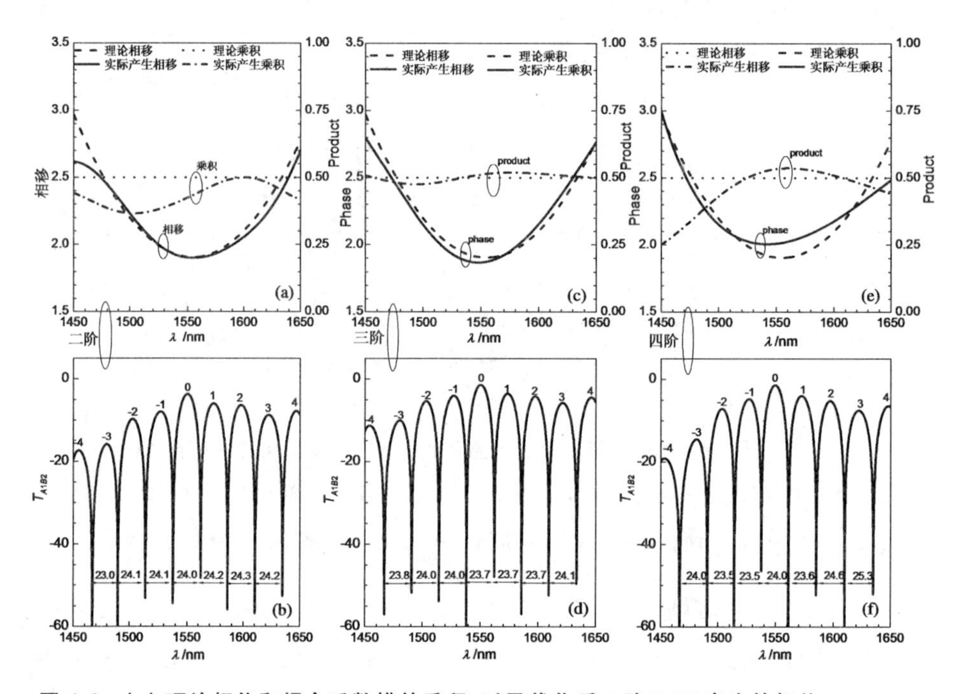

图 6.8 (a) 理论相位和耦合系数模的乘积，以及优化后二阶 PGC 产生的相位 $\varphi_{A_2} - \varphi_{B_2}$ 与其耦合系数模的乘积 $|A_2B_2|$ 随波长 λ 的变化关系；(b) 二阶弧形 MZI 波长选择性开关的光谱响应；(c) 理论相位和耦合系数模的乘积，以及优化后三阶 PGC 产生的相位 $\varphi_{A_3} - \varphi_{B_3}$ 与其耦合系数模的乘积 $|A_3B_3|$ 随波长 λ 的变化关系；(d) 三阶弧形 MZI 波长选择性开关的光谱响应；(e) 理论相位和耦合系数模的乘积，以及优化后四阶 PGC 产生的相位 $\varphi_{A_4} - \varphi_{B_4}$ 与其耦合系数模的乘积 $|A_4B_4|$ 随波长 λ 的变化关系；(f) 四阶弧形 MZI 波长选择性开关的光谱响应

同理，我们对四阶弧形 MZI 波长选择性开关做了优化和模拟。优化后的参数为 $l_1 = l_2 = l_3 = l_4 = l_5 = 0.6L_0(\lambda_c)$，$\delta l_1 = 0.4118\lambda_c$（取 ODL1 的高度为 $h_1 = 16.1\ \mu m$），$\delta l_2 = 0.8037\lambda_c$（取 ODL2 的高度为 $h_2 = 22.5\ \mu m$），

$\delta l_3 = 1.6444\lambda_c$（取 ODL3 的高度为 $h_3 = 32.2\ \mu m$），$\delta l_4 = -1.1907\lambda_c$（取 ODL4 的高度为 $h_4 = 27.4\ \mu m$）。对器件性能的模拟结果如图 6.8(e)、图 6.8(f)所示。图中可见，该器件的周期性并不优于二阶和三阶器件。更为严重的是，由于波导长度的增加，其插入损耗也显著高于二阶和三阶器件。

4. *N* 阶弧形 MZI 波长选择性开关的递推设计

为了优化设计 N 阶弧形 MZI 光开关的 PGC 结构（$N>2$），我们首先得到如式(6.2.21)所示的 A_N、B_N 和 A_{N-1}、B_{N-1} 之间的递推关系：

$$\begin{aligned} A_N = & A_{N-1}\cos\{\pi l_{N+1}/[2L_0(\lambda)]\} \\ & \cdot \exp(-j\pi\delta l_N n_{\text{eff0}}/\lambda) - jB_{N-1}\sin\{\pi l_{N+1}/[2L_0(\lambda)]\} \\ & \cdot \exp(j\pi\delta l_N n_{\text{eff0}}/\lambda) \end{aligned} \tag{6.2.21a}$$

$$\begin{aligned} B_N = & -jA_{N-1}\sin\{\pi l_{N+1}/[2L_0(\lambda)]\} \\ & \cdot \exp(-j\pi\delta l_N n_{\text{eff0}}/\lambda) + B_{N-1}\cos\{\pi l_{N+1}/[2L_0(\lambda)]\} \\ & \cdot \exp(j\pi\delta l_N n_{\text{eff0}}/\lambda) \end{aligned} \tag{6.2.21b}$$

为了简化起见，优化设计中可令 $l_1 = l_2 = \cdots = l_{N+1} \equiv l_0$ 和 $\theta_1 = \theta_2 = \cdots = \theta_{N+1} \equiv \theta_0$。为了满足周期性相位补偿条件和插入损耗补偿条件，通过使用 MATLAB 提供的非线性最小均方优化工具，即可确定出 PGC 的最优结构参数。

6.2.4 比较和讨论

为了显示本节给出的基于两个 N 阶 PGC 的弧形 MZI 波长选择性开关的优势，对基于两个 3 dB DC 的传统 MZI 波长选择性开关（不具有相位和插入损耗补偿功能）的性能和基于一阶、二阶、三阶、四阶 PGC 的弧形 MZI 波长选择性开关（具有相位和插入损耗补偿功能）的性能做了对比，结果如图 6.9 所示。由图 6.9(a)可见，由于具有相位补偿功能，后四种波长选择性开关的每个通道均展现出较为均匀的波长周期（为 24 nm）；相反，传统的波长选择性开关由于不具有相位补偿功能，每个通道的波长周期差别较大。由图 6.9(c)和图 6.9(d)可见，后四种波长选择性开关各信道的中心波长比传统波长选择性开关的中心波长更接近理论值，且其 3 dB 带宽比传统波长选择性开关的 3 dB 带宽更为均匀。然而，基于 N 阶 PGC 的波长选择性开关具有一个缺点，即每个通道的插入损耗比传统波长选择性开关要高，如图 6.9(b)所示。这是由于优化后的器件结构并没有很好地满足插入损耗补偿条件,同时较长的器件长度也带来更大的传输损耗。当阶数 N 增加到 3 时,波长选择性开关的结构参数增加到 7 个,这使得优化后的器件更易于满足相位补偿条件和插入损耗补偿条件。因此,当 N 为 3 时,相对于 N 为 1 和 2 而言,插入损耗有所降低。但是,当 N 增加到 4 时,插入损耗再次增加,这是由于波导长度的增加导致了更大的传输损耗。

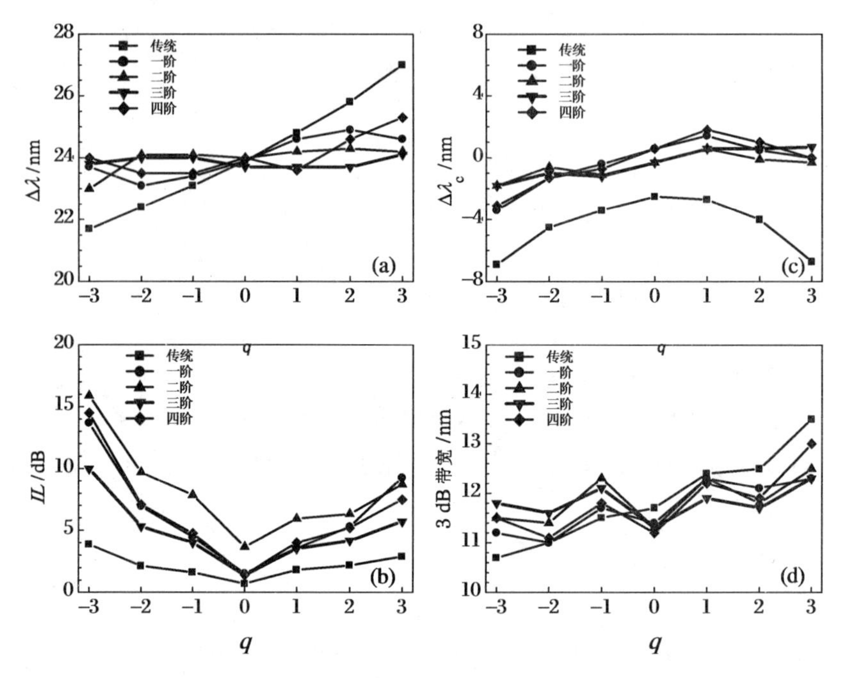

图 6.9 零、一、二、三及四阶弧形 MZI 波长选择性开关的性能对比:(a) 波长周期;(b) 中心波长处的插入损耗;(c) 各信道中心波长的漂移;(d) 3 dB 带宽

表 6.1 列出了上述各器件的 PGC 阶数 N,最大周期偏移 $\delta\Delta\lambda_{\max}=\max\limits_{q=-3\sim3}\{\Delta\lambda_q-24\}$,需优化的结构参数个数 N_{str},优化过程所需的迭代次数 N_{ite},PGC 沿传输方向的波导长度 l_{PGC},通道 $-3\sim+3$ 共 6 个通道中心波长处的插入损耗范围 $IL_{-3\sim+3}$。设 l_i 的优化迭代次数为 P,δl_i 的优化迭代次数为 Q。可以发现,当 N 增加时,N_{str} 按照 $2N+1$ 的规律递增,N_{ite} 按照 $P^{N+1}Q^N$ 的规律递增。因此,N 越大,优化过程耗时越长。同时,虽然一阶、二阶、四阶器件比传统器件呈现出更好的周期响应,但其较长的波导长度和不能较好地满足插入损耗补偿条件,导致其具有更大的损耗。三阶器件由于同时较好地满足了两个补偿条件,其插入损耗得到明显降低,因此,三阶

弧形 MZI 波长选择性开关的性能更为优越。

表 6.1　本节设计的各阶弧形 MZI 波长选择性开关的性能对比

结构	N	N_{str}	N_{ite}	$\delta\Delta\lambda_{max}$/nm	l_{PGC}/mm	$IL_{-3\sim+3}$/dB
传统结构	0	1	0	3	1.6372	0.71～3.87
一阶器件	1	3	P^2Q	0.9	9.6494	1.53～13.69
二阶器件	2	5	P^3Q^2	1.0	16.3935	3.67～15.87
三阶器件	3	7	P^4Q^3	0.3	10.8688	1.39～9.98
四阶器件	4	9	P^5Q^4	1.3	13.8231	1.40～14.49
N 阶器件	N	$2N+1$	$P^{N+1}Q^N$			

为了拓宽器件的应用领域，有必要设计具有其他波长周期、基于 N 阶 PGC 的弧形 MZI 波长选择性开关。为了更易于实现周期性相位补偿条件，在所设计的波长范围内，要求理论相位曲线是连续的，其曲线值的范围越小越好且变化趋势越缓越好。为了更清楚地表明这一点，图 6.10 显示了实现光谱周期化的理论相位与半径差 ΔR 和波长周期 $\Delta\lambda$ 间的连续性关系曲线。根据图示结果，可得如下结论：一旦 ΔR 和 $\Delta\lambda$ 确定，所需要的理论

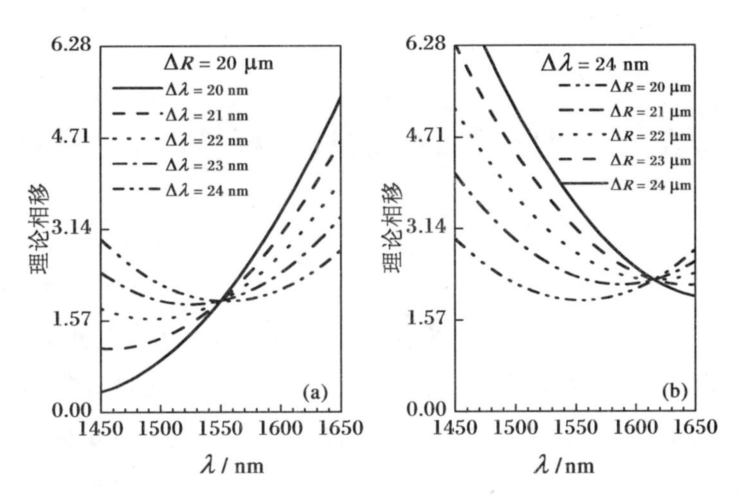

图 6.10　弧形 MZI 两弯曲波导的半径差 ΔR 和设计的波长周期 $\Delta\lambda$ 对理论相移的影响：(a) ΔR = 20 μm，$\Delta\lambda$ = 20、21、22、23、24 nm；(b) $\Delta\lambda$ = 24 nm，ΔR = 20、21、22、23、24 μm

相位也随之确定，而后即可使用非线性最小均方方法来优化 PGC 的结构参数。因此，本节提出的波长选择性开关结构及优化方法可用于具有任意周期的器件设计，从而更广泛地满足 CWDM 网络的要求。

6.2.5 小结

本节给出了一种波长选择性开关的通用结构，该器件包含一个弧形MZI和两个平行级联的N阶PGC。为了得到严格均匀的周期性光谱响应，推导出了周期性相位补偿条件和插入损耗补偿条件。当设计的波长周期为24 nm时，对5种基于N阶PGC的波长选择性开关进行了数值模拟。结果显示，传统波长选择性开关($N=0$)每个通道的波长周期在21.2～27.0 nm之间变化；当阶数N为3时，器件呈现出几乎严格均匀的光谱响应，最大的周期偏移小于0.3 nm。对设计的5种波长选择性开关的性能对比显示，当阶数N增加时，也可以得到周期性的光谱响应，但插入损耗也随之增加，且优化过程更为复杂。所以，需要综合考虑这些因素来优化选择合适的PGC阶数N。另外，通过改变两个弧形MZI波导间的半径差，并确保在设计的波长范围内的理论相位具有连续性，该结构也可用来设计具有其他波长周期的弧形MZI波长选择性开关。

6.3 周期化AMZI波长选择性电光开关

基于两个串行级联PGC，本节将设计一种光谱周期化聚合物AMZI波长选择性电光开关，推导其相位补偿条件、消光比补偿条件和开关条件。在此基础上，利用给出的分析理论和相关公式，对器件结构进行优化。最后，对器件的开关性能、滤波性能及输出光谱进行模拟分析和对比讨论。

6.3.1　结构设计和理论分析

1. 三阶 PGC 及其产生相位

设计中,采用三阶 PGC,它包括四个 DC 和三个 ODL,其结构可由图 5.16 类比得出。其振幅传递矩阵可表示为

$$T_{\mathrm{PGC}}(\lambda) = T_{\mathrm{DC}}^{4}\prod_{i=3}^{1} T_{\mathrm{ODL}}^{i} T_{\mathrm{DC}}^{i} \tag{6.3.1}$$

式中,第 i 个 DC 和第 i 个 ODL 的振幅传递矩阵分别为

$$T_{\mathrm{DC}}^{i}(\lambda) = \begin{pmatrix} \cos\theta_i & -\mathrm{j}\sin\theta_i \\ -\mathrm{j}\sin\theta_i & \cos\theta_i \end{pmatrix} \tag{6.3.2}$$

$$T_{\mathrm{ODL}}^{i}(\lambda) = \begin{pmatrix} \exp[-\mathrm{j}\pi\delta l_i n_{\mathrm{eff0}}(\lambda)/\lambda] & 0 \\ 0 & \exp[\mathrm{j}\pi\delta l_i n_{\mathrm{eff0}}(\lambda)/\lambda] \end{pmatrix} \tag{6.3.3}$$

对于第 i 个 DC,$\theta_i(\lambda) = \pi l_i/[2L_0(\lambda)]$为弧度耦合系数,$l_i$ 为耦合区长度,$L_0(\lambda)$ 为波长 λ 处 DC 的耦合长度。对于第 i 个 ODL,$\delta l_i = \pm\left[\int_0^{s_0}\sqrt{1+\left(\frac{\pi h_i}{s_0}\right)^2\left[\sin\left(\frac{2\pi x'}{s_0}\right)\right]^2}\mathrm{d}x' - s_0\right]$ 为上分支波导和下分支波导的路径差。式(6.3.1) 可最终表示为

$$T_{\mathrm{PGC}}(\lambda) = \begin{pmatrix} A & -B^* \\ B & A^* \end{pmatrix} \tag{6.3.4}$$

式中 A 和 B 可通过将式(6.3.2)和式(6.3.3)代入式(6.3.4)得到,"*"表示取复共轭。定义 PGC 产生的相位 $\varphi_{\mathrm{PGC}}(\lambda)$为上分支波导和下分支波导所输出模式的相位差。设光仅从端口 A 输入,则端口 C 和端口 D 输出光的相位差为$\varphi_{\mathrm{PGC}}(\lambda) = (\varphi_{\mathrm{A}} - \varphi_{\mathrm{B}})/(2\pi)$,其中 $\varphi_{\mathrm{A}} = \arg(A)$和 $\varphi_{\mathrm{B}} = \arg(B)$分别为 A 和 B 在$[0,2\pi)$区间的相角,此时

$$\varphi_{\mathrm{PGC}}(\lambda) = \frac{1}{2}\{[\varphi_{\mathrm{A}} - \varphi_{\mathrm{B}}]/\pi\} \tag{6.3.5}$$

2. 器件结构和输出功率

图 6.11(a)显示了所设计的多功能、光谱周期化、聚合物 AMZI 波长选择性开关的结构图,它由 AMZI 电光区及与其前后相连的两个对称 PGC 构成。端口 $A1$ 的输入功率为 P_{in1},端口 $A2$ 和端口 $B2$ 的输出功率分别为

P_{out1} 和 P_{out2}。聚合物 DR1/SU-8 和 P(MMA-GMA)分别作为电光芯层材料和上、下缓冲层材料。图 6.11(b)显示了 AMZI 电光区的脊形波导截面结构图。DR1/SU-8 和 P(MMA-GMA)的折射率分别为 n_{10}、n_{20}，体振幅衰减系数分别为 α_{10} 和 α_{20}。上限制层空气的折射率为 $n_{30}=1.0$，体振幅衰减系数为 $\alpha_{30}=0$。电极由金制成，其折射率和消光系数分别为 $n_{40}=0.19$ 和 $\kappa_{40}=6.1$。器件的尺寸参数如图 6.11(b)中标注所示。

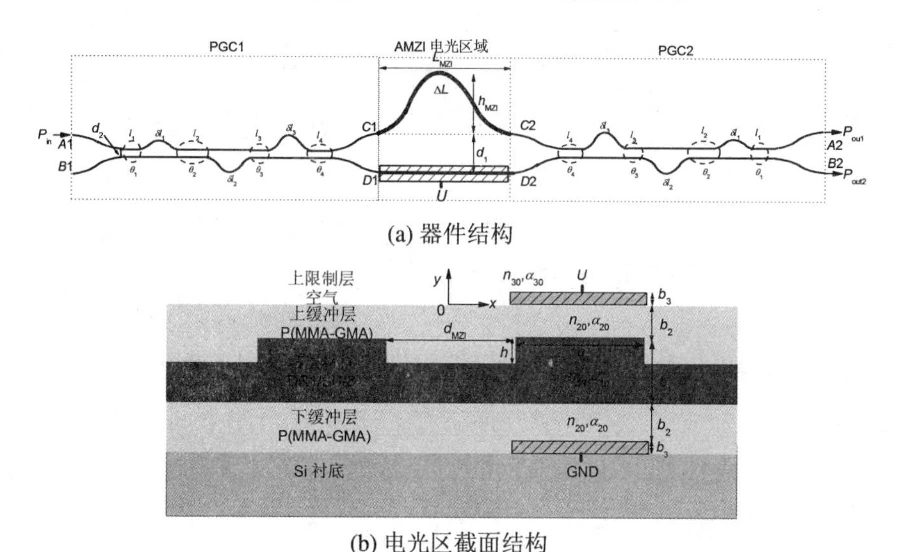

(a) 器件结构

(b) 电光区截面结构

图 6.11 周期化 AMZI 波长选择性电光开关的结构图

对芯层电光聚合物材料做接触极化后，其折射率可通过施加电压 U 来改变，此时图 6.11(b)所示结构的电极产生的电场可表示为

$$E_y(U,\lambda)=\frac{U[n_{20}(\lambda)]^2}{2[n_{10}(\lambda)]^2 b_2+[n_{20}(\lambda)]^2 b_1} \tag{6.3.6}$$

AMZI 下分支波导中，与 U 和 λ 相关的芯层折射率的变化量为

$$\Delta n_1(U,\lambda)=-\frac{1}{2}[n_{10}(\lambda)]^3\gamma_{33}E_y(U,\lambda) \tag{6.3.7}$$

进而芯层折射率将变化为 $n_1(U,\lambda)=n_{10}(\lambda)-\Delta n_1(U,\lambda)$。令施加电压后下分支波导中模式有效折射率为 $n_{\text{eff1}}(U,\lambda)$，此时，AMZI 上、下波导间的相位差 $\zeta(\lambda)$ 为

$$\zeta(\lambda)=\Delta L n_{\text{eff0}}(\lambda)/\lambda+L_{\text{EO}}[n_{\text{eff0}}(\lambda)-n_{\text{eff1}}(U,\lambda)]/\lambda \tag{6.3.8}$$

式中 $n_{\text{eff0}}(\lambda)$为 $U=0$ V 时的基模有效折射率。

根据式(6.3.4)，考虑到PGC1和PGC2间的对称性，二者的振幅传递矩阵可分别表示为

$$T_{\text{PGC1}}(\lambda)=\begin{bmatrix}A(\lambda) & -B^*(\lambda)\\ B(\lambda) & A^*(\lambda)\end{bmatrix},\quad T_{\text{PGC2}}(\lambda)=\begin{bmatrix}A(\lambda) & B(\lambda)\\ -B^*(\lambda) & A^*(\lambda)\end{bmatrix}\tag{6.3.9a}$$

AMZI的振幅传递矩阵为

$$T_{\text{MZI}}(\lambda)=\begin{bmatrix}\exp(-\mathrm{j}\pi\zeta) & 0\\ 0 & \exp(\mathrm{j}\pi\zeta)\end{bmatrix}\tag{6.3.9b}$$

利用式(6.3.9a)和式(6.3.9b)，器件的振幅传递矩阵为

$$T_{\text{filter}}(\lambda)=T_{\text{PGC2}}T_{\text{MZI}}T_{\text{PGC1}}\tag{6.3.10}$$

令具有初始振幅 R_1 的光仅从端口 $A1$ 输入，则端口 $A2$ 和 $B2$ 的输出光振幅 R_2 和 S_2 分别为

$$\begin{aligned}\begin{pmatrix}R_2\\ S_2\end{pmatrix}&=T_{\text{filter}}\begin{pmatrix}R_1\\ 0\end{pmatrix}\\ &=R_1\begin{pmatrix}A^2\exp[-\mathrm{j}\pi\zeta(\lambda)]+B^2\exp[\mathrm{j}\pi\zeta(\lambda)]\\ -AB^*\exp[-\mathrm{j}\pi\zeta(\lambda)]+A^*B\exp[\mathrm{j}\pi\zeta(\lambda)]\end{pmatrix}\end{aligned}\tag{6.3.11}$$

令 $P_0=|R_1|^2$，$A=|A|\exp(\mathrm{j}\varphi_{\text{A}})$，$B=|B|\exp(\mathrm{j}\varphi_{\text{B}})$，则从式(6.3.11)可得端口 $A2$ 和 $B2$ 的输出光功率为

$$P_{\text{out1}}(\lambda)=P_0(1-4|A|^2|B|^2\sin^2\{-\pi[\zeta(\lambda)-2\varphi_{\text{PGC}}(\lambda)]\})\tag{6.3.12a}$$

$$P_{\text{out2}}(\lambda)=P_0(4|A|^2|B|^2\sin^2\{-\pi[\zeta(\lambda)-2\varphi_{\text{PGC}}(\lambda)]\})\tag{6.3.12b}$$

式中 $\varphi_{\text{PGC}}(\lambda)$ 由式(6.3.5)给出。

3．相位和消光比补偿条件

当 $U=0$ V时，$\zeta(\lambda)=\Delta Ln_{\text{eff0}}(\lambda)/\lambda$，此时设计的器件可视为一种波长选择性开关(或滤波器)。令中心波长为 λ_0，波长周期为 $\Delta\lambda$。从式(6.3.12a)和式(6.3.12b)可以看出，输出光功率随函数 $\sin^2\{-\pi[\Delta Ln_{\text{eff0}}(\lambda)/\lambda-2\varphi_{\text{PGC}}(\lambda)]\}$ 的变化而变化。当满足如下关系时：

$$\frac{\Delta Ln_{\text{eff0}}(\lambda)}{\lambda}-2\varphi_{\text{PGC}}(\lambda)=-\frac{\lambda-\lambda_0}{\Delta\lambda}\tag{6.3.13}$$

即可证明对于任意整数 n，$P_{\text{out1}}(\lambda+n\Delta\lambda)=P_{\text{out1}}(\lambda)$ 和 $P_{\text{out2}}(\lambda+n\Delta\lambda)=$

$P_{out2}(\lambda)$。这意味着，对于两个输出端口 $A2$ 和 $B2$，输出光谱具有均一的波长周期 $\Delta\lambda$。因此，我们得到如下相位补偿条件：

$$[\varphi_A(\lambda)-\varphi_B(\lambda)]/\pi \to \varphi^*(\lambda)=\frac{\Delta L n_{eff0}(\lambda)}{\lambda}+\frac{\lambda-\lambda_0}{\Delta\lambda} \quad (6.3.14)$$

4. 特性表征和开关条件

对于端口 $A2$ 的通道 j，定义其中心波长为

$$\lambda_{c,j}^{1,0}=\lambda_0+j\times\Delta\lambda \quad (j=\cdots,-2,-1,0,1,2,\cdots) \quad (6.3.15)$$

对于端口 $B2$ 的通道 k，定义其中心波长为

$$\lambda_{c,k}^{2,0}=\lambda_0+\left(k+\frac{1}{2}\right)\times\Delta\lambda \quad (k=\cdots,-2,-1,0,1,2,\cdots) \quad (6.3.16)$$

对器件的开关条件分析如下：

① ON 状态。此时，电压 $U=U_{ON}=0$ V，输出功率 P_{out1} 和 P_{out2} 在 $\lambda_{c,j}^{1,0}$ 和 $\lambda_{c,k}^{2,0}$ 处具有最大值。进而，我们得到

$$P_{out1}(\lambda)=\begin{cases}P_{out1,max} & \left(\lambda_{c,j}^{1,0}=\lambda_0+j\times\Delta\lambda\right)\\ P_{out1,min} & \left(\lambda_{c,k}^{2,0}=\lambda_0+\left(k+\frac{1}{2}\right)\times\Delta\lambda\right)\end{cases} \quad (6.3.17a)$$

$$P_{out2}(\lambda)=\begin{cases}P_{out2,max} & \left(\lambda_{c,k}^{2,0}=\lambda_0+\left(k+\frac{1}{2}\right)\times\Delta\lambda\right)\\ P_{out2,min} & \left(\lambda_{c,j}^{1,0}=\lambda_0+j\times\Delta\lambda\right)\end{cases} \quad (6.3.17b)$$

此时，两个端口的插入损耗可定义为

$$IL_j^{A2}=-10\lg\frac{P_{out1}(\lambda_{c,j}^{1,0})\,|_{\text{ON-State}}}{P_{in}}+2\alpha(\lambda_{c,j}^{1,0})L_{total} \quad (6.3.18a)$$

$$IL_k^{B2}=-10\lg\frac{P_{out2}(\lambda_{c,k}^{2,0})\,|_{\text{ON-State}}}{P_{in}}+2\alpha(\lambda_{c,k}^{2,0})L_{total} \quad (6.3.18b)$$

式中 $\alpha(\lambda)$ 为波长 λ 处的模式振幅损耗，L_{total} 为器件长度。

② OFF 状态。从式(6.3.12a)和式(6.3.12b)可以看出，为了使输出功率 P_{out1} 和 P_{out2} 在 $\lambda_{c,j}^{1,0}$ 和 $\lambda_{c,k}^{2,0}$ 处具有最小值，需要使 $L_{EO}[n_{eff0}(\lambda)-n_{eff1}(U,\lambda)]/\lambda=\dfrac{1}{2}$，因此 U_{OFF} 符合如下条件：

$$L_{EO}[n_{eff0}(\lambda_0)-n_{eff1}(U_{OFF},\lambda_0)]/\lambda_0=\frac{1}{2} \quad (6.3.19)$$

此时器件两个端口的串扰可定义为

$$CT_j^{A2} = 10\lg\{[P_{\text{out1}}(\lambda_{c,j}^{1,0})|_{\text{OFF-State}}]/P_{\text{in}}\} - 2\alpha(\lambda_{c,j}^{1,0})L_{\text{total}} \tag{6.3.20a}$$

$$CT_k^{B2} = 10\lg\{[P_{\text{out2}}(\lambda_{c,k}^{2,0})|_{\text{OFF-State}}]/P_{\text{in}}\} - 2\alpha(\lambda_{c,k}^{2,0})L_{\text{total}} \tag{6.3.20b}$$

开状态和关状态间的消光比为

$$ER_j^{A2} = -IL_j^{A2} - CT_j^{A2} = 10\lg\frac{P_{\text{out1}}(\lambda_{c,j}^{1,0})|_{\text{ON-State}}}{P_{\text{out1}}(\lambda_{c,j}^{1,0})|_{\text{OFF-State}}} \tag{6.3.21a}$$

$$ER_k^{B2} = -IL_k^{B2} - CT_k^{B2} = 10\lg\frac{P_{\text{out2}}(\lambda_{c,k}^{2,0})|_{\text{ON-State}}}{P_{\text{out2}}(\lambda_{c,k}^{2,0})|_{\text{OFF-State}}} \tag{6.3.21b}$$

为了增大各通道的消光比，除了需满足式(6.3.14)外，还需要满足$4|A|^2|B|^2=1$。由此我们得到该类器件的消光比补偿条件为

$$|A||B| = 1/2 \tag{6.3.22}$$

式(6.3.14)和式(6.3.22)都将用于器件的结构参数优化。

6.3.2 结构参数优化

1. 材料和波导设计

选择真空中的中心工作波长$\lambda_0 = 1550$ nm。芯层材料DR1/SU-8和缓冲层P(MMA-GMA)在1300～1700 nm范围内的折射率和振幅衰减系数仍由图6.2给出。模拟中取芯层材料的电光调制系数为$\gamma_{33} = 40$ pm/V。

在1550 nm波长下，为了保证E_{00}^y模式的单模传输，选择$a = 4.0$ μm，$b_1 = 2.0$ μm，$h = 0.5$ μm，$b_2 = 3.0$ μm，$b_3 = 0.15$ μm。利用与图6.3类似的计算方法，在中心波长λ_0处，可得$n_{\text{eff0}}(\lambda_0) = 1.5469$，$\alpha(\lambda_0) = 0.5846$ dB/cm。另外，为增强各定向耦合器的耦合系数，降低AMZI两臂间的耦合作用，定向耦合器和MZI两臂间的耦合间距分别取为$d_1 = 30$ μm和$d_2 = 3.0$ μm。此时，$L_0(\lambda_0) = 1019$ μm，$d_{\text{MZI}} \geqslant d_1 = 30$ μm，且AMZI两波导间的耦合系数$K_{\text{MZI}}(\lambda_0) \leqslant 0.0004\ \text{m}^{-1}$。

2. AMZI电光区长度优化和开关电压

图6.12显示了$L_{\text{EO}}[n_{\text{eff0}}(\lambda_0) - n_{\text{eff1}}(U,\lambda_0)]/\lambda_0$与外加电压$U$的关系曲线，计算中取$L_{\text{EO}} = 8000$、10000、12000 μm。图中可见，当$L_{\text{EO}}$从8 mm增加到12 mm时，$U_{\text{OFF}}$可从12.09 V降至8.06 V。因此，设计中折中选择$L_{\text{EO}} = 12$ mm，相应的OFF状态电压(即开关电压)约为$U_{\text{OFF}} = 8.06$ V。

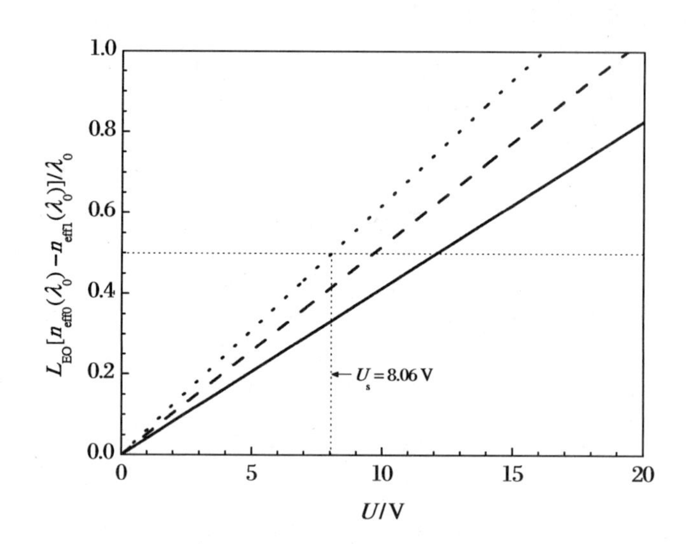

图 6.12 $L_{EO}[n_{eff0}(\lambda_0)-n_{eff1}(U,\lambda_0)]/\lambda_0$ 随 U 的变化曲线，取 L_{EO} = 8000(实线)、10000(虚线)、12000(点线) μm

3. AMZI 路径差优化

根据式(6.3.14)，为了更易于优化 PGC 参数，需要使相位 $\varphi^*(\lambda)=\dfrac{\Delta L n_{eff0}(\lambda)}{\lambda}+\dfrac{(\lambda-\lambda_0)}{\Delta\lambda}$随波长呈连续性变化，并且在 1400～1600 nm 波长范围内 $\varphi^*(\lambda)$的变化幅度较小。

针对图 6.11 给出的材料参数和脊形波导结构，图 6.13 显示了在不同

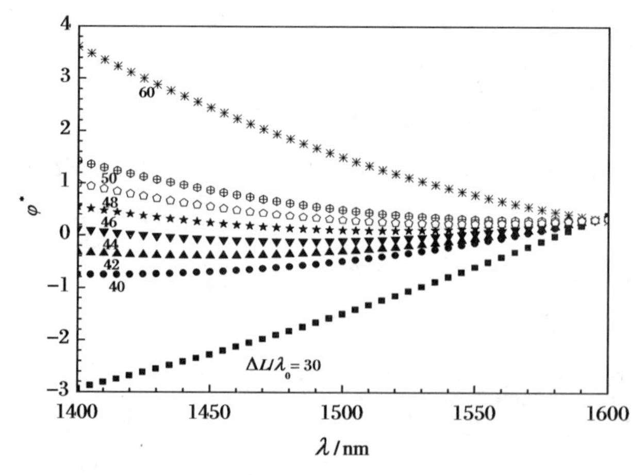

图 6.13 不同 ΔL 下，$\varphi^*(\lambda)=\Delta L n_{eff0}(\lambda)/\lambda+(\lambda-\lambda_0)/\Delta\lambda$ 随波长 λ 的变化曲线，取 $\Delta\lambda$ = 20 nm

的 ΔL 下，φ^* 随工作波长的变化曲线，波长间隔取为 $\Delta\lambda = 20$ nm。根据图示结果，为了缩小 $\varphi^*(\lambda)$ 的变化范围，选取 $\Delta L = 44\lambda_0$。再利用

$$\Delta L = 2\int_0^{\frac{L_{MZI}}{2}} \sqrt{1 + (\pi h_{MZI}/L_{MZI})^2[\sin(2\pi x'/L_{MZI})]^2}\,dx' - L_{MZI} \tag{6.3.23}$$

我们得到 $h_{MZI} = 577.2\ \mu m$。

4. PGC 参数优化

由于 PGC 的耦合系数 A、B 与 $n_{eff0}(\lambda)/\lambda$、$1/L_0(\lambda)$ 有关，用二阶线性方程对计算结果进行拟合，得到的拟合曲线为

$$\begin{aligned} f(\lambda) &= n_{eff0}(\lambda)/\lambda \\ &= 4.879334 \times 10^{17}\lambda^2 - 2.180029 \times 10^{12}\lambda + 3.204419 \times 10^6 \end{aligned} \tag{6.3.24a}$$

$$\begin{aligned} g(\lambda) &= 1/L_0(\lambda) \\ &= -7.541205 \times 10^{12}\lambda^2 + 1.078148 \times 10^9\lambda - 672.274636 \end{aligned} \tag{6.3.24b}$$

进而，PGC 产生的相位 $(\phi_A - \phi_B)/\pi$ 和耦合系数模的乘积 $|A||B|$ 均可视为 l_i、δl_i 和 λ 的显函数。与 6.2 节对弧形 MZI 光开关的优化过程类似，下面给出基于非线性最小均方方法对 PGC 结构参数进行优化的迭代步骤：

① 给定中心波长 λ_0、波长范围 $\lambda_{min} \sim \lambda_{max}$、波长周期 $\Delta\lambda$。

② 在 $\lambda_{min} \sim \lambda_{max}$ 区间，计算理论相移 $\varphi^*(\lambda) = \Delta L n_{eff0}(\lambda)/\lambda + (\lambda - \lambda_0)/\Delta\lambda$。

③ 给出 PGC 的结构参数 l_i 和 δl_i 初始迭代数值。

④ 利用 MATLAB 的非线性拟合工具，寻找最佳参数 l_i 和 δl_i，使非线性函数 $(\phi_A - \phi_B)/\pi$ 在 $\lambda_{min} \sim \lambda_{max}$ 区间内与理论值 $\varphi^*(\lambda) = \Delta L n_{eff0}(\lambda)/\lambda + (\lambda - \lambda_0)/\Delta\lambda$ 能够较好地拟合。

⑤ 利用从步骤④得到的最佳系数 l_i 和 δl_i，计算在 $\lambda_{min} \sim \lambda_{max}$ 区间的振幅模乘积 $|A||B|$，计算其与理论乘积 $|A||B| = 1/2$ 的均方误差。

⑥ 如果从步骤④和⑤获得的拟合结果不满足精度要求，根据迭代步长修改 l_i 和 δl_i 的值，继续执行步骤④和⑤。否则退出迭代过程。

下面优化器件的结构参数。令 $l_1 = l_2 = l_3 = l_4 \equiv l_0$，此时 $\theta_1 = \theta_2 = \theta_3 = \theta_4 \equiv \theta_0$，耦合系数 A 和 B 可写为

$$A = A'\cos(l_0 g\pi/2)\exp(-\mathrm{j}\pi\delta l_3 f) - \mathrm{j}B'\sin(l_0 g\pi/2)\exp(\mathrm{j}\pi\delta l_3 f) \tag{6.3.25a}$$

$$B = -\mathrm{j}A'\sin(l_0 g\pi/2)\exp(-\mathrm{j}\pi\delta l_3 f) + B'\cos(l_0 g\pi/2)\exp(\mathrm{j}\pi\delta l_3 f) \tag{6.3.25b}$$

式中 A'和B'分别由式(6.3.26a)和式(6.3.26b)给出:

$$A' = \cos[\pi(\delta l_1 + \delta l_2)f]\cos(l_0 g\pi/2)\cos(l_0 g\pi) - \cos[\pi(\delta l_1 - \delta l_2)f]\sin(l_0 g\pi/2)\sin(l_0 g\pi) - \mathrm{j}\{\sin[\pi(\delta l_1 - \delta l_2)f]\cos(l_0 g\pi/2)\} \tag{6.3.26a}$$

$$B' = -\sin[\pi(\delta l_1 - \delta l_2)f]\sin(l_0 g\pi/2) - \mathrm{j}\{\cos[\pi(\delta l_1 + \delta l_2)f]\cos(l_0 g\pi/2)\sin(\pi l_0 g) + \cos[\pi(\delta l_1 - \delta l_2)f]\sin(l_0 g\pi/2)\cos(\pi l_0 g)\} \tag{6.3.26b}$$

利用上述优化步骤和方法,我们最终得到优化后的 PGC 参数为:$l_0 = 1.201L_0(\lambda_c)$,$\delta l_1 = -1.501\lambda_c$,$\delta l_2 = 1.931\lambda_c$,$\delta l_3 = -1.033\lambda_c$。对于图 6.11 的每条光延时线,令 $s_0 = 1000\ \mu\mathrm{m}$,则可计算得到:ODL1 的 $h_1 = -30.7\ \mu\mathrm{m}$,ODL2 的 $h_2 = 34.9\ \mu\mathrm{m}$,ODL3 的 $h_3 = -25.5\ \mu\mathrm{m}$。

在 ON 状态电压($U = U_{\mathrm{ON}} = 0$ V)下,图 6.14 展示了理论相移 $\varphi^*(\lambda) = \Delta L n_{\mathrm{eff0}}(\lambda)/\lambda + (\lambda - \lambda_0)/\Delta\lambda$ 和优化后 PGC 的实际产生相移 $(\phi_A - \phi_B)/\pi$ 随 λ 的变化曲线。图中可见,$(\phi_A - \phi_B)/\pi$ 和 $\varphi^*(\lambda)$的两条曲线实现了较好的拟合,这也意味着优化后的器件较好地实现了相位补偿。

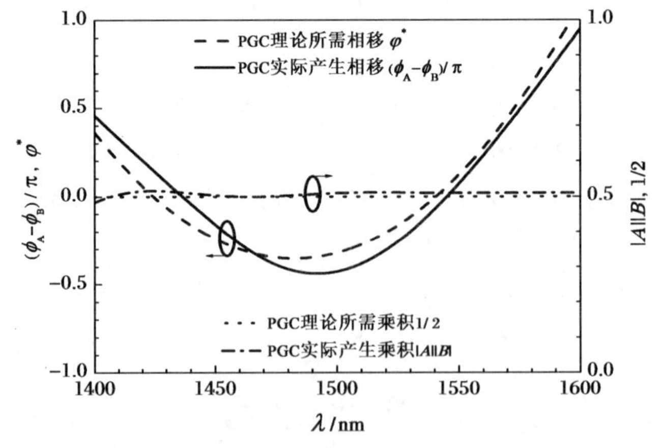

图 6.14 理论相位 $\varphi^*(\lambda) = \Delta L n_{\mathrm{eff0}}(\lambda)/\lambda + (\lambda - \lambda_0)/\Delta\lambda$ 和优化后 PGC 产生的相位($\phi_A - \phi_B$)/π 随 λ 的关系曲线;理论耦合系数模的乘积 1/2 和优化后 PGC 实际耦合系数模的乘积 $|A||B|$ 随 λ 的关系曲线

图6.14也显示出了理论乘积1/2和优化后PGC耦合系数模的乘积$|A||B|$随λ的变化曲线。由图6.14可见,在1400～1600 nm整个波长范围内,$|A||B|$能够很好地逼近1/2,这意味着优化后的器件也较好地实现了消光比补偿。

6.3.3 滤波和开关性能

1. 滤波/开关光谱

在ON状态($U=U_{ON}=0$ V)和OFF状态($U=U_{OFF}=8.06$ V)下,图6.15

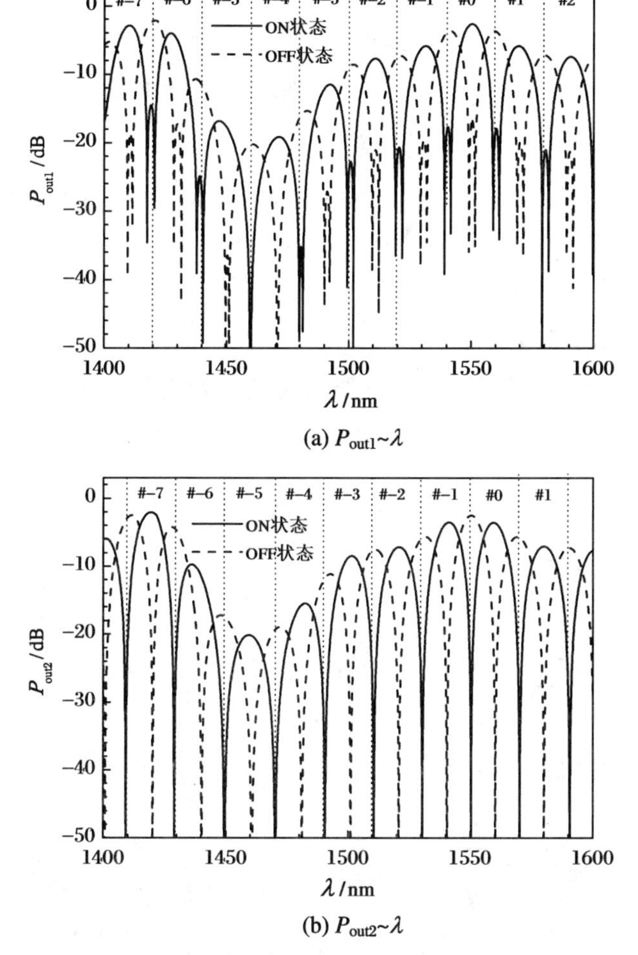

图6.15 ON和OFF状态下,器件的(a) 端口$A2$的输出功率P_{out1}与λ的关系曲线;(b) 端口$B2$的输出功率P_{out2}与λ的关系曲线

显示了优化后器件端口 $A2$ 的输出功率 P_{out1} 随 λ 的变化曲线和端口 $B2$ 的输出功率 P_{out2} 随 λ 的变化曲线。为了清晰起见,每个端口的通道号都在图中做了标记。一方面,在 ON 状态下,由于较好地满足了相位和消光比补偿条件,两个输出端口均展示了良好的周期特性,波长周期的平均值约为 20 nm;另一方面,当 $U = U_{OFF} = 8.06$ V 时,两个端口的各通道中心波长处的输出功率实现了从 ON 状态到 OFF 状态的转换。这也表明,在 $U_{ON} = 0$ V 和 $U_{OFF} = 8.06$ V 电压作用下,器件可实现良好的开关功能。

然而,从图 6.15 中也可看出,各信道的插入损耗并不均匀,某些信道的插入损耗太大(如信道 #5,>20 dB)。将器件的输出光谱曲线与模式损耗曲线(图 6.3)做比较后可以看出,器件插入损耗和模式损耗随波长的变化趋势相同,尤其是波长范围在 1450～1480 nm 时,较大的模式损耗导致了两个端口较大的插入损耗。因此,各信道插入损耗不均匀主要应归结于光波模式在 1400～1600 nm 区间的非均匀传输损耗。

为增强器件的实用性,可采取两种措施来克服上述问题:(1) 在 1400～1600 nm 范围内,采用具有较小波长色散特性的其他聚合物材料;(2) 减少材料自身损耗或采用具有放大特性的波导材料来制作器件。

2. 自由光谱区和插入损耗

当该器件用作滤波器时,其重要的特性参数是自由光谱区和各信道的插入损耗。图 6.16 显示了在 ON 状态下(工作电压为 0 V),两个端口各信

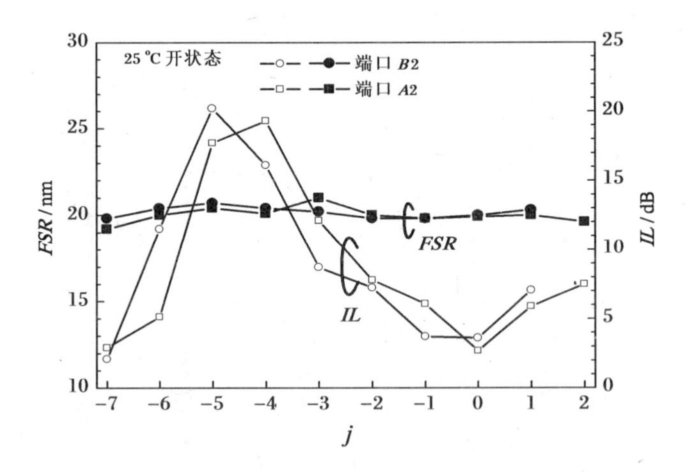

图 6.16 在 ON 状态下,两个端口各信道的自由光谱区和中心波长处的插入损耗,图中 j 为信道编号

道的自由光谱区。图中可见，通过使用两个级联的 PGC 进行相位补偿，各信道的自由光谱区呈现了较好的均一性，其中最小的波长周期约为 19.2 nm，最大的波长周期约为 21 nm，最大的波长周期误差约为 1 nm。图 6.16 也显示了每个信道的插入损耗。由于模式损耗随波长的非均匀变化特性，在 1450～1470 nm 范围内，信道 # −5 和 # −4 均显示出较大的插入损耗，可达 20 dB，而在其他波长下，插入损耗一般小于 10 dB。

3. ON 与 OFF 状态间的消光比

当该器件用作电光开关时，在各信道中心波长处，ON 状态和 OFF 状态间消光比至关重要。图 6.17 显示了两个端口各信道中心波长处的消光比，其中 ON 状态电压 $U_{ON}=0$ V，OFF 状态电压 $U_{OFF}=8.06$ V。图中可见，端口 $A2$ 最小的消光比为 15.7 dB(通道 # −3，@1490 nm)，端口 $B2$ 最小的消光比为 12.6 dB(通道 # −6，@1440 nm)。

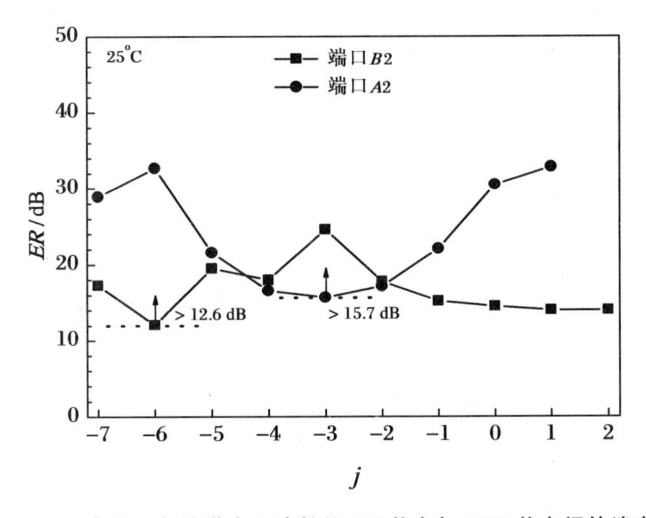

图 6.17　两个端口各信道中心波长处 ON 状态与 OFF 状态间的消光比

4. 器件的温度依赖性

在器件工作过程中，因为器件自身功耗或环境温度变化，其工作温度将发生变化。对器件温度依赖性的计算结果如图 6.18 所示，取温度的变化范围为 5～45 ℃，包层材料 P(MMA－GMA)和芯层材料 DR1/SU－8 的热光系数分别为 $\frac{\partial n_2}{\partial T}=-1.2\times10^{-4}\ \mathrm{K}^{-1}$ 和 $\frac{\partial n_1}{\partial T}=-1.86\times10^{-4}\ \mathrm{K}^{-1}$。如图 6.18(a)、图 6.18(b)所示，对于端口 $A2$，当温度从5 ℃变化到45 ℃时，每个信道

的插入损耗几乎都保持为常数，且消光比的变化也较小。我们注意到，虽然通道# -3 的消光比变化明显，但其数值一直大于 20 dB。如图 6.18(c)、图 6.18(d)所示，对于端口 $B2$，随着温度的改变，每个信道的插入损耗值也保持为常数，各信道的消光比都在可接受的范围内下降。例如，通道# -3 的消光比从 15.9 dB 下降到 14.6 dB；通道# -5 的消光比从 22.2 dB 下降到 19.7 dB；通道#1 的消光比从 39.7 dB 下降到 29.1 dB。这些表明，在较大的温度变化范围内，器件具有良好的热稳定性。

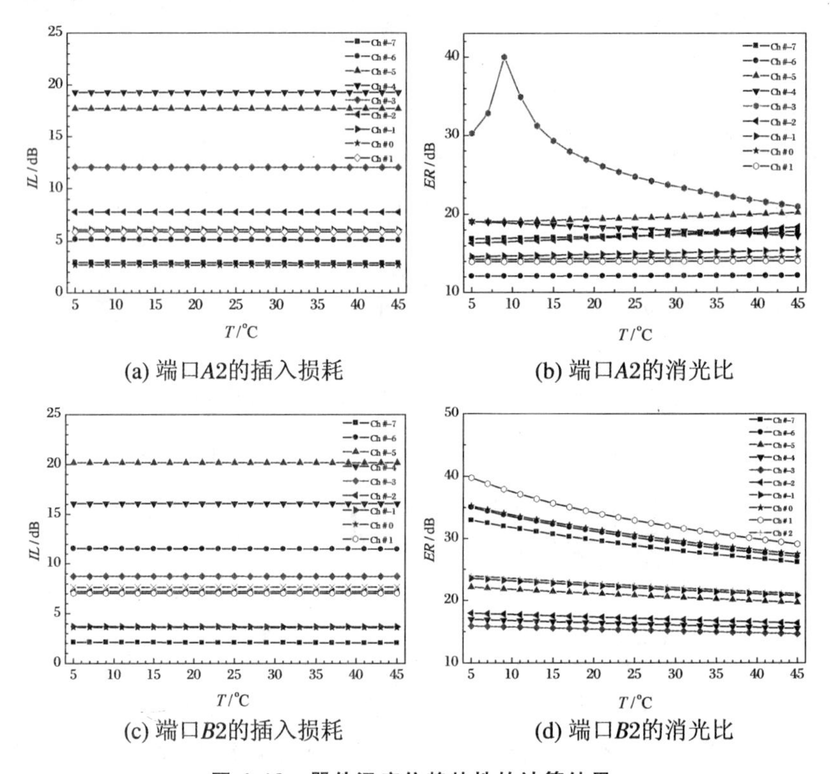

(a) 端口$A2$的插入损耗 (b) 端口$A2$的消光比

(c) 端口$B2$的插入损耗 (d) 端口$B2$的消光比

图 6.18 器件温度依赖特性的计算结果

6.3.4 小结

通过使用两个 PGC，本节优化设计了一种光谱周期化聚合物 AMZI 光滤波器。为了满足 CWDM 网络中所要求的周期性光谱响应、均一化的自由光谱区和高的消光比，得到了器件的相位补偿条件和消光比补偿条件。利用给出的分析理论和方法，对波导结构、AMZI 结构和 PGC 结构做了设计和优化。通过在 AMZI 的直臂上制作一条微带电极，该光滤波器可同时用作电光开关。因此，该器件显示了多功能特性，即同时具备了滤波和开关功能。模拟结果表明，在 ON 状态下，两个输出端口各信道的自由光谱区为 19.2～21 nm，最大差值小于 1 nm；端口 $A2$ 中信道＃－7～＃2 的插入损耗为 2.69～19.3 dB，端口 B2 中信道＃－7～＃1 的插入损耗为 2.09～20.2 dB；端口 $A2$ 各信道中心波长处 ON 和 OFF 状态间的消光比大于 15.7 dB，端口 $B2$ 各信道中心波长处 ON 和 OFF 状态间的消光比大于 12.6 dB；另外，在较大的温度变化范围内，该器件也显示了良好的热稳定性。

6.4 本章小结

利用给出的 AMZI 的光谱周期化理论，本章首先优化设计了一种聚合物弧形 MZI 波长选择性光开关，它采用两个平行级联的 N 阶 PGC 和一个弧形 MZI。由于波导上并未制作电极，因此，该器件也可视为一种光滤波器。为了实现低的插入损耗和周期性光谱响应，使用非线性最小均方方法优化了 PGC 结构，满足了周期性相位补偿条件和插入损耗补偿条件。当波长周期为 24 nm 时，模拟分析了五种阶次的弧形 MZI 波长选择性开关（$N=0,1,2,3,4$）。当阶次 N 为 3 时，波长选择性开关具有最优的均匀周期响应，最大周期偏移小于 0.3 nm，该数值是传统波长选择性开关最大周期偏移的 1/10；每个通道中心波长处的插入损耗为 1.39～9.98 dB。为了获得低的损耗和均匀的波长周期，需要合理选择 PGC 的阶数 N。通过改变两个弧形 MZI 波导间的半径差，本文给出的器件结构和优化方法也可用来设计可用于 CWDM 网络的具有任意波长周期的波长选择性开关。

其次，利用串行级联 PGC 和一对微带电极，设计了一种多功能 AMZI 电光开关/滤波器。首先给出了器件的结构、分析理论和相关公式，推导出了输出功率、相位补偿条件和消光比补偿条件，得到了开关条件和器件特性的表达式。为了同时实现上述两种补偿条件，在 1400～1600 nm 波长范围内，对器件做了设计和优化，最终实现了均一化的自由光谱区（20 nm）。所设计的器件具有两个输入端口（$A1$ 和 $B1$）和两个输出端口（$A2$ 和 $B2$），其中，端口 $A2$ 包含 10 个信道（标号为＃－7～＃＋2），端口 $B2$ 包含 9 个信道（标号为＃－7～＃＋1）。模拟结果显示，器件 ON 和 OFF 状态电压分别为 0 V 和 8.06 V。在 ON 状态下，器件可视为滤波器，信道间的波长间隔为 19.2～21.0 nm（设定值为 20.0 nm），最大周期偏差小于 1 nm。端口 $A2$ 中信道＃－7～＃＋2 的插入损耗为 2.69～19.30 dB，端口 $B2$ 的信道＃－7～＃＋1 的插入损耗为 2.09～20.20 dB。当器件工作于电光开关状态时，端口 $A2$ 各信道 ON 与 OFF 状态间的消光比大于 15.70 dB，端口 $B2$ 各信道 ON 与 OFF 状态间的消光比大于 12.60 dB。本章也讨论了该器件的滤波和开关性能的温度依赖性，并对其做了分析和讨论。

第7章　行波电极高速电光开关及其时频域分析

为了满足高速光纤通信系统的实际需求，除了低电压、低串扰、低插入损耗外，电光开关还要具有快的开关速度和大的调制带宽，这些特性不仅与器件的波导结构有关，还在很大程度上取决于器件的电极结构。为此，本章设计并优化了五种行波电极高速电光开关：阻抗匹配型定向耦合电光开关、阻抗匹配型 MMI - MZI 电光开关、屏蔽电极定向耦合电光开关、屏蔽电极 Y 型耦合器电光开关和余弦级联反相共面波导地(CPWG)行波电极定向耦合电光开关。在电极结构及其优化方法方面，上述器件与第4、5、6章所阐述的器件存在很大的不同。

对于高速电光开关而言，在低开关频率或调制频率下，由于微波波长很长，行波电极传输线可视为集总参数电路，行波电极不具有分布参数效应[146]；在高开关频率或者调制频率下，行波电极传输线尺寸与微波波长可以比拟，此时行波电极具有分布参数效应，需要作为分布参数电路进行处理。在这两种情况下，器件的输出响应不同，这也将导致器件上升时间、下降时间、延迟时间和开关时间等响应参数的不同。据此，针对前两种器件，本章给出了其时频域响应的微元分析法，该方法可用来估计严格阶跃方波信号作用下器件的响应性能。鉴于微元分析法将方波信号视为严格阶跃信号，这在实际信号传输中是无法做到的，因此该方法为近似方法，并不精确。作为对该方法的明显改善和有效补充，针对第五种器件，本章给出了在余弦和方波信号作用下，分析高速调制和开关特性的新型傅里叶方法。借助电域的傅里叶变换，该方法也可用来分析其他任何形式信号作用下器件的响应特性。

当高频微波信号沿一定厚度的电极传输时，沿电极截面的电流密度分布变得不均匀，即靠近电极表面的电流密度要大于远离电极表面的电流密度。当微波频率增大到一定程度时，可近似认为电流仅分布在电极表面上，这种现象被称为趋肤效应(亦称集肤效应[176])。该效应也会导致微波有效折射率、微波特征阻抗、微波传播常数等参数的变化，进而影响器件的时频域特性。为此，针对第三、四种器件，本章给出了分析趋肤效应对器件高频调制和开关特性影响的相关理论和公式。相关结论对进一步优化器件结构、改善其时频域响应特性具有重要意义。

7.1 微带行波电极高速定向耦合电光开关

在第4章，我们已经设计了多种结构的定向耦合电光开关，如单节电极结构、两节及三节反相电极结构等。然而，在对电极的优化中，仅考虑了电光调制效率，并未涉及终端阻抗匹配，因此该类器件仅适用于低速开关操作的场合。为此，本节进一步优化设计了终端负载匹配的行波电极高速定向耦合电光开关，并重点给出了器件时频域响应的微元分析法，以此为基础详细分析了器件的低频响应和高频响应特性。

7.1.1 结构与优化

聚合物定向耦合电光开关的俯视图和截面图如图7.1所示。该器件由结构对称的两条平行脊形波导构成，d 为耦合间距，L 为耦合区长度。器件采用推挽四电极结构，包括一对上电极和一对下电极。波导各介质层依次为：空气/上电极/上缓冲层/波导芯/下缓冲层/下电极/衬底，其中仅波导芯层为聚合物电光材料。当器件工作时，外加电压 U 在0和 U_s 之间切换，U_s 为开关电压。器件各介质层材料参数的定义和选取详见4.2节。

优化后的相关参数值为：$a = 3.0\ \mu m$，$b_1 = 1.5\ \mu m$，$h = 0.5\ \mu m$，$b_2 = 1.5\ \mu m$，$b_3 = 0.15\ \mu m$，$d = 3.7\ \mu m$，偏折角度 $\theta = 1.75°$，输入和输出区偏折波导长度 $L' = 3.97$ mm。此时耦合长度 $L_0 = 4.374$ mm，模式振幅损耗

2.286 dB/cm，偏折损耗 0.16 dB，模式有效折射率 $n_{\text{eff0}} = 1.5910$。

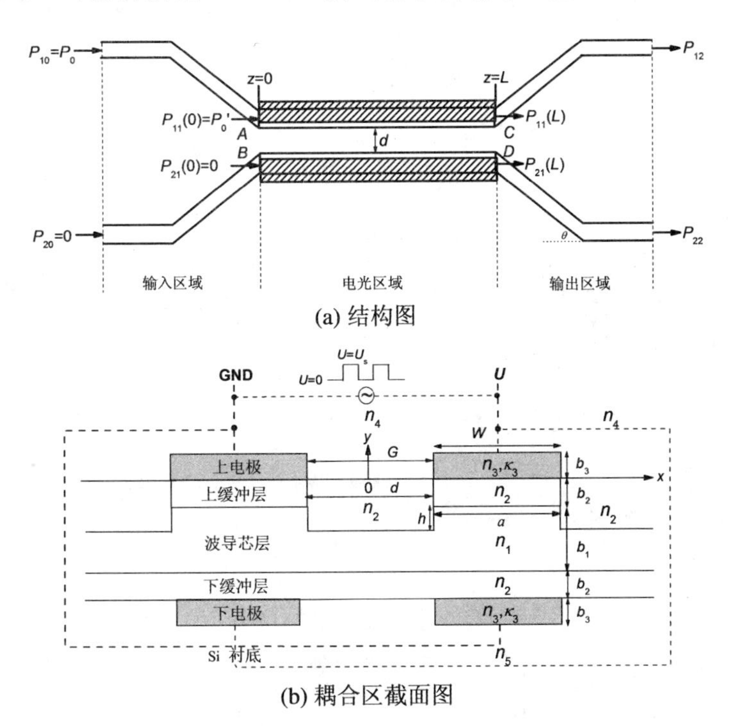

(a) 结构图

(b) 耦合区截面图

图 7.1 推挽电极聚合物定向耦合电光开关结构图

7.1.2 理论分析

1. 电场分布和折射率变化

对图 7.1(b)所示的电极结构，可采用与 4.2 节类似的方法进行分析，为了表述方便，将相关公式重写如下。聚合物芯层沿 y 方向的静态电场分布可表示为三部分电场之和：

$$E_y^{(1)}(x,y) = E_{1y}(x,y) + E_{2y}(x,y) + E_{3y}(x,y) \tag{7.1.1}$$

式中 $E_{1y}(x,y) = \dfrac{n_2^2 U}{2n_1^2 b_2 + n_2^2 b_1}$为上、下电极形成的均匀电场；$E_{2y}(x,y)$是由两表面上电极形成的非均匀电场，根据保角变换法和镜像法可得

$$E_{2y}(x,y) = (1-r)\sum_{i=0}^{\infty} r^i E_{20,y}(x, y-2ib_2) \tag{7.1.2}$$

式中 $r = \dfrac{n_1^2 - n_2^2}{n_1^2 + n_2^2}$，$E_{20,y}(x,y) = \dfrac{U}{2K'}\text{Im}\dfrac{\mathrm{d}w}{\mathrm{d}z}$，$\dfrac{\mathrm{d}w}{\mathrm{d}z} = \dfrac{g}{\sqrt{(g^2 - k^2 z^2)(g^2 - z^2)}}$，

$z = x + \mathrm{j}y$，$g = G/2$，$k = \dfrac{G}{G + 2W}$，$K' = F(\pi/2, k)$为第一类椭圆积分；$E_{3y}(x, y)$是由两下电极形成的非均匀电场，可表示为

$$E_{3y}(x, y) = E_{2y}(x, -b_1 - 2b_2 - y) \tag{7.1.3}$$

根据镜像法，缓冲层中 y 方向的电场分布为

$$E_y^{(2)}(x, y) = \sum_{i=0}^{\infty} \{ r^i E_{20,y}(x, y - 2ib_2) + r^{i+1} E_{20,y}[x, -y - 2(i+1)b_2] \} \tag{7.1.4}$$

当外加电压 $U \neq 0$ 时，波导模式有效折射率变化的绝对值为 $\Delta n_{\mathrm{eff}}(U) = \dfrac{n_1^3}{2}\gamma_{33}\dfrac{U}{G}\Gamma_y$，式中 $\Gamma_y = G\dfrac{\iint \frac{1}{U}E_y^{(1)}(x, y)\,|E'(x, y)|^2 \mathrm{d}x\mathrm{d}y}{\iint |E'(x, y)|^2 \mathrm{d}x\mathrm{d}y}$为电光重叠积分因子，$E'(x, y)$为光波电场分布，$\gamma_{33}$为聚合物材料的电光系数。由于两波导芯对称位置上 y 方向的电场是大小相等且方向相反的，因此两波导芯模式有效折射率分别变化为 $n_{\mathrm{eff0}} - \Delta n_{\mathrm{eff}}$ 和 $n_{\mathrm{eff0}} + \Delta n_{\mathrm{eff}}$，$n_{\mathrm{eff0}}$ 为外加电压为 0 V 时模式的有效折射率。设 β_1 和 β_2 分别为两波导在外加电压为 U 时模式的传播常数，且令 $\delta = \dfrac{(\beta_2 - \beta_1)}{2}$。当 $U = 0$ V 时，$\beta_1 = \beta_2$，$\delta = 0$；当 $U \neq 0$ V 时，$\beta_1 \neq \beta_2$，$\delta \neq 0$。

2. 功率传输矩阵

令 K 为定向耦合器的耦合系数，v_0 为当 $U = 0$ 时光在两波导中的传播速度，v_1、v_2 分别为当 $U = U_s$ 时光在波导 1、2 中的传播速度。假设光只从波导 1 输入，即初始输入的光信号功率 $P_1(0) = |R_0|^2 = P_0$，$P_2(0) = |S_0|^2 = 0$，式中 R_0、S_0 为初始输入的信号光幅度。为便于分析，引入如下振幅传输矩阵：

$$A(z) = \begin{bmatrix} f_1(z) & -\mathrm{j}g_1(z) \\ -\mathrm{j}g_1^*(z) & f_1^*(z) \end{bmatrix} \quad (U \neq 0) \tag{7.1.5a}$$

$$B(z) = \begin{bmatrix} f_2(z) & -\mathrm{j}g_2(z) \\ -\mathrm{j}g_2^*(z) & f_2^*(z) \end{bmatrix} \quad (U = 0) \tag{7.1.5b}$$

式中

$$f_1(z) = \cos[(\delta^2 + K^2)^{1/2} z] + \mathrm{j}\frac{\delta}{(\delta^2 + K^2)^{1/2}}\sin[(\delta^2 + K^2)^{1/2} z] \tag{7.1.6a}$$

$$g_1(z) = \frac{K}{(\delta^2 + K^2)^{1/2}}\sin[(\delta^2 + K^2)^{1/2} z] \tag{7.1.6b}$$

$$f_2(z) = \cos(Kz) \tag{7.1.6c}$$

$$g_2(z) = \sin(Kz) \tag{7.1.6d}$$

取电光耦合区长度 L 为一个耦合长度 $L_0 = \pi/(2K)$。当开关电压在切换过程中，正在波导中传输的光将经历两种电压状态：0 和 U_s，应用耦合模理论与传输矩阵法可得如下结论：

① 当外加电压从 0 变化为 U_s 时，假设光信号传输到点 z，则该点处的光首先在电压为 0 的状态下以速度 $v = v_0$ 传输了距离 z，接着在电压为 U_s 的情况下以速度 $v = v_i(i = 1, 2)$ 传输了距离 $L_0 - z$，则开关输出光幅度可表示为

$$\begin{pmatrix} R(z) \\ S(z) \end{pmatrix} = A(L_0 - z)B(z)\begin{pmatrix} R_0 \\ 0 \end{pmatrix} \tag{7.1.7}$$

输出功率为

$$\begin{pmatrix} P_{12,0}(z) \\ P_{22,0}(z) \end{pmatrix} = P_0\begin{pmatrix} |C_1(z)|^2 \\ |D_1(z)|^2 \end{pmatrix} \tag{7.1.8}$$

式中

$$C_1(z) = f_1(L_0 - z)f_2(z) - g_1(L_0 - z)g_2^*(z) \tag{7.1.9a}$$

$$D_1(z) = -\mathrm{j}g_1^*(L_0 - z)f_2(z) - \mathrm{j}f_1^*(L_0 - z)g_2^*(z) \tag{7.1.9b}$$

② 当外加电压从 U_s 变化为 0 时，假设光信号传输到点 z，则该点处的光首先在电压为 U_s 的状态下以速度 $v = v_i(i = 1, 2)$ 传输了距离 z，接着在电压为 0 的情况下以速度 $v = v_0$ 传输了距离 $L_0 - z$，则开关的输出光幅度可表示为

$$\begin{pmatrix} R(z) \\ S(z) \end{pmatrix} = B(L_0 - z)A(z)\begin{pmatrix} R_0 \\ 0 \end{pmatrix} \tag{7.1.10}$$

输出功率为

$$\begin{pmatrix} P_{12,0}(z) \\ P_{22,0}(z) \end{pmatrix} = P_0\begin{pmatrix} |C_2(z)|^2 \\ |D_2(z)|^2 \end{pmatrix} \tag{7.1.11}$$

式中

$$C_2(z) = f_2(L_0 - z)f_1(z) - g_2(L_0 - z)g_1^*(z) \tag{7.1.12a}$$

$$D_2(z) = -\mathrm{j}g_2^*(L_0 - z)f_1(z) - \mathrm{j}f_2^*(L_0 - z)g_1^*(z) \tag{7.1.12b}$$

3. 低频响应

当方波开关信号以低频切换时，由于微波波长远大于电极长度，电极可视为集总参数电路。因此，当工作电压 U 从 0 变化为 U_s 或者从 U_s 变化为 0 时，可以认为电极上所有点的电压相同且同时变化。令 β 为模式传播常数，c 为真空中光速，则介质中的光波传输速度为 $v=(k_0c)/\beta$。令 L'为输入、输出区的波导长度，$U=0$ 时的模式传输速度为 v_0，$U=U_s$ 时波导 1 和波导 2 中的模式传输速度分别为 v_1 和 v_2。

① 当工作电压 U 从 0 变化为 U_s 时，有

$$P_{12,0}(t) = \begin{cases} P_0\left|C_1(L_0)\right|^2 & (t < t_0 + L'/v_0) \\ P_0\left|C_1(L_0 - v_1(t - t_0 - L'/v_0))\right|^2 & \\ \qquad (t_0 + L'/v_0 \leqslant t \leqslant t_0 + L'/v_0 + L_0/v_1) & \\ P_0\left|C_1(0)\right|^2 & (t > t_0 + L'/v_0 + L_0/v_1) \end{cases} \tag{7.1.13a}$$

$$P_{22,0}(t) = \begin{cases} P_0\left|D_1(L_0)\right|^2 & (t < t_0 + L'/v_0) \\ P_0\left|D_1(L_0 - v_2(t - t_0 - L'/v_0))\right|^2 & \\ \qquad (t_0 + L'/v_0 \leqslant t \leqslant t_0 + L'/v_0 + L_0/v_2) & \\ P_0\left|D_1(0)\right|^2 & (t > t_0 + L'/v_0 + L_0/v_2) \end{cases} \tag{7.1.13b}$$

② 当工作电压 U 从 U_s 变化为 0 时，有

$$P_{12,0}(t) = \begin{cases} P_0\left|C_2(L_0)\right|^2 & (t < t_0 + L'/v_0) \\ P_0\left|C_2(L_0 - v_0(t - t_0 - L'/v_0))\right|^2 & \\ \qquad (t_0 + L'/v_0 \leqslant t \leqslant t_0 + L'/v_0 + L_0/v_0) & \\ P_0\left|C_2(0)\right|^2 & (t > t_0 + L'/v_0 + L_0/v_0) \end{cases} \tag{7.1.14a}$$

$$P_{22,0}(t)=\begin{cases}P_0\,|D_2(L_0)|^2 & (t<t_0+L'/v_0)\\ P_0\,|D_2(L_0-v_0(t-t_0-L'/v_0))|^2 & \\ \quad (t_0+L'/v_0\leqslant t\leqslant t_0+L'/v_0+L_0/v_0) & \\ P_0\,|D_2(0)|^2 & (t>t_0+L'/v_0+L_0/v_0)\end{cases}$$

(7.1.14b)

4. 高频响应

当外加电压 U 以较高频率切换时，微波波长将小于电极尺寸。当 U 变化时，电极上不同点的电压不同，电极将存在分布参数效应。采用微元分析法，取微元长度 dz，则 dz 可等效为集总参数电路，如图 7.2 所示。图中，R_0、L_0、G_0、C_0 分别为电极传输线的单位长度电阻、单位长度电感、单位长度电导及单位长度电容。

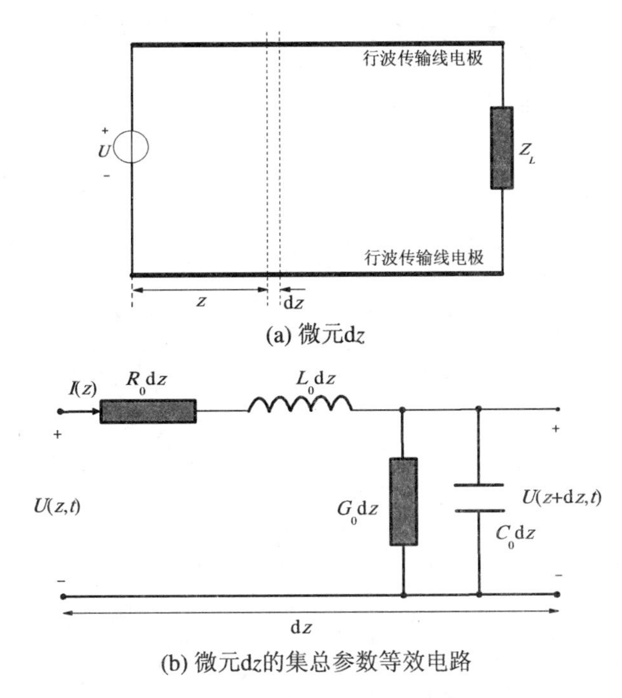

(a) 微元dz

(b) 微元dz的集总参数等效电路

图 7.2　行波传输线电极的微元及集总参数等效电路

对于微波，电极可认为是无损耗的。由基尔霍夫电压定律(KVL)[147]，电极的传输线方程可写为

$$\frac{\mathrm{d}^2U(z)}{\mathrm{d}z^2}+\beta_{\mathrm{m}}^2U(z)=0,\quad \frac{\mathrm{d}^2I(z)}{\mathrm{d}z^2}+\beta_{\mathrm{m}}^2I(z)=0 \quad (7.1.15)$$

式中$\beta_m=(2\pi f_m n_m)/c$为微波传播常数，f_m为微波频率，$n_m=\sqrt{C_0/C_0'}$为微波有效折射率，$C_0=2\varepsilon_0\sum_i \varepsilon_i\int_{S_i}\frac{\boldsymbol{E}_i}{U}\cdot \mathrm{d}\boldsymbol{S}_i$，$\varepsilon_0$为真空介电常数，$i$表示环绕电极四周的不同积分区域，$C_0'$是当图7.1(b)中波导材料被空气取代时所对应的$C_0$的值。令$Z_0=1/(c\sqrt{C_0C_0'})$为电极的特征阻抗，当$Z_L=Z_0$时，微波信号的反射部分将为0，此时方程式(7.1.15)的解为

$$U(z)=(U_1+I_1Z_0/2)\exp(-\mathrm{j}\beta_m z) \tag{7.1.16}$$

式中U_1和I_1为$z=0$点的电压和电流幅值，且此时电极工作于行波状态，能保证器件正常工作。令θ_1为初始相位，则式(7.1.16)的时空域解为

$$u(z,t)=U_1\cos(\omega_m t-\beta_m z+\theta_1) \tag{7.1.17}$$

令v_m为微波沿电极的传输速度，L'是开关输入、输出区的波导长度，当t_0时刻$z=0$点的电压U_1从0变化为U_s时，开关输出功率随响应时间的变化可表示为：

① 当$\beta_m<\beta_0$即$v_m>v_0$时，有

$$P_{12,0}(t)=\begin{cases}P_0|C_1(L_0)|^2 & (t<t_0+L'/v_0+L_0/v_m)\\ P_0|C_1(L_0-L^{(1)})|^2 & \\ \qquad (t_0+L'/v_0+L_0/v_m\leqslant t\leqslant t_0+L'/v_0+L_0/v_1) & \\ P_0|C_1(0)|^2 & (t>t_0+L'/v_0+L_0/v_1)\end{cases} \tag{7.1.18a}$$

$$P_{22,0}(t)=\begin{cases}P_0|D_1(L_0)|^2 & (t<t_0+L'/v_0+L_0/v_m)\\ P_0|D_1(L_0-L^{(2)})|^2 & \\ \qquad (t_0+L'/v_0+L_0/v_m\leqslant t\leqslant t_0+L'/v_0+L_0/v_2) & \\ P_0|D_1(0)|^2 & (t>t_0+L'/v_0+L_0/v_2)\end{cases} \tag{7.1.18b}$$

式中$L^{(1)}=[v_m(t-t_0-L'/v_0)-L_0][v_1/(v_m-v_1)]$，$L^{(2)}=[v_m(t-t_0-L'/v_0)-L_0][v_2/(v_m-v_2)]$。

② 当$\beta_m\approx\beta_0$即$v_m\approx v_0$时，有

$$P_{12,0}(t)=\begin{cases}P_0|C_1(L_0)|^2 & (t<t_0+L'/v_0+L_0/v_0)\\ P_0|C_1(0)|^2 & (t\geqslant t_0+L'/v_0+L_0/v_0)\end{cases} \tag{7.1.19a}$$

$$P_{22,0}(t)=\begin{cases}P_0|D_1(L_0)|^2 & (t<t_0+L'/v_0+L_0/v_0)\\ P_0|D_1(0)|^2 & (t\geqslant t_0+L'/v_0+L_0/v_0)\end{cases} \tag{7.1.19b}$$

③ 当 $\beta_m > \beta_0$ 即 $v_m < v_0$ 时，有

$$P_{12,0}(t) = \begin{cases} P_0 \left| C_2(L_0) \right|^2 & (t < t_0 + L'/v_0 + L_0/v_0) \\ P_0 \left| C_2(L_0 - L^{(3)}) \right|^2 & \\ \qquad (t_0 + L'/v_0 + L_0/v_0 \leqslant t \leqslant t_0 + L'/v_0 + L_0/v_m) & \\ P_0 \left| C_2(0) \right|^2 & (t > t_0 + L'/v_0 + L_0/v_m) \end{cases} \tag{7.1.20a}$$

$$P_{22,0}(t) = \begin{cases} P_0 \left| D_2(L_0) \right|^2 & (t < t_0 + L'/v_0 + L_0/v_0) \\ P_0 \left| D_2(L_0 - L^{(3)}) \right|^2 & \\ \qquad (t_0 + L'/v_0 + L_0/v_0 \leqslant t \leqslant t_0 + L'/v_0 + L_0/v_m) & \\ P_0 \left| D_2(0) \right|^2 & (t > t_0 + L'/v_0 + L_0/v_m) \end{cases} \tag{7.1.20b}$$

式中 $L^{(3)} = [L_0 - v_m(t - t_0 - L'/v_0)][v_0/(v_0 - v_m)]$。

同理，t_0 时刻 $z=0$ 点的电压 U_1 从 U_s 变化为0时，输出功率随响应时间的变化关系的表达式可通过将式(7.1.18)～式(7.1.20)中的 C_1、D_1 替换为 C_2、D_2，式(7.1.20)中的 C_2、D_2 替换为 C_1、D_1，以及式(7.1.18)$L^{(i)}$ $(i=1,2)$中的 v_1、v_2 替换为 v_0 来得到。

5. 响应参数

为了表征开关输出功率上升或者下降的陡度，定义上升时间 t_{rise} 和下降时间 t_{fall}：t_{rise} 是开关某端口的输出功率从最小值增大到最大值的90%的时间；t_{fall} 是另一端口的输出功率从最大值减小到最大值的10%的时间。延迟时间 t_d 定义为从外加电压开始变化到输出功率开始变化所间隔的时间。故开关时间 t_s 可表示为

$$t_s = \max(t_d + t_{rise}, t_d + t_{fall}) \tag{7.1.21}$$

从式(7.1.18)～式(7.1.20)可以看出，三种情况下的延迟时间 t_d 分别为 $L'/v_0 + L_0/v_m$，$L'/v_0 + L_0/v_0$，$L'/v_0 + L_0/v_0$。一方面，在一定的波导结构和电极结构下 t_d 为定值，当开关频率变化时，t_d 对器件的输出性能没有影响；另一方面，在外加电压作用下，当开关电压的变化周期小于信号光的变化周期时，器件将不能实现正常的开关功能，因此开关信号的截止频率 f_m^{cut} 可表示为

$$f_m^{cut} = \frac{1}{t_{rise} + t_{fall}} \tag{7.1.22}$$

7.1.3 结果与讨论

为获得较高的电光调制效率和较低的开关电压，设计中必须优化电极宽度 W 和电极间距 G；根据 3.2 节的分析，电场分布将影响微波有效折射率，进而影响开关时间和截止开关频率等高频响应特性参数；电场分布将影响特征阻抗，当特征阻抗不等于 50 Ω 时，高频开关信号的反射波将严重影响器件的正常工作。因此在电极宽度和电极间距的优化设计中，必须综合考虑上述三方面因素。

图 7.3 绘出了微波有效折射率 n_m 和特征阻抗 Z_0 随电极宽度 W 和电极间距 G 的变化曲线。可以看出，当 W 或 G 增大时，微波有效折射率随之增大，与模式有效折射率间的差值随之减小，且在某一特殊点可实现阻抗匹配（如图中虚线所对应的 W 和 G 点）。为了保证器件能在较低的开关电压下正常工作，即保证器件实现阻抗匹配和具有较高的电光调制效率，取 $G = 3.7\ \mu\text{m}$，$W = 3.6\ \mu\text{m}$，此时 $Z_0 = 50.9\ \Omega$，$U_s = 1.457\ \text{V}$，$n_m = 1.19$。

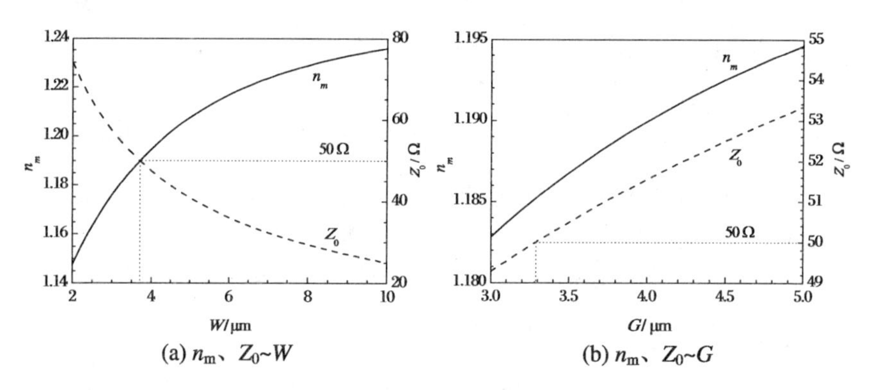

图 7.3 微波有效折射率 n_m 和特征阻抗 Z_0 随电极宽度 W 和电极间距 G 的变化曲线，取 $b_3 = 0.15\ \mu\text{m}$

(a) $G = 3.7\ \mu\text{m}$；(b) $W = 3.6\ \mu\text{m}$

当取微波波长 $\lambda_m^{\min} = 100L_0 \approx 43.74\ \text{cm}$ 时，可视为 $\lambda_m \ll L_0$，此时 $f_m^{\max} < c/\lambda_m^{\min} = 0.69\ \text{GHz}$。在不考虑光波模式损耗情况下，运用式(7.1.13)和式(7.1.14)，图 7.4 绘出了输出光功率 $P_{12,0}$ 和 $P_{22,0}$ 随响应时间 t 的变化曲线，图中假设电压 U 的初始变化时刻 $t_0 = 0$，输入光功率 $P_0 = 1$。根据计算结果，器件的延迟时间为 10.5 ps，上升和下降时间分别为 15 ps 和 19.6 ps，

开关时间为 30.1 ps。

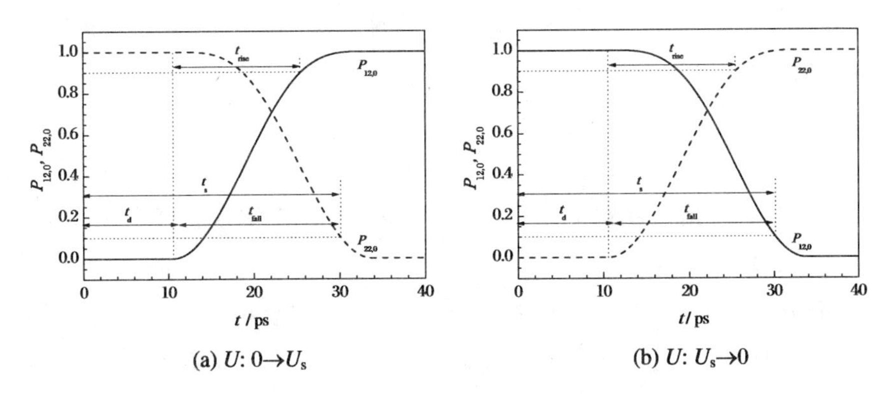

图 7.4　低频情况下，输出功率 $P_{12,0}$、$P_{22,0}$ 随电压 U 和响应时间 t 的变化关系，取外加电压 U 发生变化的初始时刻为 $t_0=0$

由于 $n_m<n_{eff}$，应用式(7.1.18)，图 7.5 示出了输出光功率 $P_{12,0}$、$P_{22,0}$ 随 $z=0$ 点电压 U_1 和响应时间 t 的变化关系。由图 7.5(a)和图 7.5(b)，上

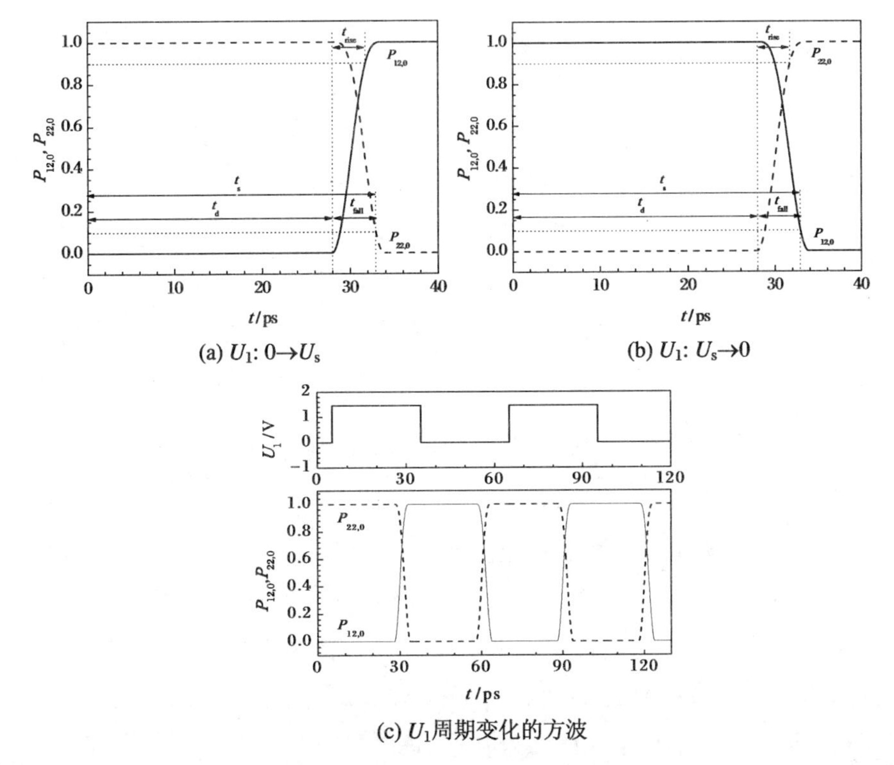

图 7.5　输出功率 $P_{12,0}$、$P_{22,0}$ 随 $z=0$ 点电压 U_1 和响应时间 t 的变化关系，其中取 U_1 变化的初始时刻为 $t_0=0$

升时间 t_{rise}和下降时间 t_{fall}分别为 3.78 ps 和 4.94 ps,延迟时间为 27.86 ps,开关时间为 32.8 ps。由图 7.5(c)可知,器件的延迟时间对输出功率的切换没有影响。然而在开关频率足够大情况下,某一端口输出功率在从最小值向最大值切换时,由于微波信号周期较小,在输出功率达到最大值之前微波信号再次切换,会导致输出功率减小从而不能实现完全的交换。因此存在一临界频率 f_m^{cut},当微波频率大于该值时,器件将不能实现正常功能。

图 7.6 显示了微波有效折射率 n_m 对器件的开关上升时间 t_{rise}、下降时间 t_{fall}和开关时间 t_s 的影响。可以发现,当微波有效折射率和光波有效折射率匹配,即 $n_m = n_{eff}$时,上升时间和下降时间将变为 0,这是一种理想的情况。但对于实际器件而言,这一理想情况很难精确达到。对器件优化的目的之一就是尽可能地减小上升时间和下降时间,以获得最大的截止开关频率。

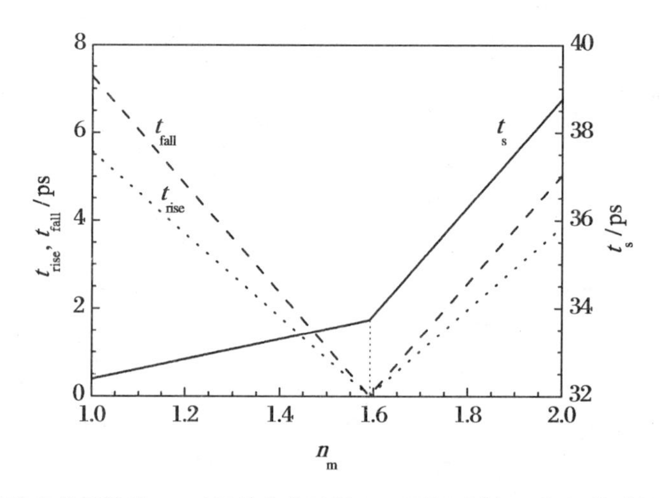

图 7.6 微波有效折射率 n_m 对开关上升时间 t_{rise}、下降时间 t_{fall}和开关时间 t_s 的影响

图 7.7 显示了截止开关频率 f_m^{cut} 和微波有效折射率 n_m 的关系曲线。可以看出,当微波有效折射率和光波有效折射率匹配,即 $n_m = n_{eff}$时,截止开关频率将达到无穷大。这也是一种理想的情况,对于实际器件而言,这一理想情况很难精确达到。按照本文所设计器件的波导及电极尺寸,截止开关频率 $f_m^{cut} = 114.7$ GHz。因此为了获得较大的操作带宽和较短的响应时间,微波和光波有效折射率必须实现较好的匹配。

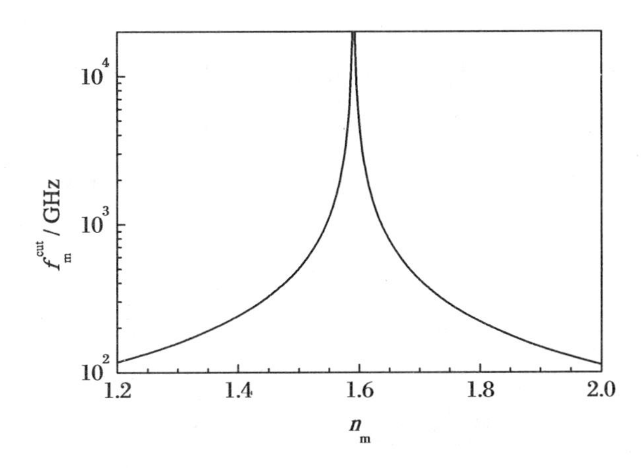

图 7.7 截止开关频率 f_m^{cut} 和微波有效折射率 n_m 的关系曲线

7.1.4 误差分析

在上述计算中,由于微波有效折射率和特征阻抗对器件响应特性影响较大,为了验证本节计算公式与方法的精度,利用同样的方法计算了文献[177]和[178]中电极结构的微波有效折射率和特征阻抗,并与文献[177]的实验结果和文献[178]点匹配法的模拟结果做了对比,如表 7.1 所示。由计算结果可知,本方法的计算结果与参考文献的结果符合较好,这也证实本节所给公式和分析理论具有较好的精度,可满足工程设计需要。

表 7.1 本节方法的计算结果和参考文献[177, 178]中实验结果及计算结果的对比

文献	电极参数/μm			Z_0/Ω			n_m		
	宽度	间距	厚度	本方法	文献	误差	本方法	文献	误差
[177]	8	50	3	36.4	35	+4%	–	–	–
[178]	10	15	6	45.6	42	+8%	2.08	2.31	−9.9%

7.1.5 小结

通过引入光波和微波质点并结合器件的振幅传输矩阵,本节给出了聚合物定向耦合电光开关时频域响应特性的微元分析法,导出了输出功率、上升时间、下降时间、开关时间及截止开关频率的表达式。为了获得较低的传

输损耗、较好的阻抗匹配、较小的开关电压以及较高的截止频率,优化设计了器件的波导结构和电极结构。模拟结果表明,所设计器件的开关电压为 1.457 V,耦合长度为 4.374 mm,开关时间为 32.8 ps,截止开关频率为 114.7 GHz。与点匹配法的计算结果和实验结果的对比表明,本节所提出的理论和分析方法具有较高的精度。

7.2 行波电极高速 MMI - MZI 电光开关

与定向耦合器相比,MMI 多模干涉耦合器具有尺寸容差大、偏振不敏感、结构紧凑等优点,且 MZI 结构具有理论分析容易、模型简单等优点,因此本节设计了一种阻抗匹配型高速 MMI - MZI 电光开关,给出了器件结构,并对其参数做了优化;在此基础上,对器件的低频和高频响应特性做了详细的理论分析和模拟。

7.2.1 结构与优化

1. 器件结构与基本参数

图 7.8 示出了所设计的 MMI - MZI 电光开关的结构图、电光区截面图和 MMI 波导的结构图。器件包含两个结构对称的 3 dB MMI 耦合器、一个 MZI 电光作用区和一对推挽工作电极。两个 3 dB 耦合器分别作为分束器和合束器,其宽度为 W_{MMI},长度为 L_{MMI};推挽电极包括一对表面工作电极和一个地电极,两表面电极的宽度均为 W,厚度均为 b_3,间距为 G。

为了保证波导中的单模传输,设计中选取 $a = 4.0\ \mu\mathrm{m}$, $b_1 = 1.5\ \mu\mathrm{m}$, $b_2 = 1.5\ \mu\mathrm{m}$, $h = 0.5\ \mu\mathrm{m}$, $b_3 = 0.1\ \mu\mathrm{m}$。电光区和非电光区的主模有效折射率均为 $N_{\mathrm{eff0}} = 1.5936$,电光区和非电光区的模式振幅衰减系数分别为 $\alpha_{\mathrm{p}}^{\mathrm{EO}} = 2.38\ \mathrm{dB/cm}$ 和 $\alpha_{\mathrm{p}}^{\mathrm{io}} = 1.9285\ \mathrm{dB/cm}$。MZI 两臂间距为 $d_1 = 20\ \mu\mathrm{m}$,sine 型弯曲波导的长度 $l_{\text{s-bend}} = 2\int_0^{\frac{l_0}{2}} \sqrt{1 + \left[\frac{\pi(d_2 - d_1)}{4l_0}\right]^2 \cos^2\left(\pi \frac{z'}{l_0}\right)}\mathrm{d}z' =$

1000.03 μm，设计中取 $l_0 = 1000$ μm。

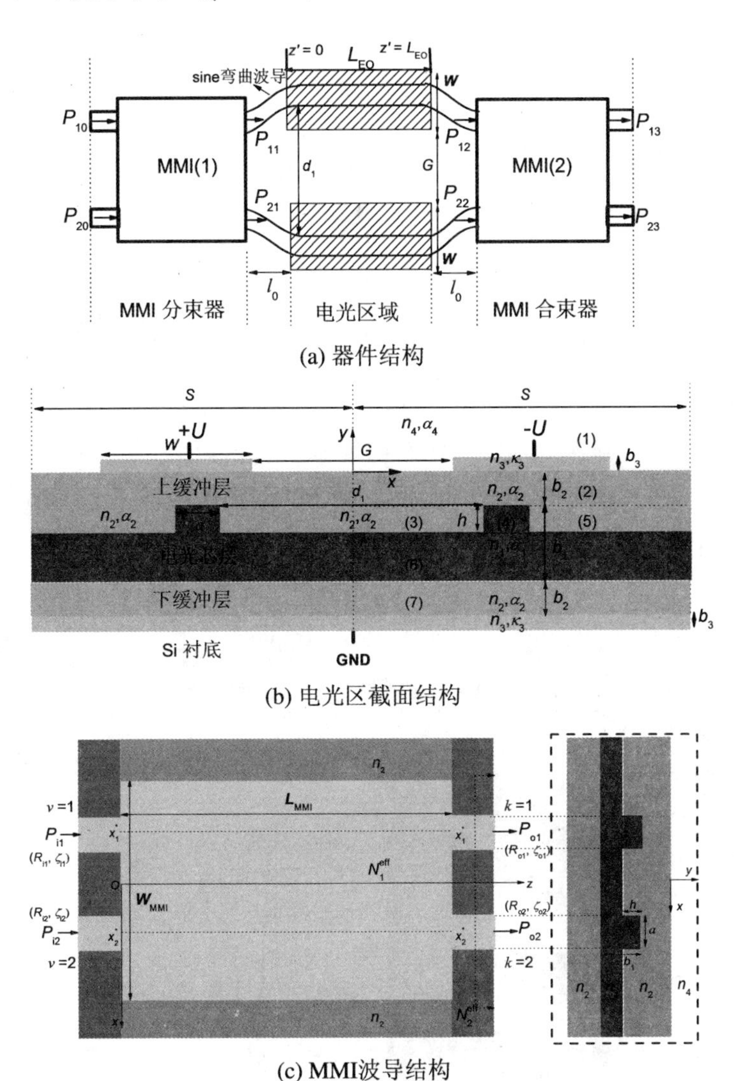

(a) 器件结构

(b) 电光区截面结构

(c) MMI波导结构

图 7.8　行波电极 MMI－MZI 高速电光开关结构图

2. 3－D 模式传输法

在 MMI 波导中，选择传输的光波模式为 $E^y_{m0}(m>0)$。利用 2.9 节给出的 MMI 波导的分析理论和相关公式，MMI 波导的基模有效宽度为 W_{eff0}（见式(2.9.8)），可表示为

$$W_{\text{eff0}} = W_{\text{MMI}} + \frac{\lambda_0}{\pi}[(N_1^{\text{eff}})^2 - (n_2)^2]^{-0.5} \tag{7.2.1}$$

式中各参量的定义见2.9节。为了实现3 dB功能，2×2 MMI波导的输入、输出端口的中心位置及波导长度应分别为

$$x_{1,2}^{*} = \mp \frac{1}{4} W_{\text{eff0}}, \quad L_{\text{MMI}} = \frac{3L_{\pi}}{2} \tag{7.2.2}$$

定义 $\phi_0 = -\beta_{\text{eff0}} L_{\text{MMI}} - \pi/4$，则3 dB MMI耦合器的振幅传输矩阵可写为

$$T_{\text{MMI}} = \frac{\exp[\text{j}(2\phi_0)]}{\sqrt{2}} \begin{bmatrix} \exp\left[\text{j}\left(\frac{-\pi}{2}\right)\right] & 1 \\ 1 & \exp\left[\text{j}\left(\frac{-\pi}{2}\right)\right] \end{bmatrix} \tag{7.2.3}$$

选取MMI波导宽度 $W_{\text{MMI}} = 20\ \mu\text{m}$。利用式(2.9.7)、式(7.2.1)和式(7.2.2)，计算得到 $L_{\pi} = 592.57\ \mu\text{m}$，$L_{\text{MMI}} = 3L_{\pi}/2 = 888.86\ \mu\text{m}$，$W_{\text{eff0}} = 20.76\ \mu\text{m}$，$x_{1,2}^{*} = \mp 5.19\ \mu\text{m}$。由于3 dB MMI合束器是3 dB MMI分束器的逆向操作，因此下面仅对3 dB MMI分束器进行模拟。图7.9显示了3 dB MMI分束器的3－D场分布 $\psi(x,z)$ 及综合模式激励因子 η_m 与模式阶数 m 的关系曲线，所用公式为式(2.9.6)和式(2.9.5)。图7.9中可见，在所优化的参数下，MMI波导能够实现很好的3 dB分波作用。

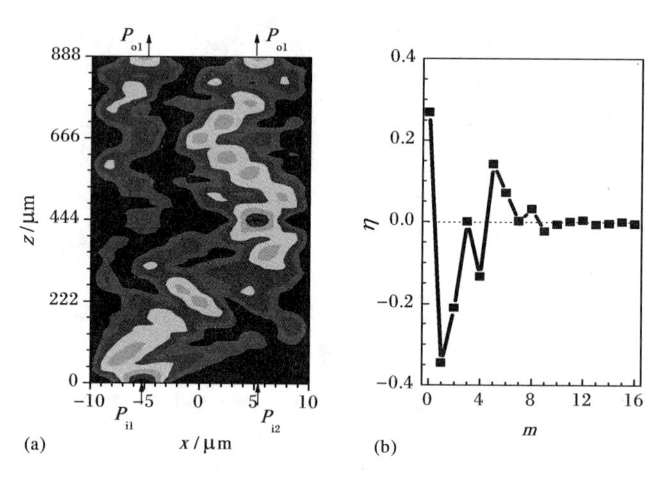

图7.9 3 dB MMI分束器的(a) 3－D场分布 $\psi(x,z)$ 以及(b) 综合模式激励因子 η_m 与模式阶数 m 的关系曲线

3. 电场分布

当 $W/b_3 \geqslant 100$ 时，电极可视为足够薄，图7.8(b)所示的电场分布可由点匹配法进行求解，详细原理见3.7节和3.8节，这里仅给出各区域的电势

函数展开式：

$$\phi_1 = a_0 + \sum_{k_1=1}^{N_1-1}\left[a_{k_1}\exp\left(\frac{-k_1\pi y}{S}\right)\sin\left(\frac{k_1\pi x}{S}\right)\right] \tag{7.2.11a}$$

$$\begin{aligned}\phi_v = {} & b_{v,0} + c_{v,0}y \\ & + \sum_{k_v=1}^{N_v-1}\left\{\left[b_{v,k_v}\exp\left(-\frac{k_v\pi(y-y_v)}{L_v}\right)+c_{v,k_v}\exp\left(\frac{k_v\pi(y-y_v)}{L_v}\right)\right]\right. \\ & \left.\cdot\sin\left[\frac{k_v\pi(x-x_v)}{L_v}\right]\right\} \quad (v = 2,3,6)\end{aligned} \tag{7.2.11b}$$

$$\begin{aligned}\phi_v = {} & b_{v,0} + c_{v,0}y \\ & + \sum_{k_v=1}^{N_v-1}\left\{\left[b_{v,k_v}\exp\left(-\frac{k_v\pi(y-y_v)}{L_v}\right)+c_{v,k_v}\exp\left(\frac{k_v\pi(y-y_v)}{L_v}\right)\right]\right. \\ & \left.\cdot\cos\left[\frac{k_v\pi(x-x_v)}{L_v}\right]\right\} \quad (v = 4,5)\end{aligned} \tag{7.2.11c}$$

$$\begin{aligned}\phi_7 = {} & d_0(y + b_1 + 2b_2) \\ & + \sum_{k_7=1}^{N_7-1}\left\{d_{k_7}\sinh\left[\frac{k_7\pi(y + b_1 + 2b_2)}{S}\right]\sin\left(\frac{k_7\pi x}{S}\right)\right\}\end{aligned} \tag{7.2.11d}$$

展开式中的各待定系数可由边界条件进行求解。最终各区域的电场分布可以表示为

$$E_{v,x}(x,y) = -\frac{\partial\phi_v(x,y)}{\partial x},\quad E_{v,x}(x,y) = -\frac{\partial\phi_v(x,y)}{\partial y} \tag{7.2.12}$$

4. 输出光功率和开关条件

在外加电压 U 的作用下，令电光作用区两波导中模式传播常数分别为 β_{eff1} 和 β_{eff2}，且令 $\Delta\beta = \beta_{\text{eff2}} - \beta_{\text{eff1}}$，则电光区的相移为

$$\Delta\varphi_{\text{EO}}(U) = \Delta\beta L_{\text{EO}} \tag{7.2.13}$$

MZI 的振幅传输矩阵为

$$T_{\text{MZI}} = \begin{pmatrix}\exp(\text{j}\Delta\varphi_{\text{EO}}/2) & 0 \\ 0 & \exp(-\text{j}\Delta\varphi_{\text{EO}}/2)\end{pmatrix} \tag{7.2.14}$$

器件总的振幅传输矩阵为

$$T_{\text{total}} = T_{\text{MMI}}T_{\text{MZI}}T_{\text{MMI}} = [\sin(\Delta\varphi_{\text{EO}}/2),\cos(\Delta\varphi_{\text{EO}}/2)]^{\text{T}} \tag{7.2.15}$$

令光波仅从波导 1 输入，即 $P_{10}=P_0$，$P_{20}=0$，考虑到光波损耗，器件的输出光功率为

$$P_{13}=P_0\sin^2(\Delta\varphi_{EO}/2)\cdot\exp(-2\alpha_p^{EO}L_{EO}-2\alpha_{MMI1}-2\alpha_{MMI2}-4\alpha_p^{io}l_{s\text{-bend}})\tag{7.2.16a}$$

$$P_{23}=P_0\cos^2(\Delta\varphi_{EO}/2)\cdot\exp(-2\alpha_p^{EO}L_{EO}-2\alpha_{MMI1}-2\alpha_{MMI2}-4\alpha_p^{io}l_{s\text{-bend}})\tag{7.2.16b}$$

式中 α_{MMIi} 为 MMI 波导中第 i 阶模式的振幅损耗，$l_{s\text{-bend}}$ 为 sine 型弯曲波导的总长度。利用式(7.2.16)，P_{23} 达到最大时，器件处于交叉态，且交叉态电压为 $U_\times=0$ V；P_{13} 达到最大时，器件处于直通态，直通态电压由下式确定：

$$\Delta\varphi_{EO}(U_=)=\pi\tag{7.2.17}$$

器件的开关电压为 $U_s=|U_=-U_\times|$。

为了获得较大的电光调制效率并降低开关电压，必须优化电极间距和电极宽度。图 7.10 显示了 G 和 W 对 Γ_y 和 U_s 的影响，所用公式为式

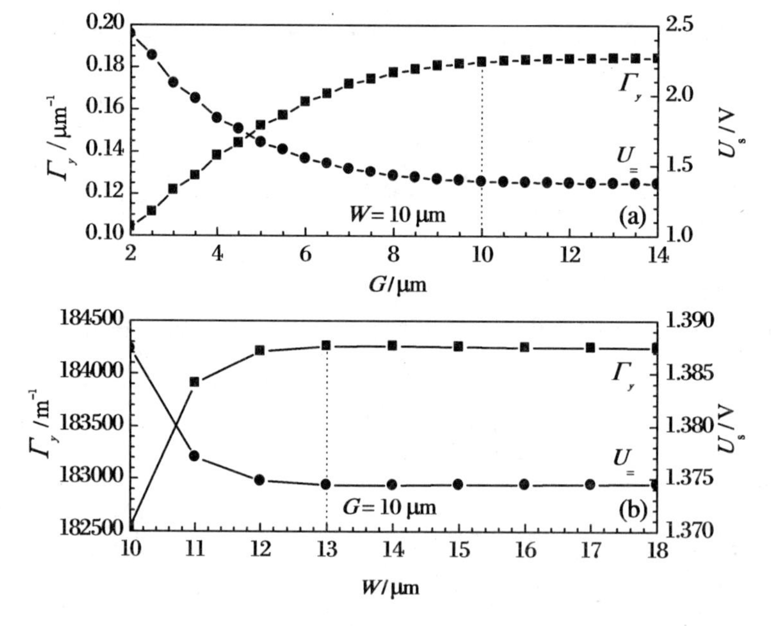

图 7.10 (a) 电极间距 G 和(b) 电极宽度 W 对电光重叠积分因子 Γ_y 和开关电压 U_s 的影响

(3.2.10)和式(7.2.17)。由图 7.10(a)可以看出，当 W 一定(如 $W=10.0$ μm)时，随着 G 的增加，Γ_y 也随之增加而 U_s 随之减小，因此需要取较大的 G。然而，当 $G\geqslant10.0$ μm 后，Γ_y 和 U_s 随 G 的变化增幅很小。由图 7.10(b)可以看出，当 G 一定(如 $G=10.0$ μm)时，随着 W 的增加，Γ_y 随之增加而 U_s 随之减小，因此 W 要尽量大。然而，当 $W\geqslant13.0$ μm 后，Γ_y 和 U_s 随 W 的变化增幅很小。因此，设计中选取 $G\geqslant10.0$ μm、$W\geqslant13.0$ μm。

5. 阻抗匹配和微波有效折射率

为了消除开关信号的终端反射，电极的特征阻抗、负载阻抗和微波电缆的特征阻抗必须两两匹配，其值为 50 Ω。图 7.11 显示了 W 和 G 对 Z_c 和 n_m 的影响，所用公式为式(3.3.4)和式(3.3.6)。由图 7.11 可见，当取 $W=13$ μm，$G=10$ μm 时，电极的特征阻抗约为 $Z_c=49.6$ Ω，对应的微波有效折射率约为 $n_m=1.405$，对应的开关电压约为 $U_s=1.375$ V。

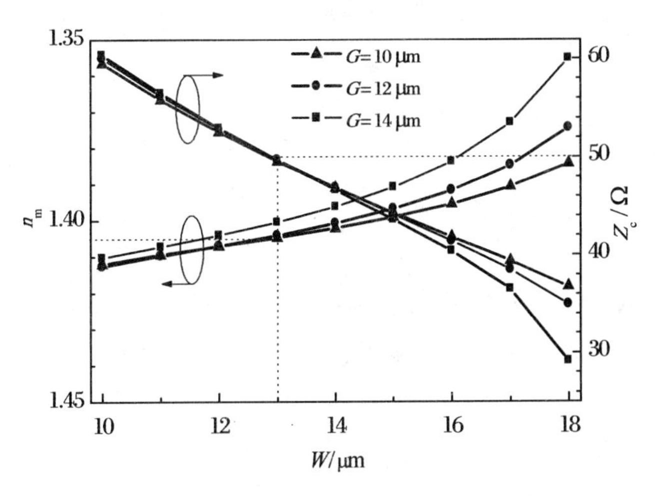

图 7.11　电极宽度 W 和电极间距 G 对电极特征阻抗 Z_c 和微波有效折射率 n_m 的影响

7.2.2　时频响应特性

1. 低频响应

令 $U=0$ V 时，波导中光波模式的传输速度为 $v_0=c_0/N_{\mathrm{eff0}}$，当 $U=U_=\,=1.375$ V 时，电光作用区两波导中光波模式的传输速度分别为 $v_i=$

$c_0/N_{\mathrm{eff}i}(i=1,2)$。定义 $t_{\mathrm{d}}=l_{\mathrm{s\text{-}bend}}/v_0$ 为光波模式在 sine 弯曲波导中总的传输时间。令 MMI 耦合器中各阶模式的相速度为 $v_{\mathrm{eff}m}=c_0/n_{\mathrm{eff}m}$，则其在 MMI 波导中传输的时间为 $t_{\mathrm{eff}v}=L_{\mathrm{MMI}}/v_{\mathrm{eff}v}$，且令 $\Delta t_{\mathrm{eff}m}=t_{\mathrm{eff0}}-t_{\mathrm{eff}m}$。当光在 t 时刻从 MMI 波导输出时，它应对应于 $t-t_{\mathrm{eff0}}$时刻所激励的基模，由于高阶模式传输速率较基模偏快，该基模应与超前其 $\Delta t_{\mathrm{eff}m}$时间即 $t-t_{\mathrm{eff0}}+\Delta t_{\mathrm{eff}m}$时刻所激励出的高阶模式进行耦合。因此，依据式(2.9.6)，考虑 MMI 波导的模式色散效应，其输出光场分布可表示为

$$
\begin{aligned}
& R_{\mathrm{ov}}\cos(\zeta_{\mathrm{ov}})+\mathrm{j}R_{\mathrm{ov}}\sin(\zeta_{\mathrm{ov}}) \\
&\quad=\psi[R_{i1}(t-t_{\mathrm{eff0}}+\Delta t_{\mathrm{eff}m}),R_{i2}(t-t_{\mathrm{eff0}}+\Delta t_{\mathrm{eff}m}), \\
&\quad\quad \zeta_{i1}(t-t_{\mathrm{eff0}}+\Delta t_{\mathrm{eff}m}),\zeta_{i2}(t-t_{\mathrm{eff0}}+\Delta t_{\mathrm{eff}m}),x=x_v^*] \\
&\quad=\exp(-\mathrm{j}\beta_0L_{\mathrm{MMI}})\sum_{m=0}^{m_{\max}}[\eta_{\mathrm{m}}(t-t_{\mathrm{eff0}}+\Delta t_{\mathrm{eff}m})]\varphi_{\mathrm{m}}(x_v^*) \\
&\quad\quad\cdot\exp[\mathrm{j}(\beta_{\mathrm{eff0}}-\beta_{\mathrm{eff}m})L_{\mathrm{MMI}}]\cdot\exp(-\alpha_{\mathrm{eff}m}L_{\mathrm{MMI}})
\end{aligned}
\tag{7.2.18}
$$

式中

$$
\begin{aligned}
\eta_{\mathrm{m}}(t)&=\sum_{v=1,2}\eta_{vm}^0(R_{iv}(t))\cos(\zeta_{iv}(t)) \\
&\quad+\mathrm{j}\sum_{v=1,2}\eta_{vm}^0(R_{iv}(t))\sin(\zeta_{iv}(t))\quad(m=0,1,\cdots,m_{\max})
\end{aligned}
\tag{7.2.19}
$$

为各阶模式的在 t 时刻的模式激励系数。考虑第一节 sine 弯曲波导的延迟，进入 MZI 电光区波导的光振幅和相位可以表示为

$$
\begin{aligned}
& R_{\mathrm{ov}}(t) \\
&\quad=\mathrm{abs}\{\psi[R_{i1}(t-t_{\mathrm{d}}-t_{\mathrm{eff0}}+\Delta t_{\mathrm{eff}m}),R_{i2}(t-t_{\mathrm{d}}-t_{\mathrm{eff0}}+\Delta t_{\mathrm{eff}m})], \\
&\quad\quad[\zeta_{i1}(t-t_{\mathrm{d}}-t_{\mathrm{eff0}}+\Delta t_{\mathrm{eff}m}),\zeta_{i2}(t-t_{\mathrm{d}}-t_{\mathrm{eff0}}+\Delta t_{\mathrm{eff}m}),x=x_v^*]\}
\end{aligned}
\tag{7.2.20a}
$$

$$
\begin{aligned}
& \zeta_{\mathrm{ov}}(t) \\
&\quad=\arg\{\psi[R_{i1}(t-t_{\mathrm{d}}-t_{\mathrm{eff0}}+\Delta t_{\mathrm{eff}m}),R_{i2}(t-t_{\mathrm{d}}-t_{\mathrm{eff0}}+\Delta t_{\mathrm{eff}m})], \\
&\quad\quad[\zeta_{i1}(t-t_{\mathrm{d}}-t_{\mathrm{eff0}}+\Delta t_{\mathrm{eff}m}),\zeta_{i2}(t-t_{\mathrm{d}}-t_{\mathrm{eff0}}+\Delta t_{\mathrm{eff}m}),x=x_v^*]\}
\end{aligned}
\tag{7.2.20b}
$$

式中 abs 表示取模，arg 表示取相角。

令器件两端口的初始输入光振幅和相位分别为 $R_{10}(t)=1,\zeta_{10}(t)=0$；$R_{20}(t)=0,\zeta_{20}(t)=0$。按照式(7.2.20)，MMI 分束器的输出光振幅和相

位分别为

$$R_{v1} = \text{abs}\{\psi(R_{10} = 1, R_{20} = 0, \zeta_{10} = 0, \zeta_{20} = 0, x = x_v^*)\} \tag{7.2.21a}$$

$$\zeta_{v1} = \arg\{\psi(R_{10} = 1, R_{20} = 0, \zeta_{10} = 0, \zeta_{20} = 0, x = x_v^*)\} \tag{7.2.21b}$$

采用与7.1节类似的微元分析法推导电压变化时MZI电光区的相移与时间的关系式。假设 $t=0$ 时刻，U 从0变化为 $U_=$ 或者从 $U_=$ 变化为0，则相位 $\Delta\varphi_{EO}$ 随 t 的变化关系可做如下分析：

(1) 当 U 从0变化为 $U_=$ 时，有

$$\Delta\varphi_{EO}(t) = \begin{cases} 0 \quad (t \leqslant 0) \\ (\Delta\beta/2)(v_2 + v_1)t \quad (0 < t \leqslant L_{EO}/\max(v_1, v_2)) \\ (\Delta\beta/2)[\min(v_1, v_2)t + L_{EO}] \\ \qquad (L_{EO}\max(v_1, v_2) < t \leqslant L_{EO}/\min(v_1, v_2)) \\ \Delta\beta L_{EO} \quad (L_{EO}/\min(v_1, v_2) < t) \end{cases} \tag{7.2.22a}$$

(2) 当 U 从 $U_=$ 变化为0时，有

$$\Delta\varphi_{EO}(t) = \begin{cases} \Delta\beta L_{EO} \quad (t \leqslant 0) \\ \Delta\beta(L_{EO} - v_0 t) \quad (0 < t \leqslant L_{EO}/v_0) \\ 0 \quad (L_{EO}/v_0 < t) \end{cases} \tag{7.2.22b}$$

因此输入到第二个MMI合束器的光波模式振幅可以分别表示为

$$\begin{cases} R_{12} = R_{11}\exp(-\alpha_p^{EO}L_{EO} - 2\alpha_p^{inout}l_{s\text{-bend}}) \\ R_{22} = R_{21}\exp(-\alpha_p^{EO}L_{EO} - 2\alpha_p^{inout}l_{s\text{-bend}}) \end{cases} \tag{7.2.23}$$

其相位可以表示为

$$\zeta_{12}(t) = \zeta_{11} + \frac{1}{2}\Delta\varphi_{EO}(t - t_d), \quad \zeta_{22}(t) = \zeta_{21} - \frac{1}{2}\Delta\varphi_{EO}(t - t_d) \tag{7.2.24}$$

应用式(7.2.20)，器件的输出光振幅和相位分别为

$$R_{v3}(t) = \text{abs}\left\{\psi\left[R_{12}, R_{22}, \zeta_{11} + \frac{1}{2}\Delta\varphi_{EO}(t - t_{eff0} + \Delta t_{effm} - t_d),\right.\right.$$
$$\left.\left.\zeta_{21} - \frac{1}{2}\Delta\varphi_{EO}(t - t_{eff0} + \Delta t_{effm} - t_d), x = x_v^*\right]\right\} \tag{7.2.25a}$$

$$\zeta_{v3}(t) = \arg\left\{\psi\left[R_{12}, R_{22}, \zeta_{11} + \frac{1}{2}\Delta\varphi_{\mathrm{EO}}(t - t_{\mathrm{eff0}} + \Delta t_{\mathrm{eff}m} - t_{\mathrm{d}}),\right.\right.$$

$$\left.\left.\zeta_{21} - \frac{1}{2}\Delta\varphi_{\mathrm{EO}}(t - t_{\mathrm{eff0}} + \Delta t_{\mathrm{eff}m} - t_{\mathrm{d}}), x = x_v^*\right]\right\} \quad (7.2.25\mathrm{b})$$

于是器件的输出功率为

$$P_{v3}(t) = |R_{v3}(t)|^2 \quad (v = 1, 2) \quad (7.2.26)$$

在低开关频率下,应用式(7.2.26),图7.12绘出了输出光功率 P_{13}、P_{23} 和外加电压 U 随响应时间 t 的关系曲线,其中微波频率满足 $f_{\mathrm{m}} < 0.6$ GHz,$P_{i\max} = P_{10} = 1$, $P_{20} = 0$,(a)图中 U 从0变化为 $U_=$,(b)图中 U 从 $U_=$ 变化为0。图中可见,器件的插入损耗约为 $IL = 10\lg(P_{o\max}/P_{i\max}) \approx 3.75$ dB,消光比约为 $ER = 10\lg(P_{o\max}/P_{o\min}) > 42$ dB,开关时间为 $t_{\mathrm{s}} = 31.3$ ps。

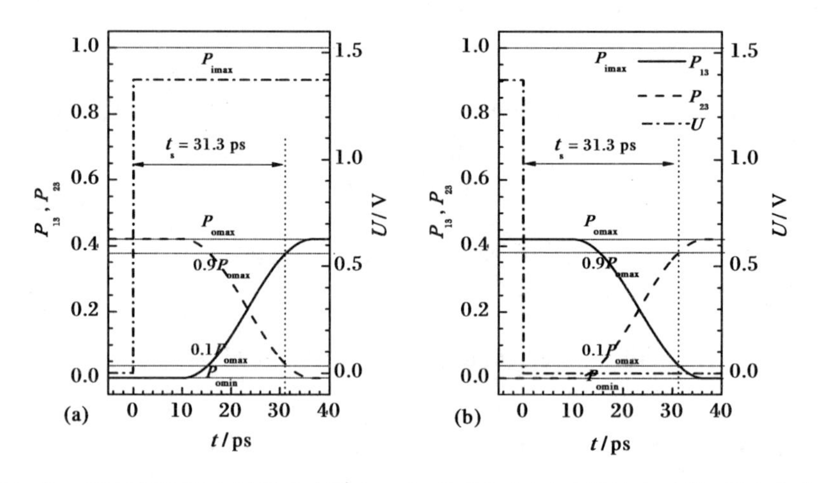

图7.12 低开关频率下,输出光功率 P_{13}、P_{23} 和外加电压 U 随响应时间 t 的变化曲线

6. 高频响应

考虑微波频率足够大即 $f_{\mathrm{m}} > c_0/(100L_{\mathrm{EO}}) = 0.6$ GHz 的情况。当电极输入端 $z'=0$ 处的电压发生变化时,电极上点 z' 处的电压 $U|_{z'}$ 互不相同,它们不能同时变化。当阻抗匹配时,电极终端的反射信号可以被忽略。

首先,MMI分束器的输出光振幅和相位仍由式(7.2.21)给出。令微波有效折射率为 n_{m},则微波传输速度为 $v_{\mathrm{m}} = c_0/n_{\mathrm{m}}$。由于 $n_{\mathrm{m}} < n_{\mathrm{eff0}}$,则 $v_{\mathrm{m}} > v_0$。假设 $t=0$ 时刻,$U|_{z'=0}$ 从0变化为 $U_=$ 或者从 $U_=$ 变化为0,则相位 $\Delta\varphi_{\mathrm{EO}}$ 随 t 的变化关系可以表述为:

① 当 $U|_{z'=0}$ 从0变化为 $U_=$ 时,有

$$
\Delta\varphi_{\mathrm{EO}}(t) = \begin{cases} 0 \quad (t \leqslant L_{\mathrm{EO}}/v_{\mathrm{m}}) \\ (\Delta\beta/2)[v_2/(v_{\mathrm{m}}-v_2)+v_1/(v_{\mathrm{m}}-v_1)](v_{\mathrm{m}}t-L_{\mathrm{EO}}) \\ \qquad (L_{\mathrm{EO}}/v_{\mathrm{m}} < t \leqslant L_{\mathrm{EO}}/\max(v_1,v_2)) \\ (\Delta\beta/2)\{\min(v_1,v_2)/[v_{\mathrm{m}}-\min(v_1,v_2)](v_{\mathrm{m}}t-L_{\mathrm{EO}})+L_{\mathrm{EO}}\} \\ \qquad (L_{\mathrm{EO}}/\max(v_1,v_2) < t \leqslant L_{\mathrm{EO}}/\min(v_1,v_2)) \\ \Delta\beta L_{\mathrm{EO}} \quad (L_{\mathrm{EO}}/\min(v_1,v_2) < t) \end{cases} \tag{7.2.27a}
$$

② 当$U|_{z'=0}$从 $U_=$ 变化为 0 时，有

$$
\Delta\varphi_{\mathrm{EO}}(t) = \begin{cases} \Delta\beta L_{\mathrm{EO}} \quad (t \leqslant L_{\mathrm{EO}}/v_{\mathrm{m}}) \\ \Delta\beta\{L_{\mathrm{EO}}-[v_0/(v_{\mathrm{m}}-v_0)](v_{\mathrm{m}}t-L_{\mathrm{EO}})\} \\ \qquad (L_{\mathrm{EO}}/v_{\mathrm{m}} < t \leqslant L_{\mathrm{EO}}/v_0) \\ 0 \quad (t > L_{\mathrm{EO}}/v_0) \end{cases} \tag{7.2.27b}
$$

因此输入到MMI合束器的光波模式振幅和相位仍可由式(7.2.23)和式(7.2.24)给出。最终器件的输出光功率可由式(7.2.25)和式(7.2.26)得到。

在高开关频率下，图7.13显示了输出光功率 P_{13}、P_{23} 和外加电压 $U|_{z'=0}$随响应时间 t 的变化曲线，微波频率满足 $f_{\mathrm{m}}>0.6$ GHz，$P_{i\max}=P_{10}=1$，$P_{20}=0$，(a)图中$U|_{z'=0}$从0变化为 $U_=$，(b)图中$U|_{z'=0}$从 $U_=$ 变化为

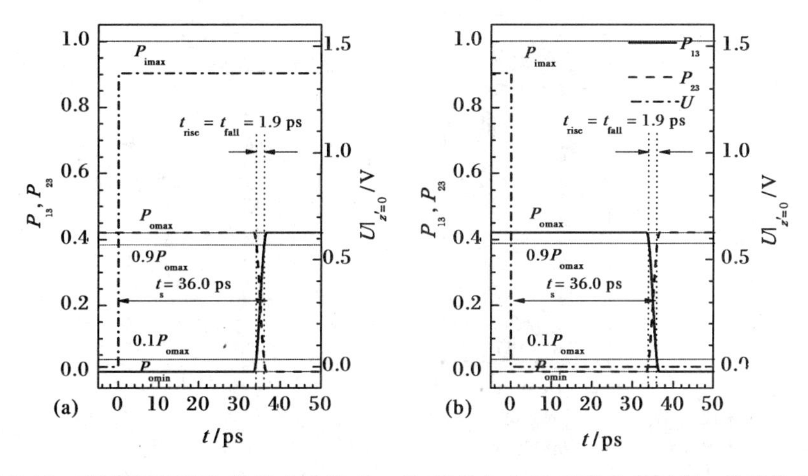

图7.13　高开关频率下，输出光功率 P_{13}、P_{23}和外加电压 U 随响应时间 t 的变化曲线

0。从计算结果可以看出，器件的插入损耗约为 $IL = 10\lg\left(\frac{P_{o\max}}{P_{i\max}}\right) \approx 3.75$ dB，消光比约为 $ER = 10\lg\left(\frac{P_{o\max}}{P_{o\min}}\right) > 42$ dB，开关时间为 $t_s = 36.0$ ps。由于响应曲线的上升时间和下降时间约为 $t_{\text{rise}} = t_{\text{fall}} = 1.9$ ps，据此可以估计出器件的截止开关频率为

$$f_{\text{m}}^{\text{cut}} = \frac{1}{t_{\text{rise}} + t_{\text{fall}}} \approx 263\ \text{GHz} \tag{7.2.28}$$

获得如此高截止开关频率的原因在于微波有效折射率（$n_{\text{m}} = 1.405$）和光波有效折射率（$n_{\text{eff0}} = 1.5936$）的较小失配。

7.2.3 方法验证

为了验证本节方法的精度和可行性，应用 BeamPROP 软件对器件的传输光功率进行了模拟，如图 7.14 所示，其中器件的总长度约为 9478 μm，(a)图中 $U = 0$ V 为交叉态，(b)图中 $U = 1.375$ V 为直通态。可以看出，当 $U = 0$ V 时，P_2 达到最大值，开关呈现良好的交叉态；当 $U = 1.375$ V 时，P_1 达到最大值，开关呈现良好的直通态。这表明本节方法可满足工程设计需要。

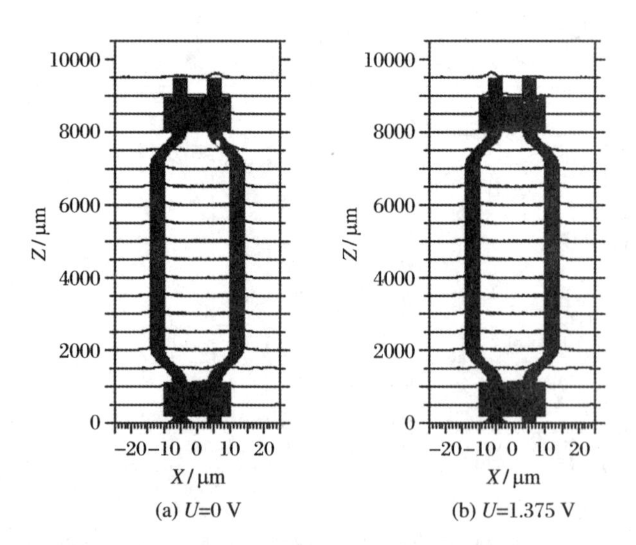

图 7.14 本节所设计器件的 BeamPROP 模拟结果

7.2.4 小结

应用点匹配法、电光调制理论和所给出的3-D模式传输法,为了增强电光调制效率实现阻抗匹配和折射率匹配,优化设计了一种相速匹配型聚合物MZI电光开关。详细给出了一种用于低开关频率和高开关频率情况下器件时域响应的新型分析方法。结果显示,中心波长为1550 nm下,所设计器件的驱动电压为1.375 V,电光区长度为5 mm,插入损耗和消光比分别小于3.75 dB和大于42 dB。由于微波速度和光波速度的失配较小,在阶跃方波信号作用下,器件的截止开关频率可达263 GHz,上升时间和下降时间为1.9 ps。

7.3 屏蔽行波电极高速定向耦合电光开关

对于无损电极传输线而言,为了增大器件的开关频率和避免微波信号终端反射对器件性能的影响,需要满足阻抗匹配,这需要通过优化电极结构来实现。然而由于电光调制效率和开关电压也与电极结构有关,传统器件的电极结构由于其尺寸参数仅有电极宽度和电极间距,很难同时满足上述两点要求。因此,本节在传统器件的工作电极和地电极基础上,引入了屏蔽电极,使得电光调制效率的提高和阻抗的匹配可通过优化不同的电极参数同时实现,这更易于器件的设计。

7.3.1 结构与优化

1. 器件结构与参数

图7.15所示为屏蔽电极聚合物定向耦合电光开关的结构。如图7.15(a)所示,电光耦合区由两个结构对称、相互平行脊形波导构成,d 为两脊形波导间的耦合间距,L 为耦合区长度。电光耦合区的截面结构如图7.15

(b)所示，推挽电极包括一对表面工作电极、一个地电极和一个屏蔽电极，工作电极间距为 G，电极宽度为 W。两个聚合物芯层采用同相接触极化方式，在工作时，两表面电极上施加的电压分别为 $U_1=+U$ 和 $U_2=-U$。处于交叉态时，$U_1=U_2\equiv 0$；处于直通态时，$U_1=+U_s$ 和 $U_2=-U_s$，其中 U_s 定义为直通态驱动电压。器件各介质层参数及尺寸参数的选取见4.1节，中心波长为 $\lambda_0=1550$ nm。

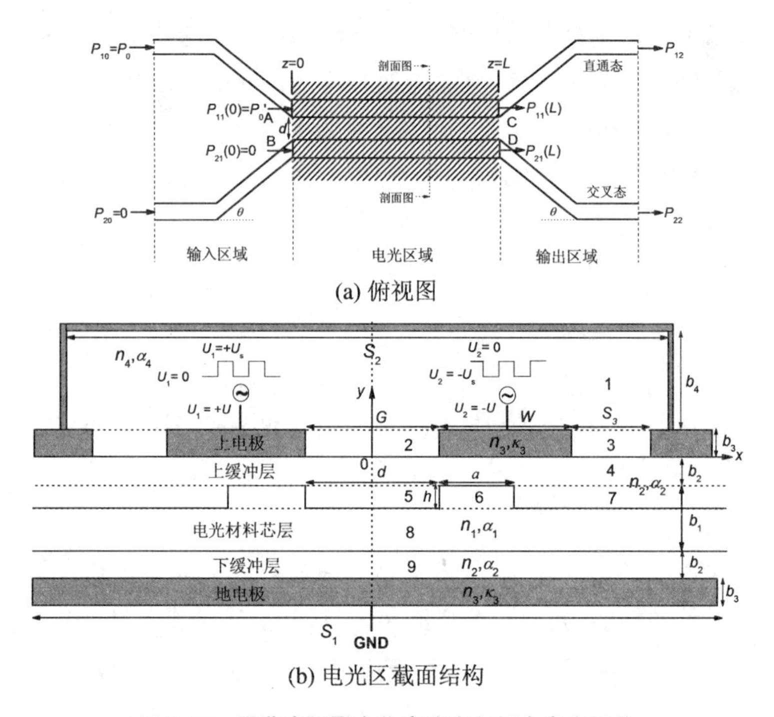

(a) 俯视图

(b) 电光区截面结构

图7.15 屏蔽电极聚合物高速定向耦合电光开关

为了波导内的单模传输，设计中选取 $a=4.0$ μm，$b_1=1.5$ μm，$h=0.5$ μm，$b_2=1.5$ μm，$d=3.0$ μm，$b_3\geqslant 0.15$ μm。电光耦合区长度取为耦合长度 $L=L_0=4139$ μm，模式有效折射率 $n_{\text{eff0}}=1.5936$，模式振幅衰减系数为 $\alpha_{\text{p}}=2.32$ dB/cm。输入、输出区波导的偏折角度 $\theta=1.75^\circ$，偏折波导的长度为 $L'=\dfrac{D_{\text{fiber}}-d}{2\sin\theta}=1.9975$ mm，$D_{\text{fiber}}=125$ μm 为单模光纤的直径。计算中取 $S_1=S_2=40$ μm，$S_3=4.0$ μm。

2. 电极分析

假设电极的厚度不可忽略，则其电场可采用扩展点匹配法进行分析。

将图7.15(b)所示的区域分为9个区，且 $x=0$ 为电壁。注意到区域4、5和8的电势函数展开形式相同，同时区域6和7的电势函数展开形式也相同，因此它们均可被展开为相同的形式。这里将各区域电势展开如下：

$$\phi_1 = a_0(y - b_3 - b_4) + \sum_{k_1=1}^{N_1-1}\left\{a_{k_1}\sinh\left[\frac{k_1\pi[y-(b_3+b_4)]}{S_2/2}\right]\sin\left(\frac{k_1\pi x}{S_2/2}\right)\right\} \tag{7.3.1a}$$

$$\phi_2 = \frac{-2Ux}{G} + \sum_{k_2=1}^{N_2}\left\{\left[b_{1,k_2}\exp\left(-\frac{k_2\pi y}{G/2}\right) + c_{1,k_2}\exp\left(\frac{k_2\pi y}{G/2}\right)\right]\sin\left(\frac{k_2\pi x}{G/2}\right)\right\} \tag{7.3.1b}$$

$$\phi_3 = \frac{-U\left(S_3 + \dfrac{G}{2+W-x}\right)}{S_3} + \sum_{k_3=1}^{N_3}\left\{\left[b_{2,k_3}\exp\left(-\frac{k_3\pi y}{S_3}\right) + c_{2,k_3}\exp\left(\frac{k_3\pi y}{S_3}\right)\right]\sin\left[\frac{k_3\pi\left[x-\left(\dfrac{G}{2+W}\right)\right]}{S_3}\right]\right\} \tag{7.3.1c}$$

$$\phi_v = d_{v,0} + e_{v,0}y + \sum_{k_v=1}^{N_v-1}\left\{\left[d_{v,k_v}\exp\left(-\frac{k_v\pi(y-y_v)}{L_v}\right) + e_{v,k_v}\exp\left(\frac{k_v\pi(y-y_v)}{L_v}\right)\right] \cdot \sin\left[\frac{k_v\pi(x-x_v)}{L_v}\right]\right\} \quad (v = 4,5,8) \tag{7.3.1d}$$

$$\phi_v = d_{v,0} + e_{v,0}y + \sum_{k_v=1}^{N_v-1}\left\{\left[d_{v,k_v}\exp\left(-\frac{k_v\pi(y-y_v)}{L_v}\right) + e_{v,k_v}\exp\left(\frac{k_v\pi(y-y_v)}{L_v}\right)\right] \cdot \cos\left[\frac{k_v\pi(x-x_v)}{L_v}\right]\right\} \quad (v = 6,7) \tag{7.3.1e}$$

$$\phi_9 = f_0(y + (b_1 + 2b_2)) + \sum_{k_9=1}^{N_9-1}\left\{f_{k_9}\sinh\left[\frac{k_9\pi[y+(b_1+2b_2)]}{S_1/2}\right]\sin\left(\frac{k_9\pi x}{S_1/2}\right)\right\} \tag{7.3.1f}$$

展开式中的各待定系数可由边界条件得到方程组来求解。最终区域 v 内的电场 x 和 y 方向的分量可分别表示为

$$E_{v,x}(x,y)=-\frac{\partial\phi_v(x,y)}{\partial x},\quad E_{v,y}(x,y)=-\frac{\partial\phi_v(x,y)}{\partial y}\tag{7.3.2}$$

3. 电极宽度和电极间距

电光调制效率仍可用下述的电光重叠积分表示(详见 3.2 节):

$$\Gamma_y=\frac{\iint\left(\frac{E_y(x,y)}{U}\right)|E'(x,y)|^2\mathrm{d}x\mathrm{d}y}{\iint|E'(x,y)|^2\mathrm{d}x\mathrm{d}y}\tag{7.3.3}$$

式中 $E'(x,y)$为 E_{00}^y模式的电场分布,$E_y(x,y)$为外加电场的 y 分量,积分区域为波导横截面区域。于是两波导中模式有效折射率变化量的绝对值为

$$\Delta n(U)=\frac{1}{2}n_1^3\gamma_{33}U\Gamma_y\tag{7.3.4}$$

式中 γ_{33}为芯层聚合物材料的电光系数,Γ_y 可通过令 $U=1$ 由式(7.3.3)计算得到。当外加电压为 U 时,两条波导中模式的有效折射率分别为 n_{eff1}和 n_{eff2},传播常数分别为 β_{eff1}和 β_{eff2},令 $\delta(U)=(\beta_{\mathrm{eff2}}-\beta_{\mathrm{eff1}})/2$。驱动电压 U_{s}可由下式确定:

$$\delta(U_{\mathrm{s}})=\sqrt{3}K\tag{7.3.5}$$

特别的,当 $U=0$ 时,$\beta_{\mathrm{eff1}}=\beta_{\mathrm{eff2}}\equiv\beta_{\mathrm{eff0}}$且 $n_{\mathrm{eff1}}=n_{\mathrm{eff2}}\equiv n_{\mathrm{eff0}}$。

为了增大电光调制效率并降低驱动电压,需要优化电极宽度 W 和电极间距 G。图 7.16 显示了 U_{s} 和 Γ_y 随 G 和 W 的变化曲线,所用公式为式(7.3.3)和式(7.3.5)。图中可见,当 G 一定时,随着 W 的增加,Γ_y 随之增大而U_{s} 随之减小。当 W 足够大时,如 $W\geqslant6.0\ \mu\mathrm{m}$,$U_{\mathrm{s}}$ 和 Γ_y 的变化很小,Γ_y 几乎达到最大值。为了获得较低的开关电压和较高的电光耦合效率,设计中取 $W=8.0\ \mu\mathrm{m}$,$G=3.0\ \mu\mathrm{m}$。此时,$U_{\mathrm{s}}=2.93\ \mathrm{V}$,$\Gamma_y=0.181\ \mu\mathrm{m}^{-1}$。

4. 阻抗匹配

为了使器件在高频情况下实现正常的开关功能,微波特征阻抗需要等于 50 Ω 以避免微波信号的反射。由于电极宽度和电极间距已经确定,阻抗匹配可通过优化电极厚度 b_3 和屏蔽层厚度 b_4 来实现,而二者对驱动电压和电光耦合效率的影响很小。运用式(3.3.4)、式(3.3.6),图 7.17 显示了微波特征阻抗 Z_0 和微波有效折射率 n_{m} 随电极厚度 b_3 和屏蔽层厚度 b_4 的变化曲线。当选取 $b_3=1.7\ \mu\mathrm{m}$ 和 $b_4=10.0\ \mu\mathrm{m}$ 时,微波特征阻抗为 $Z_0=49.8\ \Omega$,微波有效折射率 $n_{\mathrm{m}}=1.243$。

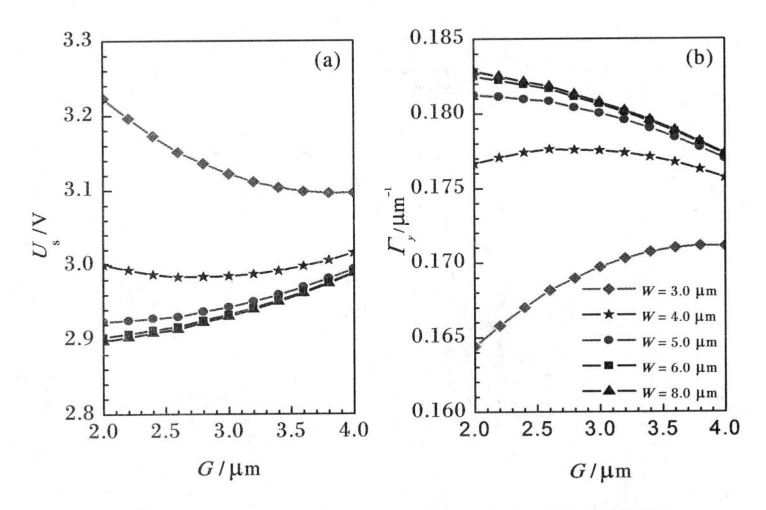

图 7.16 (a) 直通态驱动电压 U_s 和(b) 电光重叠积分因子 Γ_y 随电极间距 G 和电极宽度 W 的变化曲线

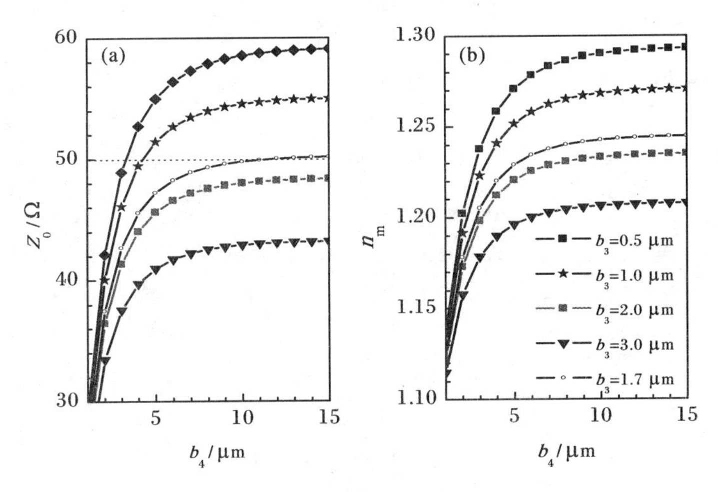

图 7.17 (a) 微波特征阻抗 Z_0 和(b) 微波有效折射率 n_m 随电极厚度 b_3 和屏蔽层厚度 b_4 的变化曲线

5. 电场分布

优化后器件的最终参数为：$W = 8.0\ \mu m$，$G = 3.0\ \mu m$，$b_3 = 1.7\ \mu m$，$b_4 = 10.0\ \mu m$，$S_1 = 40\ \mu m$，$S_2 = 40\ \mu m$，$S_3 = 4\ \mu m$。交叉态和直通态的驱动电压分别为 $U_1 = U_2 = 0$ V 和 $U_1 = -U_2 = 2.93$ V，$Z_0 = 49.8\ \Omega$，$n_m = 1.243$。上述参数下，运用式(7.3.2)，计算得到的各区域电场分量 E_x 和 E_y 如图 7.18 所示，计算步长取为 $\Delta x = 0.1\ \mu m$。图中可见，在边界 $y = b_3$，$y = 0$，

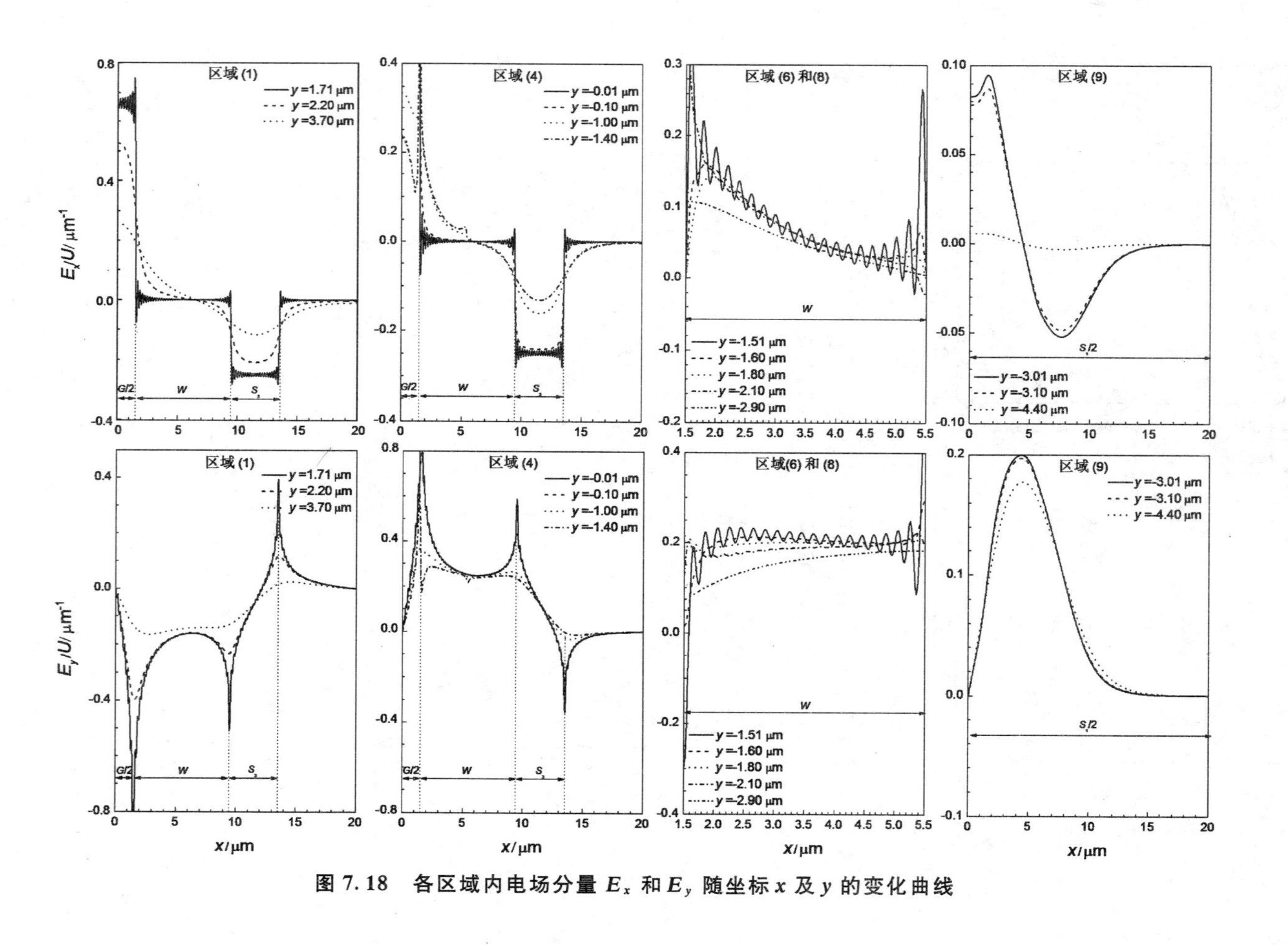

图 7.18 各区域内电场分量 E_x 和 E_y 随坐标 x 及 y 的变化曲线

$y=-b_2$ 和 $y=-b_2-h$ 处，计算得到的电场存在振荡现象，但是当坐标稍微远离边界时，上述振荡就可消失，这主要是由计算中的截断误差所致。因此，当计算微波特征参数时，必须使围线积分路径远离振荡区域，以提高计算精度。

7.3.2　趋肤效应分析

当 $f>c/\lambda_{\mathrm{m}}^{\max}=c/100L_{\mathrm{EO}}=0.72\ \mathrm{GHz}$ 时，电极应视为分布参数电路。由于非电光区传输损耗与趋肤效应无关，以下计算中仅考虑电光区的光波传输损耗。

1. 趋肤效应的门限频率和有效电极厚度

针对图7.19所示的电极模型，令其宽度为 W，厚度为 b_3，长度为 L，电极材料的电导率为 σ_3，磁导率为 μ_3，沿 z 方向的电流密度为 $\boldsymbol{J}_z$。由于传导电流比位移电流大很多，因此可以忽略位移电流。根据麦克斯韦方程，导体内的电场 $\boldsymbol{E}$ 满足

$$\nabla^2\boldsymbol{E}=\mu_3\sigma_3\frac{\partial\boldsymbol{E}}{\partial t}\tag{7.3.6}$$

考虑到传导电流密度满足 $\boldsymbol{J}=\sigma_3\boldsymbol{E}$，式(7.3.6)可以写为

$$\nabla^2\boldsymbol{J}=\mu_3\sigma_3\frac{\partial\boldsymbol{J}}{\partial t}\tag{7.3.7}$$

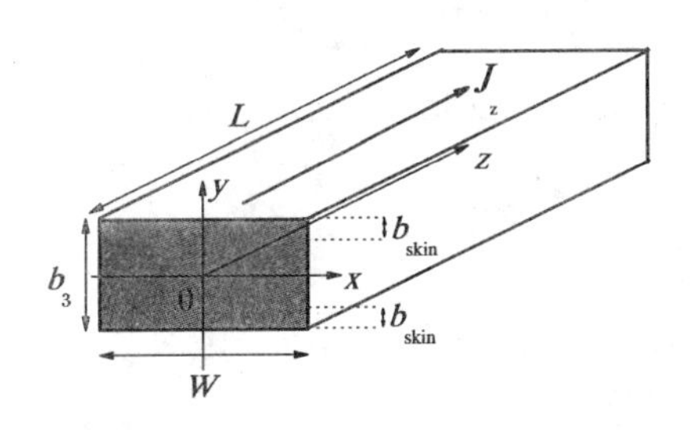

图7.19　微带传输线电极的模型，宽度为 W，厚度为 b_3，长度为 L

由于 $\boldsymbol{J}=J_z(y)\exp(\mathrm{j}\omega t)\boldsymbol{e}_z$，式(7.3.7)可表述为

$$\frac{\mathrm{d}^2J_z(y)}{\mathrm{d}y^2}=\mathrm{j}\omega\mu_3\sigma_3J_z(y)\tag{7.3.8}$$

式中 ω 为微波角频率。方程式(7.3.8)的解为

$$J_z(y)=A\exp(\sqrt{\mathrm{j}\omega\mu_3\sigma_3}\,y)+B\exp(-\sqrt{\mathrm{j}\omega\mu_3\sigma_3}\,y)\tag{7.3.9}$$

注意到 $J_z(y)=J_z(-y)$，因此 $A=B$，进而可得

$$J_z(y) = 2A\cosh(\sqrt{\mathrm{j}\omega\mu_3\sigma_3}\,y) \tag{7.3.10}$$

如图7.19中所标注，定义趋肤深度 b_{skin}，使得在 $y=\pm(b_3/2-b_{\mathrm{skin}})$ 处的电流密度为表面 $y=\pm b_3/2$ 处电流密度的 $1/e$。按照式(7.3.10)，趋肤深度 b_{skin} 可由下式确定：

$$\left|\frac{\cosh[\sqrt{\mathrm{j}\omega\mu_3\sigma_3}(b_3/2-b_{\mathrm{skin}})]}{\cosh(\sqrt{\mathrm{j}\omega\mu_3\sigma_3}\,b_3/2)}\right| = \frac{1}{e} \tag{7.3.11}$$

式中 b_{skin} 的范围为 $b_3/2 \geqslant b_{\mathrm{skin}} \geqslant 0$。当 ω 足够大时，b_{skin} 非常小，此时可以认为电流仅存在于电极表面一个很小的区域内，这种效应称为趋肤效应。

将 $b_{\mathrm{skin}}=\dfrac{b_3}{2}$ 代入式(7.3.11)，则门限角频率 ω_{t} 可由下式确定：

$$\left|\cosh(\sqrt{\mathrm{j}\omega_{\mathrm{t}}\mu_3\sigma_3}\,b_3/2)\right| = e \tag{7.3.12}$$

对应的门限频率可以表示为 $f_{\mathrm{t}}=\omega_{\mathrm{t}}/2\pi$。在趋肤效应下，电极的有效厚度 b_3^{eff} 可表示为

$$b_3^{\mathrm{eff}}(\omega) = 2b_{\mathrm{skin}}(\omega) \tag{7.3.13}$$

式中 $b_{\mathrm{skin}}(\omega)$ 可由式(7.3.11)得到。

运用式(7.3.12)，门限频率 f_{t} 和电极厚度 b_3 的关系曲线如图7.20所示，对于Au电极，取 $\sigma_3=4.1\times10^7\ \mathrm{S\cdot m^{-1}}$，$\mu_3=4\pi\times10^{-7}\ \mathrm{H\cdot m^{-1}}$，$b_3=1.7\ \mu\mathrm{m}$。可以看出，随着 b_3 的增大，f_{t} 随之减小，这意味着增大 b_3 时更易于产生趋肤效应。当 $b_3=1.7\ \mu\mathrm{m}$ 时，门限频率为 $f_{\mathrm{t}}\approx25.41$ GHz。

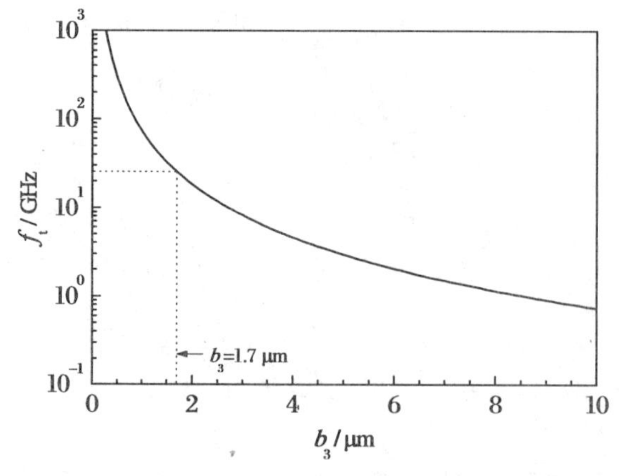

图7.20 门限频率 f_{t} 和电极厚度 b_3 的关系曲线

运用式(7.3.11)和式(7.3.13)，当取 $b_3=1.7\ \mu\text{m}$ 时，图7.21显示了电极有效厚度 b_3^{eff} 随微波频率 f 的变化曲线。由图示结果可知，当 $f<f_t$ 时，$b_3^{\text{eff}}=b_3$。当 f 增大到 f_t 时，b_3^{eff} 开始减小。这也意味着只有当 $f>f_t$ 时，趋肤效应才会影响微波特征阻抗。

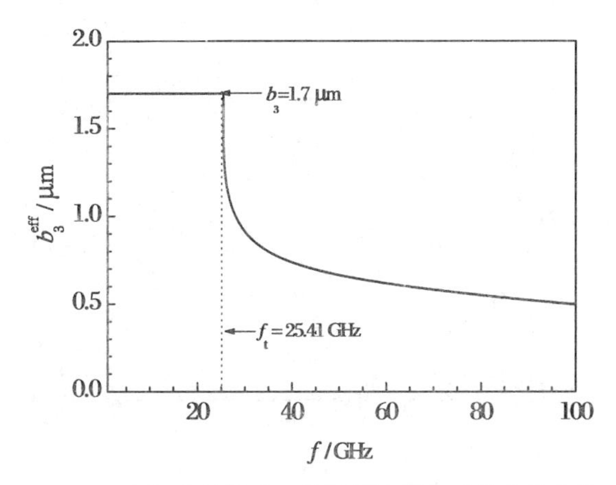

图7.21　电极有效厚度 b_3^{eff} 随微波频率 f 的变化曲线

2．微波特征阻抗和微波有效折射率

由于特征电容与电场分布有关，而电场分布又与电极的有效厚度有关，故将微波折射率修正为

$$n_m(\omega)=\sqrt{C_0(\omega)/C_0'(\omega)} \tag{7.3.14}$$

式中 C_0 为图7.15所示电极结构的单位长度电容，C_0' 为将同样的电极结构嵌入真空中的单位长度电容。此时，微波有效传播常数 β_m 和微波特征阻抗 Z_0 应表示为

$$\beta_m(\omega)=\omega n_m(\omega)/c \tag{7.3.15}$$

$$Z_0(\omega)=\frac{1}{c\sqrt{C_0(\omega)C_0'(\omega)}} \tag{7.3.16}$$

当 $\omega\leqslant\omega_t$ 时，$Z_0=50\ \Omega$。然而当 $\omega>\omega_t$ 时，Z_0 会发生变化，这也导致微波的反射信号 $U_s^r\neq0$，此时定义反射因子

$$\zeta(\omega)=\frac{U_s^r}{U_s}=\frac{50-Z_0(\omega)}{50+Z_0(\omega)} \tag{7.3.17}$$

器件设计中，$\zeta(\omega)$ 需要尽量小，否则器件将不能实现正常的开关功能。若已知允许的最大反射信号强度，我们也可利用式(7.3.17)确定出允许的微波频率范围，进而得到器件的最大工作频率。

运用式(7.3.15)和式(7.3.16),图7.22显示了微波有效折射率 n_m 和微波特征阻抗 Z_0 随微波频率 f 的变化曲线。由计算结果可知,当 f 变化时,n_m 和 Z_0 并非常数,这一方面会导致串扰和插入损耗的变化,另一方面会导致上升时间、下降时间、延迟时间、开关时间和截止开关频率的变化。

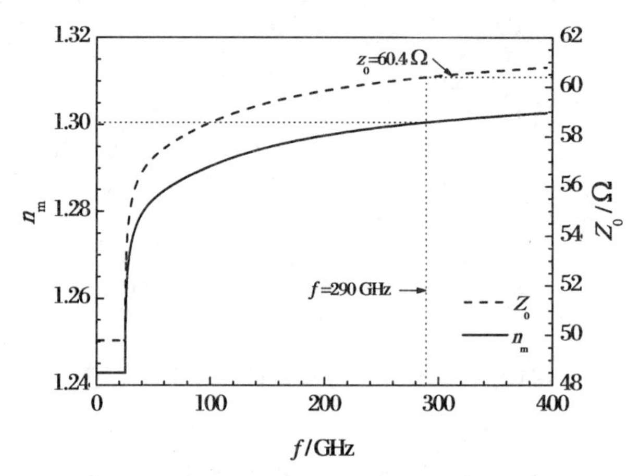

图7.22 微波有效折射率 n_m 和微波特征阻抗 Z_0 随微波频率 f 的变化曲线

为了使得串扰小于 -20 dB,工作电压的漂移量应为 $-0.30\ \text{V}\leqslant U-U_s\leqslant 0.34\ \text{V}$,即可确定出 $|\Delta U|_{\max}=0.3\ \text{V}$。利用式(7.3.17)可得 $|\zeta(\omega)|\leqslant|\Delta U|_{\max}/U_s=0.1024$,因此,微波特征阻抗的允许范围为 $40.71\ \Omega\leqslant Z_0(\omega)\leqslant 60.41\ \Omega$。根据图7.22可确定出最大的微波频率约为290 GHz,此时器件的串扰小于 -20 dB,对应的微波有效折射率约为1.30。

3. 响应参数、插入损耗和串扰

上升时间 t_{rise}、下降时间 t_{fall}、开关时间 t_s、延迟时间 t_d 和截止开关频率 f_m^{cut} 的定义可参见7.1.2节。当 $U=0$ V时,定义光波模式的传输速度为 $v_0=c/n_{\text{eff0}}$,当 $U=U_s$ 时波导1和波导2中的光波模式传输速度分别为 $v_1=c/n_{\text{eff1}}$ 和 $v_2=c/n_{\text{eff2}}$。按照微波频率的不同,对器件响应参数的分析可分为三种情形:首先,当 $f<c/\lambda_m^{\max}$ 时,电极应作为集总参数电路处理,这种情形在7.1节已经做过讨论;其次,当 $f_t>f>c/\lambda_m^{\max}$ 时,电极应作为分布参数电路处理,n_m 和 Z_0 为常数;第三,当 $f>f_t$ 时,电极也应作为分布参数处理,但是由于趋肤效应的存在,n_m 和 Z_0 不为常数。这里我们仅考虑后面的两种情形。

首先,定义延迟时间 t_d 为

$$t_{\rm d} = \begin{cases} L'/v_0 + L_0/v_{\rm m} & (v_{\rm m} \geqslant v_0) \\ L'/v_0 + L_0/v_0 & (v_{\rm m} < v_0) \end{cases} \tag{7.3.18}$$

式中 $v_{\rm m}$ 为微波传输速度,其表达式为

$$v_{\rm m}(\omega) = \omega/\beta_{\rm m}(\omega) \tag{7.3.19}$$

(1) 当电压 U_1 从 0 变化为 $U_{\rm s}$ 且 U_2 从 0 变化为 $-U_{\rm s}$ 时,$t_{\rm rise}$ 和 $t_{\rm fall}$ 满足

$$\begin{cases} |C_1\{L_0 - [v_{\rm m}(t_{\rm rise} + L_0/v_{\rm m}) - L_0][v_1/(v_{\rm m} - v_1)]\}|^2 = 0.9 \\ |D_1\{L_0 - [v_{\rm m}(t_{\rm fall} + L_0/v_{\rm m}) - L_0][v_2/(v_{\rm m} - v_2)]\}|^2 = 0.1 \end{cases}$$

$$(v_{\rm m} > v_0) \tag{7.3.20}$$

$$t_{\rm rise} = 0, \quad t_{\rm fall} = 0 \quad (v_{\rm m} = v_0) \tag{7.3.21}$$

$$\begin{cases} |C_2\{L_0 - [L_0 - v_{\rm m}(t_{\rm rise} + L_0/v_0)][v_0/(v_0 - v_{\rm m})]\}|^2 = 0.9 \\ |D_2\{L_0 - [L_0 - v_{\rm m}(t_{\rm fall} + L_0/v_0)][v_0/(v_0 - v_{\rm m})]\}|^2 = 0.1 \end{cases}$$

$$(v_{\rm m} < v_0) \tag{7.3.22}$$

(2) 当电压 U_1 从 $U_{\rm s}$ 变化为 0 且 U_2 从 $-U_{\rm s}$ 变化为 0 时,$t_{\rm rise}$ 和 $t_{\rm fall}$ 满足

$$\begin{cases} |C_2\{L_0 - [v_{\rm m}(t_{\rm fall} + L_0/v_{\rm m}) - L_0][v_0/(v_{\rm m} - v_0)]\}|^2 = 0.1 \\ |D_2\{L_0 - [v_{\rm m}(t_{\rm rise} + L_0/v_{\rm m}) - L_0][v_0/(v_{\rm m} - v_0)]\}|^2 = 0.9 \end{cases}$$

$$(v_{\rm m} > v_0) \tag{7.3.23}$$

$$t_{\rm rise} = 0, \quad t_{\rm fall} = 0 \quad (v_{\rm m} = v_0) \tag{7.3.24}$$

$$\begin{cases} |C_1\{L_0 - [L_0 - v_{\rm m}(t_{\rm fall} + L_0/v_0)][v_1/(v_1 - v_{\rm m})]\}|^2 = 0.1 \\ |D_1\{L_0 - [L_0 - v_{\rm m}(t_{\rm rise} + L_0/v_0)][v_2/(v_2 - v_{\rm m})]\}|^2 = 0.9 \end{cases}$$

$$(v_{\rm m} < v_0) \tag{7.3.25}$$

式中

$$C_1(z) = f_1(L_0 - z)f_2(z) - g_1(L_0 - z)g_2^*(z) \tag{7.3.26a}$$

$$D_1(z) = -{\rm j}g_1^*(L_0 - z)f_2(z) - {\rm j}f_1^*(L_0 - z)g_2^*(z) \tag{7.3.26b}$$

$$C_2(z) = f_2(L_0 - z)f_1(z) - g_2(L_0 - z)g_1^*(z) \tag{7.3.26c}$$

$$D_2(z) = -{\rm j}g_2^*(L_0 - z)f_1(z) - {\rm j}f_2^*(L_0 - z)g_1^*(z) \tag{7.3.26d}$$

定义 $f_1(z) = \cos(\sqrt{\delta^2 + K^2}z) + {\rm j}\dfrac{\delta}{\sqrt{\delta^2 + K^2}}\sin(\sqrt{\delta^2 + K^2}z)$, $g_1(z) = \dfrac{K}{\sqrt{\delta^2 + K^2}}\sin(\sqrt{\delta^2 + K^2}z)$, $f_2(z) = \cos(Kz)$ 和 $g_2(z) = \sin(Kz)$。开关时

间 t_s 可由式(7.3.27)估计：

$$t_s = \max(t_d + t_{rise}, t_d + t_{fall}) \tag{7.3.27}$$

针对本节所设计的电光开关，由于 $n_m \leqslant 1.30$ 及 $n_{eff0} = 1.5936$，故 $v_m > v_0$，因此我们可运用式(7.3.18)、式(7.3.20)、式(7.3.23)和式(7.3.27)来分析器件的响应参数。当器件从交叉态变为直通态时，图 7.23 绘出了上升时间 t_{rise}、下降时间 t_{fall}、延迟时间 t_d 和开关时间 t_s 随微波频率 f 的变化曲线。可以看出，随着微波频率的增大，t_{rise} 和 t_{fall} 随之减小，t_d 和 t_s 随之增加，它们均不是常数。

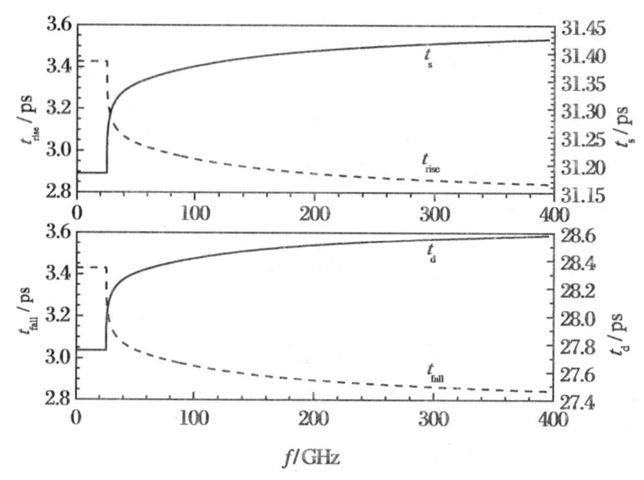

图 7.23 上升时间 t_{rise}、下降时间 t_{fall}、延迟时间 t_d 和开关时间 t_s 随微波频率 f 的变化曲线

当不考虑趋肤效应时，可以用 $1/(t_{rise} + t_{fall})$ 来估计截止开关频率 f_m^{cut}。然而当存在趋肤效应时，由于 $1/(t_{rise} + t_{fall})$ 随 f 而变化，$1/(t_{rise} + t_{fall})$ 不能简单地被视为 f_m^{cut}。考虑到 $f \leqslant 1/(t_{rise} + t_{fall})$ 同时 $f_m^{cut} = \max\{1/[t_{rise}(f) + t_{fall}(f)]\}$，因此 f_m^{cut} 是方程式(7.3.28)的解，即

$$f = \frac{1}{t_{rise}(f) + t_{fall}(f)} \tag{7.3.28}$$

为了确定 f_m^{cut}，令 $g_1(f) = f$ 和 $g_2(f) = 1/[t_{rise}(f) + t_{fall}(f)]$。图 7.24 显示了 $g_1(f)$ 和 $g_2(f)$ 随微波频率 f 的变化曲线。由于 f_m^{cut} 是曲线 $g_1(f)$ 和 $g_2(f)$ 交点处 f 的值，则根据图 7.24 可确定出所设计器件的截止开关频率为 $f_m^{cut} = 172$ GHz。当 $f < f_m^{cut}$ 时，可进一步由图 7.23 得到开关时间的范围为 31.18～31.40 ps。

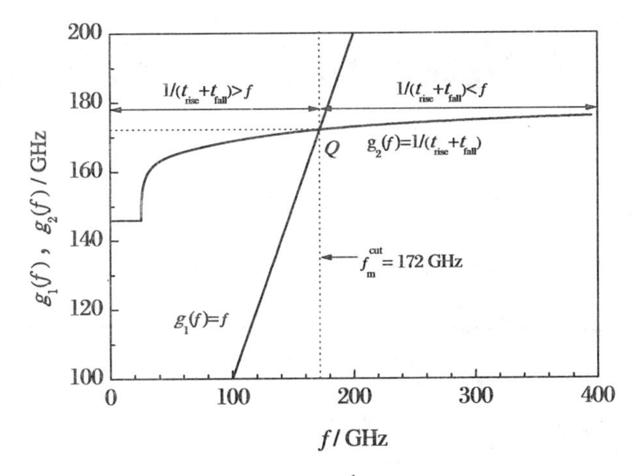

图 7.24　$g_1(f)=f$ 和 $g_2(f)=\dfrac{1}{[t_{rise}(f)+t_{fall}(f)]}$ 随微波频率 f 的变化曲线

图 7.25 显示了趋肤效应对器件串扰和插入损耗的影响。根据图示结果，当 $f<f_m^{cut}=172$ GHz 时，器件的串扰小于 -20 dB，插入损耗的范围为 1.920～1.975 dB。

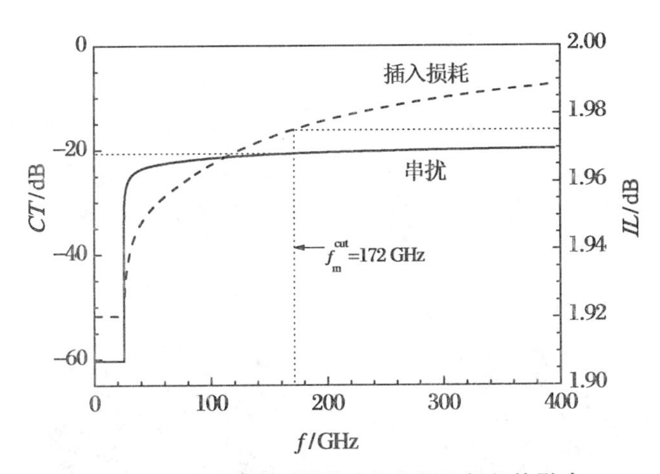

图 7.25　趋肤效应对器件串扰和插入损耗的影响

7.3.3　方法验证

为了验证本节理论分析方法的精度，首先，应用本节给出的设计理论和分析方法，计算了器件的传输功率 P_1 和 P_2 与传输距离 z 的关系，如图 7.26 中曲线所示，取初始输入光功率 $P_0=1$。其次，在相同的结构参数下，应用 BPM 数值方法对器件的传输光功率进行了仿真，如图 7.27 所示，取初始输入光功率 $P_0=1$。对比图 7.26 和图 7.27 可以发现，二者吻合较好，计算结果的差异较小。比如，在交叉态下，本节理论方法的计算结果为 $P_1=0$，$P_2=0.802$，BPM 的计算结果为 $P_1=0.01$，$P_2=0.797$；在直通态下，本节方法的计算结果为 $P_1=802$，$P_2=0$，BPM 的计算结果为 $P_1=0.760$，$P_2=0.03$。这表明本节给出的分析方法具有一定的精度和可行性，可满足工程设计需要。

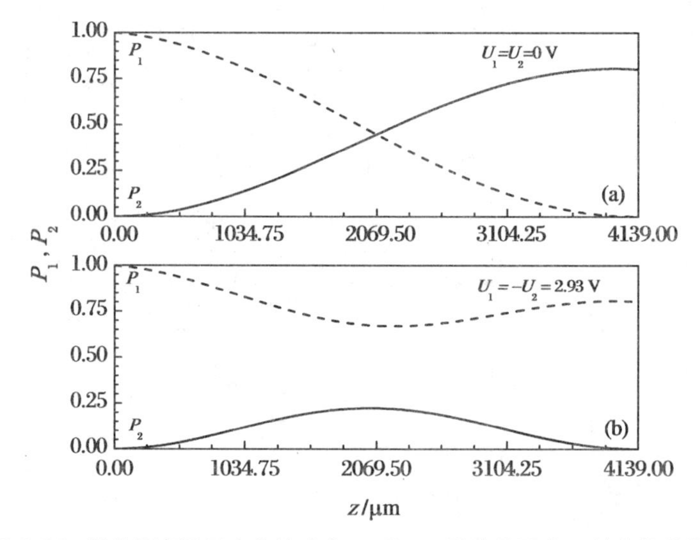

图 7.26 器件两条波导中传输功率 P_1 和 P_2 随传输距离 z 的变化曲线

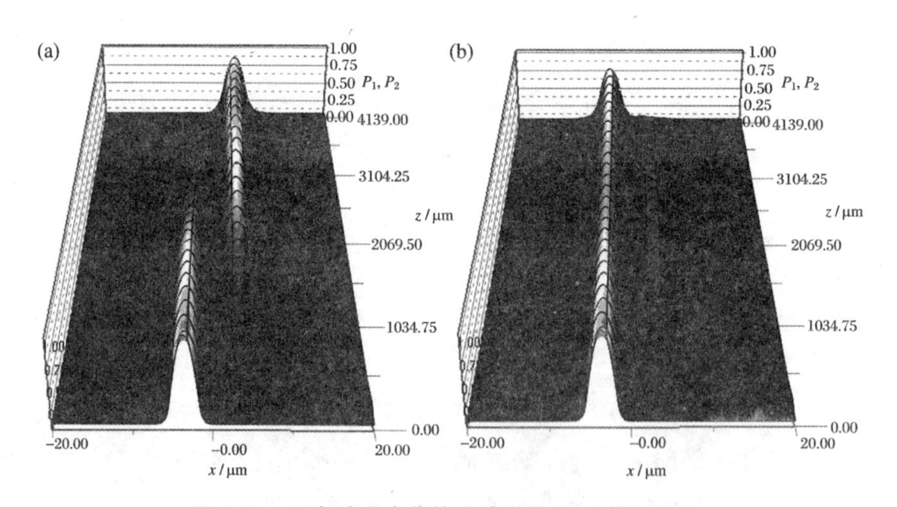

图 7.27 两条波导中传输光功率的 BPM 模拟结果

(a) $U=0$ V；(b) $U=2.93$ V

7.3.4 小结

应用扩展点匹配法、耦合模理论和电光调制理论，本节优化设计了一种屏蔽电极聚合物定向耦合电光开关。给出了用于分析趋肤效应对微波特征参数和开关性能影响的相关理论和分析方法。模拟结果显示，所设计器件的交叉态和直通态电压分别为 0 V 和 ± 2.93 V，电光耦合区长度为 4.139 mm。考虑趋肤效应的影响，器件的截止开关频率为 172 GHz，当微波开关频率在 0.72～172 GHz 范围内时，器件的插入损耗为 1.920～1.975 dB，串扰小于 − 20 dB，开关时间为 31.18～31.40 ps。

7.4 屏蔽行波电极高速 Y 型耦合器电光开关

根据 4.6 节知识可知，与定向耦合电光开关相比，Y 型耦合器电光开关具有较小的耦合区长度和较小的开关电压。另外，根据 7.3 节知识，屏蔽层的引入会使阻抗匹配和提高电光调制效率同时实现，进而大大简化器件的优化设计过程。因此，本节将设计一种屏蔽电极 Y 型耦合器电光开关，也将分析趋肤效应对其性能的影响。

7.4.1 结构和优化

1. 器件结构与基本参数

图 7.28(a)所示为屏蔽电极 Y 型耦合器电光开关的结构图，它包括屏蔽推挽电极、Y 分支分束器和电光耦合区，其中电光区波导的长度为 L，耦合间距为 d。电光区的截面结构如图 7.28(b)所示，所述的屏蔽推挽电极包括一对表面工作电极、一个地电极和一个屏蔽层电极，两工作电极间距为 G、宽度为 W、厚度为 b_3。各介质层材料参数及尺寸参数的选取见 4.1 节，中心波长为 $\lambda_0 = 1550$ nm。在器件工作过程中，电极上施加的电压分别为

$U_1=+U$ 和 $U_2=-U$，当 $U=0$ 时，$P_1=P_2\equiv P_0/2$，器件处于 3 - dB 状态；定义 U_π 为开关电压或者半波电压，则当 $U=-U_\pi/2$ 时，$P_1=P_0$，$P_2=0$，器件处于上分支状态；当 $U=+U_\pi/2$ 时，$P_1=0$，$P_2=P_0$，器件处于下分支状态。

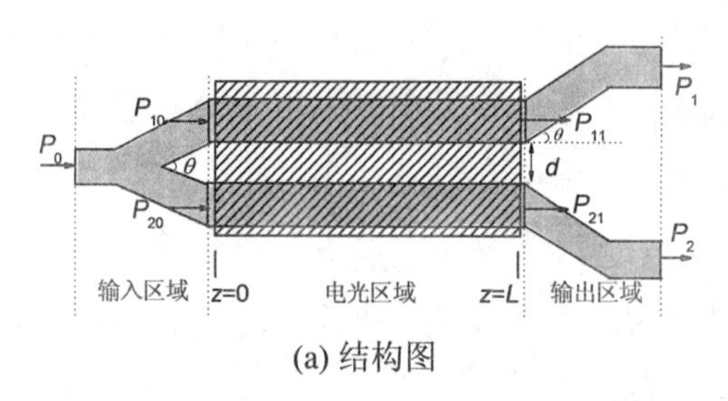

(a) 结构图

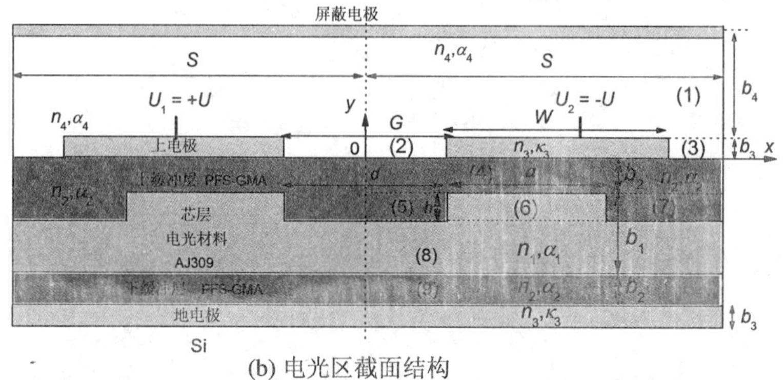

(b) 电光区截面结构

图 7.28 屏蔽电极 Y 型耦合器高速电光开关结构图

为了实现波导的单模传输，设计中选取 $a=4.0\ \mu\text{m}$，$b_1=1.5\ \mu\text{m}$，$h=0.5\ \mu\text{m}$，$b_2=1.5\ \mu\text{m}$，$d=4.0\ \mu\text{m}$，$b_3\geqslant 0.1\ \mu\text{m}$。电光耦合区长度 $L=\dfrac{\pi}{(2\sqrt{2}K)}=8883.6\ \mu\text{m}$，模式有效折射率 $n_{\text{eff0}}=1.5936$，振幅衰减系数为 $\alpha_{\text{p}}=2.32\ \text{dB/cm}$。Y 分支分束器的偏折角度为 $\theta=1.5^\circ$，器件宽度为 $2S=40\ \mu\text{m}$。

2. 电极宽度与电极间距

设计中假设电极为确定厚，则其电场可以采用扩展点匹配法进行分析。将图 7.28(b)所示的区域分为 9 个区，且 $x=0$ 为电壁。注意到区域 4、5 和 8 的电势函数展开形式相同，同时区域 6 和 7 的电势函数展开形式也相同，因此它们均可被展开为相同的形式。各区域电势函数的展开式如下：

$$\phi_1=a_0(y-b_3-b_4)+\sum_{k_1=1}^{N_1-1}\left(a_{k_1}\sinh\left\{\frac{k_1\pi[y-(b_3+b_4)]}{S}\right\}\sin\left(\frac{k_1\pi x}{S}\right)\right) \tag{7.4.1a}$$

$$\phi_2 = \frac{-2Ux}{G} + \sum_{k_2=1}^{N_2}\left\{\left[b_{1,k_2}\exp\left(-\frac{k_2\pi y}{G/2}\right) + c_{1,k_2}\exp\left(\frac{k_2\pi y}{G/2}\right)\right]\sin\left[\frac{k_2\pi x}{G/2}\right]\right\} \tag{7.4.1b}$$

$$\begin{aligned}\phi_3 = & \frac{-U(S-x)}{S-W-G/2} \\ & + \sum_{k_3=1}^{N_3}\left\{\left[b_{2,k_3}\exp\left(-\frac{k_3\pi y}{S-W-G/2}\right) + c_{2,k_3}\exp\left(\frac{k_3\pi y}{S-W-G/2}\right)\right]\right. \\ & \left.\cdot\sin\left[\frac{k_3\pi[x-(G/2+W)]}{S-W-G/2}\right]\right\}\end{aligned} \tag{7.4.1c}$$

$$\begin{aligned}\phi_v = & d_{v,0} + e_{v,0}y \\ & + \sum_{k_v=1}^{N_v-1}\left\{\left[d_{v,k_v}\exp\left(-\frac{k_v\pi(y-y_v)}{L_v}\right) + e_{v,k_v}\exp\left(\frac{k_v\pi(y-y_v)}{L_v}\right)\right]\right. \\ & \left.\cdot\sin\left[\frac{k_v\pi(x-x_v)}{L_v}\right]\right\} \quad (v=4,5,8)\end{aligned} \tag{7.4.1d}$$

$$\begin{aligned}\phi_v = & d_{v,0} + e_{v,0}y \\ & + \sum_{k_v=1}^{N_v-1}\left\{\left[d_{v,k_v}\exp\left(-\frac{k_v\pi(y-y_v)}{L_v}\right) + e_{v,k_v}\exp\left(\frac{k_v\pi(y-y_v)}{L_v}\right)\right]\right. \\ & \left.\cdot\cos\left[\frac{k_v\pi(x-x_v)}{L_v}\right]\right\} \quad (v=6,7)\end{aligned} \tag{7.4.1e}$$

$$\phi_9 = f_0(y+b_1+2b_2) + \sum_{k_9=1}^{N_9-1}\left\{f_{k_9}\sinh\left[\frac{k_9\pi(y+b_1+2b_2)}{S}\right]\sin\left(\frac{k_9\pi x}{S}\right)\right\} \tag{7.4.1f}$$

展开式中的各待定系数可通过求解由边界条件构建的方程组得到。最终区域 v 内的电场 x、y 方向分量可分别表示为

$$E_{v,x}(x,y) = -\frac{\partial\phi_v(x,y)}{\partial x}, \quad E_{v,y}(x,y) = -\frac{\partial\phi_v(x,y)}{\partial y} \tag{7.4.2}$$

在外加电压 U 作用下，令电光区两波导中传输模式的有效折射率分别为 n_{eff1} 和 n_{eff2}，传播常数分别为 β_{eff1} 和 β_{eff2}，且令 $\delta(U)=(\beta_{\text{eff2}}-\beta_{\text{eff1}})/2$。器件的上分支和下分支的输出光功率可以表示为

$$P_{11}^0(U) = \frac{P_0}{2}\left[1 - \frac{2\delta K}{\delta^2+K^2}\sin^2(\sqrt{\delta^2+K^2}L)\right] \tag{7.4.3a}$$

$$P_{21}^{0}(U) = \frac{P_0}{2}\left[1 + \frac{2\delta K}{\delta^2 + K^2}\sin^2(\sqrt{\delta^2 + K^2}L)\right] \qquad (7.4.3b)$$

当 $\delta = +K$ 且 $L = \pi/(2\sqrt{2}K)$ 时，$P_{11}^{0} = 0$，器件处于下分支状态；当 $\delta = -K$ 且 $L = \pi/(2\sqrt{2}K)$ 时，$P_{11}^{0} = 1$，器件处于上分支状态。因此半波电压或开关电压可由下式求解：

$$\delta(U_\pi) = 2K \qquad (7.4.4)$$

特别的，当 $U = 0$ 时，$\beta_{\text{eff1}} = \beta_{\text{eff2}} \equiv \beta_{\text{eff0}}$，$n_{\text{eff1}} = n_{\text{eff2}} \equiv n_{\text{eff0}}$。

为了增大电光调制效率并降低驱动电压，需要优化电极宽度 W 和电极间距 G。图 7.29 显示了开关电压 U_π 和电光重叠积分因子 Γ_y 与电极间距 G 和电极宽度 W 的关系曲线，取 $b_3 = 1.0\ \mu\text{m}$，$b_4 = 5.0\ \mu\text{m}$，$S = 20\ \mu\text{m}$。图中可见，当 G 一定时，随着 W 的增加，Γ_y 增大而 U_π 随之减小。当 W 足够大时，比如 $W \geqslant 8.0\ \mu\text{m}$，$U_\pi$ 和 Γ_y 的变化量很小，Γ_y 几乎达到最大值，因此设计中取 $W = 8.0\ \mu\text{m}$。当 $W = 8.0\ \mu\text{m}$ 时，随着 G 的减小，Γ_y 增大而 U_π 随之减小。当 G 足够小时，比如 $G \leqslant 3.0\ \mu\text{m}$，$U_\pi$ 和 Γ_y 的变化量很小，因此设计中取 $G = 3.0\ \mu\text{m}$，此时 $U_\pi = 1.097\ \text{V}$。

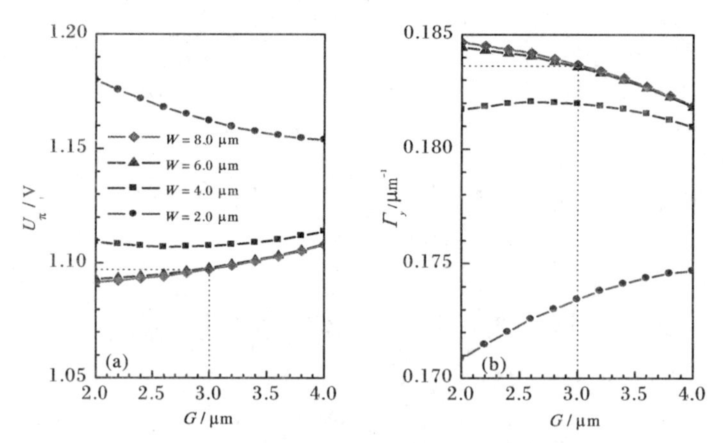

图 7.29 (a)开关电压 U_π 和(b)电光重叠积分因子 Γ_y 与电极间距 G 和电极宽度 W 的关系曲线

4. 阻抗匹配

为使器件在高频情况下实现正常的开关功能，电极的微波特征阻抗需要等于 50 Ω 来避免微波信号的反射。由于电极宽度和电极间距已经确定，微波阻抗的匹配可通过优化电极厚度 b_3 和屏蔽层厚度 b_4 来实现，而二者对驱动电压和电光耦合效率的影响很小。运用式(3.3.4)及式(3.3.6)，图

7.30 显示了微波特征阻抗 Z_0 和微波有效折射率 n_m 随电极厚度 b_3 和屏蔽层厚度 b_4 的变化曲线。可以看出，当选择 $b_3=2.0\ \mu m$ 和 $b_4=6.0\ \mu m$ 时，微波特征阻抗为 $Z_0=49.8\ \Omega$，微波有效折射率为 $n_m=1.241$。

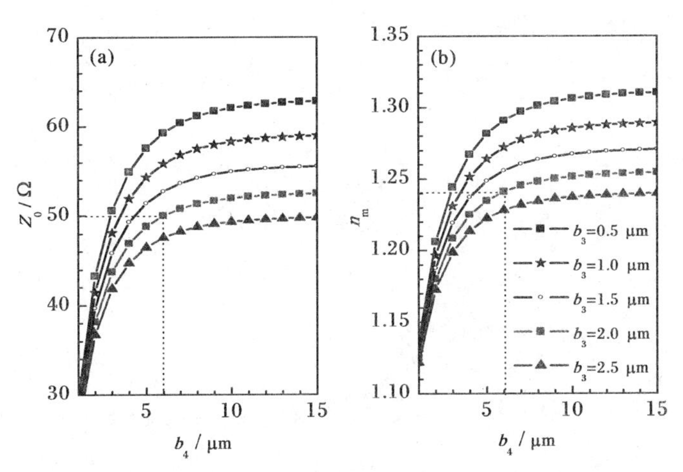

图 7.30　(a)微波特征阻抗 Z_0 和(b)微波有效折射率 n_m 随电极厚度 b_3 和屏蔽层厚度 b_4 的变化曲线

5. 开关特性

在所优化的参数下，器件的总长度约为 9290 μm(包括电光区的长度 8884 μm、Y 分束器的长度 406 μm)，器件厚度为 14.5 μm。图 7.31 示出了输出光功率 P_{11}^0 和 P_{21}^0 与外加电压 U 的关系曲线，所用公式为式(7.4.3)。可以看出，当 $U=0$ V 时，器件处于 3－dB 状态；当 $U=+0.5485$ V 时，器件处于下分支状态；当 $U=-0.5485$ V 时，器件处于上分支状态。

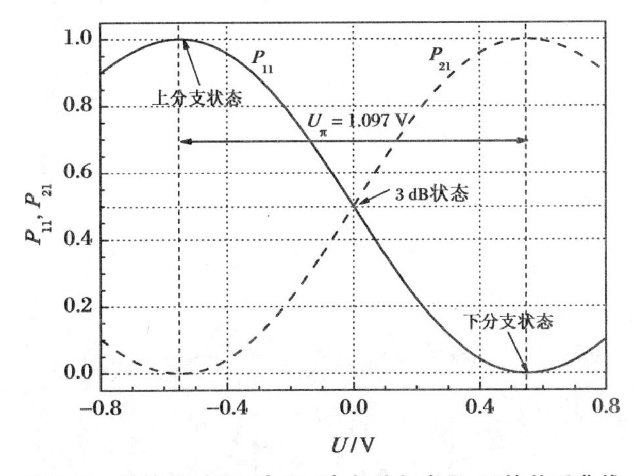

图 7.31　输出光功率 P_{11}^0 和 P_{21}^0 与外加电压 U 的关系曲线

7.4.2　趋肤效应分析

1. 门限频率和电极有效厚度

详细的推导过程可参考7.3节，这里仅给出结论。门限频率由下式确定：

$$\left|\cosh\left(\sqrt{\mathrm{j}2\pi f_{\mathrm{t}}\mu_3\sigma_3}\,b_3/2\right)\right| = e \tag{7.4.5}$$

当$f>f_{\mathrm{t}}$时，电极有效厚度由下式确定：

$$\left|\frac{\cosh\left[\sqrt{\mathrm{j}2\pi f\mu_3\sigma_3}\,(b_3 - b_3^{\mathrm{eff}})/2\right]}{\cosh\left(\sqrt{\mathrm{j}2\pi f\mu_3\sigma_3}\,b_3/2\right)}\right| = \frac{1}{e} \tag{7.4.6}$$

该式表明b_3^{eff}是f的函数，可写为$b_3^{\mathrm{eff}} = \begin{cases} b_3 & (f\leqslant f_{\mathrm{t}}) \\ b_3^{\mathrm{eff}}(f) & (f>f_{\mathrm{t}}) \end{cases}$。

利用式(7.4.5)，图7.32显示了电极有效厚度b_3^{eff}与微波频率f的关系，对于Au电极，取$\sigma_3 = 4.1\times10^7\ \mathrm{S\cdot m^{-1}}$，$\mu_3 = 4\pi\times10^{-7}\ \mathrm{H\cdot m^{-1}}$，$b_3 = 2.0\ \mu\mathrm{m}$。图中可见，器件的门限频率为$f_{\mathrm{t}} = 18.37\ \mathrm{GHz}$，随着$f$的增大，$b_3^{\mathrm{eff}}$随之减小，这将导致微波特性参数的变化。

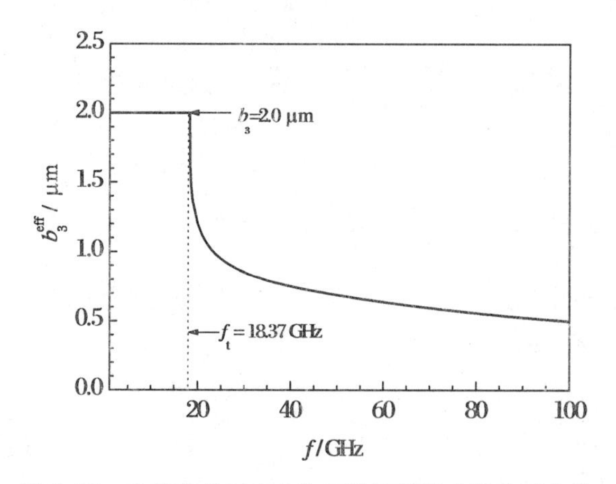

图7.32　电极有效厚度b_3^{eff}与微波频率f的关系曲线

2. 微波特性参数

根据3.2节知识，我们将微波特性参数的表达式改写如下：

$$n_{\mathrm{m}}(f) = \sqrt{C_0(f)/C_0'(f)} \tag{7.4.7}$$

$$Z_0(f) = 1/\left[c\sqrt{C_0(f)C_0'(f)}\right] \tag{7.4.8}$$

$$\beta_{m}(f) = 2\pi f n_{m}(f)/c \tag{7.4.9}$$

当 $f \leqslant f_t$ 时，Z_0 应为 50 Ω；当 $f > f_t$ 时，Z_0 会改变，此时微波信号将存在反射，定义反射因子

$$\zeta(f) = \frac{U^r}{U} = \frac{50 - Z_0(f)}{50 + Z_0(f)} \tag{7.4.10}$$

运用式(7.4.7)和式(7.4.8)，图7.33显示了微波频率 f 对微波有效折射率 n_m 和微波特征阻抗 Z_0 的影响。可以看到，当 f 变化时，n_m 和 Z_0 随之变化，此时由于存在微波反射信号，这将导致器件高频响应特性的变化。

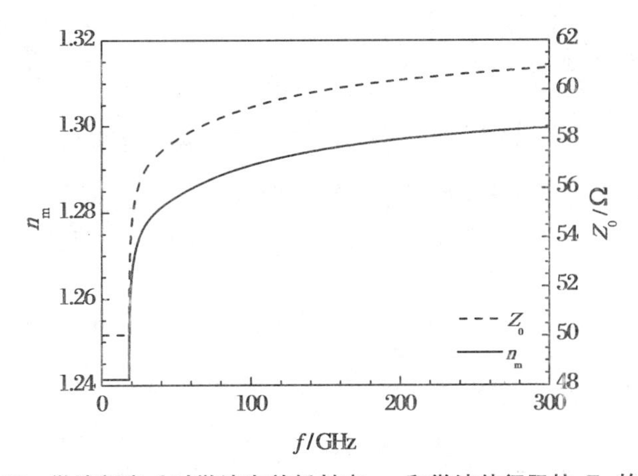

图7.33 微波频率 f 对微波有效折射率 n_m 和微波特征阻抗 Z_0 的影响

3. 高频响应

在正弦波信号调制下，假设调制信号源的内阻抗 $Z_g = 0$，调制电压的幅值为 U_g，电极的负载电阻 $Z_L = 50$ Ω。按照行波传输线理论，在考虑微波信号终端反射的情况下，t 时刻电极上 z 点的电压幅值为

$$U(z,t) = U_g \frac{\exp[\mathrm{j}(2\pi f t - \beta_m z)] + \zeta\exp(-\mathrm{j}2\beta_m L)\exp[\mathrm{j}(2\pi f t + \beta_m z)]}{1 + \zeta\exp(-\mathrm{j}2\beta_m L)} \tag{7.4.11}$$

式中 β_m 和 ζ 由式(7.4.9)和式(7.4.10)给出。

考虑 t 时刻进入 z 点的光波微元，t' 时刻该光波微元的位置为

$$z(t') = c/n_m(t' - t) \tag{7.4.12}$$

式中 n_m 由式(7.4.7)给出。在 t' 时刻 $z(t')$ 处的电压可写为

$$U[z(t'),t'] = U_g\left(\frac{\exp(\mathrm{j}\{2\pi f t' - \beta_m[c/n_m(t' - t)]\})}{1 + \zeta\exp(-\mathrm{j}2\beta_m L)}\right.$$

$$+\frac{\zeta\exp(-\mathrm{j}2\beta_{\mathrm{m}}L)\exp(\mathrm{j}\{2\pi ft'+\beta_{\mathrm{m}}[c/n_{\mathrm{m}}(t'-t)]\})}{1+\zeta\exp(-\mathrm{j}2\beta_{\mathrm{m}}L)}\Bigg) \tag{7.4.13}$$

令$[1+\zeta\exp(-\mathrm{j}2\beta_{\mathrm{m}}L)]^{-1}=|\sigma|\exp(\mathrm{j}\phi_0)$，$t'$时刻$z(t')$处的瞬时电压值为

$$u[z(t'),t']=U_{\mathrm{g}}|\sigma|\cos\{2\pi ft'-\beta_{\mathrm{m}}[c/n_{\mathrm{m}}(t'-t)]+\phi_0\}$$
$$+U_{\mathrm{g}}\zeta|\sigma|\cos\{2\pi ft'+\beta_{\mathrm{m}}[c/n_{\mathrm{m}}(t'-t)]-2\beta_{\mathrm{m}}L+\phi_0\} \tag{7.4.14}$$

忽略微波折射率的变化对模式传输速度的影响，光波传输距离为 L 的耦合区所需要的时间为

$$\tau=L/v_{\mathrm{c}} \tag{7.4.15}$$

式中 $v_{\mathrm{c}}=c/n_{\mathrm{eff0}}$。于是 t 时刻进入 $z=0$ 处的光波微元在 $t+\tau$ 时刻从 $z=L$ 处输出时，相位的变化为

$$\Delta\psi(t)=\frac{c}{n_{\mathrm{eff0}}}\int_t^{t+\tau}2\delta\{u[z(t'),t']\}\mathrm{d}t' \tag{7.4.16}$$

引入有效电压 $u_{\mathrm{eff}}(t)$，由下式确定：

$$\delta[u_{\mathrm{eff}}(t)]=\Delta\psi(t-\tau)/(2L) \tag{7.4.17}$$

当考虑模式损耗时，器件的输出光功率可表示为

$$P_{11}(t)=P_{11}^0[u_{\mathrm{eff}}(t)]\exp(-2\alpha_{\mathrm{p}}L-\alpha_{\mathrm{splitter}}) \tag{7.4.18a}$$

$$P_{21}(t)=P_{21}^0[u_{\mathrm{eff}}(t)]\exp(-2\alpha_{\mathrm{p}}L-\alpha_{\mathrm{splitter}}) \tag{7.4.18b}$$

式中 $\alpha_{\mathrm{splitter}}$为 Y 分支分束器的光波损耗，$P_{11}^0$和 P_{21}^0由式(7.4.3)给出。

当忽略光波模式损耗时，在考虑趋肤效应和不考虑趋肤效应两种情况下，图 7.34 绘出了 $z=0$ 处的外加调制电压 $u(t)$和器件的输出光功率 $P_{11}(t)$随响应时间 t 的变化曲线，取调制电压 $u(t)=\cos(2\pi ft)$ V，延迟时间$\tau\approx49$ ps，输入光功率 $P_0=1$，(a)图中 $f=20$ GHz，(b)图中 $f=50$ GHz，(c)图中 $f=80$ GHz，(d)图中 $f=100$ GHz。图中可见，首先，微波频率 f 越大，两种情况下的响应曲线差异越大；其次，当 f 增大时，输出光功率幅值减小，当该幅值减小至低频(如 $f=10$ MHz)时功率幅值的一半时，对应的频率被称为 3 dB 带宽。图 7.34 同时也表明，趋肤效应会影响器件的响应性能和输出光功率幅值的变化，进而会影响器件的 3 dB 调制带宽。

4. 3 dB 调制带宽

在中心波长下，当外加调制电压的幅值略大于开关电压时，上分支(用

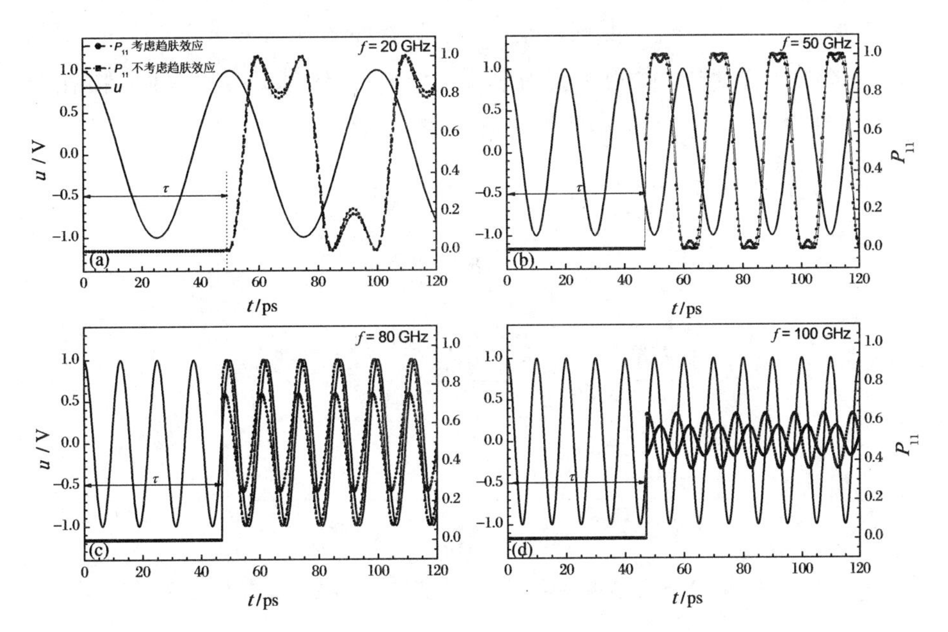

图 7.34　外加调制电压 $u(t)$ 和输出光功率 $P_{11}(t)$ 随响应时间 t 的变化曲线

$i=1$ 表示)和下分支(用 $i=2$ 表示)波导的输出光功率幅度定义为

$$|P_i|(f)=P_{i\max}(f)-P_{i\min}(f) \tag{7.4.19}$$

式中 $P_{i\max}$ 是第 i 分支波导输出光功率的最大值，$P_{i\min}$ 为第 i 分支波导输出光功率的最小值。式(7.4.19)也可表示为如下 dB 形式：

$$|P_i|(f)_{\mathrm{dB}}=10\lg\frac{P_{i\max}(f)-P_{i\min}(f)}{P_0} \tag{7.4.20}$$

因此器件的 3 dB 调制带宽可由下式确定：

$$\Delta f_{3\ \mathrm{dB}}^{i}=\{f\,|\,|P_i|(f)_{\mathrm{dB}}-|P_i|(f=0)_{\mathrm{dB}}\geqslant -3\} \tag{7.4.21}$$

对于第 i 分支波导而言，其插入损耗 IL 和消光比 ER 分别定义为

$$IL^{i}(f)=10\lg[|P_i|(f)/P_0] \tag{7.4.22a}$$

$$ER^{i}(f)=10\lg[P_{i\max}(f)/P_{j\min}(f)] \tag{7.4.22b}$$

由于器件的结构对称，这里仅分析上分支波导。利用式(7.4.20)，图 7.35 显示了输出光功率幅值 $|P_1|(f)_{\mathrm{dB}}$ 随微波频率 f 的关系曲线，取调制信号为 $u(t)=\cos(2\pi ft)$ V，初始输入光功率为 $P_0=1$。图示结果表明，在不考虑趋肤效应时，$\Delta f_{3\ \mathrm{dB}}=80$ GHz，在考虑趋肤效应时，$\Delta f_{3\ \mathrm{dB}}=94$ GHz。

运用式(7.4.22)，图 7.36 显示了器件的插入损耗 IL 和消光比 ER 随微波频率 f 的变化关系，令外加的调制信号为 $u(t)=\cos(2\pi ft)$ V，初始输

入光功率为 $P_0=1$。图中可见,两种情况下器件的插入损耗和串扰亦不相同。当考虑趋肤效应时,为了提高消光比至 20 dB 并且降低插入损耗至 4.18 dB,可确定出微波频率的范围为 $f\leqslant 68$ GHz。

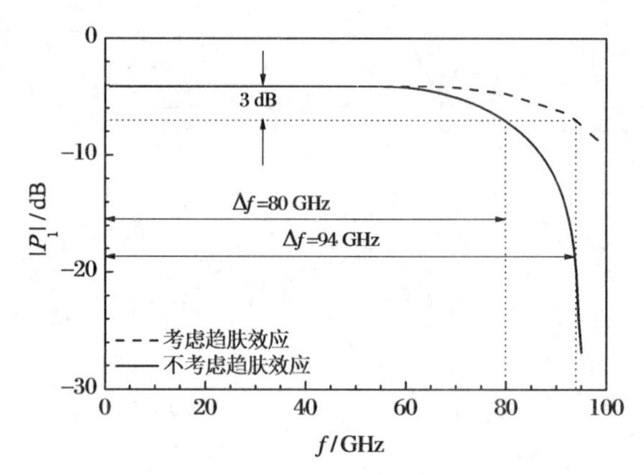

图 7.35 输出光功率幅值 $|P_1|(f)_{\mathrm{dB}}$ 随微波频率 f 的变化曲线

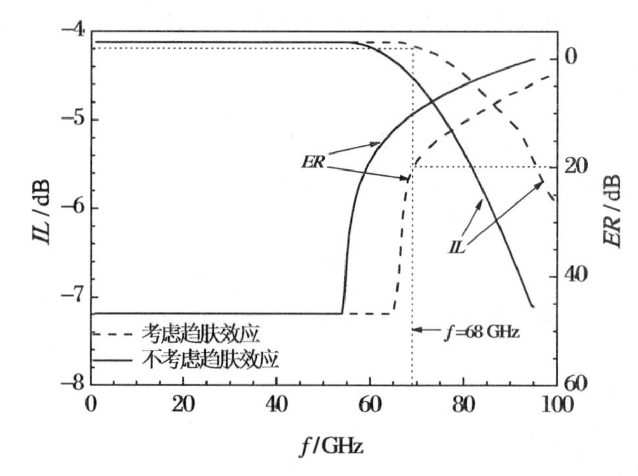

图 7.36 器件的插入损耗 IL 和消光比 ER 随微波频率 f 的变化曲线

7.4.3 方法验证

为了证实本节所用分析方法的精度,应用 BeamPROP 软件对本节所设计器件的传输光功率进行了模拟,如图 7.37 所示。模拟中,器件的总长度为 9290.6 μm,Y 分支分束器的长度为 406 μm,(a)图中 $U=-0.5485$ V 为下分支状态,(b)图中 $U=+0.5485$ V 为上分支状态。模拟结果显示,当外加电压为 $U=-0.5485$ V 时,P_1 达到最大;当 $U=+0.5485$ V 时,P_1 达到最小，这与图7.31的计算结果是一致的。

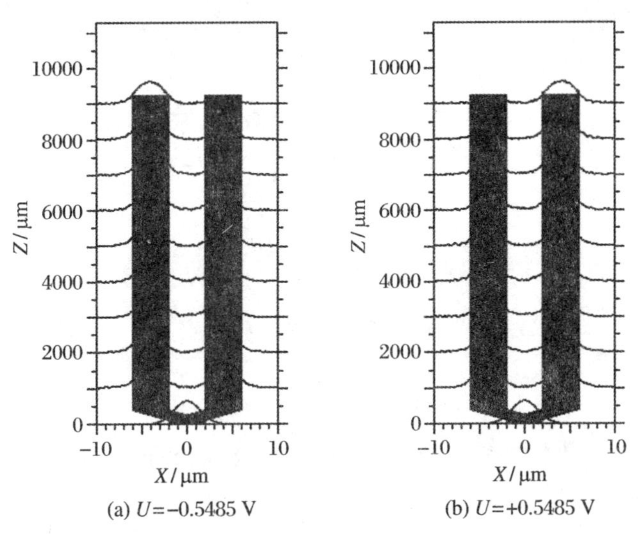

图7.37　应用BeamPROP软件对本节所设计器件传输光功率的模拟结果

7.4.4　小结

基于扩展点匹配法、耦合模理论和电光调制理论，本节优化设计了一种屏蔽电极Y型耦合器电光开关，并给出了用于分析趋肤效应对器件调制性能影响的理论和方法。通过引入有效电压，推导得到了在趋肤效应影响下器件高频响应的表达式，据此分析了器件的3 dB调制带宽、消光比、串扰等性能。模拟结果表明，在1550 nm工作波长下，器件的开关电压为1.097 V；当考虑趋肤效应时，器件的3 dB调制带宽约为94 GHz；为了使器件的消光比大于20 dB且插入损耗小于4.18 dB，微波调制频率应小于68 GHz。

7.5　级联反相CPWG行波电极电光开关

根据4.4节知识，对于使用两节独立反相电极的定向耦合电光开关，要满足在两节电极上施加的电压具有相同的振幅和相反的极性。然而，由于两个电极被分开，所以器件不能配置为行波驱动方式，而仅能以集总参数方式驱动，导致其截止开关频率较小，因此这种驱动方式的电光开关在应用上将受到切换速度的限制。为了改善性能，本节设计了一种行波电极聚合物定向耦合电光开关，它采用两节反相、余弦级联、共面波导地（CPWG）电极，且通过参数优化，该器件的理论截止开关频率可超过 100 GHz。

7.5.1 器件结构和波导设计

1. 器件结构

图 7.38(a)示出了所设计的聚合物定向耦合电光开关的结构图。电光区由两结构相同的平行脊形波导构成，两波导的长度均为 $L+G'$，二者的

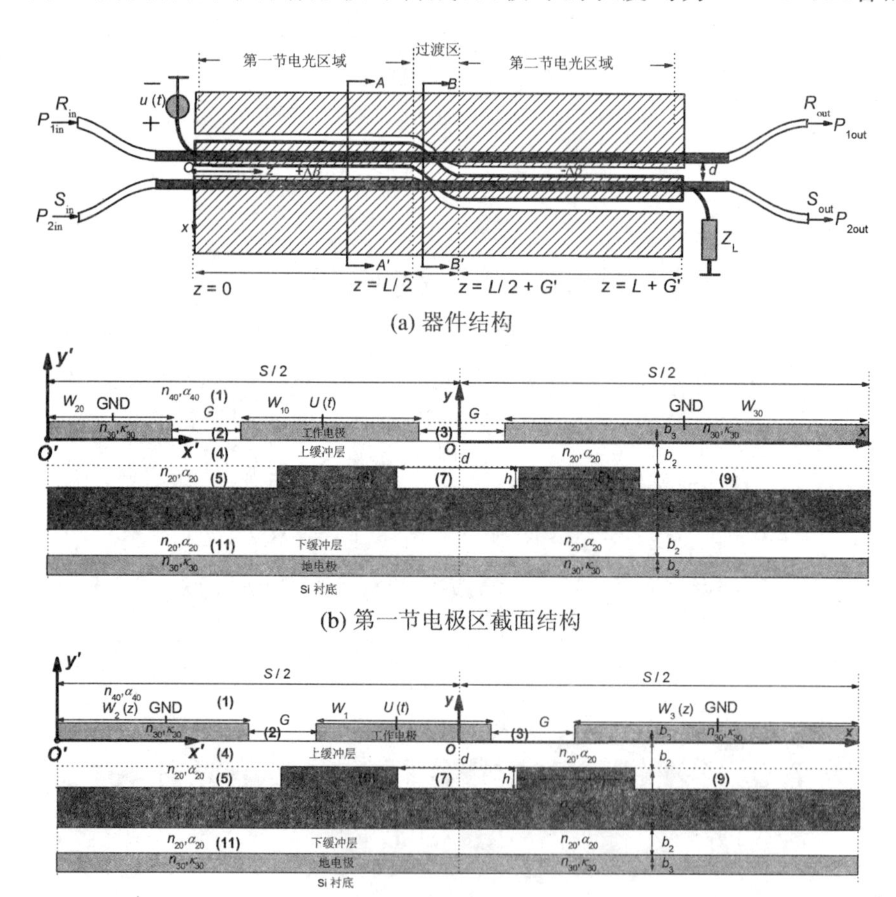

(a) 器件结构

(b) 第一节电极区截面结构

(c) 过渡区截面结构

图 7.38 余弦级联反相 CPWG 行波电极聚合物定向耦合电光开关结构图

耦合间为 d。器件采用两节余弦级联反相 CPWG 行波电极,即在过渡区利用余弦型过渡电极对两反相电极进行级联,这种方式将有助于提高器件的开关速度;每节电极的长度为 $L/2$,过渡区长度为 G'。为提高器件的截止开关频率,工作电极被配置为行波方式。输入的开关信号为 $u(t)$,负载阻抗为 Z_L。

图7.38(b)显示了第一节电光区域的截面结构 AA'。令 W_{10} 为中心电极的宽度,W_{20} 为左上表面地电极的宽度,W_{30} 为右上表面地电极的宽度,G 为电极间距,b_3 为上、下电极的厚度。脊形波导的芯宽度、脊高度和芯厚度分别为 a、h 和 b_1,上、下缓冲层厚度为 b_2,定义 S 为 x 方向的器件宽度,则

$$S = 2G + W_{10} + W_{20} + W_{30} \tag{7.5.1}$$

图7.38(c)显示了级联过渡区的截面结构 BB'。因为中心电极逐渐由上波导向下波导转移,因此,在该区域中,左上表面地电极的宽度是传输距离 z 的函数,可表示为

$$W_2(z) = W_{20} + [(G + W_{10})/2]\{1 - \cos[\pi(z - L/2)/G']\}$$
$$(L/2 \leqslant z \leqslant L/2 + G') \tag{7.5.2}$$

右上表面地电极的宽度 $W_3(z)$ 为

$$W_3(z) = S - 2G - W_{10} - W_2(z) \tag{7.5.3}$$

显然,在过渡区域,电极宽度的变化将导致电场的变化,进而引起微波参数的变化。

2. 波导设计

选取器件的中心工作波长为 $\lambda_0 = 1550$ nm,波导中的传输模式为 E_{00}^y。器件各介质层材料参数的定义和选取详见4.2节。为了保证单模传输、降低模式传输损耗,波导的结构参数被优化为:$a = 4.0$ μm,$b_1 = 1.5$ μm,$h = 0.5$ μm,$b_2 = 1.5$ μm,$b_3 \geqslant 0.15$ μm。基模振幅损耗系数约为 $\alpha_p = 2.32$ dB/cm,模式有效折射率约为 $n_{\text{eff0}} = 1.5936$。另外,耦合间距取为 $d = 3.0$ μm,电光区长度取为耦合长度的两倍,即 $L = 2L_0 = 8.278$ mm,其中 $L_0 = \pi/(2K)$ 为定向耦合器的耦合长度,K 为两个定向耦合波导之间的耦合系数。

7.5.2 电极分析和优化

1. 扩展点匹配法及电场分布

电极结构如图7.38(c)所示，置于层状介质之上的一定厚度的电极所产生的电场和电势分布可使用点匹配方法来求解，详细原理见3.6节。在横截面上引入坐标系$O'-x'y'$，并假设电极为良导体材料。将波导截面划分为11个区域，每个区域的电势函数可表示为一个正弦或余弦级数。由于区域4～10的电势展开式结构相似，因此可将它们写为相同的形式。各区域电势函数ϕ_v的表达式如下：

$$\phi_1 = a_0 + \sum_{k_1=1}^{N_1-1}\left[a_{k_1}\exp\left(\frac{-k_1\pi(y'-b_3)}{S}\right)\cos\left(\frac{k_1\pi x'}{S}\right)\right] \tag{7.5.4}$$

$$\begin{aligned}\phi_2 &= \frac{U}{G}(x'-W_{30}) \\ &+ \sum_{k_2=1}^{N_2}\left\{\left[b_{2,k_2}\exp\left(-\frac{k_2\pi y'}{G}\right)+c_{2,k_2}\exp\left(\frac{k_2\pi y'}{G}\right)\right]\right. \\ &\left.\cdot\cos\left[\frac{k_2\pi(x'-W_{30})}{G}\right]\right\}\end{aligned} \tag{7.5.5}$$

$$\begin{aligned}\phi_3 &= U\left[1-\frac{1}{G}\left[x'-\left(\frac{S}{2-G/2}\right)\right]\right] \\ &+ \sum_{k_3=1}^{N_3}\left\{\left[b_{3,k_3}\exp\left(-\frac{k_3\pi y'}{G}\right)+c_{3,k_3}\exp\left(\frac{k_3\pi y'}{G}\right)\right]\right. \\ &\left.\cdot\cos\left[\frac{k_3\pi[x'-(S/2-G/2)]}{G}\right]\right\}\end{aligned} \tag{7.5.6}$$

$$\begin{aligned}\phi_v &= b_{v,0} + c_{v,0}y' \\ &+ \sum_{k_v=1}^{N_v-1}\left\{\left[b_{v,k_v}\exp\left(-\frac{k_v\pi(y'-y'_v)}{L_v}\right)+c_{v,k_v}\exp\left(\frac{k_v\pi(y'-y'_v)}{L_v}\right)\right]\right. \\ &\left.\cdot\cos\left[\frac{k_v\pi(x'-x'_v)}{L_v}\right]\right\}\quad (v=4,5,\cdots,10)\end{aligned} \tag{7.5.7}$$

$$\begin{aligned}\phi_{11} &= d_0[y'+(b_1+2b_2)] \\ &+ \sum_{k_{11}=1}^{N_{11}-1}\left\{d_{k_{11}}\sinh\left[\frac{k_{11}\pi[y'+(b_1+2b_2)]}{S}\right]\cos\left(\frac{k_{11}\pi x'}{S}\right)\right\}\end{aligned} \tag{7.5.8}$$

式中，对于区域 v，a_{k_1}、b_{v,k_v}、c_{v,k_v} 和 $d_{k_{11}}$ 为待定系数，k_v 为循环变量，x_v'为左边界 x 坐标，y_v'为上边界 y 坐标，L_v 为区域宽度，$N_1=N_4=N_{10}=N_{11}=S/\Delta x$，$N_2=N_3=G/\Delta x$，$N_v=L_v/\Delta x\,(v=5,6,\cdots,9)$，$\Delta x$ 为两相邻匹配点间的步长。

在边界 $y_1'=b_3$，$y_2'=0$，$y_3'=-b_2$，$y_4'=-b_2-h$ 和 $y_5'=-b_2-b_1$ 上，各匹配点的 x 坐标为 $x_i'=i\Delta x$，共可得到 $8N_1+4N_2$ 个边界方程，其数目等于未知系数的总个数（区域 1 和 11 共 $2N_1$ 个，区域 2 和 3 共 $4N_2$ 个，区域 4 和 10 共 $4N_1$ 个，区域 5～9 共 $2N_1$ 个）。最终，可得如下形式的矩阵方程：

$$\boldsymbol{A}_{(8N_1+4N_2)\times(8N_1+4N_2)}([\boldsymbol{a},\boldsymbol{b}_1,\boldsymbol{c}_1,\boldsymbol{b}_2,\boldsymbol{c}_2,\boldsymbol{b}_3,\boldsymbol{c}_3,\cdots,\boldsymbol{d}]^{\mathrm{T}})_{(8N_1+4N_2)\times 1} = \boldsymbol{B}_{(8N_1+4N_2)\times 1} \tag{7.5.9}$$

式中 $\boldsymbol{A}$ 为系数矩阵，$\boldsymbol{B}$ 为矢量。电场 $E_{v,x'}$ 和 $E_{v,y'}$ 分别为

$$E_{v,x'}(x',y')=-\partial\phi_v(x',y')/\partial x',\quad E_{v,y'}(x',y')=-\partial\phi_v(x',y')/\partial y' \tag{7.5.10}$$

由坐标 $O'-x'y'$ 和 $O-xy$ 之间的关系，在 $O-xy$ 坐标中的电场为

$$E_{v,x}(x,y)=E_{v,x'}(x+S/2,y'),\quad E_{v,y}(x,y)=E_{v,y'}(x+S/2,y) \tag{7.5.11}$$

针对图 7.38(b)所示的电极结构，图 7.39 显示了电势 ϕ 和电场分量 E_x、E_y 的分布，计算中取 $U=1$ V，$S=50$ μm，$b_3=1.0$ μm，$G=3.0$ μm，$W_{10}=10$ μm，$W_{20}=10.5$ μm，$W_{30}=23.5$ μm，$\Delta x=0.25$ μm，所用公式为式(7.5.4)～式(7.5.11)。值得注意的是，当计算中取器件宽度为其实际宽度时，受计算中截断误差的影响，得到的 E_x 和 E_y 将在所计算区域的右边界附近出现振荡现象。为了避免边缘效应并获得准确的电场分布，计算时所取的器件宽度为 60 μm，该值略大于其真实宽度 50 μm。此时，根据图 7.39 的计算结果可以看出，在 $x=50$ μm 处没有出现振荡现象。

2. 电极参数优化

一方面，在第一节和第二节电光区域，引入 y 方向的电光重叠积分来描述电光调制效率：

$$\Gamma_i^y=\frac{\displaystyle\iint_{\text{EO core } i}\frac{1}{U}E_{v,y}(x,y)\,|E_{\text{optic}}(x,y)|^2\,\mathrm{d}x\mathrm{d}y}{\displaystyle\iint_{-\infty\sim+\infty}|E_{\text{optic}}(x,y)|^2\,\mathrm{d}x\mathrm{d}y} \tag{7.5.12}$$

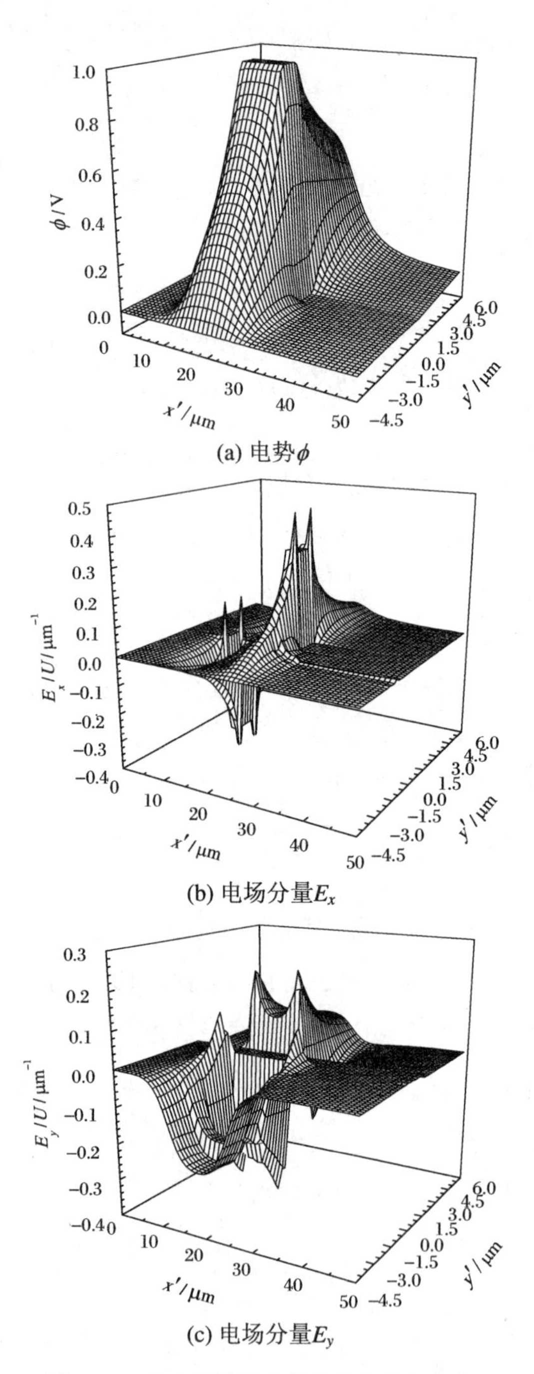

(a) 电势ϕ

(b) 电场分量E_x

(c) 电场分量E_y

图 7.39 电光区截面内的电势和电场分布

式中 $E_{\text{optic}}(x,y)$为光波电场分布，$i=1$ 和 2 分别描述了各目标分析区域的上、下分支波导。

注意到两节电极相互对称，这里仅分析第一节。图 7.40 显示了 Γ_2^y 和 Γ_1^y 以及二者之间的差 $\Gamma_{\text{eq}}^y=\Gamma_1^y-\Gamma_2^y$ 随电极间距 G 的变化曲线，计算中取 $S=50\ \mu\text{m}$，$d=3.0\ \mu\text{m}$，$b_3=1.0\ \mu\text{m}$，$W_{10}=2$、4、6、8、10 μm。结果显示，Γ_2^y 的幅度比 Γ_1^y 小很多，所以，二者的差 Γ_{eq}^y主要依赖于 Γ_1^y。图 7.40(b)中可见，随着 W_{10}的增加，Γ_{eq}^y大幅度增加，因此设计中需选择较大的 W_{10}。然而，当 $W_{10}\geqslant 8\ \mu\text{m}$ 时，Γ_{eq}^y改变很小。同时，当 W_{10}一定时，随着 G 的减小，Γ_{eq}^y也随之增加，因此需要选取较小的 G。然而，当 $G\leqslant 3.0\ \mu\text{m}$ 时，Γ_{eq}^y也改变很小。综合考虑，选择 $W_{10}\geqslant 8\ \mu\text{m}$ 和 $G=3.0\ \mu\text{m}$。

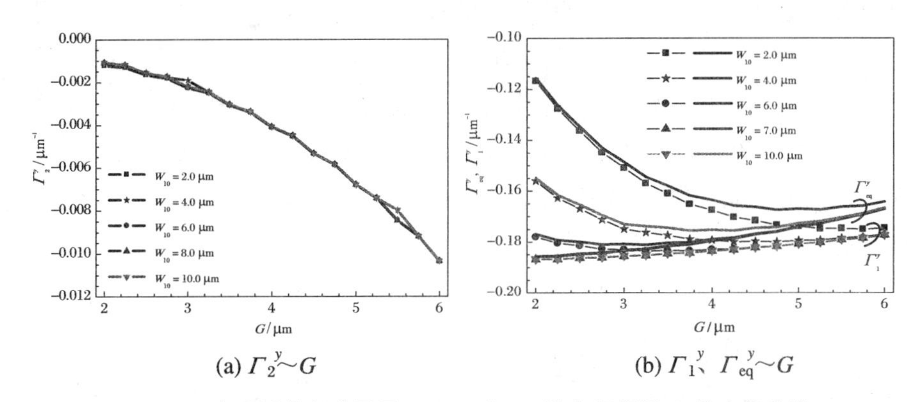

(a) $\Gamma_2^y\sim G$　　(b) Γ_1^y、$\Gamma_{\text{eq}}^y\sim G$

图 7.40　电光重叠积分因子 Γ_1^y、Γ_2^y 和 Γ_{eq}^y随电极间距 G 的变化曲线

另一方面，电极的特征阻抗(Z_c)与终端负载(50 Ω)间的匹配程度以及微波有效折射率(n_m)与光波有效折射率(n_{eff0})间的匹配程度将显著影响器件的高频性能。图 7.41 示出了电极的微波特性参数 n_m 和 Z_c 随电极参数

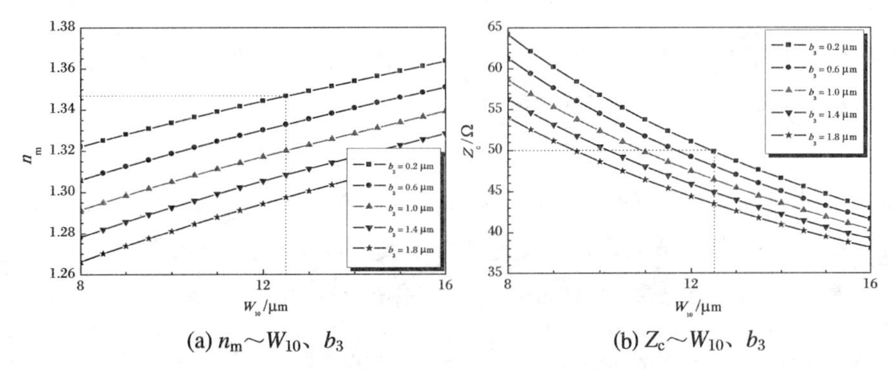

(a) $n_m\sim W_{10}$、b_3　　(b) $Z_c\sim W_{10}$、b_3

图 7.41　微波特征参数(n_m 和 Z_c)随电极结构参数(W_{10}和 b_3)的变化曲线

的变化曲线，计算中取 $S = 50\ \mu\text{m}, d = 3.0\ \mu\text{m}, G = 3.0\ \mu\text{m}, b_3 = 0.2$、0.6、1.0、1.4、1.8 μm。图 7.41(a)中可见，当减小 b_3 时，n_m 随之增大，进而可降低其与 n_eff0 的不匹配性。考虑到 $b_3 \geqslant 0.15\ \mu\text{m}$，因此，设计中取 $b_3 = 0.2\ \mu\text{m}$。图 7.41(b)中可见，为了实现同轴电缆、电极和负载电阻之间的两两阻抗匹配，选取 $W_{10} = 12.5\ \mu\text{m}$，相应的微波参数为 $n_\text{m} = 1.3466$ 和 $Z_\text{c} = 49.8534\ \Omega$。

3．余弦级联区域分析

在余弦级联过渡区域，中心电极周围的电场随位置 z 的变化而变化，微波参数也因此受到影响。图 7.42 显示了过渡区域的左上表面地电极宽度 W_2，上、下波导的电光重叠积分因子 Γ_1^y 和 Γ_2^y 以及微波特性参数 n_m 和 Z_c 与位置参数 $\eta = (z - L/2)/G'$ 的关系曲线，计算中取 $W_{10} = 12.5\ \mu\text{m}, G = 3.0\ \mu\text{m}, b_3 = 0.2\ \mu\text{m}$。从图 7.42(b)观察到，随着中心电极从上波导过渡到下波导，Γ_1^y 和 Γ_2^y 相互交换，这使得两节区域中波导之间的传播常数差相反。从图 7.42(c)观察到，n_m 和 Z_c 在级联区域都显示了良好的稳定性，因此在此区域用余弦级联电极不会使高频响应恶化，这也是设计该器件的一种考虑。

7.5.3 傅里叶分析

1．基本振幅传递矩阵

在第一节或第二节电光区域，外加电压 U 造成的上分支($i = 1$)和下分支($i = 2$)脊形波导中传输模式有效折射率的改变量为

$$\Delta n_i(U) = \frac{n_{10}^3}{2}\gamma_{33} U \Gamma_i^y \tag{7.5.13}$$

式中 γ_{33} 为电光系数，Γ_i^y 由式(7.5.12)给出。令两波导中模式传播常数分别为 β_1 和 β_2，定义二者间的失配量为

$$\Delta\beta(U) = \beta_2 - \beta_1 \tag{7.5.14}$$

由于两节电光区域的模式传播常数失配是相反的，分别表示为 $+\Delta\beta$(第一节)和 $-\Delta\beta$(第二节)。对于长度为 l 的定向耦合器，引入两个状态变量 $u = l/L_0$ 和 $v = \Delta\beta l/\pi$，则其振幅传输矩阵可表示为

$$T(u,v) = \begin{bmatrix} A(u,v) & -\text{j}B(u,v) \\ -\text{j}B^*(u,v) & A^*(u,v) \end{bmatrix} \tag{7.5.15}$$

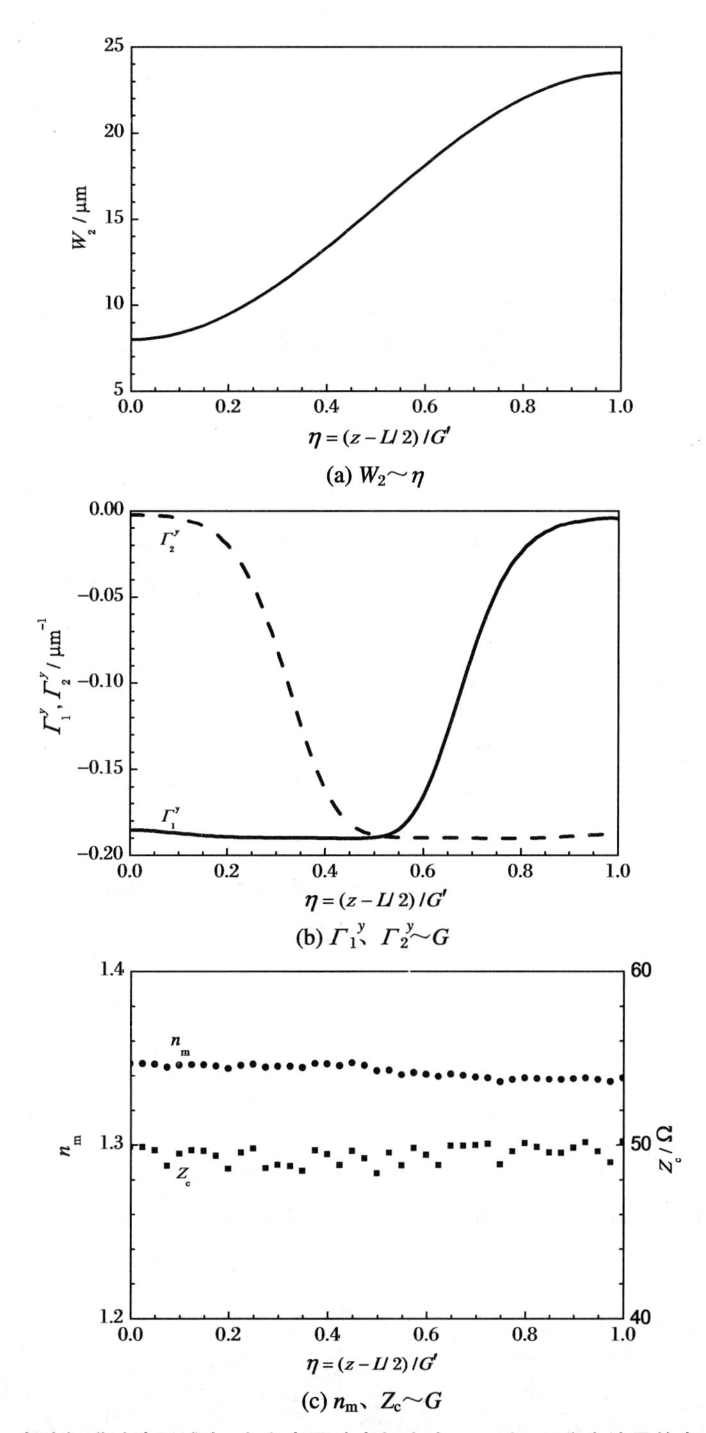

(a) $W_2 \sim \eta$

(b) Γ_1^y、$\Gamma_2^y \sim G$

(c) n_m、$Z_c \sim G$

图 7.42　余弦级联过渡区域中，左上表面地电极宽度 W_2，上、下分支波导的电光重叠积分因子 Γ_1^y 和 Γ_2^y 以及微波参数 n_m 和 Z_c 随位置参数 $\eta=(z-L/2)/G'$ 的变化关系

式中

$$A(u,v)=\cos\left(\frac{\pi}{2}\sqrt{u^2+v^2}\right)+\mathrm{j}\frac{v}{\sqrt{u^2+v^2}}\sin\left(\frac{\pi}{2}\sqrt{u^2+v^2}\right)$$

$$B(u,v)=\frac{u}{\sqrt{u^2+v^2}}\sin\left(\frac{\pi}{2}\sqrt{u^2+v^2}\right)$$

2. 直流电压作用下的静态响应

当将电压 U 施加在中心电极上时，定义第一节电极区的传播常数失配为 $+\Delta\beta(U)$，第二节电极区的传播常数失配为 $-\Delta\beta(U)$。两区域的振幅传递矩阵分别为

$$T[L/(2L_0),\Delta\beta L/(2\pi)]=\begin{bmatrix}A(L/(2L_0),\Delta\beta L/(2\pi)) & -\mathrm{j}B(L/(2L_0),\Delta\beta L/(2\pi))\\ -\mathrm{j}B^*(L/(2L_0),\Delta\beta L/(2\pi)) & A^*(L/(2L_0),\Delta\beta L/(2\pi))\end{bmatrix} \tag{7.5.16}$$

$$T[L/(2L_0),-\Delta\beta L/(2\pi)]=\begin{bmatrix}A^*(L/(2L_0),\Delta\beta L/(2\pi)) & -\mathrm{j}B(L/(2L_0),\Delta\beta L/(2\pi))\\ -\mathrm{j}B^*(L/(2L_0),\Delta\beta L/(2\pi)) & A(L/(2L_0),\Delta\beta L/(2\pi))\end{bmatrix} \tag{7.5.17}$$

在过渡区域，因 $\Delta\beta$ 随 z 而变化，所以引入距离微元 Δz 和两个相关变量：

$$u'(z,\Delta z)=\Delta z/L_0,\quad v'(z,\Delta z)=\Delta\beta(z)\Delta z/\pi \tag{7.5.18}$$

则过渡区域总的幅度转移矩阵可以写为

$$T'(G')=\lim_{\Delta z\to 0}\prod_{z=L/2}^{L/2+G'}T[u'(z,\Delta z),v'(z,\Delta z)] \tag{7.5.19}$$

式中 $T[u'(z),v'(z)]$ 可由式(7.5.15)得到。

如图 7.38(a)所示，定义器件的输入光振幅分别为 R_{in} 和 S_{in}，输出光振幅分别为 R_{out} 和 S_{out}。由于 $\Delta\beta$ 是 U 的函数，则输出光信号幅度可表述为

$$\begin{pmatrix}R_{out}\\ S_{out}\end{pmatrix}=T\left[\frac{L}{2L_0},-\frac{\Delta\beta L}{2\pi}\right]T'(G')T\left[\frac{L}{2L_0},\frac{\Delta\beta L}{2\pi}\right]\begin{pmatrix}R_{in}\\ S_{in}\end{pmatrix}$$

$$=T_{total}[(L=2L_0,U,G')]_{2\times 2}\begin{pmatrix}R_{in}\\ S_{in}\end{pmatrix}$$

$$= \begin{bmatrix} M(L=2L_0,U,G') & -jN(L=2L_0,U,G') \\ -jN^*(L=2L_0,U,G') & M^*(L=2L_0,U,G') \end{bmatrix} \begin{pmatrix} R_{in} \\ S_{in} \end{pmatrix}$$

(7.5.20)

式中 $T_{total}[(L=2L_0,U,G')]_{2\times 2}$为 2×2 矩阵，$M(L=2L_0,U,G')$为矩阵元素 $T_{total}(1,1)$，即 $M(L=2L_0,U,G')=T_{total}(1,1)$，且 $N(L=2L_0,U,G')$为虚数单位 j 和矩阵元素 $T_{total}(1,2)$之间的乘积，即 $N(L=2L_0,U,G')=jT_{total}(1,2)$。假设光仅从上波导输入，即 $R_{in}\neq 0,S_{in}=0,P_{in}=|R_{in}|^2$，可得器件的直流静态响应为

$$P_{1out}^{DC}(L=2L_0,U,G') = 20\lg|M(L=2L_0,U,G')| - \alpha(2L_0+G') \quad (7.5.21)$$

$$P_{2out}^{DC}(L=2L_0,U,G') = 20\lg|N^*(L=2L_0,U,G')| - \alpha(2L_0+G') \quad (7.5.22)$$

3. 单一频率余弦信号作用下的基本动态响应

假设驱动电压源的等效电阻为 $Z_g=0$，电压幅值为 U_g，基带余弦信号为

$$u(t) = U_g\cos(2\pi f_m t) \quad (7.5.23)$$

式中 f_m 为微波频率。根据微波传输线理论，中心信号电极上坐标 z 处与 t 相关的电压分布 $U(z,t)$可以表述为

$$U(z,t) = U_g\exp[j(2\pi f_m t - \beta_m z)] \quad (7.5.24)$$

式中 $\beta_m=2\pi f_m n_m/c$ 为微波传播常数，且由于 Z_c 和 Z_L 之间良好的匹配性，式中忽略了驱动信号的反射部分。

定义光波速度为 $v_c=c/n_{eff0}$。t 时刻进入到 $z=0$ 处的光波微元从波导 $z=L+G'$和时刻 $t+(L+G')/v_c$ 输出前将要经历三个阶段：

① 当 $t\leqslant t'<t+L/(2v_c)$时，光波微元处于第一节电极区域，由于电极和波导相互平行，因此 t'时刻光波微元的位置为

$$z_1(t') = (c/n_{eff0})(t'-t) \quad (7.5.25)$$

在 $z_1(t')$处施加的电压为

$$U[z_1(t'),t'] = U_g\exp(j\{2\pi f_m t' - \beta_m z_1(t')\}) \quad (7.5.26)$$

瞬时电压为

$$u[z_1(t'),t'] = U_g\cos[2\pi f_m t' - \beta_m z_1(t')] \quad (7.5.27)$$

因此，第一节电极区域的振幅转移矩阵为

$$T_1(u[z_1(t'),t'])\big|_{t'=t}^{t'=t+L/(2v_c)}$$
$$=\lim_{\Delta t\to 0}\prod_{t'=t}^{t+L/(2v_c)}T[v_c\Delta t/L_0,\Delta\beta(u[z_1(t'),t'])v_c\Delta t/\pi]$$

(7.5.28)

② 当 $t+L/2v_c\leqslant t'<t+(L/2+G')/v_c$ 时,光波微元处于余弦过渡区域。电极和波导不平行,对应于光波微元的微波微元的位置应为

$$z_2(t')=L/2+\int_0^{(c/n_{\text{eff0}})(t'-t)-L/2}\sqrt{1+[f'(\tau)]^2}\,\mathrm{d}\tau \quad (7.5.29)$$

式中 $f(\tau)=\dfrac{W_{10}+G}{2}\cos\left(\dfrac{\pi}{G'}\tau\right)$为余弦过渡曲线的方程,所以转移矩阵为

$$T_2(u[z_2(t'),t'])\big|_{t'=t+L/(2v_c)}^{t'=t+(L/2+G')/v_c}$$
$$=\lim_{\Delta t\to 0}\prod_{t'=t+L/(2v_c)}^{t+(L/2+G')/v_c}T[v_c\Delta t/L_0,\Delta\beta(u[z_2(t'),t'])v_c\Delta t/\pi]$$

(7.5.30)

式中 $u[z_2(t'),t']$可通过将 $z_2(t')$代入到式(7.5.24)得到。

③ 当 $t+(L/2+G')/v_c\leqslant t'<t+(L+G')/v_c$ 时,光波微元位于第二节电极区域,对应于光波微元的微波微元的位置为

$$z_3(t')=z_2[t+(L/2+G')/v_c]+v_c[t'-(L/2+G')/v_c]$$

(7.5.31)

此区域的振幅转移矩阵 T_3 为

$$T_3(u[z_3(t'),t'])_{t'=t+(L/2+G')/v_c}^{t'=t+(L+G')/v_c}$$
$$=\lim_{\Delta t\to 0}\prod_{t'=t+(L/2+G')/v_c}^{t+(L+G')/v_c}T[v_c\Delta t/L_0,\Delta\beta(u[z_3(t'),t'])v_c\Delta t/\pi]$$

(7.5.32)

综合上述三个传输过程,器件的动态转移矩阵可写为

$$T_{\text{dyn}}[t+(L+G')/v_c]=T_3\times T_2\times T_1=\begin{pmatrix}M_{\text{dyn}}(t) & -\mathrm{j}N_{\text{dyn}}(t)\\ -\mathrm{j}N_{\text{dyn}}^*(t) & M_{\text{dyn}}^*(t)\end{pmatrix}$$

(7.5.33)

最终得到器件在单频余弦波信号作用下的基带响应为

$$P_{\text{1out}}^{\text{dyn}}(t)=20\lg|M_{\text{dyn}}(t-(L+G')/v_c)|-\alpha(L+G') \quad (7.5.34)$$

$$P_{\text{2out}}^{\text{dyn}}(t)=20\lg|N_{\text{dyn}}^*(t-(L+G')/v_c)|-\alpha(L+G') \quad (7.5.35)$$

4．偏置余弦信号作用下调制性能的傅里叶分析

根据傅里叶变换，含有直流偏置的余弦调制信号可分解为

$$u_{\cos}(t) = U_{\times}/2 + (U_{\times}/2)\cos(2\pi f_{m} t) \tag{7.5.36}$$

式中，第一项 $U_{\times}/2$ 表示直流偏压，第二项表示单一频率的余弦信号。因此，在 $z_i(t')$（式(7.5.25)、式(7.5.29)、式(7.5.31)，$i=1,2,3$）处以及 t'时刻的外加电压可表示为

$$u[z_i(t'),t'] = U_{\times}/2 + U_{\times}\Big/2\sum_{n=1}^{\infty}\cos[2\pi f_{m} t' - (2\pi f_{m} n_{m}/c)z_i(t')] \tag{7.5.37}$$

相应的器件动态响应可由式(7.5.28)、式(7.5.30)和式(7.5.32)～式(7.5.35)得到。

5．偏置方波信号作用下开关性能的傅里叶分析

假设方波信号的频率、幅度和占空比分别为 f_{m}、$U_{\times}$ 和 1/2，根据傅里叶变换，该信号可表示为一系列单一频率余弦谐波信号的加权形式：

$$u_{\mathrm{squ}}(t) = U_{\times}/2 + U_{\times}\sum_{n=1}^{\infty}\frac{\sin(n\pi/2)}{n\pi/2}\cos[2\pi(nf_{m})t] \tag{7.5.38}$$

即 $u_{\mathrm{squ}}(t)$包含不同频率的无限多个谐波。因此，在 $z_i(t')$（式(7.5.25)、式(7.5.29)、式(7.5.31)，$i=1,2,3$）处以及 t'时刻的外加电压可表示为

$$u[z_i(t'),t'] = U_{\times}/2 + U_{\times}\sum_{n=1}^{\infty}\left\{\frac{\sin(n\pi/2)}{n\pi/2}\cos\left[2\pi(nf_{m})t' - \frac{2\pi(nf_{m})n_{m}}{c}z_i(t')\right]\right\} \tag{7.5.39}$$

相应的器件动态响应依然可由式(7.5.28)、式(7.5.30)和式(7.5.32)～式(7.5.35)得到。

7.5.4　结果与讨论

在下面的模拟分析中，均取如下结构参数：$a=4.0\ \mu\mathrm{m}$，$b_1=1.5\ \mu\mathrm{m}$，$h=0.5\ \mu\mathrm{m}$，$b_2=1.5\ \mu\mathrm{m}$，$b_3=0.15\ \mu\mathrm{m}$，$W_{10}=12.5\ \mu\mathrm{m}$，$G=3.0\ \mu\mathrm{m}$，$S=50.0\ \mu\mathrm{m}$，$L=2L_0=8.278\ \mathrm{mm}$。

1．直流静态特性

利用式(7.5.21)和式(7.5.22)，图7.43(a)显示了器件的输出光功率

P_{1out}和 P_{2out}与所施加直流电压 U 的关系曲线。可以看出,当 G'从 100 μm 增加到 300 μm 时,三条曲线几乎相互重合。为了获得较低的串扰和较为平缓的过渡电极,选取 $G'=100$ μm。

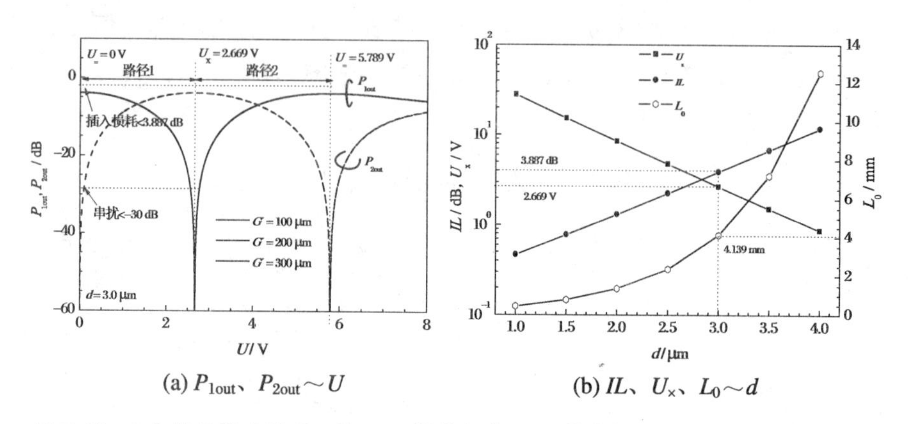

(a) P_{1out}、$P_{2out}\sim U$ (b) IL、$U_{\times}$、$L_0\sim d$

图 7.43 (a) 输出光功率 P_{1out}和 P_{2out}随外加电压 U 的变化曲线,(b) 插入损耗 IL、交叉态电压 $U_{\times}$和耦合长度 L_0 随耦合间距 d 的变化曲线

根据图 7.43(a)所示结果,通过路径 1($U_{=}=0$ V,$U_{\times}=2.669$ V)或路径 2($U_{=}=5.789$ V, $U_{\times}=2.669$ V)均可实现交叉状态和直通状态的转换。这两条路径的区别在于二者的直通态电压不同,这也导致两条转换途径可面向不同的应用,具体分析如下:

① 路径 2 适合于低速工作模式。

$U_{=}=5.789$ V 对应的直通状态点位于连续的状态曲线上。当选定该电压作为直通状态电压时,定向耦合区长度的制作误差可通过调整外加电压得到补偿,这一点也可由 4.4 节的论述得知。然而,由于该电压较高,使得状态电压之间的高速切换难以实现,因此路径 2 更适合于低速工作模式。

② 路径 1 适合于高速工作模式。

$U_{=}=0$ V 对应的直通状态点是一个孤立点。当选择该电压作为直通状态电压时,定向耦合区的长度应严格等于 $2L_0$,此时,调整外加电压并不能补偿电光区长度的工艺误差。尽管如此,由于在两个低电压($U_{=}=0$ V 以及 $U_{\times}=2.669$ V)之间进行电压切换更易提高开关速度,所以路径 1 比路径 2 更适合于高速应用。因此,为使行波电极聚合物电光开关具有较高的工作速度,选取两个状态电压分别为 $U_{=}=0$ V 和 $U_{\times}=2.669$ V。从图 7.43(a)可以确定出器件的插入损耗小于 3.887 dB,串扰小于 -30 dB。

此外，设计中还考虑了耦合间距对开关电压、耦合区长度以及插入损耗的影响，如图7.43(b)所示。图示结果表明，随着 d 的增加，$U_{\times}$ 减小，但插入损耗和耦合长度显著增加。例如，当 d 从3.0 μm减小到2.5 μm时，L_0 从4.139 mm骤减到2.375 mm，$U_{\times}$ 从2.669 V增加到4.733 V。为了降低交叉状态的驱动电压，可取较长的耦合区长度。

2. 调制特性

在偏置余弦信号作用下，图7.44显示了不同微波频率下的器件的调制响应，计算中取微波频率分别为(a) 10 MHz，(b) 1 GHz，(c) 20 GHz，(d) 50 GHz，(e) 80 GHz，(f) 100 GHz，且假设输入光到达 $z=0$ 处为起始时刻 $t=0$，当光从波导中输出时的时刻为 $\tau_d=(L+G')/v_c=0.446$ ps。图中可见，当 f_m 很小时，如 $f_m=10$ MHz，调制输出信号与驱动信号严格同步。当 f_m 增大到一定程度时，如 $f_m=1$ GHz，二者出现延迟。当 f_m 变得更大时，如 $f_m=50$ GHz，输出功率幅值下降。当 f_m 达到50 GHz以及100 GHz时，输出功率幅值几乎降至频率为1 MHz时输出功率幅值的一半。

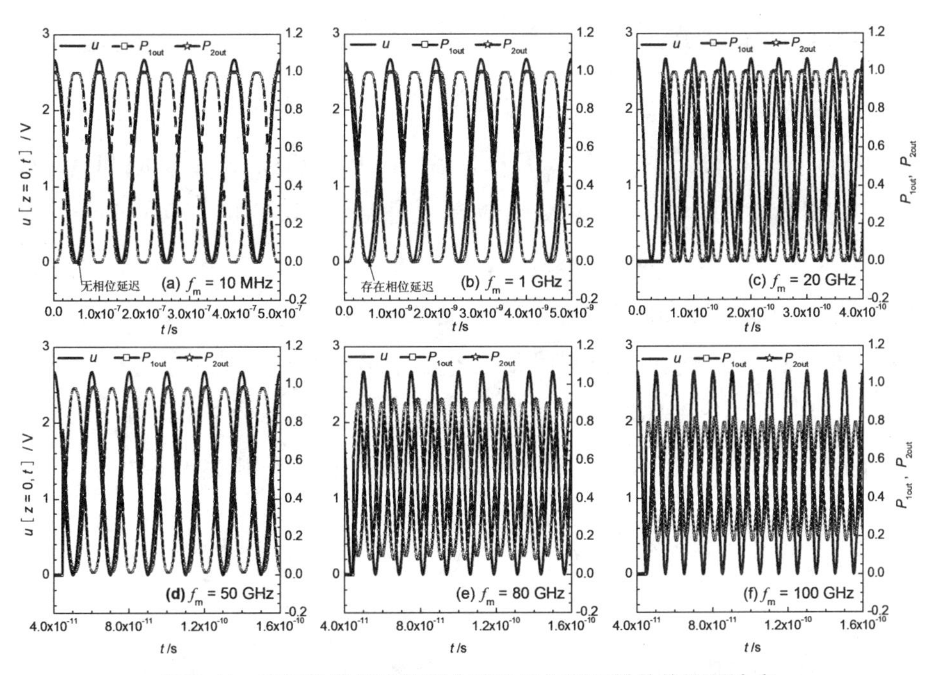

图7.44　不同微波频率偏置余弦信号作用下器件的调制响应

对于输出端口 i($i=1$ 对应上分支波导，$i=2$ 对应下分支波导)，定义其输出光功率幅度为 $P_{i\mathrm{out}}^{\mathrm{amp}}(f_m)=[P_{i\mathrm{out}}(f_m)]_{\max}-[P_{i\mathrm{out}}(f_m)]_{\min}$，采用dB

形式表达为

$$P_{i\text{out}}^{\text{amp}}(f_{\text{m}})\big|_{\text{dB}} = 10\lg\left\{\frac{P_{i\text{out}}^{\text{amp}}(f_{\text{m}})}{P_{i\text{out}}^{\text{amp}}(f_{\text{m}} = 10\ \text{MHz})}\right\} \tag{7.5.40}$$

运用式(7.5.40),该聚合物电光开关的频率响应曲线如图 7.45 所示。图中可见,器件的 3 dB 调制带宽带可达 110 GHz。

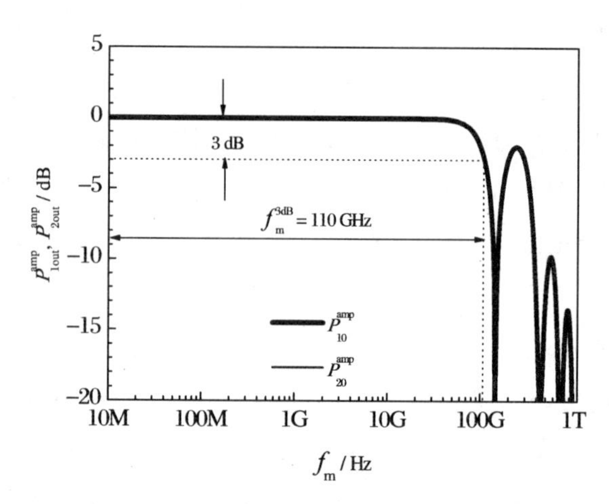

图 7.45 器件两端口的输出光功率幅度 $P_{1\text{out}}^{\text{amp}}$ 和 $P_{2\text{out}}^{\text{amp}}$ 随微波频率 f_{m} 的变化曲线

3. 开关特性

图 7.46 显示了在偏置方波作用下器件的开关响应,图中,(a)和(b)为 $f_{\text{m}}=10$ MHz 时两个周期的时域响应和上升沿、下降沿响应,(c)和(d)为 $f_{\text{m}}=10$ GHz 时两个周期的时域响应和下降沿响应,计算中对每个方波信号做傅里叶分解时取 400 个谐波分量。图 7.46(a)和图 7.46(c)中可见,驱动信号并非阶跃电压,这是由分解时仅取有限个谐波分量造成的。图 7.46(d)中可见,器件 10%~90%的上升时间 t_{rise} 以及 90%~10%的下降时间 t_{fall} 均为 3.80 ps,开关时间 t_{s} 为 43 ps。进而可估计出器件的截止开关频率约为

$$f_{\text{cut}}^{\text{m}} = \frac{1}{(t_{\text{rise}} + t_{\text{fall}})} = 131.6\ \text{GHz} \tag{7.5.41}$$

7.5.5 对比分析

为了验证本节设计方法的精度,针对所设计的余弦级联反相 CPWG 行波电极电光开关,按照相关优化参数,我们采用 BeamPROP 软件对器件两

条波导中的传输功率进行了模拟，结果如图7.47所示，其中(a)为直通状态，对应 $U=0$ V，(b)为交叉状态，对应 $U=2.669$ V。图示结果表明，两种工作电压下，器件可实现较好的直通和交叉功能。这也在一定程度上说明本节的设计理论和方法具有一定的精度，可满足工程设计需要。

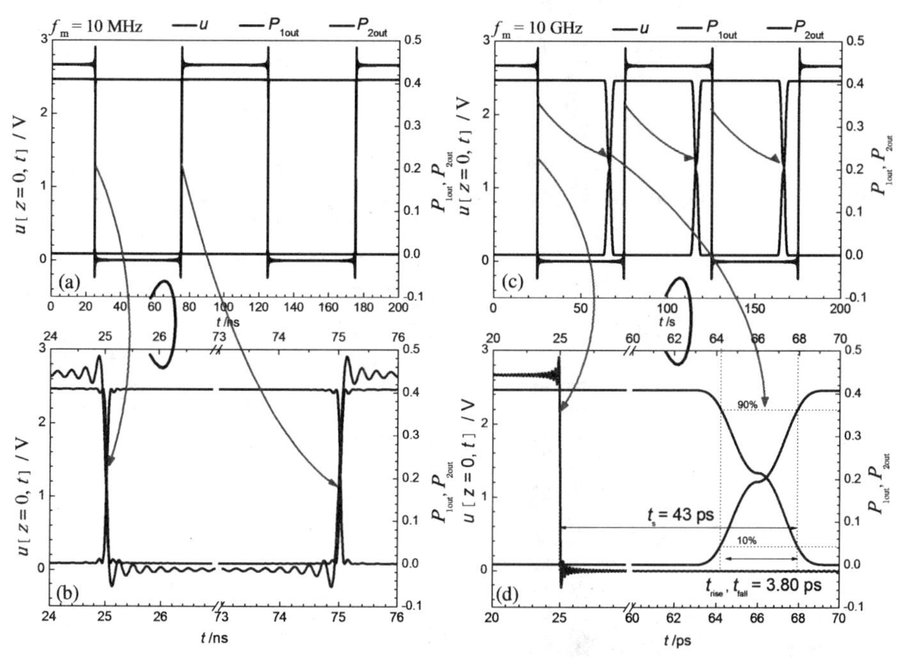

图7.46　(a)、(b) 10 MHz 和(c)、(d) 10 GHz 开关信号作用下器件的响应特性

表7.2　余弦级联反相CPWG电极电光开关与两节独立反相电极电光开关性能的对比

	本　节	4.4节
电极类型	两节余弦级联反相CPWG电极	两节独立反相电极
驱动配置	行波方式	集总驱动方式
供电电压	单极性电压 $+U$	双极性电压 $+U$ 和 $-U$
耦合间距/器件长度/μm	3.0/8378	2.5/4751
$U_{=}/U_{\times}$/V	0（不可调）/2.669（可调）	±2.65（可调）/±1.22（可调）
n_m/Z_c/Ω	1.3466/49.8534	—/—
f_{cut}/f_{3dB}/GHz	131.6/110.0	15.2/—
IL/dB/CT/dB	3.887/−30	2.21/−30
器件优点	高速；易驱动；交叉状态下容许较大的工艺公差	较小的电压—长度积；直通或交叉状态下均允许较大的工艺公差

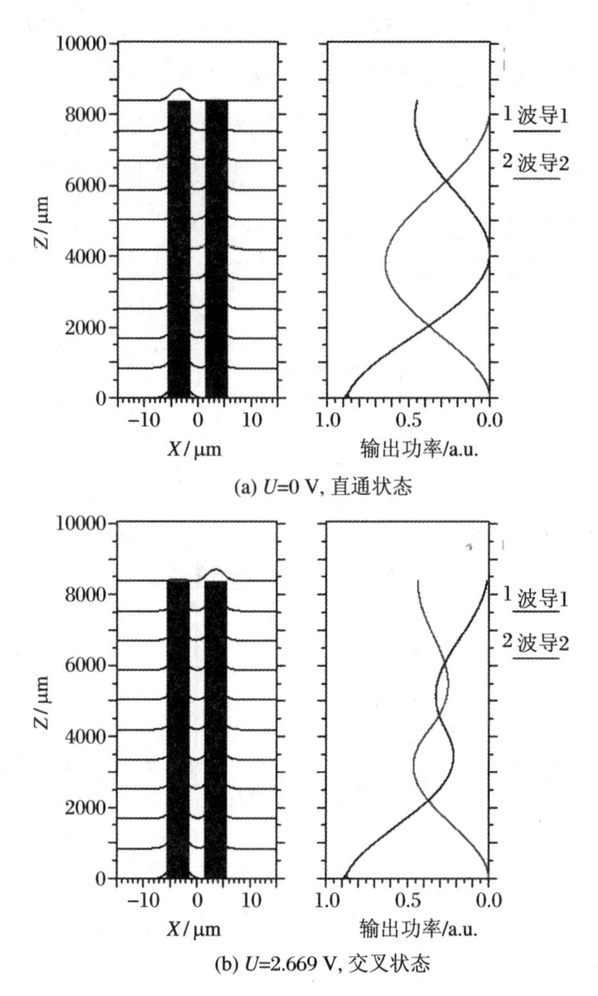

图 7.47 应用 BeamPROP 软件对器件传输功率 $P_1(z)$(左光波导,波导 1)和 $P_2(z)$(右光波导,波导 2)的模拟结果

表7.2列出了本节所设计的余弦级联反相CPWG电极电光开关和4.4节给出的两节独立反相电极电光开关性能的对比结果。通过对比,得到如下结论:

① 虽然该器件的耦合间距(3.0 μm)大于4.4节器件(2.5 μm),但是因为CPWG电极中单电源电压 $+U$ 产生的电场小于由推挽双电极差分电压 $\pm U$ 产生的电场,因此该器件的交叉态电压(2.669 V)依然高于4.4节器件($\pm$1.22 V)。

② 由于该器件可配置为行波工作状态,其截止开关频率高达131.6

GHz，这一数值也高于4.4节器件。对于后者，其10%～90%上升和下降时间可通过下式估算：

$$t_{\text{rise}}, t_{\text{fall}} = R_{\text{e}} C_{\text{e}} \ln 9 \tag{7.5.42}$$

式中 R_{e} 为供电电源的内阻，C_{e} 为电极的等效电容。按照4.4节器件的结构参数，计算得到 t_{rise}、$t_{\text{fall}} = 32.96\ \text{ps}$，其截止开关频率为 $f_{\text{cut}} = \dfrac{1}{t_{\text{rise}} + t_{\text{fall}}} = 15.2\ \text{GHz}$（$R_{\text{e}} = 50\ \Omega$，$C_{\text{e}} = 0.3\ \text{pF}$），该数值仅为本节所设计器件的1/9。

③ 在对本节器件的优化设计中，选择其直通状态电压为0 V，该直通状态点只是一个孤立点，所以状态电压的调整并不能补偿电光区长度的工艺误差。尽管如此，选择0 V和2.669 V作为状态电压，十分有利于驱动电压的高速切换。而4.4节器件的状态点都位于连续变化的状态曲线上，通过微调状态电压，均可以补偿工艺误差。

7.5.6　小结

本节优化设计了一种余弦级联反相CPWG行波电极定向耦合电光开关，利用扩展点匹配方法分析了电场分布，为了提高电光调制效率，优化了波导和电极结构，并实现了良好的阻抗匹配和较小的折射率失配。利用给出的振幅传输矩阵，在1550 nm工作波长下，分析了器件的静态特性，计算得到器件在直通和交叉状态下的驱动电压分别为0 V和2.669 V，插入损耗为3.887 dB，串扰小于−30 dB。在偏置余弦调制信号和偏置方波开关信号作用下，根据傅里叶变换，给出了器件时域及频域响应的分析方法。计算结果表明，器件的3 dB调制带宽约为110 GHz，截止开关频率为131.6 GHz。器件的10%～90%的上升和下降时间均约为3.80 ps。虽然器件的电压—长度积略高，但其截止频率几乎为集总方式驱动下两节独立反相电极电光开关截止开关频率的9倍。借助傅里叶变换，该方法也可用于其他任何形式驱动信号作用下器件响应性能的分析。

利用类似理论，我们还优化设计了高线性度、偏置无关聚合物推挽极化Y型耦合器电光开关/调制器，并采用傅里叶方法分析了该器件的高频调制和开关特性，读者可参阅文献[179]。

7.6 本章小结

首先,本章优化设计了阻抗匹配型定向耦合电光开关和阻抗匹配型MMI-MZI电光开关,给出了两种器件的时频响应特性分析方法,即微元分析法。其次,通过引入屏蔽电极结构,本章优化设计了屏蔽电极定向耦合电光开关和屏蔽电极Y型耦合器电光开关,使得电光效率的提高和阻抗的匹配可通过优化不同的结构参数来实现。同时,本章还给出了这两种器件的趋肤效应分析法,得到了门限频率和电极有效厚度的表达式,分析了趋肤效应对器件微波特性参数、响应时间参数、插入损耗、串扰、截止开关频率和3 dB调制带宽的影响。另外,本章还设计了一种余弦级联反相CPWG行波电极定向耦合电光开关,并重点给出了在余弦和方波信号作用下,分析高速调制和开关特性的新型傅里叶分析方法和相关公式。借助电域的傅里叶变换,该方法也可用来分析其他任何形式信号作用下器件的响应特性。

本章给出的屏蔽行波电极结构、微元分析方法、趋肤效应分析方法、傅里叶分析方法均可用于同类器件的设计和分析。

第8章　聚合物热光开关

与其他材料的热光开关相比，采用有机聚合物材料制备的热光开关具有工艺简单、价格低廉、在1550 nm通信窗口插入损耗低等优点，尤其是近年来有机聚合物材料在热稳定性及老化方面取得的较大进步，使得该类器件逐步走向实用化。同时，与Si/SiO_2等无机材料相比，有机聚合物材料的热光系数大了一个量级，这更有利于降低该类器件的驱动功率。因此，基于热光效应制作的有机聚合物热光开关逐渐成熟并趋于商品化。

按照制作材料的不同，热光开关可分为三种类型。第一种是Si/SiO_2无机材料热光开关。由于Si/SiO_2导热性能好，因此这类器件具有较快的响应速度，但由于Si/SiO_2的热光系数较小，因此器件的驱动功率较大，一般为几百mW以上[119,180]。第二种是全聚合物热光开关[125~127, 181]。由于聚合物材料具有大的热光系数，这类器件的驱动功率一般较小，然而由于聚合物材料的导热系数小，器件响应速度相对较慢。第三种是SiO_2/聚合物混合材料热光开关[182,183]。它综合利用了聚合物材料热光系数大和SiO_2材料导热系数大的优点，从而使该类器件既具有较低的功耗又具有较快的响应速度。

本章首先阐述波导材料的热光效应原理。其次，利用聚合物材料SU-8和P(MMA-GMA)分别作为芯层和上包层、无机材料SiO_2作为下包层、Si材料作为衬底，优化设计并制备了两种有机/无机混合材料的MZI热光开关。同时，利用自主制作的含噪信号驱动源，本章也将阐述热光开关的容噪特性及其测试方法，并对实验结果做分析和讨论。

8.1 波导材料的热光效应及模式有效折射率变化

8.1.1 热光效应

热光开关是利用波导材料的折射率对温度的依赖性来实现开关功能的[184,185]。在较大的热光系数下，很小的温度变化所诱导的折射率变化就能有效改变波导中光场的分布。在各向同性的透明材料体系中，热光系数可通过克劳修斯—莫索提方程得到[186,187]：

$$\frac{\varepsilon-1}{\varepsilon+2}=\frac{4\pi\alpha_{\mathrm{m}}}{3V} \tag{8.1.1}$$

式中 ε 为介质的介电常数，V 为介质的体积，α_{m} 为体积为 V 的空间内介质的极化率[188,189]。令 T 为介质温度，P 为介质压强，则方程式(8.1.1)两边对 T 取微分可得

$$\begin{aligned}\frac{1}{(\varepsilon-1)(\varepsilon+2)}\left(\frac{\partial\varepsilon}{\partial T}\right)_P &= -\frac{1}{3V}\left(\frac{\partial V}{\partial T}\right)_P+\frac{1}{3\alpha_{\mathrm{m}}}\left(\frac{\partial\alpha_{\mathrm{m}}}{\partial V}\right)\left(\frac{\partial V}{\partial T}\right)_P+\frac{1}{3\alpha_{\mathrm{m}}}\left(\frac{\partial\alpha_{\mathrm{m}}}{\partial T}\right)_V\\ &=A+B+C\end{aligned} \tag{8.1.2}$$

从式(8.1.2)可以看出，温度对介电常数的影响主要来源于如下三个方面：线性膨胀效应(A 项)，体积膨胀对极化率的影响(B 项)，温度变化对极化率的影响(C 项)。A 项与 B 项的和表示体积膨胀所带来的总的影响。令线性膨胀系数为 γ，定义为

$$\frac{\partial V}{\partial T}=3V\gamma \tag{8.1.3}$$

进而式(8.1.2)可写为

$$\frac{1}{(\varepsilon-1)(\varepsilon+2)}\left(\frac{\partial\varepsilon}{\partial T}\right)_P=-\gamma\left[1-\frac{V}{\alpha_{\mathrm{m}}}\left(\frac{\partial\alpha_{\mathrm{m}}}{\partial V}\right)_P\right]+\frac{1}{3\alpha_{\mathrm{m}}}\left(\frac{\partial\alpha_{\mathrm{m}}}{\partial T}\right)_V \tag{8.1.4}$$

假设极化率 α_m 不随材料密度变化，并且线性膨胀率 γ 不随温度变化，则利用式(8.1.4)可得材料的热光系数为[116,117]

$$n_T = \frac{dn}{dT} = \frac{(n^2-1)(n^2+2)}{6n}\left(\frac{1}{\alpha_m}\frac{d\alpha_m}{dT} - 3\gamma\right) \tag{8.1.5}$$

式中 n 为介质的折射率。若温度为 T_0 时介质的折射率为 $n(T_0)$，则温度 T 时介质的折射率可近似表述为

$$n(T) = n(T_0) + n_T(T - T_0) \tag{8.1.6}$$

式(8.1.5)表明，两种机制导致了材料折射率的变化：一是温度变化，对应 $\frac{1}{\alpha_m}\frac{d\alpha_m}{dT}$ 项；二是热膨胀时材料的密度变化，对应 3γ 项。对于聚合物材料来说，3γ 项起主导作用[118]，其值远大于 $\frac{1}{\alpha_m}\frac{d\alpha_m}{dT}$ 项，导致聚合物材料的热光系数为负值，即当温度升高时，材料的折射率降低。

本章主要采用聚合物以及 Si/SiO_2 材料制备热光开关，它们的光学、热学参数如表 8.1 所示。表中可见，典型聚合物材料的热膨胀系数约为 10^{-5} K^{-1}量级，折射率为 1.5 左右，热光系数约为 10^{-4} K^{-1}量级；硅的热光系数可以和聚合物相比拟，然而二者符号相反；对于二氧化硅材料来说，$\frac{1}{\alpha_m}\frac{d\alpha_m}{dT}$ 项起主导作用，其值远大于 3γ 项，故其热光系数较小，约比 Si 和聚合物材料小 1 个量级以上。

表 8.1 相关波导材料的光学和热学参数

	折射率 (@1550 nm)	热光系数 (10^{-4} K^{-1})	热膨胀系数 (10^{-6} K^{-1})	热传导系数 (WK^{-1} m^{-1})
聚合物	1.3～1.7	−1～−4	10～220	0.1～0.3
二氧化硅	1.5	0.1	0.6	1.4
硅	3.5	1.8	2.5	163

8.1.2 模式有效折射率变化

令 $T_0(x,y)$和 $T(x,y)$分别为施加(或撤销)热源前后波导截面的温度场分布。一般情况下，波导截面内各点温度变化的分布 $\Delta T(x,y) = T(x,$

$y)-T_0(x,y)$为非均匀分布，是位置坐标 x、y 的函数，因此波导截面内各点由 $\Delta T(x,y)$引起的波导折射率的变化互不相同，也是位置坐标 x、y 的函数，可表示为

$$\Delta n(x,y) = n_{\mathrm{T}}(x,y)\Delta T(x,y) \tag{8.1.7}$$

令温度场变化前波导中光波电场分布为 $E_{\mathrm{optic0}}(x,y)$，模有效折射率为 n_c，则其满足的横向赫姆霍兹方程为[128]

$$\left(\frac{\partial^2}{\partial x^2}+\frac{\partial^2}{\partial y^2}\right)E_{\mathrm{optic0}}(x,y)+k_0^2[n^2(x,y)-n_c^2]E_{\mathrm{optic0}}(x,y)=0 \tag{8.1.8}$$

当温度场变化后，令光场由 $E_{\mathrm{optic0}}(x,y)$变为 $E_{\mathrm{optic0}}(x,y)+\Delta E_{\mathrm{optic0}}(x,y)$，折射率分布由 $n(x,y)$变为 $n(x,y)+\Delta n(x,y)$，相应的模有效折射率由 n_c 变为 $n_c+\Delta n_c$，对温度场变化前后的两个赫姆霍兹方程作差可得

$$\begin{aligned}\left(\frac{\partial^2}{\partial x^2}+\frac{\partial^2}{\partial y^2}\right)\Delta E_{\mathrm{optic0}}(x,y)+k_0^2[n^2(x,y)-n_c^2]\Delta E_{\mathrm{optic0}}(x,y)\\ +k_0^2[2n(x,y)\Delta n(x,y)-2n_c\Delta n_c]E_{\mathrm{optic0}}(x,y)=0\end{aligned} \tag{8.1.9}$$

在非均匀外加热场作用下，模式光场的改变量 $\Delta E_{\mathrm{optic0}}(x,y)$很小，因此上式的前两项可以略去，进而得到

$$n(x,y)\Delta n(x,y)E_{\mathrm{optic0}}(x,y)=n_c\Delta n_c E_{\mathrm{optic0}}(x,y) \tag{8.1.10}$$

在式(8.1.10)两边同乘以 $E^*_{\mathrm{optic0}}(x,y)$，并在波导截面上做横向积分，可得外温度场变化引起的模式有效折射率的变化为

$$\Delta n_c=\frac{\iint_{-\infty}^{+\infty} n(x,y)n_{\mathrm{T}}(x,y)\Delta T(x,y)\,|E_{\mathrm{optic0}}(x,y)|^2\mathrm{d}x\mathrm{d}y}{n_c\iint_{-\infty}^{+\infty}|E_{\mathrm{optic0}}(x,y)|^2\mathrm{d}x\mathrm{d}y} \tag{8.1.11}$$

由于光场主要分布在波导芯区，且波导芯层材料的热光系数一般比上、下缓冲层材料的热光系数要大，因此仅考虑芯层材料的热光效应。于是式(8.1.11)可近似表述为

$$\Delta n_c=\left(\frac{n_1}{n_c}\right)n_{\mathrm{T}}\frac{\iint_{A_c}\Delta T(x,y)\,|E_{\mathrm{optic0}}(x,y)|^2\mathrm{d}x\mathrm{d}y}{\iint_{-\infty}^{+\infty}|E_{\mathrm{optic0}}(x,y)|^2\mathrm{d}x\mathrm{d}y} \tag{8.1.12}$$

定义 $\Gamma_{TO} = \dfrac{\iint\limits_{A_c} \Delta T(x, y) \left| E_{optic0}(x, y) \right|^2 dxdy}{\iint\limits_{-\infty}^{+\infty} \left| E_{optic0}(x, y) \right|^2 dxdy}$ 为热光重叠积分因子，则式 (8.1.12) 可简写为

$$\Delta n_c = (n_1 / n_c) n_T \Gamma_{TO} \tag{8.1.13}$$

8.2　聚合物/二氧化硅矩形波导热光开关

本节将利用聚合物/二氧化硅混合材料体系以及矩形波导结构，优化设计并制备一种 MZI 热光开关。首先，阐述器件结构并做参数优化；其次，给出器件的制备工艺及流程；最后，介绍器件开关性能的测试结果。

8.2.1　器件结构及优化

1. 器件结构

本节设计的聚合物/二氧化硅矩形波导 MZI 热光开关的结构如图 8.1 所示，器件中心工作波长为 1550 nm。衬底材料为 Si，其折射率 $n_{50} = 3.45$，热导率 163 $WK^{-1}m^{-1}$，可视为良好的热沉材料。加热电极由 Al 材料制成[190]，其折射率和体振幅消光系数分别为 $n_{40} = 1.44$ 和 $\kappa_{40} = 16.0$。器件采用有机/无机混合波导结构：下缓冲层材料为无机材料 SiO_2[190]，其折射率 $n_{20} = 1.444$，导热系数 1.4 $WK^{-1}m^{-1}$，体振幅衰减系数 $\alpha_{20} = 0$；波导芯层材料为有机聚合物材料 SU－8[191]，其折射率 $n_{10} = 1.5742$，导热系数 0.2 $WK^{-1}m^{-1}$，热光系数为 -1.8×10^{-4} K^{-1}，体振幅衰减系数为 $\alpha_{20} = 0.95$ dB/cm；上缓冲层材料为有机聚合物材料 P(MMA－GMA)，其折射率为 $n_{30} = 1.4798$，导热系数为 0.2 $WK^{-1}m^{-1}$，体振幅衰减系数为 $\alpha_{30} = 2.82$ dB/cm[192]。

如图 8.1(a)所示，MZI 热光区两矩形波导的内间距为 30 μm，加热电极长度为 1 cm，器件总长度为 2 cm。器件采用矩形波导结构，芯宽度 a 和

芯厚度 b_1 相等，上、下缓冲层的厚度分别为 b_3、b_2，加热电极的宽度和厚度分别为 W、b_4。波导中导模的传输模式选为 E_{00}^{y} 模式。

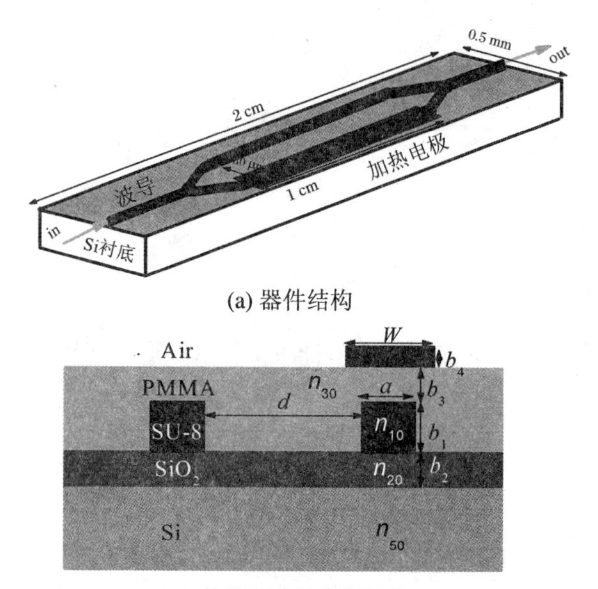

(a) 器件结构

(b) 热光区波导截面结构

图 8.1 有机/无机混合材料矩形波导 MZI 热光开关结构图

2. 模式泄露损耗及下缓冲层厚度优化

当下缓冲层很薄时，高折射率衬底 Si 造成的波导模式的泄露损耗显著；当其太厚时，又不利于波导芯中热量的消退，导致响应时间变慢，因此必须对下缓冲层的厚度进行优化。忽略上限制层（空气）对波导模式的影响，在有电极覆盖的区域（图 8.1(b)），竖直方向上，原波导可等效为非对称五层平板波导（对应的平板波导模式为 TM 模），此时衬底的泄露损耗仍由式(2.3.14)给出。

当上缓冲层厚度取为 $b_3 = 100\ \mu\text{m}$（即可视为无穷大）时，图 8.2(a)示出了由衬底引起的非对称五层平板波导中传输的 TM_0 模式的功率泄露损耗 α_{leak} 与 b_2 的关系曲线，计算中取 $a = b_1 = 3.0\ \mu\text{m}$，所用公式为式(2.3.14)。图中可见，为了降低泄露损耗，b_2 应越大越好，然而这不利于芯层热量的散失。因此设计中折中选取 $b_2 = 2.0\ \mu\text{m}$，此时泄露损耗已降至 0.001 dB/cm 以下。

3. 模式辐射损耗及上缓冲层厚度优化

当上缓冲层很薄时，加热电极对波导模式的吸收作用显著；当其太厚时，又不利于加热电极产生的热量扩散至芯层，因此必须对上缓冲层的厚度进行优化。图 8.2(b)显示了当 $a = b_1 = 3.0\ \mu m$，$b_2 = 2.0\ \mu m$ 时，矩形波导中传输的 E_{00}^{y} 模式有效折射率 n_{eff0} 和振幅衰减系数 α_p 与 b_3 的关系曲线。图中可见，当 $b_3 \geqslant 2.0\ \mu m$ 时，n_{eff0} 和 α_p 将变为常数，模式传输成为稳态。同时，为了加快热量向芯层的扩散速度，b_3 必须尽量小，因此设计中选取 $b_3 = 2.0\ \mu m$。

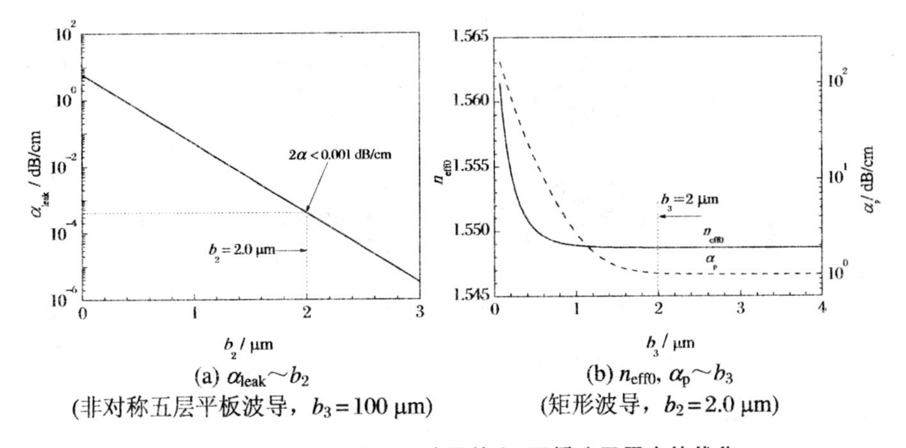

(a) $\alpha_{leak} \sim b_2$
(非对称五层平板波导，$b_3 = 100\ \mu m$)

(b) n_{eff0}, $\alpha_p \sim b_3$
(矩形波导，$b_2 = 2.0\ \mu m$)

图 8.2　对热光开关矩形波导的上、下缓冲层厚度的优化

$a = b_1 = 3.0\ \mu m$

8.2.2　器件制备与表征

按照图 8.1 所设计的器件结构，制备 MZI 热光开关的工艺流程如图 8.3 所示。

1. 波导制备

步骤：① 采用化学气相沉积(CVD)工艺在 Si 衬底上生长 2.0 μm 厚的 SiO_2 作为下缓冲层。② 在 SiO_2 层上旋涂 SU－8 光刻胶，设置涂膜机的转数为 3000 rpm，旋涂时间为 20 s，然后将样品在90 ℃下前烘 20 min 并自然降温，得到 3.0 μm 厚的芯层薄膜。③ 利用波导掩模板对样品做紫外光刻，阶梯升温至95 ℃并维持 10 min。④ 在丙二醇甲醚醋酸酯(PGMEA)显影液中显影 40 s，在异丙醇中漂洗除去余胶，用去离子水冲洗干净；再将样品在150 ℃下后烘固膜 30 min。⑤ 旋涂 P(MMA－GMA)上缓冲层，并在 120 ℃下固化 2 h，即完成矩形波导的制备。

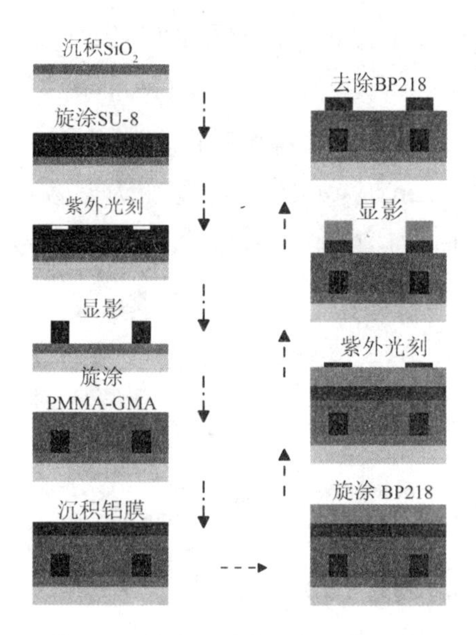

图 8.3 热光开关的制备工艺及流程

利用光学显微镜观察矩形波导的端面形貌，如图 8.4(a)所示。在输入光波长 1550 nm、功率 0.1 mW 条件下，对制备的矩形波导做了通光测试，得到的近场输出光斑如图 8.4(b)所示。采用截断法测得该矩形波导的功率传输损耗约为 2.2 dB/cm，这与图 8.2(b)中的理论计算结果相符(理论计算得到的模式振幅传输损耗为 1.003 dB/cm，对应的模式功率损耗约为 2.006 dB/cm)。

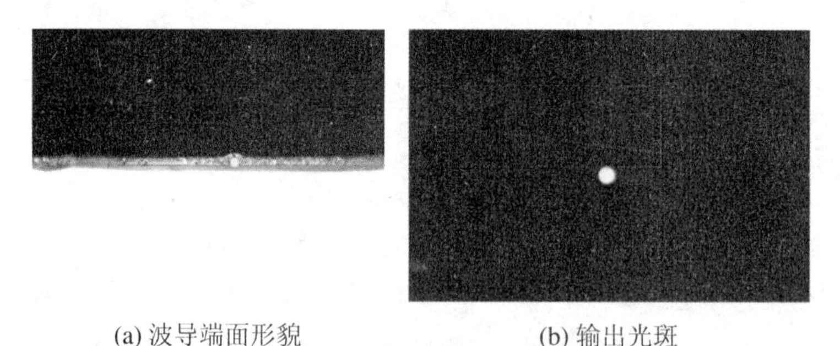

(a) 波导端面形貌　　(b) 输出光斑

图 8.4 对所制备矩形波导的形貌表征和通光测试

2. 电极制备

步骤(续前)：⑥ 在 P(MMA－GMA)缓冲层上沉积厚度为 100 nm 的铝膜。⑦ 旋涂 BP218 正型光刻胶，设置旋涂机转数为 3000 rpm，之后将样品置于烘箱中加热到90 ℃并维持 20 min，然后自然降温。⑧ 利用电极掩模板对样品进行紫外曝光处理，然后将曝光后的样品放置于浓度为 5‰ 的 NaOH 溶液中进行显影，进一步去除光刻胶后即可完成对电极的制备。

通过上述步骤，最终制作好的器件样品如图 8.5(b)所示。

8.2.3　器件性能测试

搭建的测试系统如图 8.5(a)所示。设置激光器的输出波长为 1550 nm。调节五维光学平台，将激光信号通过单模光纤耦合至波导中，并在波导另一端，通过单模光纤将激光信号传输到高速红外光电探测器，变换为电信号后，用示波器观测信号波形，实现动态特性测量；或者将光信号输入至光功率计，实现静态特性测量。

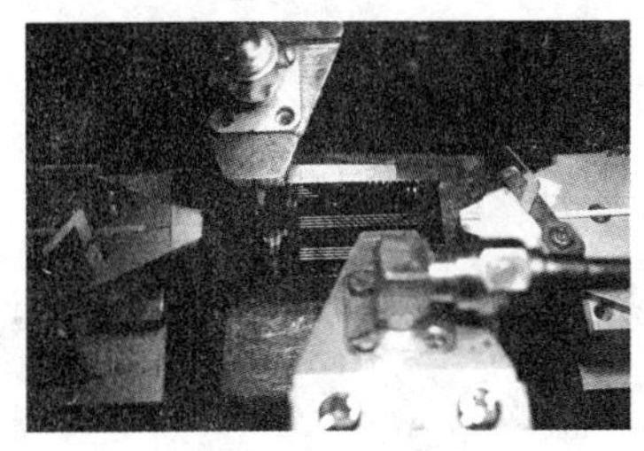

(a) 测试系统

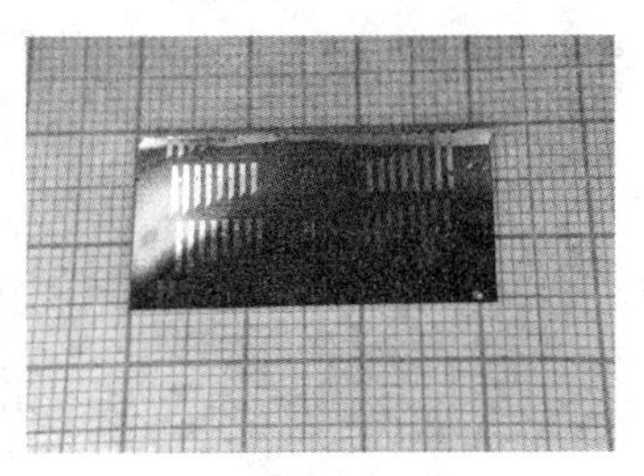

(b) 样品照片

图 8.5　制备的热光开关样品及其测试系统

设置激光器输出光功率为 $P_{in}=1$ mW(0 dBm)。逐步改变器件的驱动电功率，利用光功率计测得的器件输出光功率(P_{out})如图 8.6 所示。可以看

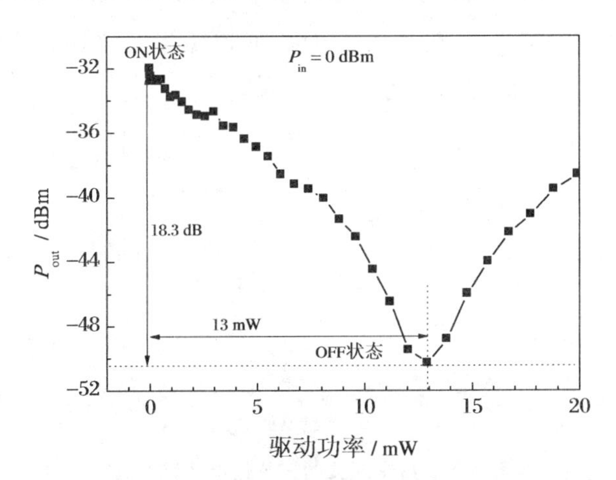

图 8.6　热光开关输出光功率与驱动电功率的关系曲线

出，当驱动功率为 0 mW 时，器件输出光功率达到最大值为 －32 dBm，处于 ON 状态；当驱动功率为 13 mW 时，器件输出光功率达到最小值为 －50.3 dBm，处于 OFF 状态。由此可知，所研制热光开关的驱动功率为 13 mW，ON 与 OFF 状态间的消光比为 18.3 dB。

在加热电极上施加频率为 1 kHz、幅度为 8 V 的正弦调制信号，然后在此信号上叠加合适的直流偏置电压以调节热光开关至 3 dB 工作点，使其工作在线性区。用示波器观测器件的输出响应波形，如图 8.7 所示。图中，通道 1 为正弦波调制信号波形，通道 2 为器件响应信号波形。可以看出，所研制的器件具有良好的调制性能。

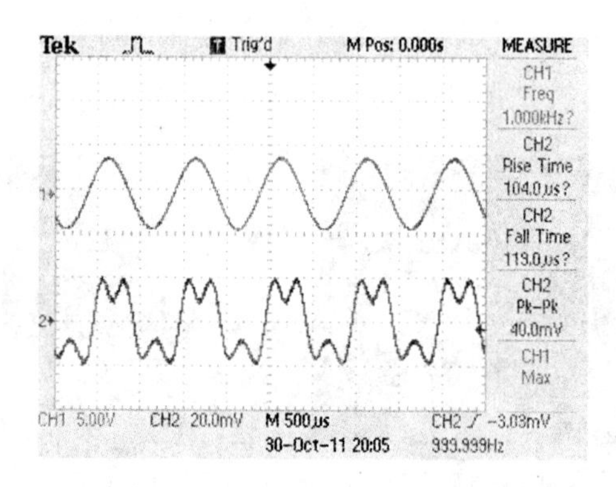

图 8.7　热光开关的调制性能测试结果

通道 1：调制信号；通道 2：响应信号

在保持图 8.7 测试中的直流偏置信号不变的情况下，去除正弦信号，施加频率为 1 kHz、峰—峰值为 5 V 的方波信号（即 TTL 电平），利用示波器观测到的器件响应如图 8.8 所示。图中，通道 1 为方波开关信号波形，通道

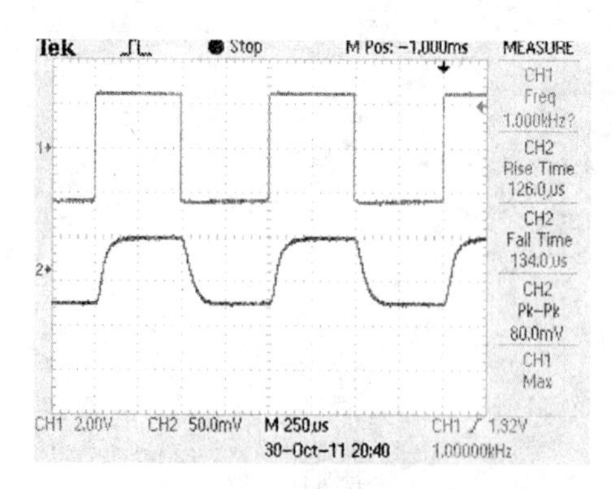

图 8.8　热光开关的开关性能测试结果

通道 1：开关信号；通道 2：响应信号

2为器件的响应信号波形。可以看出,器件的上升时间约为126 μs,下降时间约为134 μs。

将所制备的有机/无机混合材料热光开关的性能和已报道的无机材料热光开关、全聚合物材料热光开关的性能进行对比,结果如表8.2所示。表中可见,Si/SiO_2 热光开关的响应时间最小,一般小于50 μs,但其功耗较大,可达250 mW。而全聚合物热光开关的功耗最小(可小至1.85 mW),但响应时间很长,可达700 μs。本节所制备热光开关的功耗较低(约为13 mW),响应时间也较短(约为126 μs和134 μs),其原因可归纳为:一是,芯层聚合物材料的热光系数大,有利于降低功耗;二是,优化了P(MMA-GMA)上缓冲层厚度,使其在保证模式损耗最小的同时,加快了热量由电极向芯层的扩散速度,缩短了器件的上升时间;三是,优化了 SiO_2 下缓冲层的厚度,同时由于 SiO_2 具有良好的导热性,更利于热量由芯层向衬底的散失,缩短了器件的下降时间。

表8.2 本节制备的有机/无机混合材料热光开关的性能和已报道的无机材料热光开关、全聚合物材料热光开关的性能对比结果

参考文献	材料	*ER*/dB	*PC*/mW	*RT*/ μs	*FT*/ μs
[119]	Si/SiO_2	15	250	0.72	0.7
[180]	Si/SiO_2	25	40	30	30
[127]	polymer	18	7.5	320	400
[126]	polymer	25	4.8	200	200
[125]	polymer	36.2	1.85	300	700
本节器件	polymer/ SiO_2	18.3	13	126	134

ER:消光比;*PC*:功耗;*RT*:上升时间;*FT*:下降时间

8.2.4 小结

利用有机/无机混合波导结构,本节设计并制备了一种低功耗MZI热光开关。为了保证单模传输,减小传输损耗,缩短响应时间并降低器件功耗,对上、下缓冲层厚度做了优化。利用涂膜、光刻等工艺制备了热光开关器件,对相关工艺结果进行了表征。测试结果表明,在1550 nm工作波长下,器件的开关功率为13 mW,ON和OFF状态间的消光比为18.3 dB,上升和下降时间分别为 126 μs 和 134 μs。与全无机材料和全聚合物材料热光开关相比，该混合结构器件综合利用了有机和无机材料的优点，因此同时具备了较低的功耗和较快的响应时间。

基于聚合物/二氧化硅混合材料矩形波导结构，我们还优化设计了 2×2 MMI－MZI 热光开关，器件的功耗约为 6.2 mW，读者可参见文献[193]。

8.3 聚合物/二氧化硅脊形波导热光开关

利用与 8.2 节相同的工艺，本节将分析并制备一种聚合物/二氧化硅脊形波导热光开关，并测试其开关特性和光谱特性。

8.3.1 器件结构及光谱分析

1. 所用材料及其色散特性

为了研究器件的色散特性，应首先测试所使用材料的色散特性。器件采用的脊形波导具有三层介质结构，其中二氧化硅作为下缓冲层，SU－8 作为芯层，P(MMA－GMA)作为上缓冲层。当波长范围为 1300～1700 nm 时，SiO_2 材料的折射率变化曲线如图 8.9(a)所示；同时，利用椭偏仪对 SU－8 和 P(MMA－GMA)的波长色散特性进行了测量，其折射率和消光系数的测试结果分别如图 8.9(b)和图 8.9(c)所示。在 1550 nm 工作波长下，芯层的折射率为 1.5679，下缓冲层的折射率为 1.46，上缓冲层的折射率为 1.4698。由于 P(MMA－GMA)和 SU－8 间的折射率差较大，因此只需要较薄的上缓冲层即可限制光场，同时，相对较薄的上缓冲层也可降低热损耗，从而降低功耗。根据图 8.9 所示结果，由于所用材料的参数随波长而变化，模式参数和器件输出功率也将因此呈现出波长色散特性。相对于 P(MMA－GMA)和 SU－8，SiO_2 的损耗可以忽略，即在估计器件的插入损耗时，可仅考虑 P(MMA－GMA)和 SU－8 的损耗。与波长相关的 P(MMA－GMA)和 SU－8 的体振幅衰减系数分别定义为 α_1 和 α_2，可由下式计算：

$$\alpha_i(\lambda) = (2\pi/\lambda)\kappa_i \quad (i = 1, 2) \tag{8.3.1}$$

式中，κ_1 为 SU－8 的体消光系数，κ_2 为 P(MMA－GMA)的体消光系数。

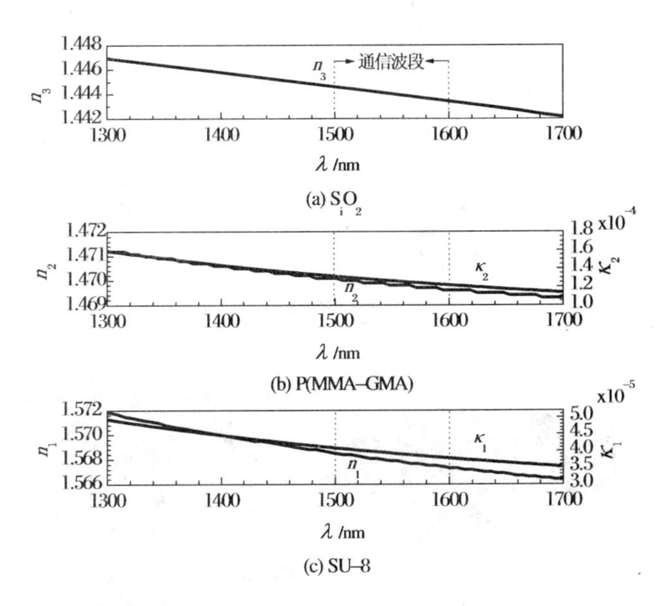

图 8.9 在 1500～1600 nm 波段，各层材料的折射率和体消光系数的色散曲线

2. 器件结构及参数优化

本节设计的聚合物/二氧化硅混合材料热光开关的结构如图 8.10(a)所示，包含五部分：输入波导，3 dB Y 型分束器，MZI 电光区，3 dB Y 型合束器及输出波导。如图 8.10(b)所示，采用硅作为基底，可视作良好的热沉材料。用铝作为电极，来改变波导的模有效折射率和传输特性。二氧化硅比聚合物具有较大的导热系数(接近 1.4 $WK^{-1}m^{-1}$)，因此用其作为下包层来加速热量从芯层向衬底的散失，进而提高开关速度。SU－8 具有较高的电光系数($n_T = -1.8\times10^{-4}\ K^{-1}$(@1550 nm))，因此用其作为波导芯层来降低开关功耗。采用 P(MMA－GMA)作为上缓冲层，因其折射率与 SU－8 相差较大，可使上缓冲层做得很薄，从而加速热量从加热电极到芯层的扩散速度，缩短响应时间。MZI 区域两波导内间距为 30 μm，加热电极的长度为 4.0 mm。

为了保证 1500～1600 nm 波长范围内波导的 E_{00}^y 模式的单模传输和低损耗，脊形波导各层参数设计为：芯层的宽度和厚度均为 3.0 μm，脊的高度为 1.0 μm，上包层和下包层的厚度均为 2.0 μm，电极厚度为 0.15 μm。此时，计算得到模有效折射率为 $n_{\mathrm{eff0}}=1.5488$（@1550 nm），振幅衰减系数为 $\alpha=1.1680$ dB/cm（@1550 nm）。按照上述器件尺寸，在 1550 nm 工作波长下，利用 3D－BPM 方法计算得到的脊形波导的模场分布如图 8.10(c)所示。

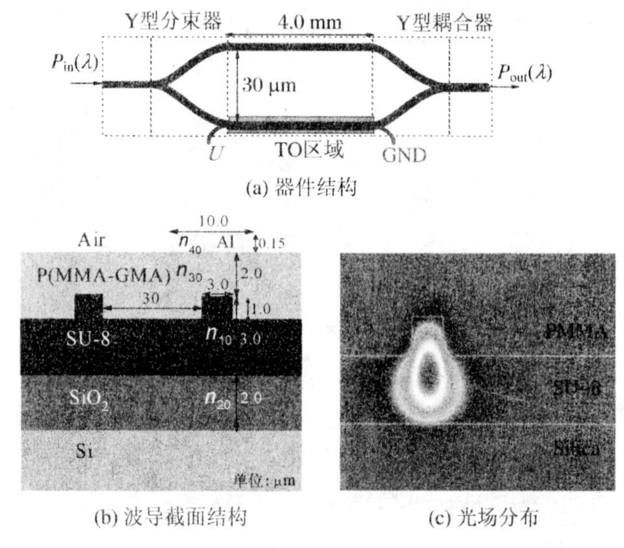

图 8.10 本节设计的聚合物/二氧化硅混合波导热光开关

3．光谱分析

令 Ψ_0 为初始输入光幅度，ω_0 为光波角频率。经 3 dB Y 分束器后，光波被分为两束，表示为

$$\Psi_i(t)=\frac{\Psi_0}{\sqrt{2}}\exp(\mathrm{j}\omega_0 t-\zeta_0) \tag{8.3.2}$$

式中 ζ_0 为光信号初始相位。令 θ_1 和 θ_2 分别为 MZI 热光区域上分支和下分支波导的模式相位变化，则从两 MZI 波导输出的光振幅可分别表示为

$$\begin{cases}\Psi_1'(t)=\dfrac{\Psi_0}{\sqrt{2}}\exp[\mathrm{j}\omega_0 t-(\zeta_0+\theta_1)]\\[2ex]\Psi_2'(t)=\dfrac{\Psi_0}{\sqrt{2}}\exp[\mathrm{j}\omega_0 t-(\zeta_0+\theta_2)]\end{cases} \tag{8.3.3}$$

进入 3 dB Y 合束器的两束光的振幅分别为

$$\begin{cases} \Psi_1''(t) = \dfrac{\Psi_0}{2}\exp[\mathrm{j}\omega_0 t - (2\zeta_0 + \theta_1)] \\ \Psi_2''(t) = \dfrac{\Psi_0}{2}\exp[\mathrm{j}\omega_0 t - (2\zeta_0 + \theta_2)] \end{cases} \tag{8.3.4}$$

因此，在3 dB Y合束器作用下，器件的输出光幅度为

$$\begin{aligned} \Psi(t) &= \frac{\Psi_0}{2}\{\exp[\mathrm{j}\omega_0 t - (2\zeta_0 + \theta_1)] + \exp[\mathrm{j}\omega_0 t - (2\zeta_0 + \theta_2)]\} \\ &= \Psi_0 \exp\left\{\mathrm{j}\omega_0 t - \frac{1}{2}[4\zeta_0 + (\theta_1 + \theta_2)]\right\}\cos\left[\frac{1}{2}(\theta_2 - \theta_1)\right] \end{aligned} \tag{8.3.5}$$

最终，与波长相关的器件输出光功率可表示为

$$P_{\mathrm{out}}(\lambda) = P_0 \cos^2\left\{\frac{1}{2}[\theta_2(\lambda) - \theta_1(\lambda)]\right\} \tag{8.3.6}$$

对于MZI下分支波导，当未施加电压时，Al电极的温度等于室温，即 $T_{\mathrm{Al}} = T_0$，且波导截面内各点的温度是相同的，即 $T(T_{\mathrm{Al}} = T_0, x, y) = T_0$。当施加电压时，Al电极将发热，令其温度变化量为 $\Delta T_{\mathrm{Al}} = T_{\mathrm{Al}} - T_0$。此时，波导截面内各点的温度不同，表示为 $T(\Delta T_{\mathrm{Al}}, x, y)$。温度的变化 $\Delta T(\Delta T_{\mathrm{Al}}, x, y) = T(\Delta T_{\mathrm{Al}}, x, y) - T_0$ 将产生折射率的变化，即有

$$\Delta n(x, y) = \left[\frac{\partial n}{\partial T}(x, y)\right]\Delta T(\Delta T_{\mathrm{Al}}, x, y) = n_{\mathrm{T}}(x, y)\Delta T(\Delta T_{\mathrm{Al}}, x, y) \tag{8.3.7}$$

式中 $n_{\mathrm{T}}(x, y)$ 为材料的热光系数。根据式(8.1.13)，模式有效折射率的变化量可写为

$$\Delta n_{\mathrm{c}}(T_0 + \Delta T_{\mathrm{Al}}) = \left(\frac{n_1}{n_{\mathrm{c}}\big|_{T_0}}\right) n_{\mathrm{T}} \Gamma_{\mathrm{TO}} \tag{8.3.8}$$

此时，模有效折射率将从 $n_{\mathrm{eff0}}(T_0, \lambda)$ 变化为 $n_{\mathrm{eff0}}(T_0, \lambda) - \Delta n_{\mathrm{c}}(T_0 + \Delta T_{\mathrm{Al}}, \lambda)$。与 ΔT_{Al} 有关的相位失配量 $\xi(\lambda, \Delta T_{\mathrm{Al}}) = \frac{1}{2}(\theta_2 - \theta_1)$ 可表示为

$$\xi(\lambda, \Delta T_{\mathrm{Al}}) = \frac{1}{2}(\theta_2 - \theta_1) = \left(\frac{\pi}{\lambda}\right) L_{\mathrm{TO}} \Delta n_{\mathrm{c}}(\lambda, \Delta T_{\mathrm{Al}}) \tag{8.3.9}$$

式中 L_{TO} 为加热电极的长度。由于模式损耗也和波长有关，因此输出功率

可表示为如下 dB 形式：

$$P_{\text{out}}(\lambda,\Delta T_{\text{Al}}) = 10\lg\{\cos^2[\xi(\lambda,\Delta T_{\text{Al}})]\} - \alpha(\lambda)L_{\text{total}} \quad (8.3.10)$$

在 1550 nm 工作波长下，图 8.11(a)显示了输出功率 P_{out} 与加热电极的温度增量 ΔT_{Al} 之间的关系曲线，所用公式为式(8.3.10)。图中可见，当 ΔT_{Al} 从 0 增加到 3.67 K 时，器件从 ON 状态变为 OFF 状态。当 $\Delta T_{\text{Al}} = 3.67$ K 时，波导截面内稳态温度分布如图 8.11(c)所示。输出功率 P_{out} 和波长 λ 之间的关系如图 8.11(b)所示，所用公式为式(8.3.10)。为了得到>30 dB 的消光比，确定的光谱宽度约为 50 nm。去除波导与光纤之间的耦合损耗(大约 2～3 dB)以及 Y 型分束器和 Y 型合束器的分束损耗(1～2 dB)，器件的

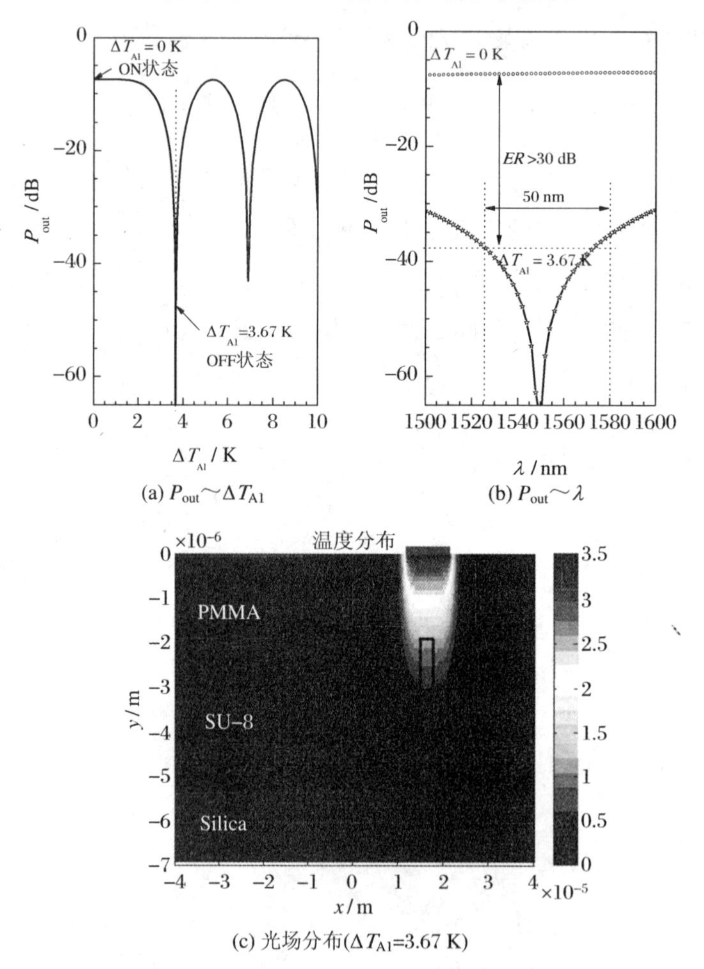

图 8.11 理论计算得到的器件输出功率与加热电极温度增量和工作波长的关系曲线，以及波导截面的温度增量分布

插入损耗约为 7.5 dB。因此，该器件光纤到光纤之间的插入损耗约为 10～13 dB。

8.3.2　器件制备与表征

首先，利用 CVD 工艺在硅衬底上生长厚度为 2.0 μm 的二氧化硅，并将其作为下缓冲层。然后，在下缓冲层上旋涂厚度为 3.0 μm 的 SU-8 薄膜。后烘以后，通过光刻和湿法刻蚀工艺形成宽度为 3.0 μm、脊高为 1.0 μm 的脊形波导。接着，对芯层薄膜进行前烘，使其充分交联固化以稳定其化学和热学特性，之后旋涂 2.0 μm 厚的 P(MMA-GMA)薄膜作为上缓冲层。最后，利用蒸镀工艺在上缓冲层上形成 200 nm 的铝膜作为电极；而后旋涂正性光刻胶材料 BP218，通过光刻和显影，形成宽度为 10.0 μm 的加热电极。

对 MZI 区域波导形貌以及输入区域波导端面形貌的表征结果分别如图 8.12(a)和图 8.12(b)所示。制备的器件样品如图 8.12(c)所示。

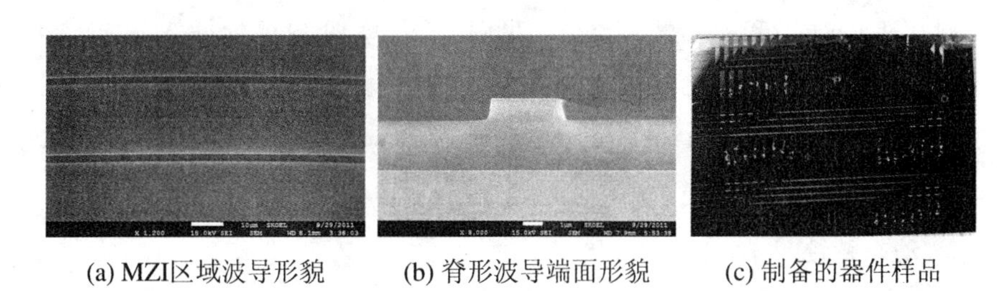

(a) MZI区域波导形貌　(b) 脊形波导端面形貌　(c) 制备的器件样品

图 8.12　所制备的热光开关样品及其波导形貌表征

8.3.3　器件性能测试

1. 静态特性

利用单模光纤将激光器产生的光(P_{in} = 0 dBm, i.e. 1 mW, @1550 nm)耦合到热光开关的输入波导中。改变电源电压，可调节加热电极上的驱动功率，利用光功率计测量器件的输出光功率，测试结果如图 8.13 所示。图示结果表明，当驱动功率为 0 mW 时，输出功率最大为 $P_{out}|_{ON\text{-}state} = -13.1$ dBm，器件此时处于 ON 状态，因此器件的插入损耗(包

括分束损耗、传输损耗和光纤与波导间的耦合损耗)为 $IL = P_{in} - P_{out}|_{ON\text{-}state} = 13.1$ dB。当驱动功率为 15.6 mW 时，输出功率最小为 $P_{out}|_{OFF\text{-}state} = -45.7$ dBm，器件此时处于 OFF 状态。因此，器件的开关功率为 $PC = 15.6$ mW，ON 状态和 OFF 状态之间的消光比为 $ER = P_{out}|_{ON} - P_{out}|_{OFF} = 32.6$ dB。

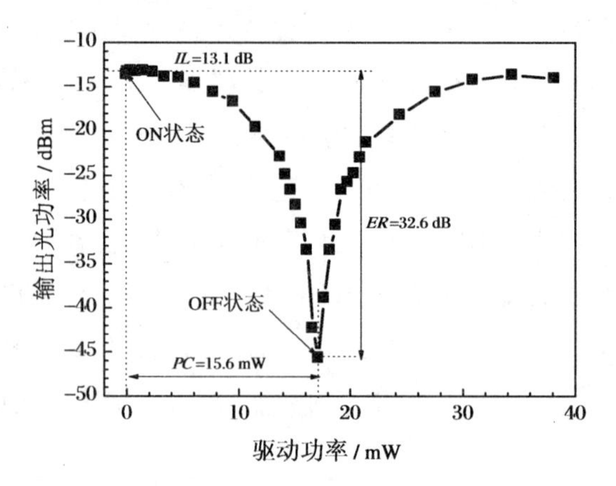

图 8.13 器件输出光功率与驱动电功率之间的关系曲线

PC：器件功耗；*IL*：插入损耗；*ER*：消光比

对比理论结果和实验测试结果，我们发现，实验测得的插入损耗(13.1 dB)与理论值(10～13 dB)较为一致，但器件在 1550 nm 处的消光比(32.6 dB)比仿真结果(>50 dB)低很多，这主要是因为实验得到的热场分布不可能精确地达到理论设计值(见图 8.11(c))。

2．动态特性

利用偏置电压为 +0.7 V、峰—峰值电压为 6 V 的余弦信号作为器件的驱动信号，如图 8.14(a)中上分支曲线所示。此时，在示波器上观察到的响应波形如图 8.14(a)中下分支曲线所示。可以看出，当驱动电压从 0 V 变化到 3 V 时，响应信号的幅度将从最大变化到最小。由此可知，对该器件施加 0 V 和 3 V 的驱动电压即可实现对其输出光功率的开关控制。

使用偏置电压为 +1.5 V、峰—峰值电压为 3 V 的方波信号驱动该器件，实验测得的器件的动态开关响应如图 8.14(b)所示。可以看出，器件 10%～90%的上升和下降时间分别为 107 μs 和 71 μs。与全聚合物材料的热光开关[125～127]相比，该响应时间要明显短一些。上升和下降时间主要取决于加热电极和衬底之间的介质层厚度、热量的扩散速度及热量的散失速度。针对本节所设计的器件，由于上、下缓冲层的折射率与芯层折射率的差异均较大，使二者的厚度可以做得很小，进而可使加热电极产生的热量沿着更短的路径向衬底扩散；同时，SiO_2 的热导率是 P(MMA－GMA)热导率的 6 倍，因此使用 SiO_2 作为下缓冲层也有利于热量从芯层向衬底的散失。

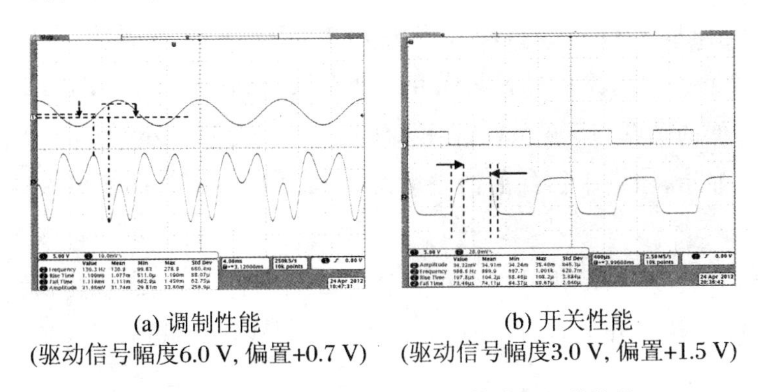

(a) 调制性能
(驱动信号幅度6.0 V, 偏置+0.7 V)

(b) 开关性能
(驱动信号幅度3.0 V, 偏置+1.5 V)

图 8.14　所制备热光开关的调制性能和开关性能

3. 光谱特性

针对 ON 状态（施加的驱动功率为 0 mW）以及 OFF 状态（施加的驱动功率为 15.6 mW），在 1500～1600 nm 波长范围内，调谐激光器的发光波长（步进为 10 nm），我们测量了两种工作状态下器件的输出光功率，结果如图 8.15 所示。可以看到，在 1525～1575 nm 波长范围内，器件的消光比大于 18 dB。该数值比图 8.11(b)中理论计算结果（>30 dB）小很多，这主要是由器件的工艺误差和测量系统中不可控的噪声造成的。

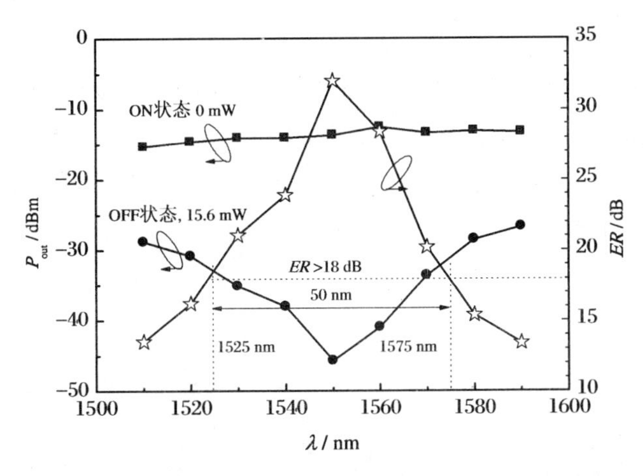

图 8.15　不同工作波长下器件 ON 状态和 OFF 状态的输出光功率及两状态间的消光比

8.3.4 小结

采用有机/无机复合材料以及脊形波导结构，本节优化设计了一种MZI热光开关。与无机材料热光开关和全聚合物热光开关相比，该器件同时具有较低的功耗(15.6 mW)和较短的响应时间(107 μs和71 μs)。另外，测试结果显示，当要求器件的消光比大于18 dB时，器件的输出光谱范围约为50 nm。

基于聚合物/二氧化硅混合材料脊形波导结构，我们还优化设计了2×2 DC-MZI热光开关，器件的功耗约为7.2 mW，读者可参见文献[194]。

8.4 热光开关的噪声容限特性

在热光开关工作过程中，受温度变化和噪声的影响，驱动电压将不可避免地存在波动，这将恶化器件的开关特性。在实际应用中，热光开关应对驱动电压噪声有较强的容许度，这将有利于抑制驱动电压噪声的影响，进而在片上含噪环境中执行强鲁棒性的开关操作。为此，针对8.3节制备的热光开关，本节将利用自主制作的含噪驱动信号源测试其噪声容限特性，进而为其在片上含噪环境下的实际应用提供依据。

我们制作的含噪信号源的电路图如图8.16所示，其原理可描述如下：利用NE555(U1)产生频率可调(1～2 kHz)的方波信号作为噪声信号；通过滑动变阻器R8以及运算放大器OP07(U2)实现对噪声幅度的调节；利用U3构建的加法电路将由P1端口输入的纯净驱动信号(幅度±1.5 V，频率200 Hz)和NE555产生的噪声信号叠加并经隔离后，由端口P2输出，用于驱动热光开关。

对于8.3节制备的热光开关，为使其正常工作，需向其提供一个纯净的驱动信号，该信号的峰—峰值为3 V、偏置电压为1.5 V。然而，在工作过程中，驱动信号可能被低频和高频噪声干扰而产生波动，器件响应可能因此而变化。为了使得开关能在噪声环境下正常工作，器件应对驱动电压的波动具有一定的容限能力。

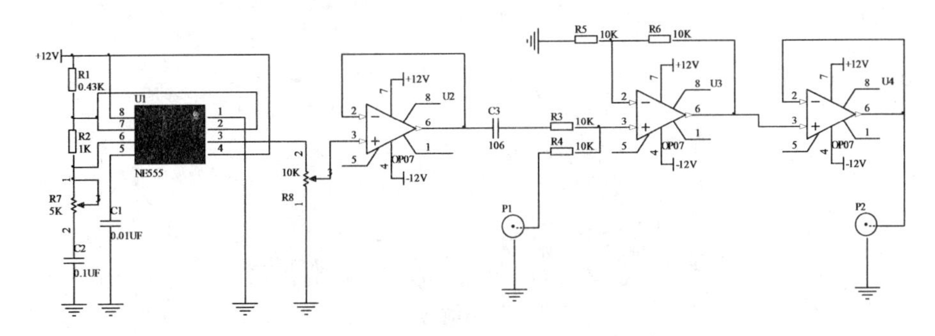

图 8.16　所制作的含噪信号驱动源的电路图

为了研究该器件对驱动电压噪声的容限特性，利用制作的含噪信号驱动源，首先产生一个峰—峰值电压为 3 V、偏置电压为 + 1.5 V 的 200 Hz 调制方波信号；其次利用加法电路在该方波信号中叠加一峰—峰值为 1.6 V、频率为 1.2 kHz 的方波信号(可视为噪声信号)；将和信号视为含噪信号并作为器件的驱动信号，如图 8.17(a)通道 1 曲线所示，同时图 8.17(b)上图对该信号做了进一步的表征。如图 8.17(b)中图所示，在高电压附近，驱动功率的变化约为 9 mW；在低电压附近，驱动功率的变化约为 1.8 mW。实验测量到的开关响应如图 8.17(a)中通道 2 曲线所示，图 8.17(b)下图中曲线(1)对其做了进一步的表征。将器件输出响应换算为 dB 形式，如图 8.17(b)下图中的曲线(2)所示。根据图示结果，加入峰—峰值电压为 1.6 V 的噪声后，器件消光比的最小值约为 $ER_{\min} = 6$ dB。

在含噪信号作用下，为了使器件的消光比大于 10 dB，必须确定出其所能允许的最大噪声幅度。为此，逐步调整噪声信号的幅度(从 0 V 到 3.0 V)，并测量不同噪声幅度下器件的最小消光比，测量结果如图 8.18 所示。测试中纯净信号幅度为 3 V，噪声信号幅度分别为 0.25 V、0.40 V、0.75 V、1.30 V、1.60 V、2.40 V 和 3.0 V_{pp}。最小消光比 $ER_{\min}$ 和噪声幅度之间的关系如图 8.18 所示。根据图示结果，当噪声幅度从 0 V 增加到 3.0 V 时，$ER_{\min}$ 将从 32.6 dB 下降到 0 dB。为了使得 $ER_{\min}$ 大于 10 dB，器件所允许的最大噪声幅度为 1.1 V。因此，该热光开关具有可接受的噪声容限，从而在含噪片上光通信系统中，可有效抑制温度变化和供电电压波动对其性能的影响。

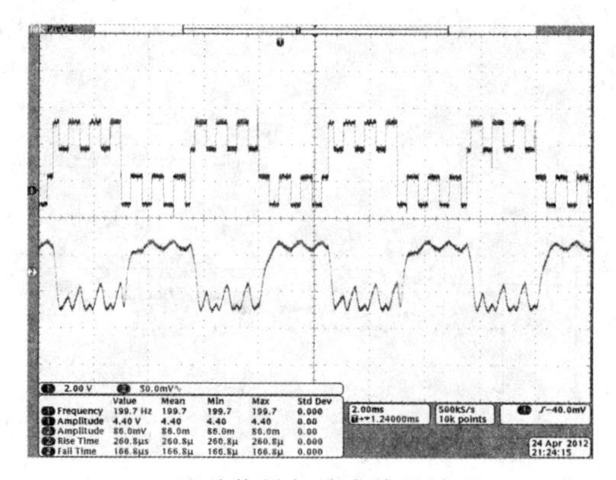

(a) 驱动信号与响应信号波形

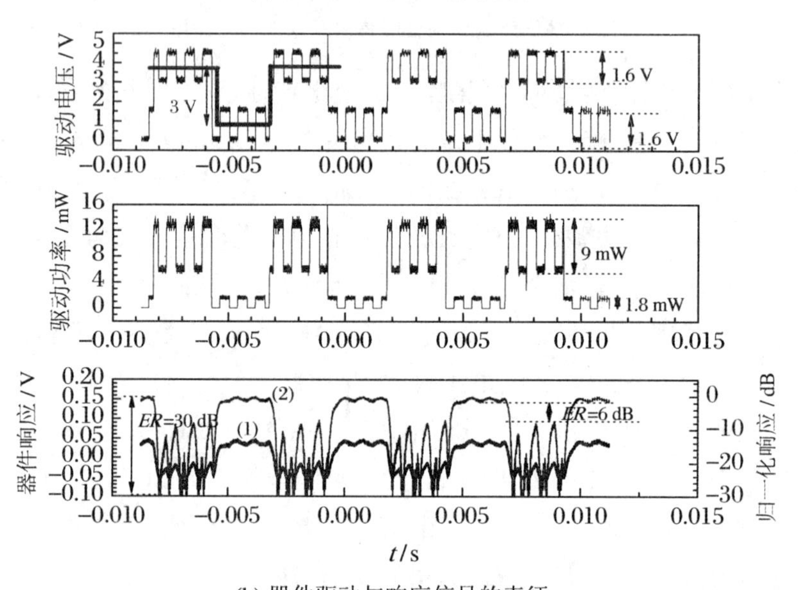

(b) 器件驱动与响应信号的表征

图 8.17 含噪信号驱动下，对 8.3 节制备的热光开关的响应特性测试与表征结果

纯净信号幅度 3.3 V，噪声信号幅度 1.6 V

利用类似实验测试方法，我们还分析了 2×2 DC - MZI 热光开关的容噪特性，其开关信号的峰—峰值电压为 4.0 V，当要求最小消光比大于 18 dB 时，允许的最大噪声幅度为 2.5 V，读者可参见文献[195]。

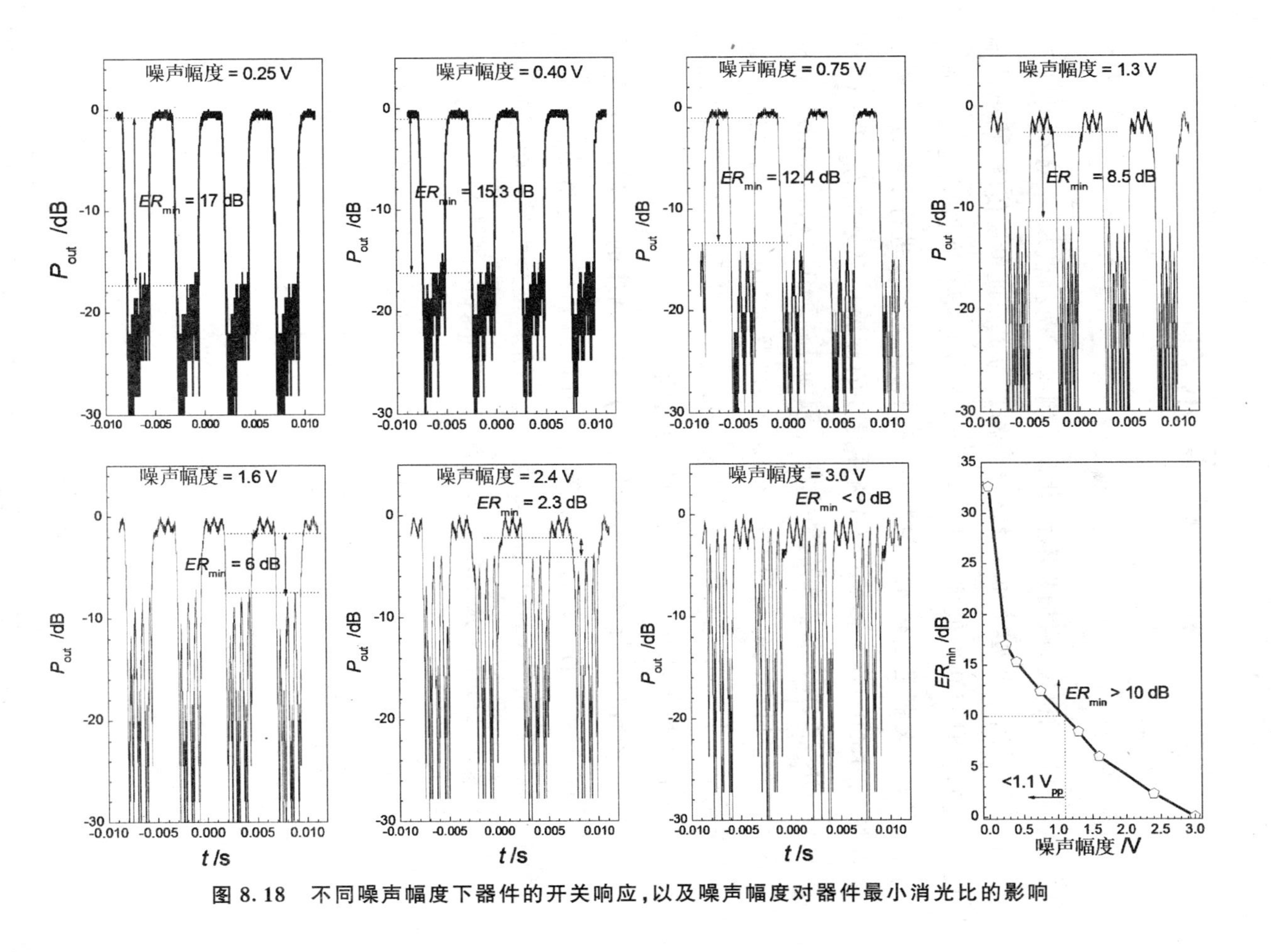

图 8.18 不同噪声幅度下器件的开关响应，以及噪声幅度对器件最小消光比的影响

8.5 本章小结

利用有机/无机复合材料，本章设计并制备了两种低功耗 MZI 热光开关，二者分别采用矩形波导和脊形波导结构。为了保证单模传输、减小传输损耗、缩短响应时间并降低器件功耗，对上、下缓冲层厚度做了优化。利用涂膜、光刻等工艺制备了热光开关器件，对相关工艺结果进行了表征。测试结果表明，在 1550 nm 工作波长下，两种器件的开关功率分别为 13 mW 和 15.6 mW，ON 和 OFF 状态间的消光比分别为 18.3 dB 和 32.6 dB。两种器件的上升和下降时间分别为 126 μs、134 μs 以及 107 μs、71 μs。与无机材料和全聚合物材料热光开关相比，该类器件综合了有机和无机材料的优点，因此同时具备了较低的功耗和较快的响应时间。

针对制作的脊形波导热光开关，本章利用自主制作的含噪驱动信号源测试了其噪声容限特性。结果表明，在峰—峰值为 3.0 V 的驱动信号作用下，为了获得大于 10 dB 的消光比，驱动信号中允许的最大噪声幅度为 1.1 V。该测试方法也可用于其他结构热光开关类似特性的测量。

参考文献

[1] Sun Y, Srivastava A K, Banerjee S, et al. Error-free transmission of 32×2.5 Gbit/s DWDM channels over 125 km using cascaded in-line semiconductor optical amplifiers [J]. Electron. Lett., 1999, 35(31): 1863-1865.

[2] Spiekman L H, Wiesenfeld J M, Gnauck A H, et al. 8×10 Gb/s DWDM transmission over 240 km of standard fiber using a cascade of semiconductor optical amplifiers [J]. IEEE Photon. Technol. Lett., 2000, 12(8):1082-1084.

[3] Yamada E, Takara H, Ohara T, et al. 106 channel×10 Gbit/s, 640 km DWDM transmission with 25 GHz spacing with supercontinuum multi-carrier source [J]. Electron. Lett., 2001, 37(25): 1534-1536.

[4] Makino T, Sotobayashi H, Chujo W. 1.5 Tbit/s (75×20 Gbit/s) DWDM transmission using Er3+-doped tellurite fibre amplifiers with 63 nm continuous signal band [J]. Electron. Lett., 2002, 38(24): 1502-1504.

[5] Takara H, Masuda H, Mori K, et al. 124 nm seamless bandwidth, 313×10 Gbit/s DWDM transmission [J]. Electron. Lett., 2003, 39(4): 382-383.

[6] Cho P S, Harston G, Kerr C J, et al. Investigation of 2-b/s/Hz 40-Gb/s DWDM transmission over 4×100 km SMF-28 fiber using RZ-DQPSK and polarization multiplexing [J]. IEEE Photon. Technol. Lett., 2004, 16(2): 656-658.

[7] Xie C J. A doubly periodic dispersion map for ultralong-haul 10-and 40-Gb/s hybrid DWDM optical mesh networks [J]. IEEE Photon. Technol. Lett., 2005, 17(5): 1091-1093.

[8] Dumler U, Moller M, Bielik A, et al. 86 Gbit/s SiGe receiver module with high sensitivity for 160×86 Gbit/s DWDM system [J]. Electron. Lett., 2006, 42(1): 21-22.

[9] Furukawa H, Wada N, Awaji Y, et al. Field trial of 160 Gbit/s DWDM-based optical packet switching and transmission [J]. Opt. Exp., 2008, 16(15): 11487-11495.

[10] Yu J J, Zhou X, Huang M F, et al. 400 Gb/s(4 ×100 Gb/s) orthogonal PDM-RZ-QPSK DWDM signal transmission over 1040 km SMF-28 [J]. Opt. Exp., 2009, 17(20): 17928-17933.

[11] Comellas J, Conesa J, Junyent G. Design and performance analysis of a simple OXC [J]. Photon. Network Commun., 2003, 5(1): 81-88.

[12] Zong L, Li Y H, Zhang H Y, et al. Low crosstalk structure for integrated OXC/OADM in WDM optical transport networks [J]. Opt. Commun., 2001, 195(1-4): 179-186.

[13] Stavdas A, Avramopoulos H, Protonotarios E N, et al. An OXC architecture suitable for high density WDM wavelength routed networks [J]. Photon. Network Commun., 1999, 1(1): 77-88.

[14] Liaw S K, Ho K P, Lin C, et al. Experimental investigation of wavelength-tunable WADM and OXC devices using strain-tunable fiber Bragg gratings [J]. Opt. Commun., 1999, 169(1-6): 75-80.

[15] Jenkins R B, Voigt R J. Demonstration of bidirectional add drop multiplexers and mixed signals in a DWDM mesh architecture [J]. ECOC, 2008, 5: 191-192.

[16] Arbues P G, Machuca C M, Tzanakaki A. Comparative study of existing OADM and OXC architecture and technologies from the failure behavior perspective [J]. J. Opt. Networking, 2007, 6(2): 123-133.

[17] Rhee J K, TomKos I, Li M J. A broadcast-and-select OADM optical network with dedicated optical-channel protection [J]. J. Lightwave Techonol., 2003, 21(1): 25-31.

[18] 农学勤，黄景元，何斌，等. 机械式光开关市场定位及需求 [J]. 光通信技术，2002，26(4): 15-17.

[19] Nielson G N, Olsson R H, Resnick P R, et al. High-speed MEMS micromirror switching [J]. OSA/CLEO, 2007, 1-2.

[20] Tsai J C, Yin C Y, Sun C W, et al. Analysis of the integrated response in a MEMS 1 × N2 wavelength-selective switch [J]. Appl. Opt., 2007, 46(16): 3227-3232.

[21] Li V O K, Li C Y, Wai P K A. Alternative structures for two-dimensional MEMS optical switches [J]. J. Opt. Networking, 2004, 3(10): 742-757.

[22] Cochran K R, Fan L, DeVoe D L. Moving reflector type micro optical switch for high power transfer in a MEMS-based safety and arming system [J]. J. Micromechanics and Microengineering, 2004, 14: 138-146.

[23] Faure J P, Noirie L, Ollier E. An 8 × 8 all optical space-switch based on a novel MOMEMS switching module [J]. OSA/OFC, 2001, 3: WX5-1-WX5-4.

[24] Sluijter M, de Boer D K G, Urbach H P. Simulations of a liquid-crystal-based electro-optical switch [J]. Opt. Lett., 2009, 34(1): 94-96.

[25] Lin Y H, Yang J M, Lin Y R, et al. A polarizer-free flexible and reflective electro-optic switch using dye-doped liquid crystal gels [J]. Opt. Exp., 2008, 16(3): 1777-1785.

[26] Liu Y J, Sun X W, Liu J H, et al. A polarization insensitive 2×2 optical switch fabricated by liquid crystal-polymer composite [J]. Appl. Opt. Lett., 2005, 86:041115.

[27] Wang Q, Farrell G. Integrated liquid-crystal switch for both TE and TM modes: proposal and design [J]. J. Opt. Soc. Am. A, 2007, 24(10): 3303-3308.

[28] Densmore A, Janz S, Ma R, et al. Compact and low power thermo-optic switch using folded silicon waveguides [J]. Opt. Exp., 2009, 17(13): 10457-10465.

[29] Song J F, Fang Q, Tao S H, et al. Fast and low power Michelson interferometer thermo-optical switch on SOI [J]. Opt. Exp., 2008, 16(20): 15304-15311.

[30] Yuntao Li, Jinzhong Yu, Shaowu Chen, et al. Submicrosecond rearrangeable nonblocking silicon-on-insulator thermo-optic 4×4 switch matrix [J]. Opt. Lett., 2007, 32(6): 603-604.

[31] Chen Y Y, Li Y P, Sun F, et al. SOI-based 16×16 thermo-optic waveguide switch matrix [J]. Chin. Phys. Lett., 2006, 23(7): 1823-1825.

[32] Yu H, Jiang X Q, Yang J Y, et al. 2×3 thermo-optical switch utilizing total internal reflection [J]. Appl. Phys. Lett., 2006, 88(1): 011106.

[33] Sun D G, Liu Z Y, Zhang Y, et al. Thermo-optic waveguide digital optical switch using symmetrically coupled gratings [J]. Opt. Exp., 2005, 13(14): 5463-5471.

[34] Kanellos G T, Pleros N, Petrantonakis D, et al. 40 Gb/s 2R burst mode receiver with a single integrated SOA-MZI switch [J]. Opt. Exp., 2007, 15(8): 5043-5049.

[35] Matsuura M, Kishi N, Miki T. Performances of a widely pulsewidth-tunable multi-wavelength pulse generator by a single SOA-based delayed interferometric switch [J]. Opt. Exp., 2005, 13(25): 10010-10021.

[36] Ju H, Zhang S, Lenstra D, et al. SOA-based all-optical switch with subpicosecond full recovery [J]. Opt. Exp., 2005, 13(3): 942-947.

[37] Li J Q, Li L, Zhao J J, et al. Ultrafast, low power and highly stably all-optical switch in MZI with two-arm-sharing nonlinear ring resonator [J]. Opt. Commun., 2005, 256(4-6): 319-325.

[38] Ghayour R, Taheri A N, Fathi M T. Integrated Mach-Zehnder-based 2×2 all-optical switch using nonlinear two-mode interference waveguide [J]. Appl. Opt.,

2008, 47(5): 632-638.

[39] Berrettini G, Meloni G, Bogoni A, et al. All-optical 2×2 switch based on Kerr effect in highly nonlinear optical fiber for ultrafast applications [J]. IEEE Photon. Technol. Lett., 2006, 18(23): 2439-2441.

[40] Tian Y, Xiao X, Gao S, et al. All-optical switch based on two-pump four-wave mixing in fibers wiout a frequency shift [J]. Appl. Opt., 2007, 46(23): 5588-5592.

[41] Campbell J C, Blum F A, Shaw D W, et al. III-8 GaAs electrooptic directional coupler switch [J]. IEEE Transactions on Electron Devices, 1975, 22(11): 1061-1061.

[42] Sasaki H, de La Rue R M. Electro-optic Y-junction modulator/switch [J]. Electron. Lett., 1976, 12(18): 459-460.

[43] Papuchon M, Roy A M, Ostrowsky D B, et al. Electrically active optical bifurcation: BOA [J]. Appl. Phys. Lett., 1977, 31(4): 266-267.

[44] Kawabe M, Hirata S, Namba S. Ridge waveguides and electra-optical switches in $LiNbO_3$ fabricated by ion-bombardment-enhanced etching [J]. IEEE Transactions on Circuit and Systems, 1979, CAS-26(12): 1109-1113.

[45] Haruna M, Koyama J. Ridge Waveguides and Electra-Optical Switches in LiNbO, fabricated by Ion-Bombardment-Enhanced Etching [J]. J. Lightwave Technol., 1983, LT-1(1):223-227.

[46] Mccaughan L. Low-loss polarization-independent electrooptical switches at $\lambda = 1.3$ μm [J]. J. Lightwave Technol., 1984, LT-2(1): 51-55.

[47] Duthie P J, Edge C. A polarization independent guided-wave $LiNbO_3$ electrooptic switch employing polarization diversity [J]. IEEE Photon. Technol. Lett., 1991, 3(2): 136-137.

[48] McCallion K, Johnstone W, Thursby G. Investigation of optical fiber switch using electro-optic interlays [J]. Electron. Lett., 1992, 28(4): 410-411.

[49] Zucker J E, Jones K L, Chiu T H, et al. Strained quantum wells for polarization-Independent electrooptic waveguide switches [J]. J. Lightwave Technol., 1992, 10(12): 1926-1930.

[50] Tanushi Y, Wake M, Wakushima K, et al. Technology for ring resonator switches using electro-optic materials [J]. 2004 1st IEEE International Conference on Group IV Photonics, 2004, 22-24.

[51] Schmidt R V, Buhl L L. Experimental 4×4 optical switching network [J]. Electron. Lett., 1976, 12(22): 575-576.

[52] Knodo M, Ohta Y, Fujiwara M, et al. Integrated optical switch matrix for

single-mode fiber networks [J]. IEEE J. Quantum. Electron., 1982, QE-18(10): 1759-1765.

[53] McCaughan L, Bogert G A. 4×4 Ti: $LINbO_3$ integrated-optical crossbar switch array [J]. Appl. Phys. Lett., 1985, 47(4): 348-350.

[54] Bogert G, Murphy E, Ku R. Low crosstalk 4×4 Ti: $LiNbO_3$ optical switch with polarization attached polarization maintaining fiber array [J]. J. Lightwave Technol., 1986, 4(10):1542-1545.

[55] Granestrand P, Stoltz B, Thylen L, et al. Strictly nonblocking 8×8 integrated optical switch matrix [J]. Electron. Lett., 1986, 22(15): 816-818.

[56] Duthie P J, Wale M J. 16×16 single chip optical switch array in Lithium Niobate [J]. Electron. Lett., 1991, 27(14): 1265-1266.

[57] Okayama H, Kawahara M. Ti: $LiNbO_3$ digital optical switch matrices [J]. Electron. Lett., 1993, 29(9): 765-766.

[58] Okayama H, Kawahara M. Prototype 32×32 optical switch matrx [J]. Electron. Lett., 1994, 30(14): 1128-1129.

[59] Alferness R C. Polarization independent optical directional coupler switch using weighted coupling [J]. Appl. Phys. Lett., 1979, 35(10): 748-750.

[60] Silberberg Y, Perlmutter P, Baran J E. Digital optical switch [J]. Appl. Phys. Lett., 1987, 51(16): 1230-1232.

[61] Leonberger F J, Donnelly J P, Bozler C O. IIA-4 GaAs p+n-n+ directional couplers and electrooptic switches [J]. IEEE Transactions on Electron Devices, 1976, 23(11): 1250-1250.

[62] Komatsu K, Hamamoto K, Sugimoto M, et al. 4×4 GaAs/AlGaAs optical matrix switches with uniform device characteristics using alternating $\Delta\beta$ electrooptic guided-wavedirectional couplers [J]. J. Lightwave Technol., 1991, 9(7): 871-878.

[63] Hamamoto K, Anan T, Komatsu K, et al. First 8×8 semiconductor optical matrix switches using GaAs/AlGaAs electro-optic guided-wave directional couplers [J]. Electron. Lett., 1992, 28(5): 441-443.

[64] Li C, Luo X, Poon A W. Dual-microring-resonator electro-optic logic switches on a silicon chip [J]. Semiconductor Sci. Technol., 2008, 23: 064010.

[65] 王明华，戚伟，余辉，等. 基于化合物半导体材料高速光开关的研究 [J]. 科学通报，2009，54(20)：3040-3045.

[66] Campenhout J V, Green W M J, Assefa S, et al. Low-power, 2×2 silicon electro-optic switch with 110-nm bandwidth for broadband reconfigurable optical networks [J]. Opt. Exp., 2009, 17(26): 24020-24029.

[67] Dong P, Liao S, Liang H, et al. Submilliwatt, ultrafast and broadband electro-optic silicon switches [J]. Opt. Exp., 2010, 18(24): 25225-25231.

[68] Campenhout J V, Green W M J, Assefa S, et al. Drive-noise-tolerant broadband silicon electro-optic switch[J]. Opt. Exp., 2011, 19(12): 11568-11577.

[69] Honma S, Okamoto A, Takayama Y. Photorefractive duplex two-wave mixing and all-optical deflection switch [J]. J. Opt. Soc. Am. B, 2001, 18 (7):974-981.

[70] Yan X, Liu L. Photorefractive switch controlled by polarized effect [J]. Acta Optica Sinica, 1999, 19 (7): 1003-1005.

[71] Yan X, Liu L. Theory of anistropic-diffraction based photorefractive switch [J]. Acta Optica Sinica, 2001, 21(10):1249-1252.

[72] Song Z, Liu L R, Ren H X, et al. Electro-optic bypass-exchange switch integrated in a single $LiNbO_3$ crystal [J]. J. Opt. A: Pure Appl. Opt., 2004, 6(2): 229-234.

[73] Zuo Y, Bahamin B, Tremblay E J, et al. 1×2 and 1×4 Electrooptic Switches [J]. IEEE Photon. Technol. Lett., 2005, 17(10):2080-2082.

[74] Goldhar J, Henesian M A. Large-aperture electrooptical switches with plasma electrodes [J]. IEEE J. Quantum. Electrom., 1986, QE22(7): 1137-1147.

[75] Eimerl D. Thermal aspects of high-average-power electrooptic switches [J]. IEEE J. Quantum. Electrom., 1987, QE23(12): 2238-2251.

[76] Yoon D W, Eknoyan O, Taylor H F. Polarization-independent LiTa03 guided-wave electrooptic switches [J]. J. Lightwave Technol., 1990, 8(2): 160-163.

[77] Wongcharoen T, Azizur Rahman B M, Grattan K T V. Electro-optic directional coupler switch characterization [J]. J. Lightwave Technol., 1997, 15 (2): 377-382.

[78] Chakraborty R, Biswas J C, Lahiri S K. Analysis of directional coupler electro-optic switches using effective-index-based matrix method [J]. Opt. Commun., 2003, 219(1-6): 157-163.

[79] 马慧莲，杨建义，江晓清，等. MMI 型 GaAs 1×N 和 N×N 集成光学开关的研制 [J]. 半导体光电，2000，21(6)：384-388.

[80] 周海峰，江晓清，杨建义，等. 具有单一复合调制区的多模干涉效应耦合器 1×3 光开关的分析 [J]. 光学学报，2007，27(9)：1691-1694.

[81] 肖彩侠，李锡华，周强，等. $LiNbO_3$ 1×2 非对称电极 Y 分叉数字光开关的研究 [J]. 光通信研究，2007，33(5)：50-52.

[82] Meredith G R, VanDusen J G, Williams D J. Optical and nonlinear optical characterization of molecularly doped thermotropic liquid crystalline polymers [J]. Macromolecules, 1982, 15(5): 1385-1389.

[83] Garito A F, Singer K D. Organic crystals and polymers-a new class of nonlinear optical materials [J]. Laser Focus, 1982, 18(2): 59-64.

[84] Kim T D, Luo J D, Ka J, et al. Ultra-large and thermally stable electro-optic activities from Diels-Alder crosslinkable polymers containing binary chromophore systems [J]. Adv. Mater., 2006, 18(22): 3038-3042.

[85] Enami Y, DeRose C T, Loychik C, et al. Low half-wave voltage and high electro-optic effect in hybrid polymer/sol-gel waveguide modulators [J]. Appl. Phys. Lett., 2006, 89(14):143506.

[86] Shi Y, Lin W, Olson D J, et al. Electro-optic polymer modulators with 0.8 V half-wave voltage [J]. Appl. Phys. Lett., 2000, 77(1): 1-3.

[87] Shi Y, Zhang C, Zhang H, et al. Low (sub-1-volt) halfwave voltage polymeric electro-optic modulators achieved by controlling chromophore shape [J]. Science, 2000, 288(4): 119-122.

[88] Zhang C, Dalton L R, Oh M C, et al. Low V_π electro-optic modulators from CLD-1: Chromophore design and synthesis, material processing, and characterization [J]. Chem. Mater., 2001, 13(9): 3043-3050.

[89] Oh M C, Zhang H, Szep A, et al. Electro-optic polymer modulators for 1.55 mm wavelength using phenyltetraene bridged chromophore in polycarbonate [J]. Appl. Phys. Lett., 2000, 76(24): 3525-3527.

[90] Zhang H, Oh M C, Szep A, et al. Push-pull electro-optic polymer modulators with low half-wave voltage and low loss at both 1310 and 1550 nm [J]. Appl. Phys. Lett., 2001, 78(20): 3136-3138.

[91] Park S, Ju J J, Park S K, et al. Thermal relaxation trimming for enhancement of extinction ratio in electro-optic polymer Mach-Zehnder modulators [J]. Appl. Phys. Lett., 2005, 86(7): 071102.

[92] Enami Y, Derose C T, Mathine D, et al. Hybrid polymer/sol-gel waveguide modulators with exceptionally large electro-optic coefficients [J]. Nature Photon., 2007, 1(3): 180-185.

[93] Thackara J I, Chon J C, Bjorklund G C, et al. Polymeric electro-optic Mach-Zehnder switches [J]. Appl. Phys. Lett., 1994, 67(26): 3874-3876.

[94] Han S G, Lee H J, Lee M H, et al. High performance 2×2 polymeric electro-optic switch with modified bifurcation optically active waveguide structure [J]. Electron. Lett., 1996, 32(21): 1994-1995.

[95] Hwang W Y, Oh M C, Lee H M, et al. Polymeric 2×2 electrooptic switch consisting of asymmetric Y junctions and Mach-Zehnder interferometer [J]. IEEE Pho-

ton. Technol. Lett., 1997, 9(6):761-763.

[96] Lee M H, Min Y H, Ju J J, et al. Polymeric electrooptic 2×2 switch consisting of bifurcation optical active waveguides and a Mach-Zehnder interferometer[J]. IEEE J. Selected Topics in Quantum Electron., 2001, 7(5): 812-818.

[97] Shi W, Ding Y J, Fang C S, et al. Single-mode rib polymer waveguides and electro-optic polymer waveguide switches [J]. Opt. Laser Eng., 2002, 38(6): 361-371.

[98] Thapliya R, Nakamura S, Kikuchi T. High speed electro-optic polymeric waveguide devices with low switching voltages and thermal drift [C]. OFC/NFOEC, 2008, OMJ1.

[99] Lee S S, Shin S Y. Polarisation-insensitive digital optical switch using an electro-optic polymer rib waveguide [J]. Electron. Lett., 1997, 33(4): 314-316.

[100] Yuan W, Kim S, Sadowy G, et al. Polymeric electro-optic digital optical switches with low switching voltage [J]. Electron. Lett., 2004, 40(3): 195-197.

[101] Yuan W, Kim S, Steier W H, et al. Electrooptic polymeric digital optical switches (DOSs) with adiabatic couplers [J]. IEEE Photon. Technol. Lett., 2005, 17(12): 2568-2570.

[102] Yuan W, Kim S, Fetterman H R, et al. Hybrid integrated cascaded 2-bit electro-optic digital optical switches (DOSs) [J]. IEEE Photon. Technol. Lett., 2007, 19(7): 519-521.

[103] Enami Y, Mathine D, DeRose C T, et al. Hybrid electro-optic polymer/sol-gel waveguide directional coupler switches [J]. Appl. Phys. Lett., 2009, 94(21): 213513.

[104] Xiao S M, Wang F, Wang X, et al. Electro-optic polymer assisted optical switch based on silicon slot structure [J]. Opt. Commun., 2009, 282(13): 2506-2510.

[105] Enami Y, Luo J, Jen A K Y. Short hybrid polymer/sol-gel silica waveguide switches with high in-device electro-optic coefficient based on photostable chromophore [J]. AIP Advances, 2011, 1(4): 042137.

[106] 胡国华，恽斌峰，嵇阳，等. 非对称马赫—曾德尔干涉型低串扰聚合物光开关 [J]. 光电子·激光，2009，20(12)：1592-1594.

[107] 鲍俊峰，吴兴坤. 一种定向耦合器型高聚物光开关设计 [J]. 光子学报，2005，34(3)：361-364.

[108] Zheng C T, Ma C S, Yan X, et al. Design of a polymer directional coupler electro-optic switch with low push-pull switching voltage at 1550 nm [J]. Chin. J. Semiconductors, 2008, 29(11): 2197-2203.

[109] 郑传涛，马春生，闫欣，等. 聚合物脊形波导定向耦合电光开关的电极优化 [J]. 半导体光电，2009，30(1)：28-33.

[110] 闫欣，马春生，王现银，等. 聚合物定向耦合电光开关的模拟和优化 [J]. 光子学报，2008，37(11)：2145-2149.

[111] 闫欣，马春生，陈宏起，等. 聚合物微环谐振器电光开关阵列的优化与模拟 [J]. 光学学报，2009，29(9)：2640-2545.

[112] 闫欣，马春生，陈宏起，等. 1×N 信道聚合物微环谐振器电光开关阵列的开关特性[J]. 光子学报，2009，38(8)：1914-1919.

[113] 闫欣，马春生，郑传涛，等. 聚合物串联耦合双环电光开关的模拟和优化 [J]. 光子学报，2009，38(7)：1687-1691.

[114] Haruna M, Koyama J. Thermooptic deflection and switching in glass [J]. Appl. Opt., 1982, 21(19): 3461-3465.

[115] Haruna M, Koyama J. Thermo-optic effect in $LiNbO_3$ for light deflection and switching [J]. Electron. Lett., 1981, 17(22): 842-844.

[116] Cariou J M, Dugas J, Martin L, et al. Refractive-index variations with temperature of PMMA and polycarbonate [J]. Appl. Opt., 1986, 25(3): 334-336.

[117] Diemeer M B J, Brons J J, Trommel E S. Polymeric optical waveguide switch using the thermooptic effect [J]. J. Lightwave Technol., 1989, 7(3): 449-453.

[118] Keil N, Yao H H, Zawadzki C, et al. 4×4 polymer thermo-optic directional coupler switch at 1.55μm [J]. Electron. Lett., 1994, 30(8): 639-640.

[119] Harjanne M, Kapulainen M, Aalto T, et al. Sub-s switching time in silicon-on-insulator Mach-Zehnder thermooptic switch [J]. IEEE Photon. Technol. Lett., 2004, 16(9): 2039-2041.

[120] Shoji Y, Kintaka K, Suda S, et al. Low-crosstalk 2 × 2 thermo-optic switch with silicon wire waveguides [J]. Opt. Exp., 2010, 18(9): 9071-9075.

[121] Fang Q, Song J F, Liow T Y, et al. Ultralow power silicon photonics thermo-optic switch with suspended phase arms [J]. IEEE Photon. Technol. Lett., 2011, 23(8): 525-527.

[122] Hida Y, Onose H, Imamura S. Polymer waveguide thermooptic switch with low electric power consumption at 1.3μm [J]. IEEE Photon. Technol. Lett., 1993, 5(7): 782-784.

[123] Hu G, Yun B, Ji Y, et al. Crosstalk reduced and low power consumption polymeric thermo-optic switch[J]. Opt. Commun., 2010, 283(10): 2133-2135.

[124] Kim S K, Cha D H, Pei Q B, et al. Thermo-optic total-internal-reflection and strain-effect[J]. IEEE Photon. Technol. Lett., 2010, 22(4): 197-199.

[125] Al-hetar A M, Mohammad A B, Supa'at S M A, et al. Fabrication and characterization of polymer thermo-optic switch based on mmi coupler [J]. Opt. Commun., 2011, 284 (5): 1181-1185.

[126] Xie N, Hashimoto T, Utaka K. Very low-power, polarization-independent, and high-speed polymer thermooptic switch [J]. IEEE Photon. Technol. Lett., 2009, 21(24): 1861-1863.

[127] Gao L, Sun J, Sun X, et al. Low switching power 2×2 thermo-optic switch using direct ultraviolet photolithography process [J]. Opt. Commun., 2009, 282(20): 4091-4094.

[128] 马春生，刘式墉. 光波导模式理论 [M]. 长春：吉林大学出版社，2006.

[129] 刘式墉. 半导体集成光学 [M]. 长春：吉林大学出版社，1986.

[130] Tamir T. Integrated Optics [M]. New York: Springer-Verlag, 1975.

[131] 马春生，刘式墉. 脊形波导中导模传输与损耗的分析与计算 [J]. 光学学报，1989, 9(1): 38-42.

[132] 马春生，刘式墉. MOS 型波导光学特性分析 [J]. 半导体学报，1989, 10(4): 249-253.

[133] Ma C S, Cao J. TM mode optical characteristics of five-layer MOS optical waveguides [J]. Opt. Quantum Electron., 1994, 26(8): 877-884.

[134] Marcatili E A J. Dielectric rectangular waveguide and directional coupler for integrated optics [J]. Bell Syst. Technol. J., 1969, 48(7): 2071-2102.

[135] 叶培大，吴彝尊. 光波导技术基本理论 [M]. 北京：人民邮电出版社，1981.

[136] Ramer O G. Integrated optic electrooptic modulator electrode analysis [J]. IEEE. J. Quantum Electron., 1982, 18(3): 386-392.

[137] Sabatier C, Caquot E. Influence of a dielectric buffer layer on the field distribution in an electrooptic guided-wave device [J]. IEEE. J. Quantum Electron., 1986, 22(1): 32-37.

[138] Marcuse D. Electrostatic field of coplanar lines computed with the point-matching method [J]. IEEE. J. Quantum Electron., 1989, 25(5): 939-947.

[139] Bates R H T. The theory of the point-matching method for perfectly conducting waveguides and transmission lines [J]. IEEE Transactions on Microwave Theory and Techniques, 1969, MTT-17(6): 294-301.

[140] Kosslowski S, Bogelsack F, Wolff I. The application of the point matching method to the analysis of microstrip lines with finite metallization thickness [J]. IEEE Transactions on Microwave Theory and Techniques, 1988, 36(8): 1265-1271.

[141] Yamashita E, Nishino Y, Atsuki K. Analysis of multiple dielectric waveguide sys-

tems with extended point-matching method [J]. Microwave Symposium Diqest, MTT-S International, 1983, 83(1): 119-121.

[142] 黄成功，陈福森. 电晕极化电光聚合物调制器的制备研究 [J]. 高分子通报，2007, (8): 7-10.

[143] 杨建义，江晓清，王明华. 基于接触式极化法的 M-Z 型聚合物电光调制器 [J]. 光电子·激光，2002, 13(9): 897-899.

[144] 曹庄琪. 导波光学 [M]. 北京：科学出版社. 2007.

[145] Zheng C T, Ma C S, Yan X, et al. Simulation and optimization of a polymer directional coupler electro-optic switch with push-pull electrodes [J]. Opt. Commun., 2008, 281(14): 3695-3702.

[146] 陈福深. 集成电光调制理论与技术 [M]. 北京：国防工业出版社. 1995.

[147] 李瀚荪. 电路分析基础 [M]. 北京:高等教育出版社,1992.

[148] Jin H, Vahldieck R, Belanger M, et al. A mode projecting method for the quasi-static analysis of electrooptic device electrodes considering finite metallization thickness and anisotropic substrate [J]. IEEE J. Quantum Electron., 1991, 27 (10): 2306-2314.

[149] Gan X Y, Liu Y Z. Computation of microwave attenuation on coplanar waveguide (CPW) with complicated cross-Section [J]. Int. J. Infrared. Millimeter Waves, 2003, 24(8): 1393-1402.

[150] Pantic Z, Mittra R. Quasi-TEM analysis of microwave transmission lines by the finite-element method [J]. IEEE Tran. Microw. Theory Technol., 1986, 34(11): 1096-1103.

[151] Zhu N H, Wei Q, Pun E Y B, et al. Analysis of velocity-matched Ti: $LiNbO_3$ optical intensity modulators with an extended point-matching method [J]. Opt. Quantum. Electron., 1996, 28(2) : 137-146.

[152] Enami Y, Mathine D, Derose C T, et al. Hybrid cross-linkable polymer/sol-gel waveguide modulators with 0.65 V half wave voltage at 1550 nm [J]. Appl. Phys. Lett., 2007, 91(9): 093505.

[153] Pitois C, Vukmirovic C, Hult A. Low-loss passive optical waveguides based on photo-sensitive poly pentafluorostyrene-coglycidyl methacrylate [J]. Macromolecules, 1999, 32(9): 2903-2909.

[154] Driscoll W G, Vaughan W. Handbook of Optics [M]. New York: McGraw-Hill, 1978.

[155] Shacham A, Bergman K, Carloni L P. Photonic networks-on-chip for future generations of chip multiprocessors [J]. IEEE Trans. Comput., 2008, 57 (9):

1246-1260.

[156] Ahn J, Fiorentino M, Beausoleil R G, et al. Devices and architectures for photonic chip-scale integration [J]. Appl. Phys. A, 2009, 95(4): 989-997.

[157] Batten C, Joshi A, Orcutt J, et al. Building Many-Core Processor-to-DRAM Networks with Monolithic CMOS Silicon Photonics [J]. IEEE Micro, 2009, 29(4): 8-21.

[158] Krishnamoorthy A V, Ho R, Zheng X Z, et al. Computer Systems Based on Silicon Photonic Interconnects [J]. Proc. IEEE, 2009, 97(7): 1337-1361.

[159] Vlasov Y, Green W M J, Xia F. High-throughput silicon nanophotonic wavelength-insensitive switch for on-chip optical networks [J]. Nat. Photon., 2008, 2(4): 242-246.

[160] Lee B G, Biberman A, Dong P, et al. All-optical comb switch for multiwavelength message routing in silicon photonic networks [J]. IEEE Photon. Technol. Lett., 2008, 20(9-12): 767-769.

[161] Takahashi K, Kanamori Y, Kokubun Y, et al. A wavelength-selective add-drop switch using silicon microring resonator with a submicron-comb electrostatic actuator [J]. Opt. Express, 2008, 16(19): 14421-14428.

[162] Lu Y, Yao J, Li X, et al. Tunable asymmetrical Fano resonance and bistability in a microcavity-resonator-coupled Mach-Zehnder interferometer [J]. Opt. Lett., 2005, 30(22): 3069-3071.

[163] Absil P P, Hryniewicz J V, Little B E, et al. Compact microring notch filters [J]. IEEE Photon. Technol. Lett., 2000, 12(4): 398-400.

[164] Tazawa H, Steier W H. Bandwidth of linearized ring resonator assisted Mach-Zehnder modulator [J]. IEEE Photon. Technol. Lett., 2005, 17(9): 1851-1853.

[165] Paloczi G T, Huang Y, Yariv A. Polymeric Mach-Zehnder interferometer using serially coupled microring resonators [J]. Opt. Exp., 2003, 11(21): 2666-2671.

[166] Kohtoku M, Oku S, Kadota Y, et al. 200-GHz, FSR periodic multi/demultiplexer with flattened transmisson and rejection band by using a Mach-Zehnder interferometer with a ring resonator [J]. IEEE Photon. Technol. Lett., 2000, 12(9): 1174-1176.

[167] Zhou L, Poon A W. Fano resonance-based electrically reconfigurable add-drop filters in silicon microring resonator-coupled Mach-Zehnder interferometers [J]. Opt. Lett., 2007, 32(7): 781-783.

[168] Holzwarth C W, Khilo A, Dahlem M, et al. Device architecture and precision nanofabrication of microring-resonator filter banks for integrated photonic systems

[J]. J. Nanoscience Nanotechnology, 2010, 10(3): 2044-2052.

[169] Kato T, Kokubun Y. Bessel-thompson filter using double-series-coupled microring resonator [J]. J. Lightwave Technol., 2008, 26(22): 3694-3698.

[170] Maru K, Fujii Y. Reduction of chromatic dispersion due to coupling for synchronized-router-based flat-passband filter using multiple-input arrayed waveguide grating [J]. Opt. Exp., 2009, 17(24): 22260-22270.

[171] An J M, Li J, Li J Y, et al. Novel triplexing-filter design using silica-based direction coupler and an arrayed waveguide grating [J]. Opt. Eng., 2009, 48(1): 014601.

[172] Luo A P, Luo Z C, Xu W C, et al. Wavelength switchable flat-top all-fiber comb filter based on a double-loop Mach-Zehnder interferometer [J]. Opt. Exp., 2010, 18(6): 6056-6063.

[173] Fu H Y, Zhu K, Ou H Y, et al. A tunable single-passband microwave photonic filter with positive and negative taps using a fiber Mach-Zehnder interferometer and phase modulation [J]. Opt. Laser Technol., 2010, 42(1): 81-84.

[174] Huang H M, Ho S T, Huang D X, et al. Slot-waveguide-assisted temperature-independent Mach-Zehnder interferometer based optical filter [J]. J. Mod. Opt., 2010, 57(7): 545-551.

[175] Huang Y L, Li J, Ma X R, et al. High extinction ratio Mach-Zehnder interferometer filter and implementation of single-channel optical switch [J]. Opt. Commun., 2003, 222(1-6): 191-195.

[176] 谢处方，饶克谨. 电磁场与电磁波[M]. 北京:高等教育出版社,1999.

[177] Zhang H, Oh M C, Szep A, et al. Push-pull electro-optic polymer modulators with low half-wave voltage and low loss at both 1310 and 1550 nm [J]. Appl. Phys. Lett., 2001, 78(20): 3136-3138.

[178] 任登娟，陈名松，黄雪明. 行波型 $LiNbO_3$ 电光调制器的电极优化设计 [J]. 光通信研究，2007，33(5)：47-49.

[179] Zheng C T, Luo Q Q, Liang L, et al. Fourier modeling and numerical characterization on a high-linear bias-free polymer push-pull poled Y-fed coupler electro-optic modulator[J]. IEEE J Quantum Electron., 2013, 49(8): 652-660.

[180] Kasahara R, Watanabe K, Itoh M, et al. Extremely low power consumption thermooptic switch (0.6 mW) with suspended ridge and silicon-silica hybrid waveguide structures [C]. 34th European Conference on Optical Communication, 2008, 1-2.

[181] Al-hetar A M, Mohammad A B, Supa'at A S M, et al. MMI-MZI polymer thermo-optic switch with a high refractive index contrast [J]. J. Lightwave Technol.,

2011，29(2)：171-178.

[182] Keil N，Yao H H，Zawadzki C. Hybird polymer/silica vertical coupler switch with <-32 dB polarization independent crosstalk [J]. Electron. Lett.，2001，37(2)：89-90.

[183] Sun X Q，Chen C M，Wang F，et al. A multimode interference polymer-silica hybrid waveguide 2×2 thermo-optic switch [J]. Opt. Appl.，2010，40(3)：737-745.

[184] Coppola G，Sirleto L，Rendina I，et al. Advance in thermo-optical switches：principles，materials，design，and device structure [J]. Opt. Eng.，2011，50(7)：071112.

[185] EL-BAWAB T S. Optical Switching [M]. New York：Springer Scienee + Business Media，2006.

[186] Havinga E E. The temperature dependence of dielectric constants [J]. J. Phys. Chem. Solids，1961，18 (2)：253-255.

[187] Bosman A J，Havinga E E. Temperature dependence of dielectric constants of cubic ionic compounds [J]. Phys. Review，1963，129 (4)：1593-1600.

[188] Yu P Y，Cardona M. Fundamental of Semiconductor [M]. Berlin：Springer，1996.

[189] Born M，Wolf E. Principles of Optics [M]. Cambridge：Cambridge University Press，1999.

[190] Palik E D. Handbook of Optical Constants of Solids [M]. San Diego：Academic Press，1985.

[191] Lee M，Katz H E，Erben C，et al. Broadband Modulation of Light by Using an Electro-Optic Polymer [J]. Science，2002，298(5597)：1401-1403.

[192] Michel S，Zyss J，Ledoux-Rak I，et al. High-performance electro-optic modulators realized with a commercial side-chain DR1-PMMA electro-optic copolymer [C]. Proceedings of SPIE，2010，7599：7599-01.

[193] Yan Y F，Zheng C T，Sun X Q，et al. Fast response 2 × 2 thermo-optic switch with polymer/silica hybrid waveguide [J]. Chin. Opt. Lett.，2012，10(9)：092501.

[194] Yan Y F，Zheng C T，Liang L，et al. Response-time improvement of a 2×2 thermo-optic switch with polymer/silica hybrid waveguide [J]. Opt. Commun.，2012，285(18)：3758-3762.

[195] Liang L，Qv L C，Zhang L J，et al. Fabrication and characterization on an organic/inorganic 2 × 2 Mach-Zehnder interferometer thermo-optic switch [J]. Photonics and Nanostructures-Fundamentals and Applications，2014，12(2)：173-183.